高等学校电子信息类实践教学系列教材

电子产品制造工艺基础

Electronic products manufacturing process

欧宙锋　编著

西安电子科技大学出版社

内 容 简 介

本书是“电子产品组装与调试”实训课程配套教材。主要内容包括：电路焊接技艺与焊拆实训、识读常用元器件与检测实训、电子产品组装工艺、收音机电路原理与组装实训、整机检测技术与调试实训、表面安装技术与工艺等，涵盖了实训产品制作中所涉及的工艺基础知识、实践操作技能等。书中融入了有关现代表面安装技术、频率特性调试技术、产品技术指标检测等工程理念，内容全面而精炼、层次分明、重点突出，并附有大量图片和表格，便于学生建立基础概念和掌握基本技能，有独到的实用性。

本书可作为高等院校理工科电子类、通讯类等专业电子工艺实训教材，也可作为学生课外创新制作、课程设计、毕业实践等实用指导书，同时也可作为公司、企业技术培训及相关工程技术人员的参考书。

图书在版编目(CIP)数据

电子产品制造工艺基础/欧宙锋编著．—西安：西安电子科技大学出版社，2014.8(2023.1 重印)
ISBN 978-7-5606-3443-2

Ⅰ．① 电…　Ⅱ．① 欧…　Ⅲ．① 电子产品—生产工艺—高等学校—教材
Ⅳ．① TN05

中国版本图书馆 CIP 数据核字(2014)第 181306 号

策　　划　马武装
责任编辑　马武装
出版发行　西安电子科技大学出版社(西安市太白南路 2 号)
电　　话　(029)88202421　88201467　　邮　　编　710071
网　　址　www.xduph.com　　电子邮箱　xdupfxb001@163.com
经　　销　新华书店
印刷单位　咸阳华盛印务有限责任公司
版　　次　2014 年 8 月第 1 版　2023 年 1 月第 6 次印刷
开　　本　787 毫米×1092 毫米　1/16　印　张　16
字　　数　392 千字
印　　数　23 001～24 000 册
定　　价　34.00 元
ISBN 978-7-5606-3443-2/TN
XDUP 3735001-6

前　言

工程实践教学是高等学校理工科本科教学的重要组成部分，是培养高素质合格人才的必要环节。工程训练是大学生步入社会、企业前的接口式训练。大学生接受工程训练，不仅为学习其他相关基础课和专业课打下了基础，同时还可以掌握一定的工程技术技能，为今后参加工作，融入新的工作群体，展现与发挥自己的才能创造了有利条件。本书希望通过工程训练这一培养本科生的重要环节，培养出更多视野宽、基础厚、素质高、能力强及富于创造性的人才。

电子工艺、电子产品装配与调试实训是学习电子技术有机而重要的组成部分，学生通过自己动手制作电子产品，从中可以掌握一定的操作技能，了解电子产品的生产工艺。这类课程既有别于理论性、验证性较强的实验课，又不同于让学生自由发挥的科技制作，而是将基础工艺知识与动手能力、基础工艺训练和先进制造技术、实践技能与创新启蒙相结合，为学生构筑一个制作基础平台。

西安电子科技大学综合工程训练中心(国家级)，每年承担着全校除文科专业外，近五千名本科生的电子产品组装实践教学任务。经过十几年不断地探索与总结，已逐步形成了一套符合电子学科专业特点的独特的教学方式与体系。本书以一个制作课件——超外差式收音机的组装为主线，涵盖了电路焊接技术、SMT 表面贴装工艺、电子元器件识读与检测方法、电路图识读与收音机电路原理、电子产品组装工艺、整机检测与调试技术等知识。其特点是按实训顺序循序渐进，每章先介绍理论知识，再进行实训指导，编排合理、层次分明；其次，重点突出了实训特色。例如，实训所组装收音机设计为混装工艺收音机，即印制电路板上既保留有传统的直插分立元器件，又有现代 SMT 表贴元器件，而表贴元器件又安排手工和生产线两种贴装工艺完成。组装过程涉及手工插装、焊接；SMT 锡膏印刷、手工表贴、SMT 生产线自动贴装、再流焊接等。在书中对各部分相关理论知识分别进行了重点介绍，并用于装配实训，较好地解决了传统生产技术与先进生产工艺在实训中进行融合、交集的问题。再则，结合本校电子通讯专业特点，将频率特性概念引入到收音机各项技术指标的调试中，既巩固专业课所学的理论知识，又使组装的收音机达到了生产企业的质量要求，提高了产品的合格率，同时建立起产品质量检测等工程理念，一举多得。本书结合了电子学科专业特点及本科实践教学改革的要求，在参考国内外众多文献及在一线从事多年实践教学的教师所积累的经验基础上编写完成，在此对这些作者和教师表示真诚的谢意！

受编者学识水平所限，书中难免有疏漏和不足之处，恳切希望读者提出宝贵意见和建议，邮件可发送至 OU_ZF@163.com。

本书的编写得到西安电子科技大学教材基金资助。

编　者

2014 年元月

目　　录

第 1 章　电路焊接技艺与焊拆实训

1.1　焊接的基础知识

焊接是使金属连接的一种方法。它利用加热手段，在两种金属的接触面上通过焊接材料的原子或分子间的相互扩散作用，使两种金属间形成一种永久的牢固结合。利用焊接的方法进行连接而形成的接点称焊点。

1.1.1　焊接的分类

焊接通常分为熔焊、钎焊和接触焊三大类。

1. 熔焊

熔焊是一种利用加热被焊件，使它们熔化产生合金而焊接在一起的焊接技术，如气焊、电弧焊、超声波焊等。

2. 接触焊

接触焊是一种不用焊料与焊剂就可获得可靠连接的焊接技术，如点焊、碰焊等。

3. 钎焊

用加热熔化成液态的金属把固体金属连接在一起的方法称为钎焊。在钎焊中，起连接作用的金属材料称为焊料，焊料的熔点必须低于焊接金属的熔点。钎焊按焊料熔点的不同，分为硬钎焊和软钎焊。焊料的熔点高于 450℃的称为硬钎焊，低于 450℃的称为软钎焊。电子元器件的焊接称为锡焊，属于软钎焊，其焊料是锡铅合金和锡银铜合金(无铅焊料)等，熔点比较低。

1.1.2　锡焊机理

锡焊的机理可以用浸润、扩散和界面层的结晶与凝固三个过程来表述。

1. 浸润

加热后呈熔融状态的焊料沿着工件金属的凹凸表面，靠毛细管力的作用扩展。如果焊料和工件金属表面足够清洁，焊料原子与工件金属原子就可以接近到能够相互结合的距离，即原子引力相互作用的距离，上述过程称为焊料的浸润。如图 1-1 所示。

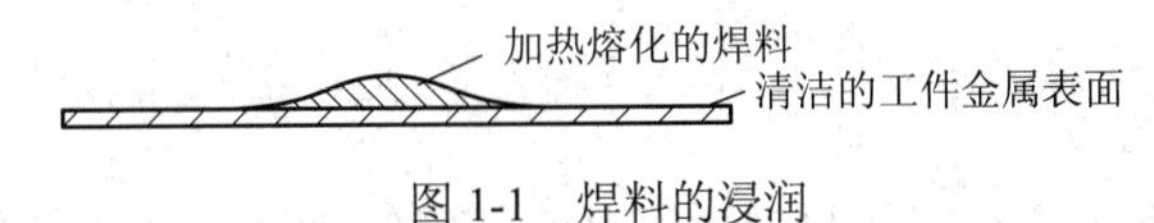

图 1-1　焊料的浸润

2. 扩散

由于金属原子在晶格点阵中呈热振动状态，因此在温度升高时，它会从一个晶格点阵自动转移到其他晶格点阵，这个现象称为扩散。锡焊时，焊料和工件表面金属的温度较高，焊料与工件表面金属的原子相互扩散，在两者界面形成新的合金。如图 1-2(a)所示。

3. 界面层的结晶与凝固

焊接后焊点温度降到室温，在焊接处形成由焊料层、合金层和工件表面金属层构成的结合结构。在焊料和工件金属表面之间形成的合金层，称结合层。冷却时，结合层首先以适当的合金状态开始凝固，形成金属结晶，而后结晶向未凝固的焊料生长。如图 1-2(b)所示。

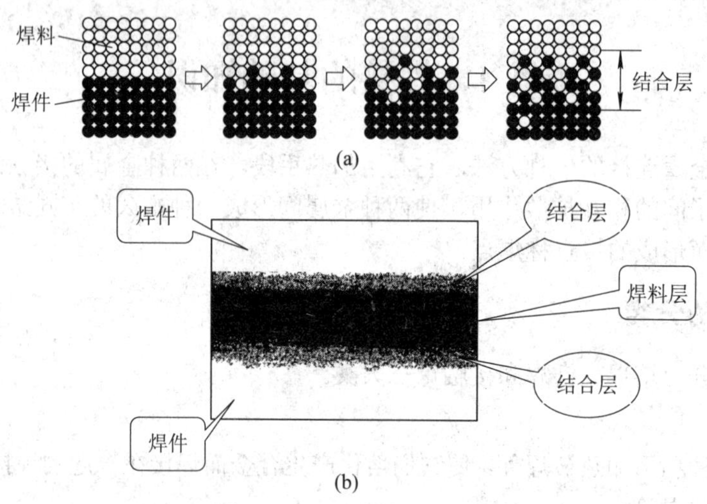

图 1-2　焊料与焊件之间扩散并形成结合层示意图

1.1.3　锡焊的条件及特点

1. 锡焊的条件

1) 必须具有充分的可焊性

金属表面被熔融焊料浸润的特性称可焊性。铜及其合金、金、银、铁、锌、镍等具有良好的可焊性，铝、不锈钢、铸铁等可焊性很差，需采用特殊焊剂及方法才能锡焊。

2) 焊件表面必须清洁

使焊锡和焊件达到原子间相互作用的目的，要求被焊金属表面清洁，从而使焊锡与被焊金属表面原子间的距离最小，彼此间充分吸引扩散，形成合金层。所以，在实施焊接前必须清洁表面，否则难以保证焊接质量。

3) 使用合适的助焊剂

助焊剂的作用是清除焊件表面氧化膜并减小焊料熔化后的表面张力，以利于浸润。不同的焊件，不同的焊接工艺，应选择不同的助焊剂。在电子产品的线路板焊接中，通常采用松香助焊剂。

4) 加热到适当的温度

焊接时，将焊料和被焊金属加热到焊接温度，可使熔化的焊料在被焊金属表面浸润、扩散并形成金属化合物。因此，要保证焊点牢固，一定要有适当的焊接温度。

5) 焊料要适应焊接要求

焊料的成分和性能应与焊件的可焊性、焊接温度、焊接时间、焊点的机械强度相适应，以达到易焊和牢固的目的。此外，还要注意焊料中的杂质对焊接的不良影响。

6) 要有适当的焊接时间

焊接时间是指在焊接过程中，进行物理和化学变化所需要的时间，它包括焊件达到焊接温度的时间，焊料熔化的时间，助焊剂发生作用并生成金属化合物的时间等。焊接时间的长短应适当，时间过长会损坏元器件并使焊点的外观变差，时间过短焊料不能充分浸润焊件，从而达不到焊接要求。图 1-3 为焊接温度与加热时间的关系曲线。

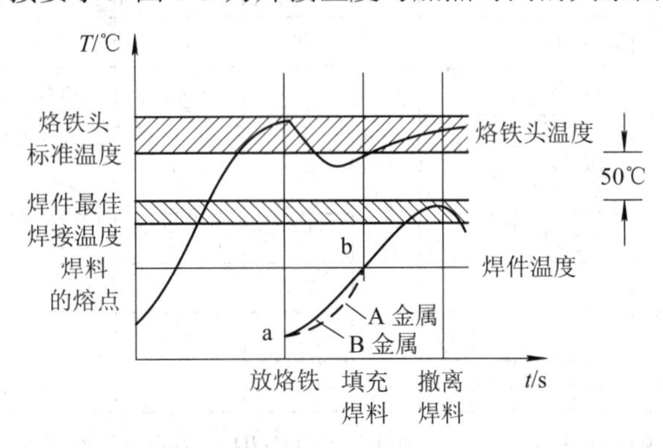

图 1-3　焊接的温度曲线

2. 锡焊的特点

锡焊在手工焊、波峰焊、浸焊、再流焊中有着广泛的应用，其特点如下：

(1) 熔点低，在焊接时加热温度低于工件损坏温度，可防止元器件损坏。

(2) 熔点和凝固点一致，可使焊点快速凝固，不会因半融状态时间长而造成焊点结晶疏松，强度降低。

(3) 机械强度高，合金的各种机械强度均高于纯锡和铅。

(4) 流动性好，表面张力小，接触角小，有利于提高焊接质量。

(5) 具有良好的导电性，因锡铅焊料等属良好导体，故它的电阻很小。

(6) 抗腐蚀性能好，焊点不必涂抹任何保护层就能抵抗大气的腐蚀，从而减少了工艺流程，降低了成本。

1.2　焊接工具与材料

焊接材料包括焊料(焊锡)、焊剂(助焊剂)与阻焊涂料，焊接工具(手工焊接时)是电烙铁及各种装配工具，它们在电子产品的组装过程中是必不可少的。

1.2.1　焊接材料

1. 常用焊料

焊料是易熔金属，熔点低于焊件。焊料熔化时，在焊件表面形成合金而与焊件连接在一起。焊料按成分可分为锡铅焊料、铜焊料、银焊料和无铅焊料等。在一般电子产品装配中，主要使用锡铅焊料、锡银铜(无铅)焊料，俗称焊锡。

1) 锡铅焊料

由于锡铅焊料是由两种以上金属按照不同比例组成的，因此，锡铅合金的性质随着锡铅的配比变化而变化，常用锡铅焊料的特性及主要用途如表 1-1 所示。

表 1-1　常用锡铅焊料的特性及主要用途一览表

名　称	牌号	主要成分/%			熔点/℃	抗拉强度/(kg/cm^2)	主要用途
		锡	锑	铅			
10 锡铅焊料	HISnPb 10	89～91	<0.15	余量	220	4.3	用于锡焊食品器皿及医药卫生物品
39 锡铅焊料	HISnPb 39	39～61	<0.8		183	4.7	用于锡焊无线电元器件等
50 锡铅焊料	HISnPb 50	49～51			210	3.8	锡焊散热器、黄铜制件
58-2 锡铅焊料	HISnPb 58-2	39～41	1.5～2		235	3.8	用于锡焊无线电元器件、导线、钢皮镀锌件等
68-2 锡铅焊料	HISnPb 68-2	29～31			256	3.3	用于锡焊金属扩套、铅管
80-2 锡铅焊料	HISnPb 80-2	17～19			277	2.8	用于锡焊油壶、容器、散热器
90-6 锡铅焊料	HISnPb 90-6	3～4	5～6		265	5.9	用于锡焊黄铜和铜
73-2 锡铅焊料	HISnPb 73-2	24～26	1.5～2		265	2.8	用于锡焊铅管

锡铅焊料的性能和用途是相关的，在焊接中应根据被焊件的不同要求去选用。选用时应考虑以下因素：

(1) 焊料必须适应焊件的性能，即所选焊料应能与焊件在一定温度和助焊剂作用下生成合金。也就是说，焊料和焊件材料之间应有很强的亲和性。

(2) 焊料的熔点必须与焊件的热性能相对应，焊料熔点过高或过低都不能保证焊接质量。焊料熔点太高，使被焊元器件、印制板焊盘或焊点无法承受；焊料熔点过低，助焊剂不能充分活化起到助焊作用，被焊件的温升也达不到要求。

(3) 由焊料形成的焊点应能保证良好的导电性能和机械强度。

2) 无铅焊料

在焊料的发展过程中，锡铅合金一直是最优质、廉价的焊接材料，无论在焊接质量还是焊后可靠性方面，都能够达到使用要求。但是，随着人类环保意识的增强，铅及其化合物对人体的危害及对环境的污染，越来越引起人们的重视，无铅焊料已得到国际社会广泛认同。我国已加入 WTO，其市场与国际接轨，无铅化已被许多国内企业提到产品改进日程。要用无铅焊料替代锡铅焊料，应满足以下几点要求：

(1) 熔点要低。尽可能接近 63/37 锡铅合金的共晶温度 183℃。无铅焊锡丝熔点 375℃以下；波峰焊锡条熔点 265℃以下；SMT 焊锡膏熔点 250℃以下。

(2) 良好的润湿性。在焊接过程中，焊料应表现出良好的润湿性，确保焊接效果。

(3) 导电性能好。焊接后导电及导热率都应与 63/37 锡铅合金焊料相近。

(4) 机械强度高。焊点的抗拉强度、韧性、延展性及抗蠕性都要与锡铅合金的性能相似。

(5) 成本降低。将无铅焊料的成本控制在锡铅合金的 1.5～2 倍，是当前较理想的价位。

(6) 助焊剂相匹配。所用助焊剂应与其他各类助焊剂相匹配，且兼容性要强。无铅焊料既能在活性松香树脂助焊剂下工作，也能适用温和型、弱活性松香焊剂或不含松香树脂的免清洗助焊剂。

(7) 生产设备兼容。在不更换设备的情况可满足无铅焊料所要求的使用条件。

中国在2008年制定了《无铅再流焊接通用工艺规范》(JB/T 10845—2008)标准，确定无铅焊料是以锡(Sn)为基体，添加了银(Ag)、铜(Cu)、锑(Sb)、铟(In)等其他合金元素制成，主要用于电子产品组装的焊接。推荐使用的无铅焊料见表1-2。

表1-2　电子产品生产中推荐使用无铅焊料

选择方案	再流焊接	手工焊接(树脂芯焊丝)
首选	Sn/Ag/Cu	Sn/Ag/Cu
备选	Sn/Ag	Sn/Cu

注：① 表中焊料可按实际需要由厂商制成生产线上常用的形式，如手工焊料丝，焊膏用的焊料粉末，波峰焊用的焊料条等。

② 电子组装件无铅再流焊采用的焊膏和焊丝，推荐采用96.5Sn/3.0Ag/0.5Cu近共晶无铅焊料，其熔点为216℃～218℃。

3) 常用焊锡分类

焊接电子元器件、导线、镀锌铁皮等可选用58-2锡铅焊料；手工焊接一般焊点、印制电路板上的焊盘、耐热性差的元器件及易熔金属制品应选用39锡铅焊料。焊料形状有圆片、带状、球状等。

电子产品生产采用浸焊与波峰焊接印制电路板，一般用39锡铅焊料。

(1) 管状焊锡丝。手工焊接常用的焊锡丝，是将焊锡制成管状，内部充加助焊剂。助焊剂一般是优质松香添加一定的活化剂。焊锡丝直径有0.5 mm、0.8 mm、0.9 mm、1 mm、1.2 mm、1.5 mm、2 mm、2.5 mm、3 mm、4 mm、5 mm等规格，其外形如图1-4所示。

图1-4　管状焊锡丝

(2) 焊锡膏。焊锡膏由焊料合金粉末和助焊剂组成，并制成糊状物。焊锡膏能方便地用丝网、模板或点膏机印涂在印制电路板上，是表面安装技术中一种重要的贴装焊接材料，适合用于贴片元器件的再流焊接。

2. 焊剂

焊剂又称助焊剂，一般由活化剂、树脂、扩散剂和溶剂四部分组成，主要用于清除焊件表面的氧化膜，保证焊锡浸润。

1) 焊剂的作用

(1) 除去氧化膜。其实质是助焊剂中的氯化物、酸类同焊件表面上的氧化物发生还原反应，从而除去氧化物，反应后的生成物变成悬浮的渣，漂浮在焊料表面。

(2) 防止氧化。液态的焊锡及加热的工件都容易与空气中的氧接触而氧化，助焊剂熔化后，漂浮在焊料表面，形成隔离层，因而防止了焊接面的氧化。

(3) 促使焊料流动。焊料熔化后将贴附于金属表面，由于液态焊料本身表面张力的作用，减小了焊料的附着力，而助焊剂则有减少液态焊料表面张力，促使焊料流动的功能，使焊接质量提高。

(4) 把热量从烙铁头传递到焊料和被焊物表面。在焊接中，烙铁头的表面及工件的表面之间存在许多间隙，在间隙中有空气，使工件的预热速度减慢。而助焊剂的熔点比焊料的熔点低，故先溶化，并填满间隙和润湿焊点，使电烙铁的热量通过它很快地传递到工件上，使预热的速度加快。

2) 助焊剂的种类

(1) 无机系列助焊剂。这类助焊剂主要成分是氯化锌或氯化氨以及其他的混合物，具有很好的助焊作用，但同时具有强烈的腐蚀性，如果对残留焊剂清洁不干净，就会造成工件的损坏，所以不能用于电子元器件的焊接。

(2) 有机系列助焊剂。这类助焊剂主要是由有机酸卤化物组成，它的特点是助焊性能好，可焊性高，不足之处是具有一定的腐蚀性，而且热稳定性差，一经加热，便迅速分解，留下无活性残留物。

(3) 树脂系列助焊剂。这类助焊剂最常用的是在松香剂中加入活性剂，松香酒精剂是无水乙醇配制成的乙醇溶液，它的优点是价廉，没有腐蚀性，绝缘性能好，焊接后易清洗，并形成膜层覆盖焊点，防止焊点氧化。

树脂系列助焊剂在电子产品装配中广泛使用，在浸焊或波峰焊中为了提高其活性，常将松香溶于酒精中再加一定的活性剂。

松香反复加热后会被碳化(发黑)而失效，从而起不到助焊作用。现在普遍使用氢化松香，它从松脂中提炼而成，是专为锡焊生产的一种高活性松香，常温下性能较普通松香稳定，助焊作用更强。

几种常用焊剂配方如表 1-3 所示。

表 1-3　几种常用焊剂配方

名　称	配　方
松香酒精焊剂	松香 15～20 g、无水酒精 70 g、淡化水杨酸 10～15 g
中性焊剂	凡士林(医用)40 g、三乙醇胺 10 g、无水酒精 40 g、水杨酸 10 g
无机焊剂	氧化锌 40 g、氯化铵 5 g、盐酸 5 g、水 50 g

3. 阻焊涂料

焊接中，特别是在浸焊和波峰焊中，为提高焊接质量，需要耐高温的阻焊涂料，涂敷在印制电路板非焊接部分使焊料只在需要的焊点上进行焊接，而把不需焊接的部分保护起来，起到阻焊作用，这种阻焊材料叫做阻焊涂料。

1) 阻焊涂料的作用

(1) 防止桥接、短路及虚焊等情况的发生，减少印制电路板的返修率，提高焊点的质量。

(2) 因电路板板面部分被阻焊涂料覆盖，焊接时受到的热冲击小，降低了印制板的温度，使板面不易起泡、分层，同时也起到保护元器件和集成电路的作用。

(3) 除了焊盘外，其他部位均不上锡，这样可以节约大量的焊料。

(4) 使用带有色彩的阻焊涂料，可使印制电路板的板面显得整齐美观。

2) 阻焊涂料的分类及特点

阻焊涂料按成膜方法分为热固性和光固性两大类，即所用的成膜材料是加热固化或光照固化。目前热固化阻焊涂料被逐步淘汰，光固化阻焊涂料被大量采用。

(1) 光固化阻焊涂料。该涂料在高压汞灯下照射 2、3 分钟即可固化，因而可节约大量能源，提高生产效率，便于自动化生产。

(2) 热固化阻焊涂料。该涂料具有价格便宜，粘接强度高的优点，但也具有加热温度高、时间长、印制板容易变形、能源消耗大、不能实现连续化生产等缺点。

1.2.2　常用焊接与装配工具

锡焊工具是实施锡焊作业必不可少的条件。合适、高效的工具是焊接质量的保证，合格的材料是锡焊的前提，“工欲善其事，必先利其器”。要将形形色色的电子元器件焊接与装配成符合设计要求的电子产品，必须熟悉并且正确使用焊接与装配工具，这样才能提高效率，保证质量。

1. 电烙铁

电烙铁是手工施焊的主要工具。选择合适的电烙铁，并合理地使用它，是保证焊接质量的基础。由于电烙铁的用途、结构不同，其种类各式各样，按加热方式分为直热式、感应式、气体燃烧式等；按电烙铁的功率分为 20 W、40 W、…、300 W 等；按功能分为单用式、两用式、调温式等。

1) 几种常用电烙铁

(1) 直热式电烙铁。直热式电烙铁结构如图 1-5 所示。

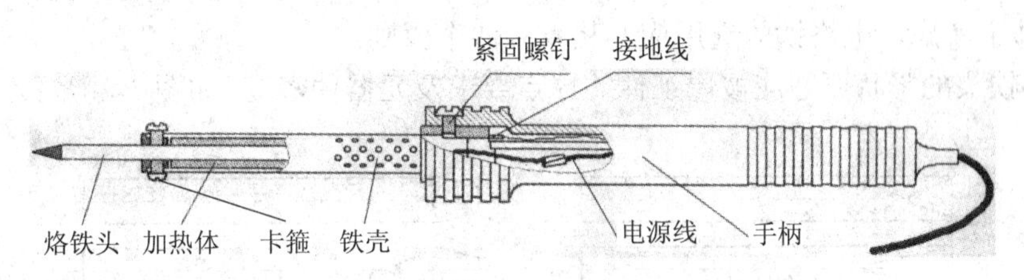

图 1-5　直热式电烙铁

各部分作用如下：

① 烙铁头：由紫铜做成，用螺钉固定在加热体中。它是电烙铁用于焊接的工作部分，由于焊接面的要求不同，烙铁头可以制成各种不同形状。烙铁头的外伸长度可以调节，借以调节其温度。

② 加热体：由一铁质圆筒，内部固定烙铁头，外部将电热丝平行地绕制在一根空心瓷管上构成，电热丝中间用云母片绝缘，其作用是将电能转换成热能并加热烙铁头。

③ 手柄和铁壳：手柄和铁壳为整个电烙铁的支架和壳体。

(2) 内热式电烙铁。内热式电烙铁是由烙铁头、烙铁芯、外壳及手柄等组成。由于烙铁芯安装在烙铁头里面，因而发热快，热的利用率高(85%～95%以上)。内热式电烙铁外形如图 1-6 所示。

(3) 恒温式电烙铁。恒温式电烙铁的烙铁头温度可以控制，其始终保持在某一设定的温度。根据控制方式不同，可分为电控恒温电烙铁和磁控恒温电烙铁两种。恒温式电烙铁采用断续加热，耗电省、升温快，在焊接过程中熔铁不易过热氧化，可减少虚焊，提高焊接质量。延长使用寿命较长，磁控恒温电烙铁外形及控制原理如图 1-7(a)、(b)所示。

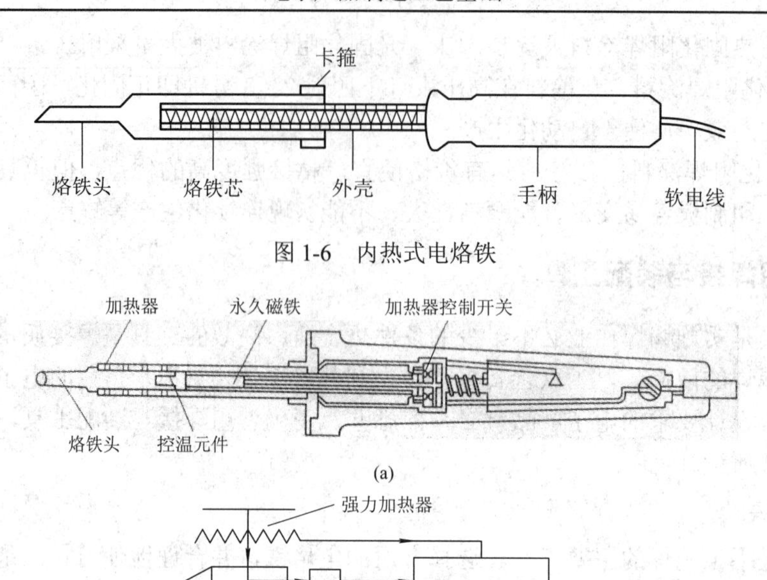

图 1-6　内热式电烙铁

图 1-7　磁控恒温电烙铁外形及控制原理

2) 电烙铁的选用

从总体上考虑，电烙铁的选用应遵从下列四个原则：

(1) 烙铁头的形状要适应被焊工件的焊点要求及元器件密度。如图 1-8 所示为常用烙铁头外形图。

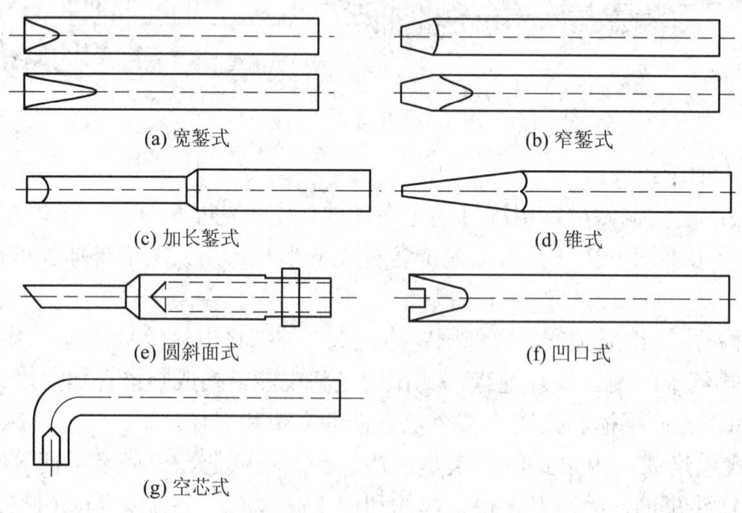

图 1-8　常用烙铁头外形

(2) 烙铁头顶端温度应能适应焊锡的熔点。烙铁头温度的高低可用热电偶或表面温度计测量，也可由助焊剂发烟状态粗略估计。如表 1-4 所示。

(3) 电烙铁的热容量应能满足被焊件的要求。被焊件的热要求不同，可参考表 1-5 选择不同的电烙铁。

表 1-4　观察法估计烙铁头温度

观察现象				
	烟细长，持续时间长，> 20 s	烟稍大，持续时间约 10～15 s	烟大，持续时间较短，约 7～8 s	烟很大，持续时间短，约 3～5 s
估计温度	<200℃	230～250℃	300～350℃	>350℃
焊接	达不到锡焊温度	PCB 及小型焊点	导线焊接、预热等较大焊点	粗导线、板材及大焊点

表 1-5　电烙铁种类的选择

焊件及工作性质	烙铁头温度/℃ (室温，220 V 电压)	选用电烙铁
一般印制电路板，安装导线	350～450	20 W 内热式，30 W 外热式、恒温式
集成电路	250～400	20 W 内热式、恒温式、储能式
焊片，电位器，2～8 W 电阻，大功率管	350～450	35～50 W 内热式、调温式、50～75 W 外热式
8 W 以上大电阻，ϕ2 mm 以上导线等较大元器件	400～550	100 W 内热式，150～200 W 外热式
汇流排，金属板等	500～630	300 W 以上外热式或火焰锡焊
维修、调试一般电子产品	350	20 W 内热式、恒温式、感应式、储能式、两用式
SMT 高密度、高可靠性电路组装、返修及维修等工作，无铅焊接	350～400	恒温式，电焊台或数控焊接台

(4) 烙铁头的温度恢复时间应能满足被焊工件的热要求。所谓温度恢复时间，是指烙铁头接触焊点温度降低后，重新恢复到原有最高温度所需要的时间。要使这个恢复时间恰当，必须选择功率、热容量、烙铁头形状、长短等适合的电烙铁。

3) 使用电烙铁的注意事项

(1) 在使用前或更换烙铁芯后，必须检查电源线与地线的接头是否正确。注意接地线要正确地接在电烙铁的壳体上，否则会造成电烙铁外壳带电，人体触及电烙铁外壳就会触电，用于焊接则会损坏电路板上的元器件。

(2) 在使用电烙铁的过程中，应避免电源线被烫破，防止人体触电。应随时检查电烙铁的插头、电源线，一经发现破损及时修补或更换。

(3) 在使用时，电烙铁一定要轻拿轻放。应拿电烙铁的手柄部位，不焊时，要将电烙铁放回烙铁架上，以免灼伤自己或他人；长时间不用时应切断电源，防止烙铁头氧化；不可用电烙铁敲击被焊工件，烙铁头上多余的焊锡不要随便抛甩，以免造成烫伤或电路内部短路。要用潮湿的抹布或其他工具将其去除。

(4) 电烙铁在焊接时，最好选用松香或弱酸性助焊剂，以保护烙铁头不被腐蚀。

(5) 经常用石棉毡或浸水的海绵擦拭烙铁头，以保持烙铁头良好挂锡。使用一段时间后会出现因氧化不能上锡的现象，应用锉刀或刮刀去掉烙铁头工作面黑灰色的氧化层，重新搪锡。

(6) 焊接完毕时，烙铁头上的残留焊锡应保留，以保护烙铁头不被氧化。

2. 其他的装配工具

(1) 尖嘴钳如图 1-9 所示，适用于夹持小型金属零件或弯曲元器件引线，以及电子装配时其他钳子难以涉及的部位，使用时不宜过力夹持物体。

(2) 偏口钳(斜口钳)如图 1-10 所示，主要用于剪切导线及电路板焊后的元器件管脚，也可与平嘴钳配合剥导线的绝缘皮。

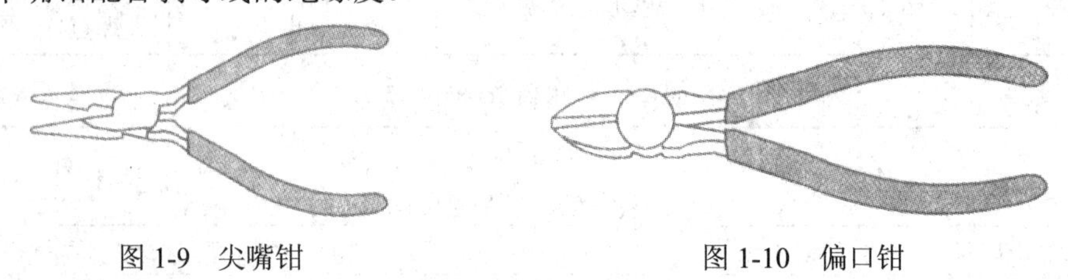

图 1-9　尖嘴钳　　　　图 1-10　偏口钳

(3) 平嘴钳如图 1-11 所示，可用于夹弯元器件引线。因为钳口无纹路，所以对导线拉直、整形较适用。

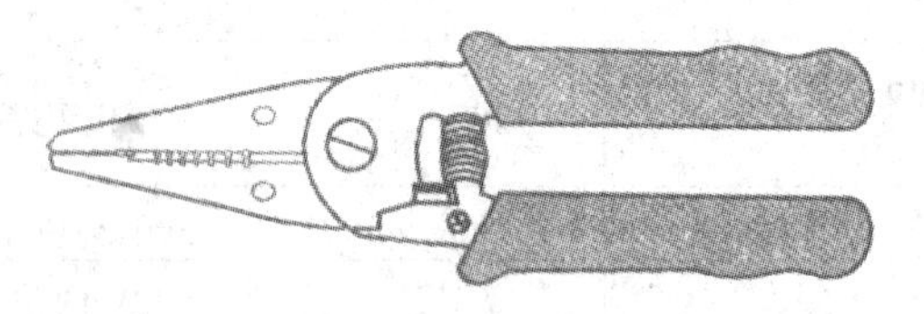

图 1-11　平嘴钳

(4) 剥线钳如图 1-12 所示，专门用于剥去导线的绝缘皮。使用时应注意将需剥皮的导线放入合适的槽口，剥皮时不可剪断导线。剪口的槽并拢后为圆形。

(5) 镊子如图 1-13 所示，有尖嘴镊子和圆嘴镊子两种。尖嘴镊子用于夹持细小的导线、贴片元器件，以便于装配焊接。圆嘴镊子用于弯曲元器件引线和夹持元器件焊接。另外用镊子夹持元器件管脚焊接时还能起到散热的作用。拆焊时也常用镊子。

图 1-12　剥线钳　　　　图 1-13　镊子

(6) 螺丝刀又称改锥或起子，如图 1-14 所示。有 – 字式和 + 字式两种，主要用来拧螺钉。根据螺钉大小、螺钉槽形状、长短选用不同规格的螺丝刀。

(7) 无感起子如图 1-15 所示，一般采用塑料、有机玻璃或竹片等非铁磁性物质制作而成，专门用来调节中频变压器和振荡线圈的磁芯，可减少对电路的干扰。

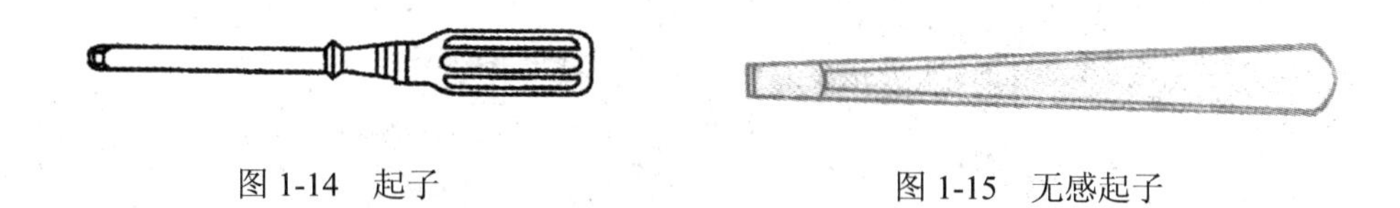

图 1-14　起子　　　图 1-15　无感起子

1.3　手工锡焊的基本方法

手工焊接是焊接技术的基础，也是电子产品装配中的一项基本操作技能。手工焊接适用于小批量生产的小型化产品、一般结构的电子整机产品、具有特殊要求的高可靠性产品、某些不便于机器焊接的场合及调试和维修中修复焊点和更换元器件等。

1.3.1　操作手法

1. 电烙铁的握法

在使用电烙铁时，为避免烫伤、损坏导线和元器件，必须正确掌握手持电烙铁的方法，如图 1-16 所示。

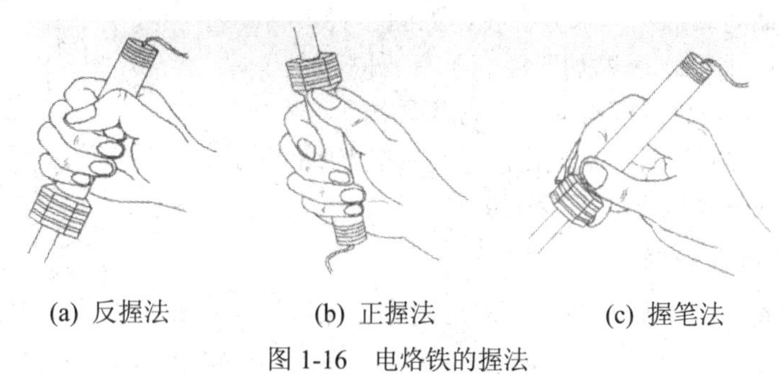

(a) 反握法　　(b) 正握法　　(c) 握笔法

图 1-16　电烙铁的握法

(1) 反握法：用五指把电烙铁柄握在手掌中，如图 1-16(a)所示。烙铁头方向向内，这种握法焊接时动作稳定，不易疲劳，适用于大功率的电烙铁焊接大热容量的被焊件。

(2) 正握法：用五指把电烙铁柄握在手掌中，烙铁头方向向外。如图 1-16(b)所示。它适用于中功率的电烙铁或弯烙铁头的电烙铁。

(3) 握笔法：该握法类似于写字时手拿笔的姿势，如图 1-16(c)所示。这种握法易于掌握，但长时间操作易疲劳、烙铁头会出现抖动现象，适用于小功率电烙铁焊接小散热量的焊件，广泛用于电路板焊接及维修等。

2. 焊锡丝的拿法

手工焊接中一手握电烙铁，另一手拿焊锡丝，帮助电烙铁吸取焊料。拿焊锡丝的方法一般有两种，如图 1-17 所示。

(1) 连续锡丝拿法：用拇指和食指握住焊锡丝，其余三手指配合拇指和食指把焊锡丝连续向前送进，如图 1-17(a)所示，适用于成卷(筒)焊锡丝的手工焊接。

(2) 断续锡丝拿法：用拇指与食指(或中指)夹住焊锡丝，采用这种拿法，焊锡丝不能连续向前送进，如图 1-17(b)所示，它适用于小段焊锡丝的手工焊接。

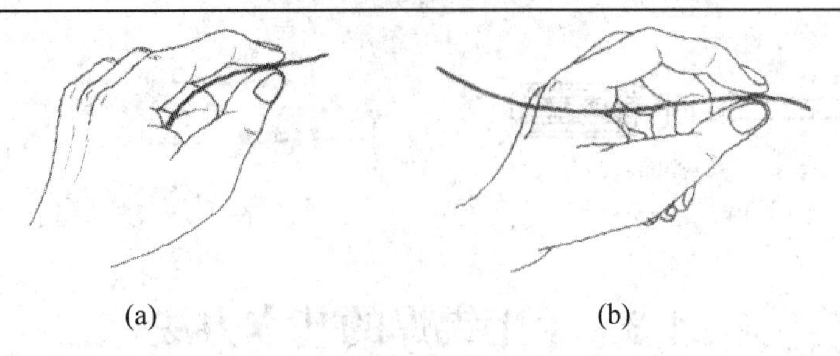

图 1-17　锡丝的拿法

1.3.2　焊接操作的步骤

通常的焊接方法，即先用烙铁头沾上一些锡，然后将电烙铁放到焊点上停留等待加热后焊锡润湿焊件。应指出，这是不正确的操作方法，虽然也可将焊件焊接起来，但不能保证质量。从锡焊机理上不难理解，当把锡熔化到烙铁头上，焊锡丝中的焊剂附在焊料表面，因温度高焊剂将不断挥发。当将电烙铁放到焊点上时由于焊件温度低，需有一加热过程，这期间焊剂已大部分挥发，如图 1-18 所示，因而在浸润过程中由于缺少焊剂而浸润不良。同时由于焊料和焊件温度相近，结合层不易形成难免出现虚焊。再由于焊剂的保护作用丧失后焊料极易氧化，焊接质量难以保证。

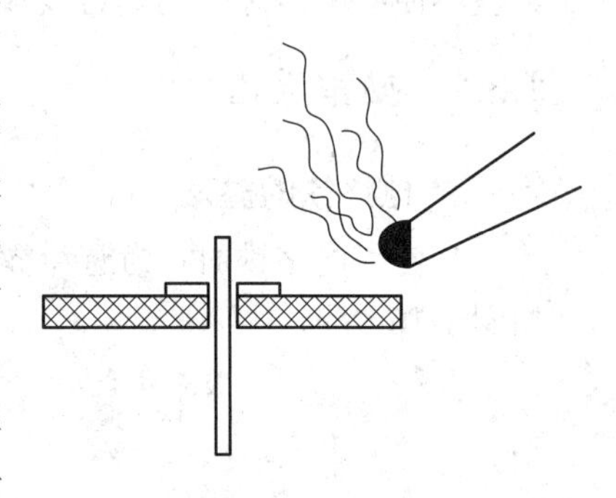

图 1-18　焊剂在烙铁头上挥发

正确的方法应该是以下的五步法。

1. 步骤一：准备施焊

右手拿焊锡丝，右手握烙铁。要求烙铁头要保持清洁，即可以沾上焊锡(吃锡)，如图 1-19 所示。

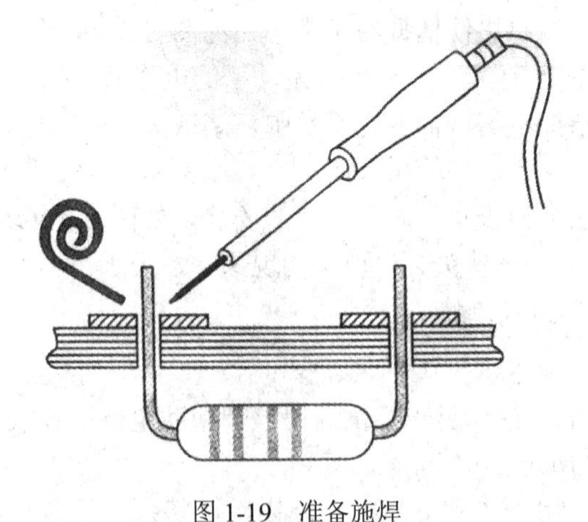

图 1-19　准备施焊

操作提示：

(1) 手持电烙铁的姿势要正确，电烙铁的握法可根据工作场所、所焊部件及形状来灵活掌握。一般工作台操作，可采用握笔法，小指垫在印制板上支撑电烙铁，用以自由调整接触角度，适当的压力使焊接面受热均匀。不可将电路板竖直放置，否则会因冷却不及时焊点出现下垂。

(2) 烙铁头长期处于高温状态，又接触焊剂等受热分解的物质，其表面易生成一层黑色杂质而形成隔热层，使烙铁加热能力下降。要随时用烙铁架中的湿海绵清洁烙铁头，蹭去杂质以保证电烙铁的焊接能力，如图 1-20 所示。

(3) 助焊剂加热挥发出的化学物质对人体是有害的，焊接时头部不要离烙铁头太近。一般烙铁头距鼻子的距离应不少于 20 厘米，通常以 30 厘米为宜。在焊锡丝中铅占有一定比例，故操作后应洗手，避免带入口中。电烙铁用后一定要稳妥放于烙铁架上，如图 1-21 所示。注意导线等物不要碰电烙铁。

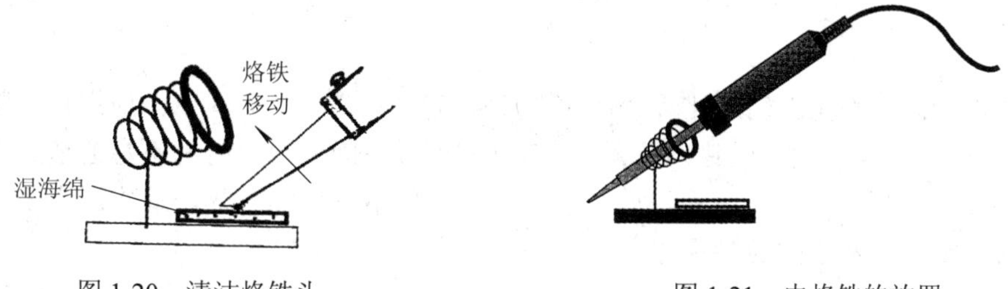

图 1-20　清洁烙铁头　　　　图 1-21　电烙铁的放置

2. 步骤二：加热焊件

将烙铁头置于焊接点上，使焊接部位均匀受热。烙铁头上带有少量焊料(在准备阶段带上)，可使热量较快均匀传递到焊点上，如图 1-22 所示。

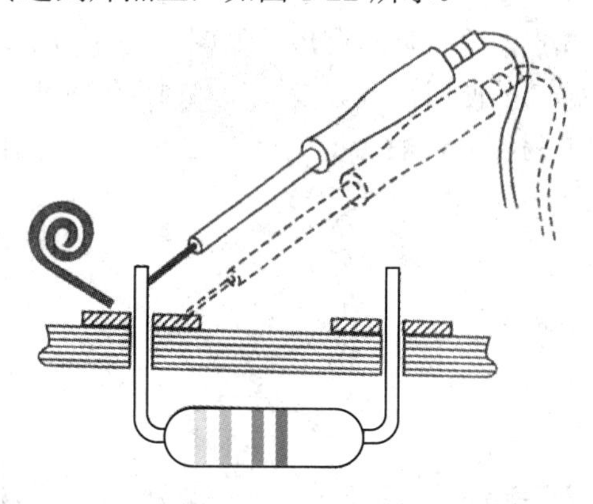

图 1-22　加热焊件

操作提示：采用正确的加热方法。要靠增加接触面积加快传热，而不要用烙铁头对焊点、焊件施加压力。施压的后果会造成电路板铜箔翘起、剥离，元器件损坏。要提高烙铁的加热效率，应根据焊件形状选用不同的烙铁头，并加热上锡。靠烙铁头上少量的焊锡作为加热时烙铁头与焊件之间传热的桥梁，即焊锡桥。由于金属液体的导热效率高且接触面积大，所以，焊点会很快被加热到适于焊接的温度。

3. 步骤三：熔化焊锡丝

在焊接部位的温度达到要求后，将焊锡丝置于焊点部位，即从电烙铁对面加入到被加热的焊点处。注意不要把焊锡丝送到烙铁头上，如图 1-23 所示。

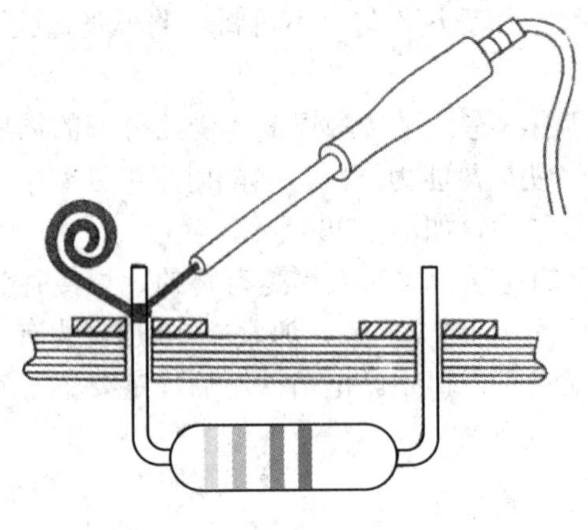

图 1-23　熔化锡丝

操作提示：烙铁头的温度比焊锡溶化温度高 50℃较为适宜。对于一般焊点，整个焊接时间应控制在 2～4 秒内，熔锡应满足 1、2 秒的停顿时间。加热时间不足会造成焊料不能充分润湿焊件，形成夹渣、虚焊。而加热过量，会使熔态焊锡过热，造成焊点表面粗糙、发白、失去光泽，易产生拉尖现象。

4．步骤四：移开焊锡丝

当焊锡丝熔化到一定量后，立即将焊锡丝向左上 45° 方向移开。熔化的锡量不能过多也不能太少，如图 1-24 所示。

操作提示：锡量要合适，过量的锡量会增加焊接时间，降低焊接速度，甚至造成短路。锡量过少将不能形成牢固焊点，降低焊点强度，如图 1-25 所示。适量的助焊剂也是必不可少的，但不是越多越好，如过量使用松香焊剂当加热时间不足时，易形成“夹渣”的缺陷。若焊接时使用有松香芯的焊锡丝，一般情况下可不需再涂助焊剂。

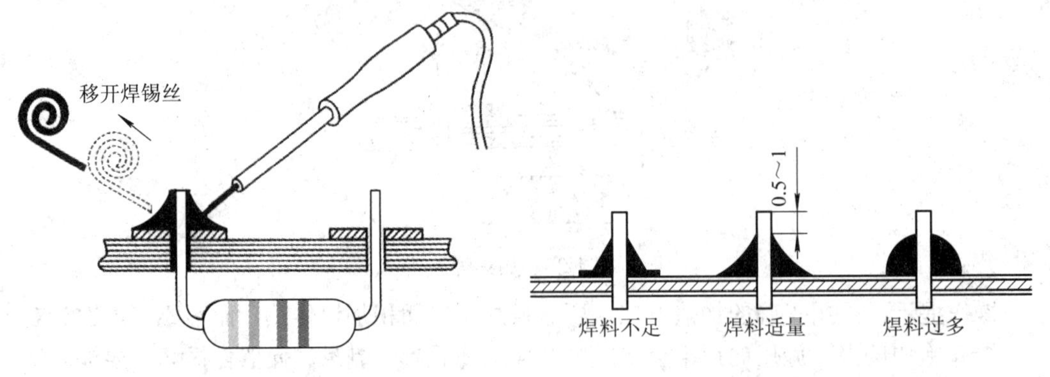

图 1-24　移开焊锡丝　　　　图 1-25　焊盘上锡量的控制

5．步骤五：移开电烙铁

焊锡浸润焊盘或焊件的施焊部位且扩散范围达到要求后，立即移开电烙铁。烙铁头的移开方向应该与电路板焊接面大致成 45°，移开速度不能太慢，如图 1-26 所示。

操作提示：在焊锡凝固之前不要移动或振动焊件。用镊子夹住焊件，完成加热、焊接、冷却整个过程，否则会造成“冷焊”。冷焊的焊点外观呈现表面无光泽豆渣状，内部结构疏松，有气隙及裂纹，易造成焊点强度降低，导电性能差。

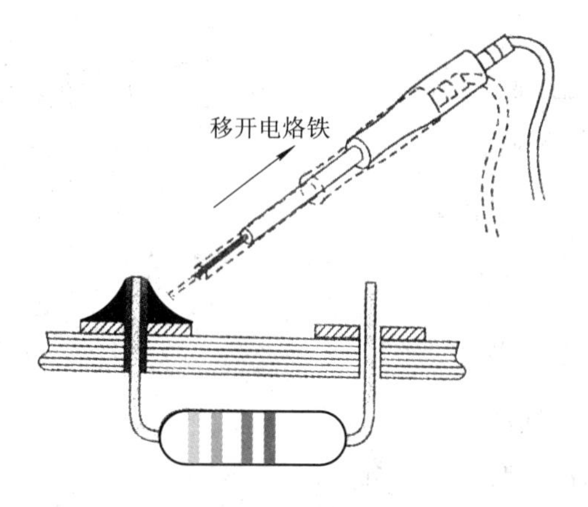

图 1-26 移开电烙铁

电烙铁撤离有讲究，移开的时间、移开时的角度和方向会对焊点形成产生直接关系。如果移开方向与焊接面成 90° 时，焊点易出现拉尖现象；若与焊接面平行时，烙铁头会带走大量焊锡，容易形成连焊。撤出烙铁头要及时，可轻轻旋转一下，以保持焊点有适当的焊锡。如图 1-27 所示为电烙铁不同撤离角度对焊点的影响。

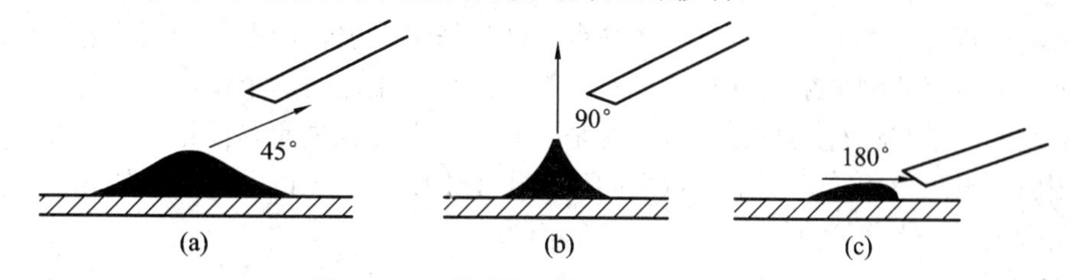

图 1-27 电烙铁撤离角度与焊点的关系

(a) 45° 焊点良好；(b) 90° 焊点拉尖；(c) 180° 焊料稀少

1.3.3 焊点的要求及检查

焊接结束后，需对焊点进行检查，确认是否达到了质量要求。焊点检查可以通过目视、手触、电路通电及万用表测试等几方面进行。

1. 质量要求

(1) 电气接触良好。良好的焊点应具有可靠的电气连接性能，无虚焊、桥接等现象。

(2) 机械强度高。焊接不仅起到电气连接作用，同时也是固定元器件的手段，因此，对焊接处需有较高的机械强度。

(3) 焊点外形美观。一个良好的焊点应具备明亮、平滑、清洁及锡量适中的外观，如图 1-28 所示。

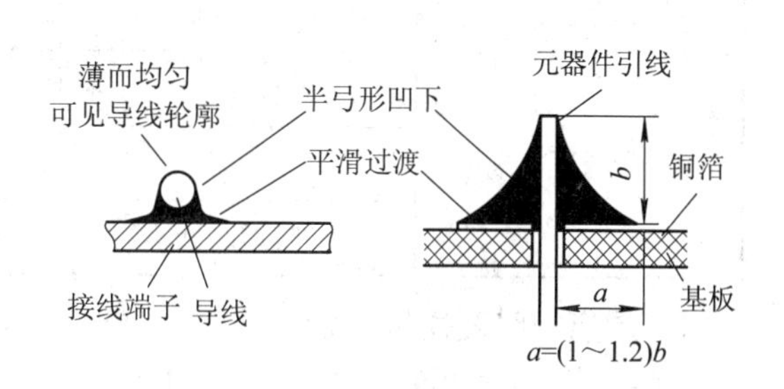

图 1-28 焊点外形

2. 焊点的检查

1) 直观检查

从外观上查看焊接质量是否合格、有无缺陷。目视可借助放大镜、显微镜进行观察。检查的主要内容有以下几项：

(1) 是否有漏焊；

(2) 焊点的光泽好不好，焊料足否；

(3) 是否有桥接现象；

(4) 焊点有无裂纹；

(5) 焊点是否有拉尖现象；

(6) 焊盘有无脱落、起翘情况；

(7) 焊点周围是否清洁，有无残留焊剂；

(8) 导线有无焊接缺陷，如外皮烧焦等现象。

2) 手触检查

手触检查主要是用手指触碰元器件外壳及引脚，看元器件焊点有无松动、焊接不牢的问题。可用镊子夹住元器件引脚左右摇动，上下轻轻拉动，看有无松动现象。

3) 用万用表电阻挡检查

在目测检查的过程中，有时对一些焊点之间的搭焊、虚焊，不是一眼就能看出来，需借助万用表电阻挡的测量来进行判断。对搭焊应测量不相连的两个焊点，看是否短路；对于虚焊应测量端子与焊盘之间的电阻，看是否开路；也可测量元器件相连的两个焊点，看是否与相应的电阻值相符。注意焊点之间可能接了电阻、半导体器件或其他元器件，它们本身之间有阻值，需仔细判断。

4) 通电检查

通电检查必须在外观检查无误后才可进行，是电路性能的关键检查步骤。如果不经过严格的外观检查，通电检查不仅困难较多，而且有损设备仪器，造成安全事故。

表 1-5 所示为通电检查时可能存在的故障与焊接缺陷的关系。

表 1-5　通电检查结果及原因分析

通电检查结果		原因分析
元器件损坏	失效	过热损坏、电烙铁漏电
	性能降低	电烙铁漏电
导通不良	短路	桥接、焊料飞溅
	断路	焊锡开裂、松香夹渣、虚焊插座接触不良
	时通时断	导线断丝、焊盘剥落等

3. 焊点缺陷及质量分析

焊点的常见缺陷有：虚焊、空洞、堆焊、拉尖、桥接、印制电路板铜箔起翘、焊盘脱落等。

(1) 虚焊：指焊接时焊点内部没有真正形成金属合金，如图 1-29 所示。造成原因：焊盘、元器件引线焊前处理不当，有氧化层和油污，焊接过程加热不足，焊料浸润不良。

(2) 浮焊：是虚焊的另一种形式。焊点没有光泽，呈现乌状且表面凸凹不平，如图 1-30 所示。造成原因：焊接加热时间太短，焊料中金属杂质过多且助焊剂太少。

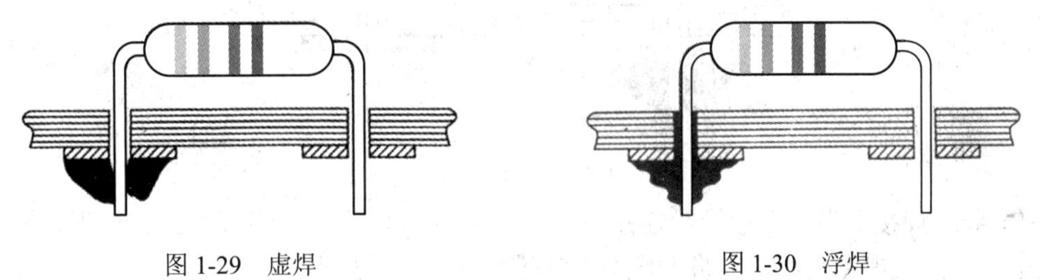

图 1-29　虚焊　　图 1-30　浮焊

(3) 空洞：由于焊盘过孔太大，焊料没有填满印制板的插孔而形成，如图 1-30 所示。造成原因：电路板开孔位置偏离焊盘中心且孔径与引脚相比过大，焊盘及引脚预处理不良，或焊料不足。

(4) 堆焊：焊点的外形轮廓不清，如同丸子状或球形，与印制板仅有少量连接，如图 1-32 所示。造成原因：焊料过多，焊盘及孔周围有氧化、污垢造成吃锡不足，或加热温度不合适。

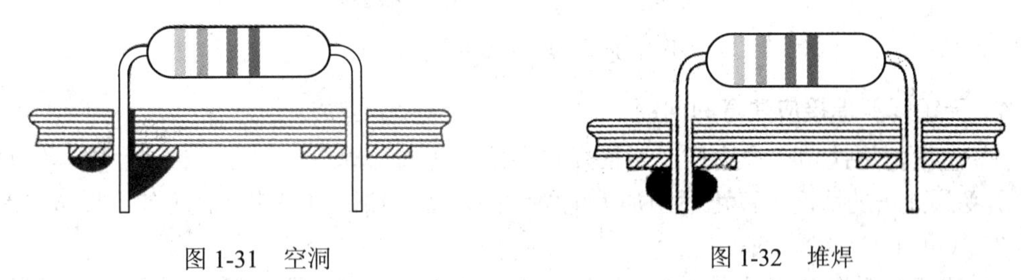

图 1-31　空洞　　图 1-32　堆焊

(5) 拉尖：焊点出现尖端如同钟乳石状，如图 1-33 所示。造成原因；助焊剂过少，焊接加热时间过长，电烙铁撤离角度不当。

(6) 桥接：指焊料将印制板相邻的铜箔连接起来的现象，如图 1-34 所示。造成原因：焊锡量过多，烙铁撤离方向不当，焊接时间太长。

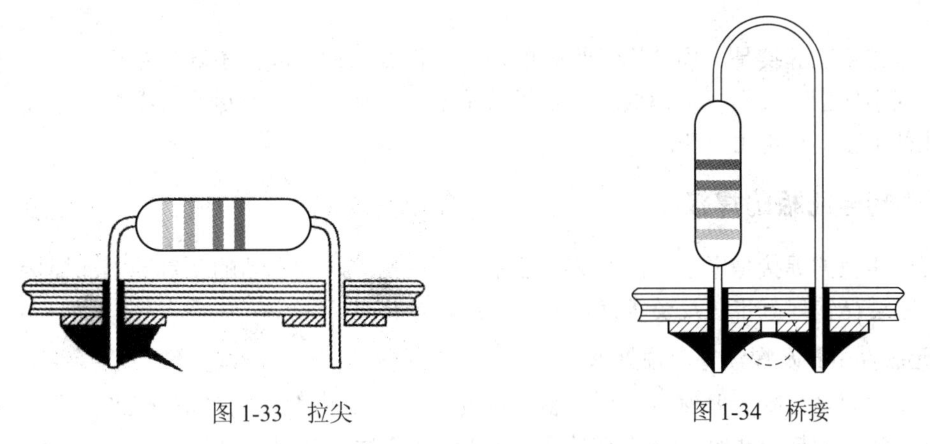

图 1-33　拉尖　　图 1-34　桥接

(7) 铜箔起翘：印制电路板铜簿从板上剥离，焊盘脱落、断裂，如图 1-35 所示。造成原因：焊接时间过长，电烙铁功率太大，焊接温度过高。

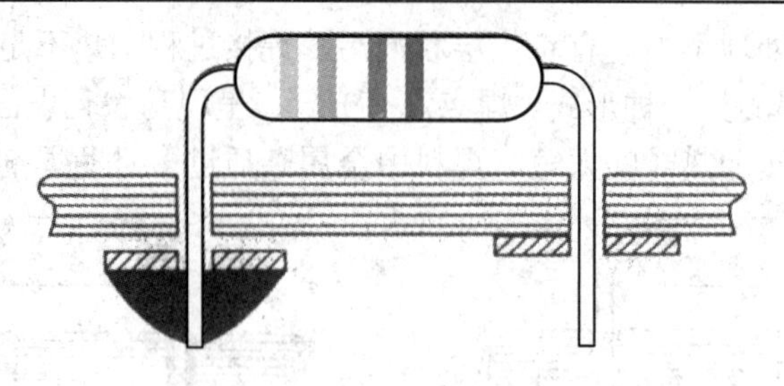

图 1-35　焊盘剥离

(8) 导线焊接不良：各种导线连接不良现象如图 1-36 所示。造成短路、虚焊、焊点处接触电阻增大及焊点发热、电路工作不正常等故障，且外观不佳。

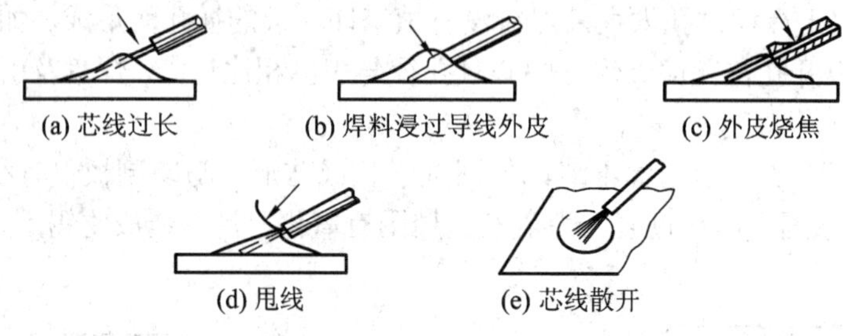

图 1-36　导线焊接不良示意图

4. 无铅焊料焊接应注意的问题

(1) 注意电烙铁功率的选择。无铅焊料的熔点比锡铅焊料熔点高出许多。在不影响元器件所受热冲击的情况下，可适当加大电烙铁的功率，加快熔锡速度。可使用焊接温度不低于 375℃的 60 W 电烙铁。

(2) 注意焊后焊点的感观。不能按以往锡铅合金的焊点标准评判。通常无铅焊料的焊点不如锡铅合金焊点平滑、光亮，但只要能保证焊点的完全焊接及可靠，应属可接受范围。

1.4　电子线路手工焊接技艺

电子线路手工焊接是一项技巧性很强的操作，需要长期实践，不断积累经验，方可熟能生巧。同学们应在实训中掌握要领、勤学苦练并借鉴他人经验，尽快掌握焊接技能。以下介绍几种手工焊接常用方法。

1.4.1　印制电路板的焊接

印制电路板的焊接是电子产品组装中非常重要的工作，是产品的质量基础。焊接印制电路板，除遵循锡焊五步法及要领外，还需注意以下几点。

1. 元器件引脚及焊盘焊前预处理

该工作主要是去除元器件引脚、印制电路板焊盘的氧化层，检查其可焊性，常用方法为机械刮磨和用酒精擦洗等。经过处理后的元器件还应进行镀锡，如图 1-37 所示。对于一些出厂不久并在保质期内的元器件及印制电路板，可直接进行焊接。

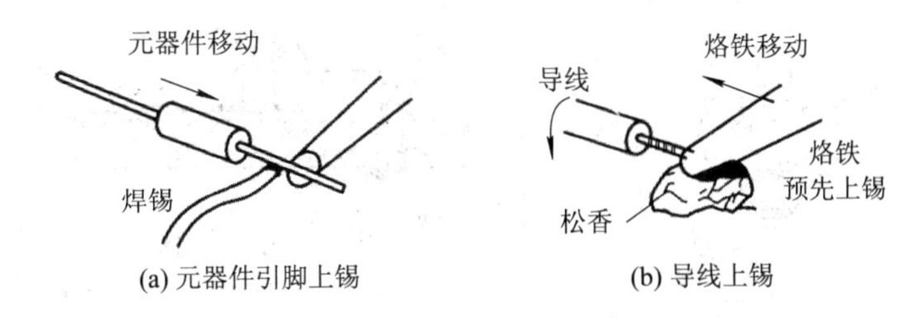

(a) 元器件引脚上锡　　(b) 导线上锡

图 1-37　给元器件引线和导线镀锡

2. 电烙铁的选择

由于印制板铜箔和绝缘基板之间的结合强度及小型元器件的耐热性等原因，烙铁头的温度最好控制在 250～300℃之间，应选用内热式电烙铁 20～35 W 或调温式电烙铁，烙铁头形状可采用小型圆锥烙铁头。

3. 焊接时加热方法

焊接前应对印制板上的焊盘和元器件引线同时进行加热，电烙铁与印制板之间的夹角 30° ～45° 为宜，如图 1-38(a)所示。对于较大的焊盘(直径大于 5 mm)，电烙铁可绕焊盘转动，以免长时间停留一点，导致局部过热，如图 1-38(b)所示。

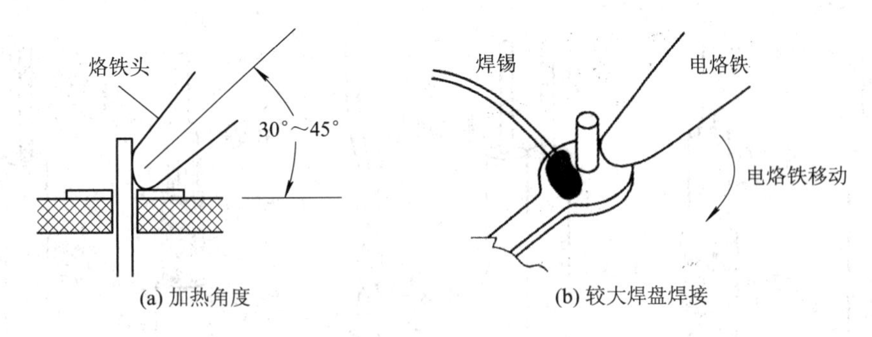

(a) 加热角度　　(b) 较大焊盘焊接

图 1-38　对大焊盘的加热焊接及加热角度

4. 印制板焊点的连接形式

通常印制板焊点的连接形式有插焊和弯焊。其弯焊的机械强度要大于插焊，可靠性也优于插焊，但焊前需弯脚，焊后处理较麻烦，焊点不如插焊美观，如图 1-39 所示。

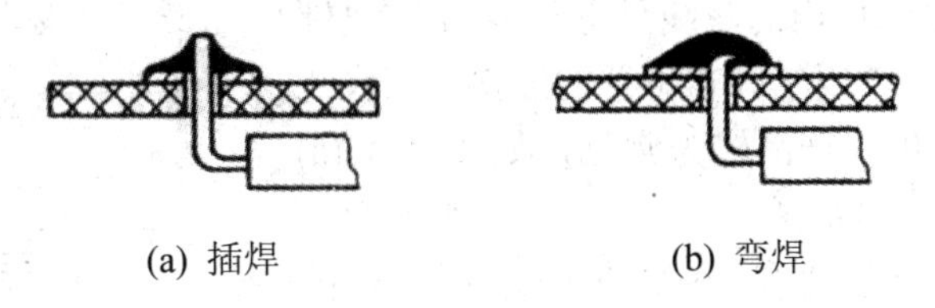

(a) 插焊　　(b) 弯焊

图 1-39　印制板焊点连接

5. 金属化孔的焊接

两层以上的印制板的元器件插孔都需进行金属化处理，焊接金属化孔的焊盘时，不仅要让焊料浸润焊盘，而且孔内也要润入焊料，充实金属化孔。因此，金属化孔的加热焊接时间应长于单面板，如图 1-40 所示。

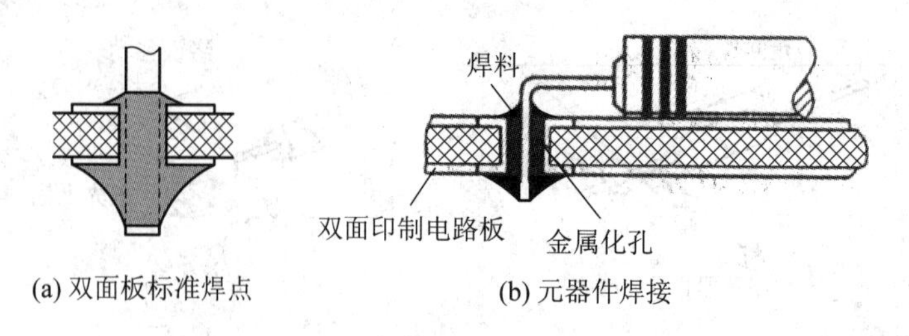

图 1-40　金属化孔的焊接

6. 焊锡丝的选用

印制电路板焊接所用的焊料，应根据印制导线的密度和焊盘的大小来选取，一般采用 ϕ0.5 mm～ ϕ1.2 mm 的线状焊料(松脂芯焊锡丝)。当焊接部位达到焊接温度后，即供给适量的锡料，焊接时间应根据焊盘大小、焊锡丝粗细来确定，一般应小于 3 秒。

1.4.2　导线的焊接

导线焊接在电子产品装配中具有重要的地位，多用于总装各电路板间的连接，由于常采用手工焊接，所以其焊点的失效率高于印制电路板，需特别加以重视。常用导线如图 1-41 所示。

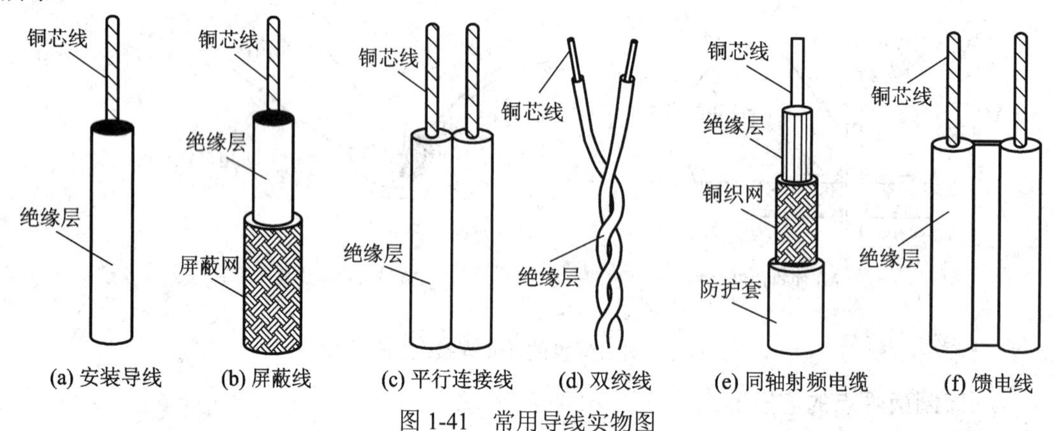

图 1-41　常用导线实物图

1. 常用导线的分类

(1) 单股导线：绝缘层内的芯线只有一根，俗称“硬线”，容易成形固定，常用于固定位置的连接。漆包线也属于单股导线，在电子产品较为常见，如图 1-42(a)所示。

(2) 多股导线：绝缘层内有 4～67 根或更多的导线，俗称“软线”，由于弯折自如、移动性较好，多用于可移动的电气设备及电路板间的连接。排线属于多股导线，多用于数据传输，如图 1-42(b)所示。

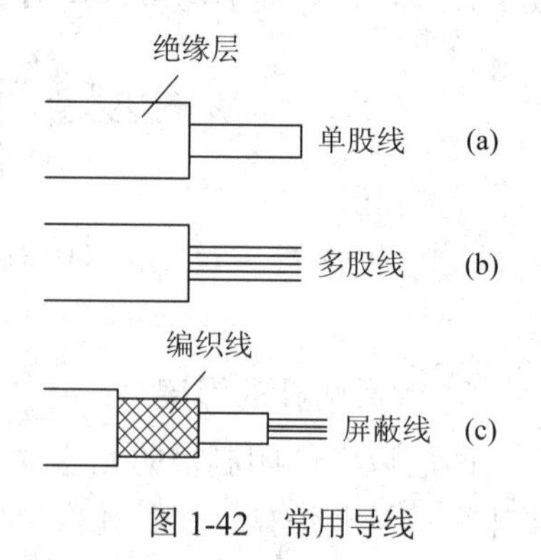

图 1-42　常用导线

(3) 屏蔽线。在绝缘的芯线之外有一层网状导线，具有屏蔽信号的作用，被广泛用于高频信号及弱信号的传输，如图 1-42(c)所示。

2. 导线焊前处理

(1) 剥绝缘层(剥头)。将绝缘导线的两端绝缘层去掉、露出一段芯线。剥离方法有两种：刃截法和热截法。

① 刃截法。采用专用工具，如剥线钳或偏口钳，特点是简单方便，但易伤芯线。剥线时将规定剥头长度的导线插入刃口中，压紧剥线钳，拉出导线剥头绝缘层。

② 热截法。简易热截剥线器，可用 0.5～1 mm 厚度的铜片经弯曲后固定在电烙铁上。如图 1-43 所示。将需剥头的导线按剥头长度放在加热后的铜片上，转动导线，待绝缘层切断后，拉出导线。此方法的最大好处是不伤芯线。

(2) 捻头。多股导线去绝缘层后，要进行捻头以防芯线松散。捻头时要顺着原来的合股方向，其螺旋角一般在 30°～45°。捻头也可与剥线一并进行，采用边拧边拽的方式，如图 1-44 所示。

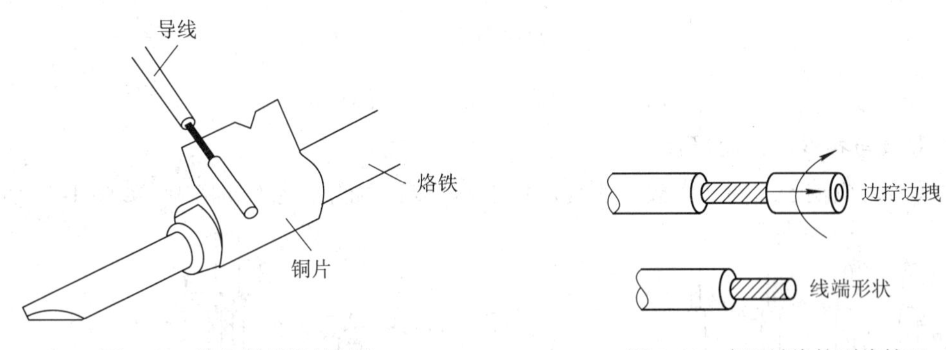

图 1-43　简易剥线器的制作　　图 1-44　多股导线的剥线技巧

(3) 挂锡。挂锡方法与元器件引线预焊方法类似，需要注意的是导线挂锡时要边上锡边旋转参看图 1-37(b)所示方法。多股导线要防止烛心效应，即焊锡浸入绝缘层，造成软线变硬，易导致接头故障。如图 1-45 所示。挂锡有锡锅浸锡、电烙铁上锡两种。

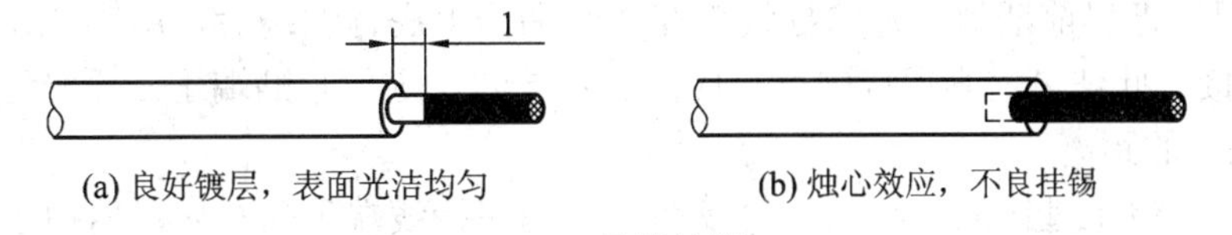

(a) 良好镀层，表面光洁均匀　　(b) 烛心效应，不良挂锡

1-45　导线挂锡

3. 导线的焊接

1) 导线与导线的焊接

导线与导线的连接通常采用绕焊的方法。如图 1-46 所示。具体操作步骤如下：

(1) 去掉一定长度的绝缘层(一般 2～4 mm)；

(2) 端头进行捻头处理，刮磨上锡，并套入适合的套管；

(3) 将两根导线要焊接部分进行绞合并施焊；

(4) 趁热套上套管，若是热缩套管需用热风枪进行加热使其收缩，将锡焊处置于套管内。热缩套管覆盖长度如图 1-47 所示。

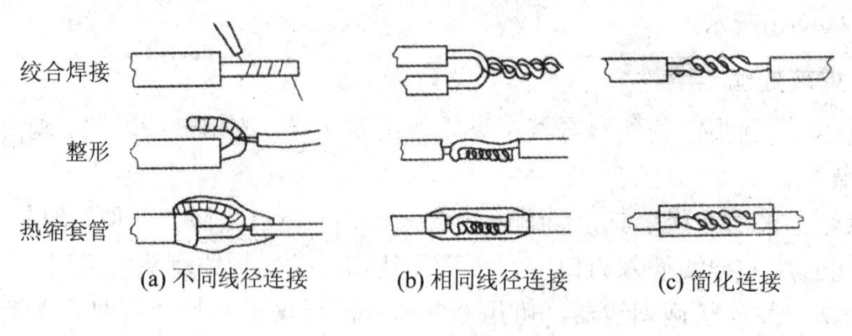

图 1-46　导线与导线的连接

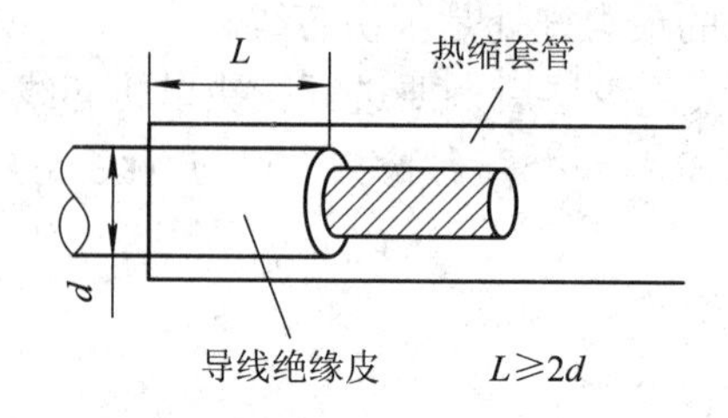

图 1-47　热缩套管覆盖长度示意图

2) 导线与接线端子的焊接

导线与接线端子之间的焊接一般有三种基本形式：绕焊、钩焊和搭焊，如图 1-48 所示。

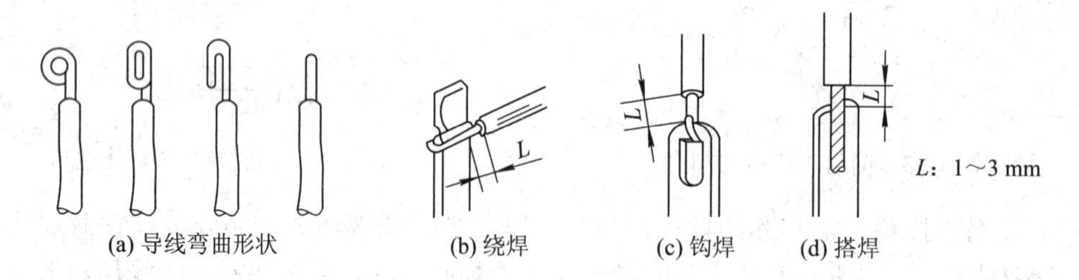

图 1-48　导线与接线端子的连接形式

(1) 绕焊。把已前期处理好的导线头在接线端子上进行缠绕后，用钳子拉紧缠牢后，然后进行焊接。此法可增强焊接强度。应注意：导线一定要紧贴端子，而绝缘外套应与端子有 1～3 mm 的距离。

(2) 钩焊。将上过锡的导线端头弯成钩形，钩在接线端子的孔内，用钳子夹紧后进行焊接。此法操作较简便，易于拆焊。

(3) 搭焊。把导线端头搭到接线端子上施焊。此法搭线与焊接同时进行，操作方便，但可靠性最差，仅用于临时焊接或不便进行缠、钩的地方。

3) 导线在金属板或印制板覆铜层上焊接

将导线焊到金属板或覆铜层上，最关键的是在金属板上镀锡，由于金属板的表面积较大，吸热多且散热快，须使用大功率的电烙铁(一般根据板的厚度和面积大小选用 50～300 W)即可，覆铜板若面积较小也可使用 25 W 电烙铁，只是要增加加热时间。

在焊接时可采用如图 1-49 所示的方法，先用小刀刮净待焊面，立即涂上少量助焊剂，然后用锡沾满电烙铁头，适当用力地在金属板上要焊接的地方做圆周运动，靠烙铁头磨擦破坏金属板上的氧化层，将锡镀上，上锡后可按导线焊接要求进行焊接。若使用酸性助焊剂(焊油)，焊接完成后应及时清洗焊点。

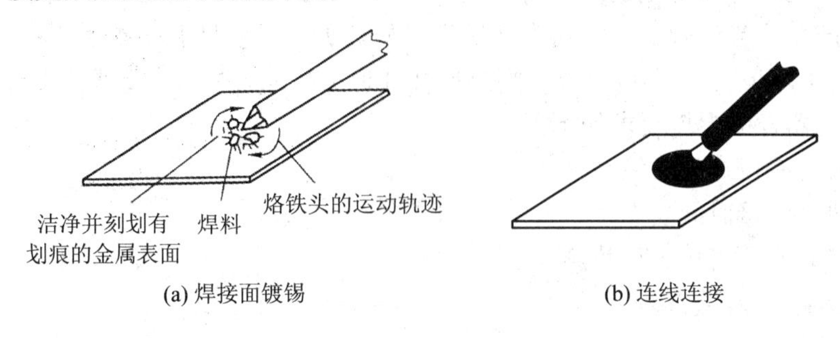

(a) 焊接面镀锡　　(b) 连线连接

图 1-49　导线在金属板上焊接

1.4.3　几种易损元器件的焊接

1. 注塑元器件的焊接

一些采用热注塑方式和用有机材料制成的电子元器件，已广泛用于电子产品的制造。例如在收音机组装实训中将要接触到的音量开关、耳机插座、中周、双联等，它们的最大缺点就是不能承受高温。对这类元器件的焊接，若不注意加热时间，极有可能造成塑料变形， 导致元器件失效、性能降低或造成隐性故障。因此，对注塑元器件的焊接要注意以下几点：

(1) 元器件引脚在进行前期预处理时，应将焊点清理彻底，一次镀锡成功，不可反复施镀，若用锡锅浸镀，要掌握好浸入时间及深度。

(2) 在焊接时，应在保证焊盘润湿的情况下，焊接时间越短越好。实际操作时，只需用挂上锡的烙铁头在已处理好的焊点间轻轻一点即可。

(3) 电烙铁的功率要适当，在对注塑元器件引脚加热时，烙铁头不可对引脚或焊片施压。在焊接完成焊件未完全冷却前不要对元器件塑壳作牢固测试，如图 1-50(a)所示。

(4) 在对引脚进行镀锡或焊接时，适量的助焊剂是必不可少的，但不是越多越好。若使用有松香芯的焊锡丝，可不再使用助焊剂。在一些必须要用的场合，要注意其用量，尽可能少，防止侵入电接触点，如图 1-50(b)所示。

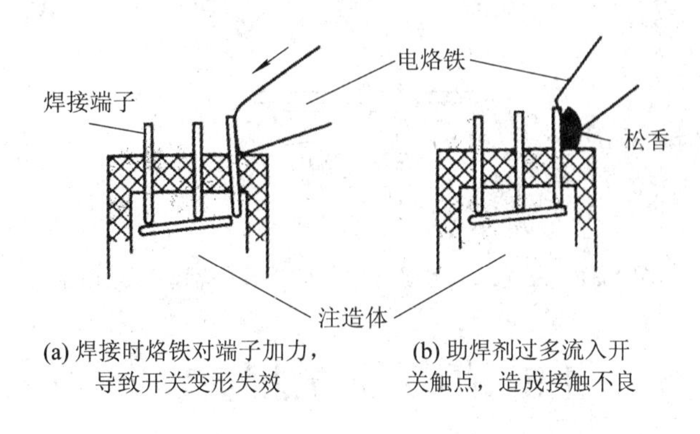

(a) 焊接时烙铁对端子加力，导致开关变形失效　　(b) 助焊剂过多流入开关触点，造成接触不良

图 1-50　因焊接不当造成注塑开关失效

2. 弹簧片类元器件的焊接

弹簧片类元器件如继电器、波段开关等，它们的共同特点是在簧片制造时施加了预应力，使簧片产生适当的弹力，确保电接触性良好。如果在安装和施焊过程中对簧片施加外力过大，加热时间过长且温度过高，则会使簧片退火，失去弹力，造成元器件失效。因此，对弹簧片类元器件的焊接要求如下：

(1) 引脚要有可靠的镀锡；

(2) 加热、焊接时间要短；

(3) 焊接时不要对接线焊片施加压力；

(4) 焊锡量宜少不宜多。

3. FFT 集成电路的焊接

MOSFEF 电路特别是绝缘栅型电路，由于输入阻抗很高，焊接、安装时稍有不慎就可使其内部电路击穿而失效。因此，在对 MOS 场效应管或 CMOS 工艺的集成电路焊接时，需要掌握的焊接技巧如下：

(1) 集成电路引脚可用酒精擦洗或用绘图橡皮擦净即可进行焊接，不可用刀刮蹭；

(2) CMOS 型集成电路在焊接前若已将各引线短接，焊接时不要去掉；

(3) 焊接时间在保证润湿的前提下，尽可能要短，不要超过 3 秒；

(4) 电烙铁最好采用恒温烙铁，温度控制在 230℃或用功率为 20 W 的电烙铁，接地线应保证接触良好；也可利用电烙铁断电后的余热进行焊接，以防静电损坏集成电路；

(5) 烙铁头应选用尖锥式或圆锥式，使焊一个端点时不会碰相邻端点；

(6) 对直接焊到印制电路板上的集成电路，其焊接顺序为：地端→输出端→电源端→输入端。

4. 瓷片电容、发光二极管、中周等元器件的焊接

这类元器件的共同弱点是加热时间过长就会失效，其中，像瓷片电容、中周等元件易造成内部接点开焊，而发光二极管则会造成管芯损坏。焊前要处理好焊点，施焊时强调一个“快”字，并采用辅助散热措施可避免过热失效，如图 1-51 所示。

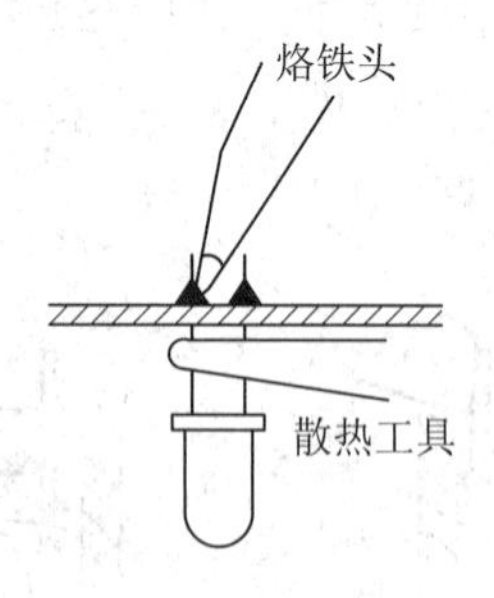

图 1-51　发光二极管等元器件的焊接的辅助散热措施

1.5　拆焊的方法与技巧

将已焊焊点拆除的过程称为拆焊。当组装电子产品焊接出现错误，调试和维修中需要

更换一些元器件时，就需要将元器件从电路板上拆除，即拆焊。如果拆焊方法不当，就会使元器件、电路板损坏。在实际操作中，拆焊要比焊接难度更大，而且基本上是手工操作，这是实训中应重点掌握的技能。

1.5.1　拆焊的要求与工具

1. 拆焊的原则与要求

(1) 不可损坏被拆焊元器件及标识；
(2) 不可损伤印制板上的铜箔和焊盘；
(3) 不要伤及和移动其他元器件；
(4) 拆焊过程要轻、快，严格控制加热时间及加热温度，不可用力过猛；
(5) 元器件拆除后，应及时清除焊盘上残余焊锡，穿出焊孔，以备再焊。

2. 拆焊工具

1) 吸锡电烙铁

吸锡电烙铁用于吸去熔化的焊锡，使焊盘与元器件或导线分离。特点是：具有加热功能并与吸锡一并进行，一次达到解除焊接，如图 1-52 所示。

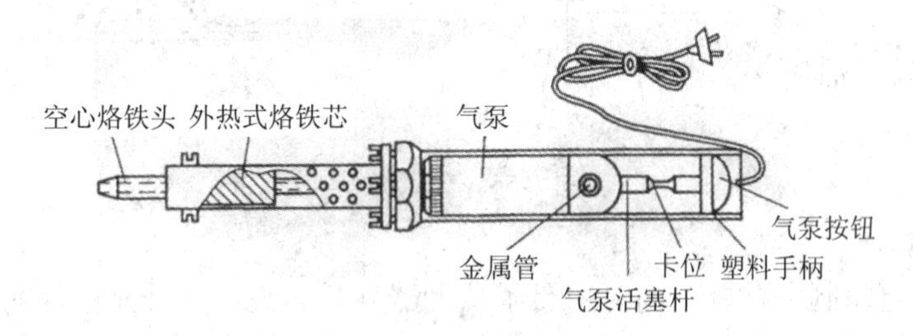

图 1-52　吸锡电烙铁

2) 吸锡器

吸锡器主要用于吸去熔化的焊锡，需与电烙铁配合使用。先用电烙铁将焊点锡熔化，再用吸锡器吸除锡，其结构如图 1-53 所示。吸锡器的吸头由于常接触高温，因此通常采用耐高温塑料制成。

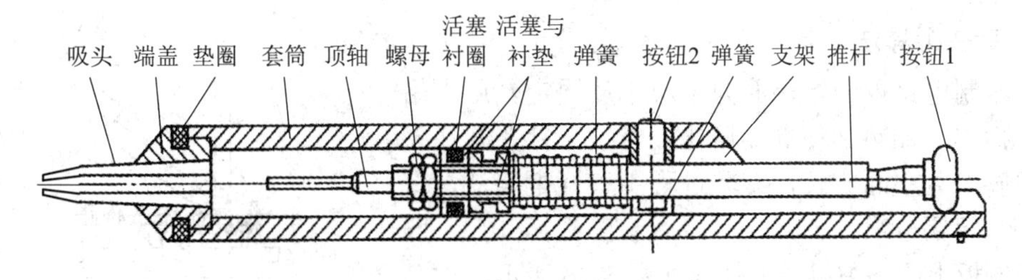

图 1-53　吸锡器内部结构

3) 吸锡绳

吸锡绳用于吸去焊接点上的焊锡，使用时用电烙铁将锡熔化，用吸锡绳附在焊锡上，利用网状铜丝制成的吸锡绳粘走焊锡，如图 1-54 所示。

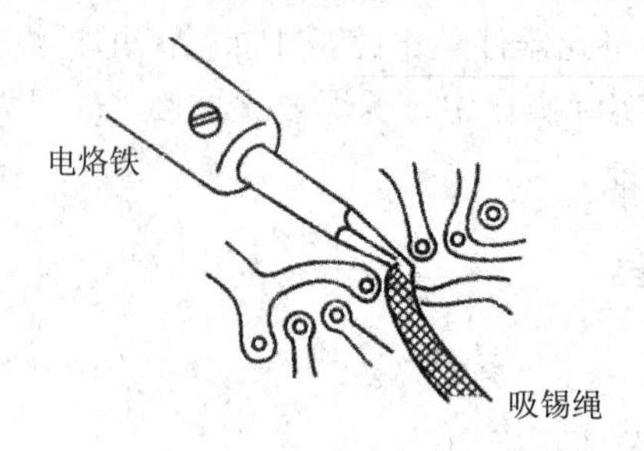

图 1-54　吸锡绳拆焊法

1.5.2　一般焊件的拆焊

对于一般电阻、电容、晶体管等引脚不多，且每个引线均能相对活动的元器件，可用电烙铁直接拆焊，称为分点拆焊法，如图 1-55 所示。

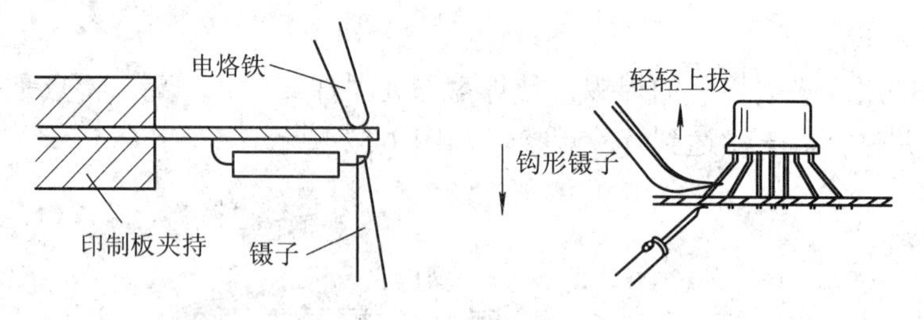

图 1-55　分点拆焊

方法与步骤

(1) 首先固定印制电路板，同时用镊子从元器件一面夹住被拆元器件的一根引线；

(2) 用电烙铁对被夹引线上的焊点进行加热，以熔化焊点上的焊锡；

(3) 待焊点上的焊锡全部熔化，将被夹的元器件引线轻轻从焊盘孔中拉出；

(4) 然后用同样的方法拆焊被拆元器件的另一根引线；

(5) 用电烙铁清除焊盘上多余的焊锡，并用捅针清理堵塞的焊盘孔。

1.5.3　复杂焊件的拆焊

1. 针头拆焊法

将印制电路板的焊接面向上，平放固定。用电烙铁对被拆焊点加热、使焊锡熔化。将空心针头套在元器件引脚上并不断旋转，旋转过程中移开电烙铁，直到引脚与焊锡分离。待元器件所有引脚都拆开后，即可从印制板上取下被拆元器件。如图 1-56 所示。

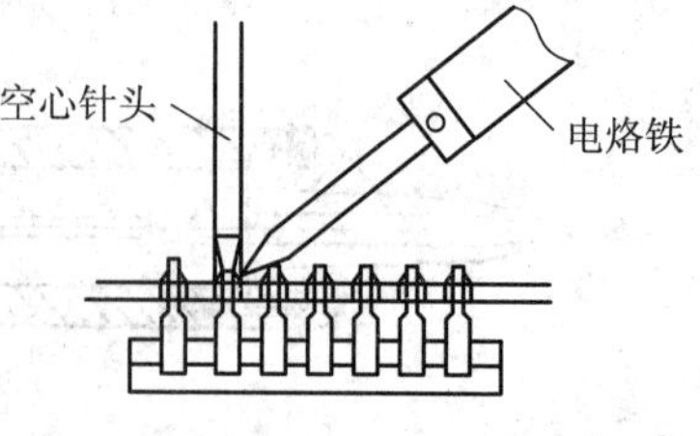

图 1-56　针头拆焊法

2. 专用烙铁头拆焊法

如图 1-57 所示为一次性可将所有焊点加热熔化取出的专用拆焊烙铁头，加装在大功率的电烙铁上，拆焊时，将其置于元器件成排焊点处，快速地熔化元器件引脚上所有焊锡，迅速移除焊盘，如图 1-58 所示。优点是简单、高效。但焊孔很容易堵死，重新焊接时还须清理，并且不同的元器件需要不同种类的专用工具，有时并不是很方便。

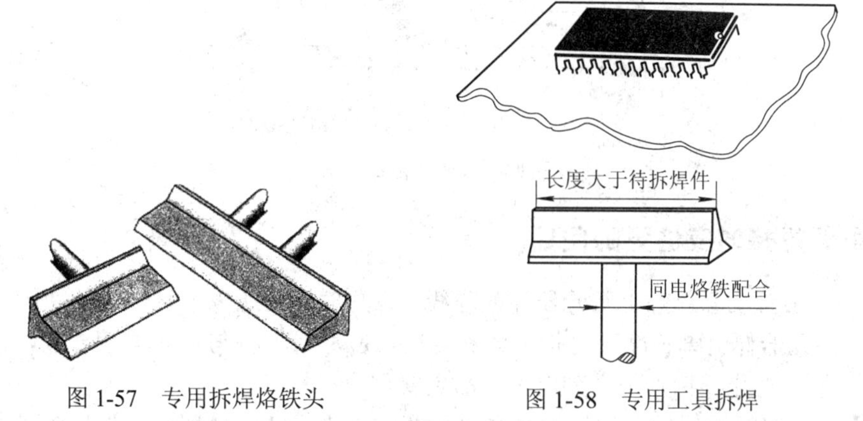

图 1-57　专用拆焊烙铁头　　图 1-58　专用工具拆焊

3. 吸锡烙铁或吸锡器拆焊法

如图 1-59 所示，吸锡烙铁是将电烙铁与活塞式吸锡器融为一体的拆焊工具。操作时，先加热焊点，待锡熔化后，按动吸锡装置吸去焊锡，使元器件与印制电路板分离。其优点是不受元器件种类限制，焊下元器件后不堵塞焊孔；缺点是须逐个焊点除锡，效率不高，而且需及时排除吸入的焊锡。实际运用中常采用电烙铁与吸锡器配合拆焊法，其使用方法如图 1-60 所示。

图 1-59　吸锡烙铁拆焊法

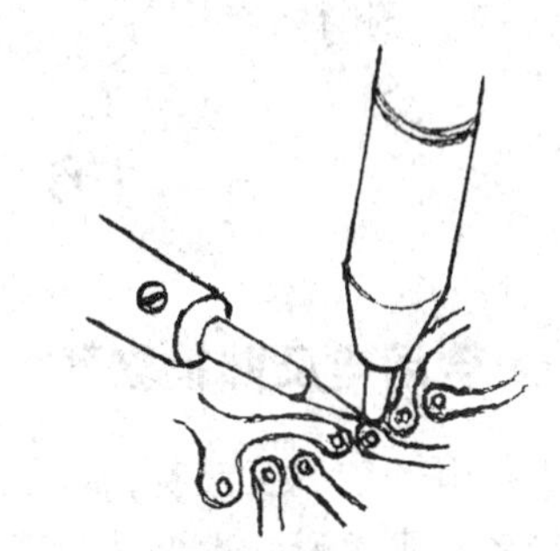

图 1-60　电烙铁与吸锡器配合使用

4. 铜丝编织线拆焊法

如图 1-61 所示，利用铜丝编织的屏蔽线电缆或较粗的多股导线，用作吸锡材料，将其中部分吃上松香焊剂，然后放在要拆焊的焊点上，再将电烙铁放在铜丝编织线上加热焊点，待焊点上的焊锡熔化后，将焊锡吸走。一次吸不净需反复几次，直到元器件与电路板分离。

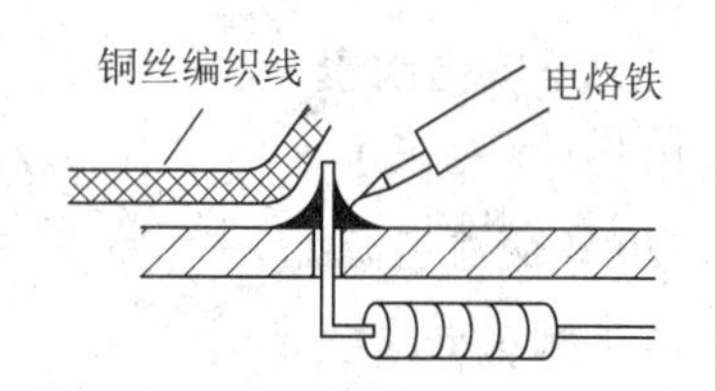

图 1-61　用铜丝编织线拆焊元器件

5. 剪断拆焊法

被拆焊点上的元器件引脚及导线如留有余量，若确定元器件已损坏，可先将元器件或导线剪下，再将焊盘上剪断部分的引脚或导线线头拆下。也可保留剪断残留的引脚或线头，采用搭焊或细导线绕焊的方法，换上新元件。如图 1-62 所示。

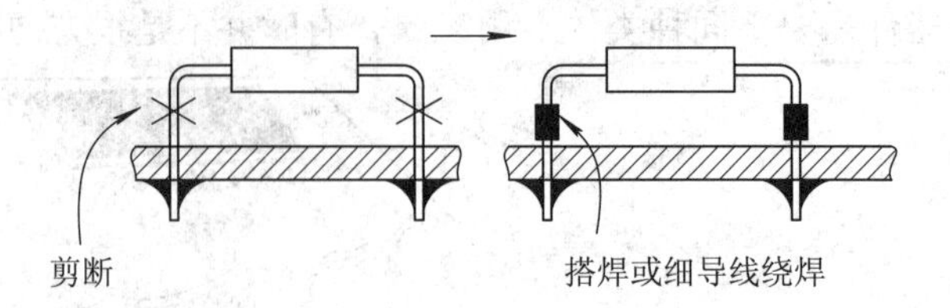

图 1-62 用断线拆焊法更换元件

1.5.4 重新焊接时应注意的问题

拆焊后一般都要重新焊上新元器件或导线，操作时应注意以下几个问题：

(1) 新换元器件引脚长度、弯折形状和方向，应尽量保持与原元器件一致，使电路参数不致发生较大变化，特别是高频电子产品更要重视这一点。

(2) 印制电路板拆焊后，如果焊盘孔被堵塞，须进行通孔处理。具体做法是：先用电烙铁对焊盘孔上的锡进行加热熔化，再用锥子或镊子尖端从铜箔面将孔穿通。单面板不能用元器件引线从印制板元件面捅穿孔，这样易使焊盘铜箔与基板分离，甚至使铜箔断裂。双面板需用吸锡器将焊盘过孔内的锡吸除后，方可插入新元器件引脚或导线进行重新焊接。

(3) 拆焊并重新焊好元器件或导线后，应将因拆焊需要而移动、弯折的周围的元器件恢复原状，以免电路的性能受到影响。

(4) 拆焊、补焊过程中都要使用焊剂，在最终完成维修后，应对焊点及周边进行清洗。

1.6 手工焊接技能实训

1.6.1 安全用电及防护教育

在进行电子装调工艺实训以及各种电子制作过程中，需要使用各种工具、电器、仪表仪器等设备，不可避免地要接触市电，甚至高压电，如果不掌握必要的安全用电知识，操作中缺乏足够的警惕，就可能发生人身、设备事故。因此用电安全是电子组装、调试实训的根本保证。

1. 常见不安全因素

电击的危害是由于人体同电源接触，具有较大的偶然性和突发性，令人猝不及防，常发生在 220 V 交流电源上。

1) 直接触及电源

在进行电子产品制作及生产时，由于存在各种不为人所注意的途径，会触及电源而产生电击。

(1) 电源线破损。经常使用的电烙铁、台灯等塑料电源线，因操作中割破或烙铁烫伤电源线外皮而裸露金属导线，手碰及引起电击。

(2) 拆装螺口灯头，手指触及灯泡螺纹引起触电。

(3) 用万用表测试电源电压，手无意碰到表笔。调整仪器、检修设备时，电源开关断开，但未拔下插头，开关接头部分带电，在不知情的情况下遭到电击。

2) 电器设备外壳带电

电器设备及仪表工具的金属外壳如果带电，操作者很容易触电，机壳带电的原因有以下几种：

(1) 电源线虚焊，造成在运输与使用过程中开焊脱落，搭接在金属外壳上。

(2) 生产工艺不良，产品本身带隐患，如用金属压片固定电源线时绝缘层破损。

(3) 设备长期使用不检修，造成导线绝缘老化开裂，碰及外壳。

(4) 错误接线，如更换外壳接保护零线插头、插座造成外壳直接接到电源火线上。

在使用前，应对仪器设备的安全性做重点检查，用万用表或试电笔测量外壳是否带电，确保人身、设备安全。

3) 电容器放电

电容器能存储电能。一个充了电的电容器，具有同充电电源相同的电压，并在断开电源后，电能可存储相当长的时间，同样可以产生电击，尤其是高电压、大容量的电容器，可造成严重的致命伤害。一般电压超过千伏或者电压虽低但容量较大的电容器，在进行设备检修前一定要先放电，确保人身安全。

2. 安全防护

1) 焊接、组装实训时的安全防护

电烙铁是进行电装实训的必备工具，应在指导老师指导下进行操作使用，通常烙铁头表面温度可达 400～500℃，而人体所能耐受的温度一般不超过 50℃。实训中烙铁应放置在烙铁架上并置于工作台右前方。观测烙铁温度可用烙铁头熔化焊锡丝或松香进行判断，不可直接用手触摸烙铁头，避免烫伤。严格遵守安全制度和操作规程。

(1) 不要惊吓正在操作的人员，不要在实训场地内打闹。

(2) 烙铁头上多余的焊锡不要乱甩，特别是往身后甩危险更大。

(3) 焊接过程中电烙铁暂不用时，应置于烙铁架上，不可放在桌子上，以免烫坏导线或其他物件。在没有拔掉插头，烙铁彻底凉下来前千万不可用手触摸。

(4) 拆焊有弹性引脚的元器件时，不要离焊点太近，可将弹出焊锡的方向向外。必要时应戴上防护镜，以免烫伤眼睛。

(5) 插拔电烙铁及其他电器的电源插头时，要手拿插头，不要抓电源线。

(6) 用剪线钳剪断引线时，要让线头飞出方向朝着工作台或空地，不可朝向人或设备。

(7) 用螺丝刀拧电烙铁头上的螺丝，调节烙铁头长短时，手不可触及螺丝刀的金属部分。

要培养良好的工作习惯，创造良好的工作环境，各种工具、仪表应摆放合理、整齐，不可乱摆、乱放，以免发生事故。

2) 调试、维修实习时的安全防护

调试与维修过程中，要接触各种电路和仪器仪表设备。为了保护操作人员的安全、防止调试设备和电路的损坏，在严格遵守一般安全规程外，还应注意以下几点：

(1) 在使用调试设备前，要了解该设备性能、用途及注意事项，看懂使用说明书。

(2) 仪器通电前，应检查仪器设备的工作电压与市交流电压是否相符。检查仪器面板上各开关、旋钮是否在指定的挡位，外接插头是否插好。遇到开关、旋钮转动困难时，不可用力扳转，以免造成损坏。

(3) 仪器设备通电时，应注意观察仪器的工作情况。如发现仪器设备保险丝烧断，应换同规格保险丝再通电，若再次烧断则必须停机检查，不可更换大容量的保险丝。

(4) 调试仪器设备要定期检查，仪器外壳及可接触部分不应带电。凡金属外壳仪器设备，必须使用三孔插座，并保证外壳良好接地。电源线一般不超过2米，并具有双重绝缘。

(5) 仪器设备使用完毕，应先切断仪器的电源开关，然后拔掉电源插头。应禁止只拔掉电源插头而不切断开关的简单做法。

1.6.2 手工练焊前的准备

1. 常用装焊工具的认知及使用

1) 训练要求

(1) 掌握主要装配、焊接工具的使用。

(2) 掌握电烙铁的检测方法及调整方法。

(3) 了解焊锡丝的构成及使用操作方法。

2) 主要器材

(1) 实习工具一套(镊子、尖嘴钳、斜口钳、小十字起、小一字起、无感起子、一字起子、剪刀)。

(2) 30 W 电烙铁及烙铁架、MF-47 万用表各一个，铁盒一个，垫布一块。

3) 训练内容

(1) 清点与认知工具。检查有无损坏缺失，并填写记录表格。

(2) 对照本章1.2节的内容，了解各工具的用途，掌握其使用方法。

(3) 参看本章1.1节有关焊料与焊剂的知识，观察焊锡熔化形态的特性。

2. 电烙铁的检测及温度调整

(1) 外观检查。

① 电源插头有无松动，与电源插座连接是否可靠；

② 电源线有无破损烫伤；

③ 烙铁头是否清洁，是否需要修整上锡。

(2) 用万用表测量。万用表拨到 $R \times 100\ \Omega$ 或 $R \times 1\ k\Omega$ 挡，将两表笔短接调零。然后测量电烙铁电源插头两端的阻值，若所测阻值为 0 或∞，应对其进行检修，正常阻值应为 1.5 kΩ 左右。

(3) 加电检查。观察电烙铁头的温度(参照本章1.2.2节表1-4)，调整烙铁头的长度，(须在辅导老师指导下进行)。

(4) 清洁烙铁头。用锉刀对烙铁头的形状做适当修整，清除黑色氧化物，蘸松香加焊锡进行挂锡。

3. 认知焊锡和焊剂

(1) 用电烙铁熔化一小块焊锡，观察其熔化过程及液态形态，冷却时了解振动对焊锡最后凝固的影响。

(2) 在熔化的液态焊锡上用电烙铁溶化少量松香，观察焊锡的变化，了解焊剂在整个焊接过程中的作用。

(3) 用剪刀剪一段焊锡丝，观察其截面，了解焊锡丝的结构。对照图 1-63 进行分析。

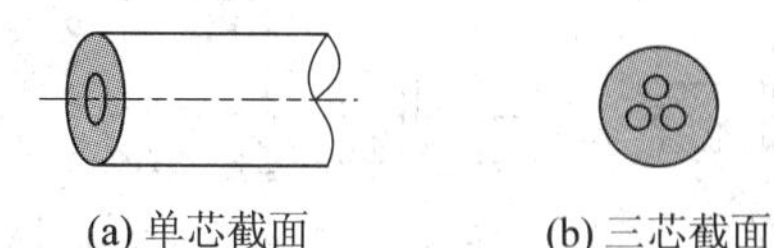

(a) 单芯截面　　(b) 三芯截面

图 1-63　焊锡丝截面

1.6.3　手工电路板练焊实训

1. 目的要求及准备

1) 训练要求

(1) 通过焊接五步法的练习，掌握手工锡焊技能。

(2) 掌握印制电路板装配方法，为收音机实体组装打下基础。

(3) 熟悉本章涉及锡焊的理论知识。

2) 训练器材与工具

(1) 主要工具：电烙铁及支架、镊子、尖嘴钳、斜口钳、刀片、小铁盒等。

(2) 焊锡丝等焊料、松香。

(3) 练焊用印制电路板及直插式元器件若干。练焊板示意图如图 1-64 所示。

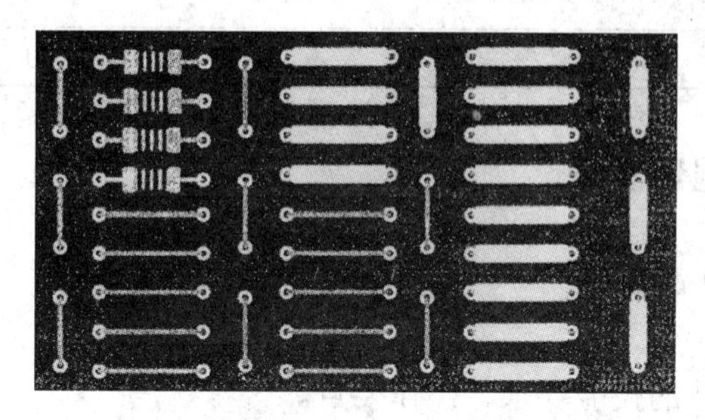

图 1-64　练焊板示意图

2. 训练内容及步骤

(1) 印制电路板的检查及表面清理。

(2) 元器件管脚整形及焊接面的处理。

(3) 按装配要求将元器件插装在练焊电路板上。

(4) 按照锡焊五步法的要求进行焊接，如图 1-65 所示。

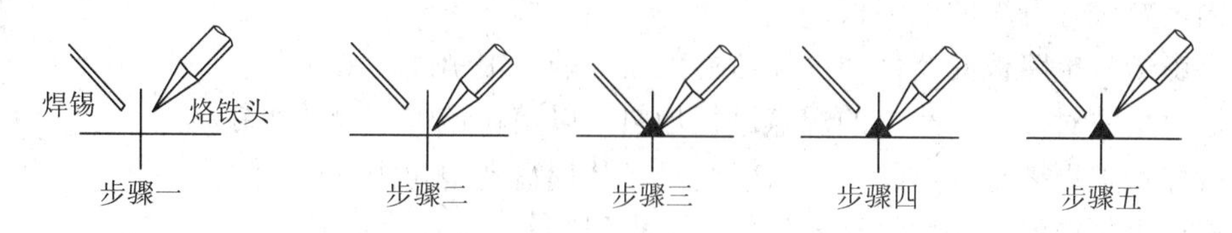

图 1-65　电路板锡焊五步法

(5) 修剪凸出焊点过长的引脚。

(6) 对照图 1-66 检查焊点质量。

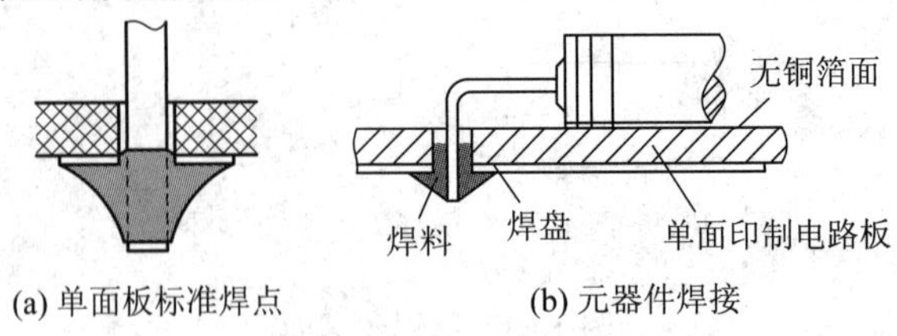

图 1-66 单面印制板焊接

3. 练焊实训综合评价

练焊实训综合评价按表 1-7 打分。

表 1-7 练焊实训综合评价表

项目	评分标准	标准分	得分
目视检查	目视检查焊点缺陷并用记号笔标注 叙述焊点缺陷原因	40 分	
手触检查	手触检查焊点缺陷并用记号笔标注 使用镊子检查焊点缺陷并用记号笔标注 叙述焊点缺陷原因	40 分	
补焊质量评价	正确补焊及改正焊点缺陷 评价补焊正确否	20 分	
合计		100 分	

1.6.4 分点拆焊元器件实训

1. 目的要求及准备

1) 训练要求

(1) 掌握分点拆焊法的技能要求、操作要点。

(2) 熟悉镊子等拆焊工具的使用。

(3) 了解本章 1.5 节拆焊的相关知识。

2) 训练器材与工具

(1) 上节练焊已焊好元器件的电路板。

(2) 主要工具：电烙铁及支架、镊子、捅针、小铁盒等。

2. 训练内容及步骤

(1) 固定要进行拆焊的电路板。

(2) 用镊子从电路板元器件面夹住需拆元器件的一根引线。

(3) 用电烙铁对被夹引线上的焊点进行加热，以熔化该焊点上的焊锡。

(4) 待焊点上焊锡全部熔化，可将引线轻轻从焊盘孔中拉出。

(5) 然后用同样的方法拆除元器件的另一根引线。

(6) 用烙铁头清除电路板焊盘上及元器件引线上的焊锡。

(7) 用尖嘴钳对元器件引线进行整形，以备再用。

注意：拆焊时应严格控制加热温度和时间，以免损坏焊盘和元器件。拆拔元器件时不可用力过猛。

拆焊过程与方法见图 1-67 所示。

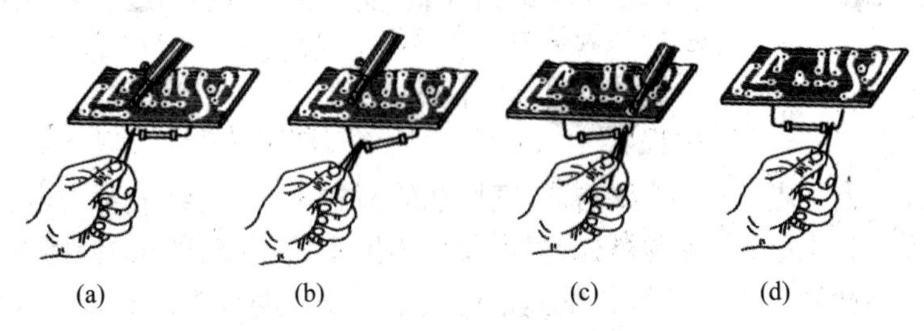

(a)　(b)　(c)　(d)

图 1-67　分点拆焊法

3．拆焊技能实训综合评价

拆焊技能实训综合评价按表 1-8 打分。

表 1-8　拆焊技能实训综合评价表

项目	评分标准	标准分	得分
拆焊质量	正确使用分点拆焊方法 无损坏元器件及电路板 整理各种元器件并分类	80 分	
安全操作	正确使用各种工具 工作台上工具排放整齐 操作时规范正确 无安全事故	20 分	
合计		100 分	

第 2 章　识读常用元器件与检测实训

电子元器件是电子电路中具有独立电气性能的基本单元，是组成各类电子产品的基础。如电阻器、电容器、电感器、晶体三极管、集成电路等，正确选择、使用电子元器件是保证产品质量和可靠性的关键。了解并掌握常用电子元器件的种类、结构、性能及应用等知识，对电子产品的设计、制造有着十分重要的作用。

电子元器件一般分为有源元器件和无源元器件两大类。元器件工作时不仅需要输入信号(源)，同时需要电源支持称为有源元器件，如晶体三极管、集成电路等，通常叫做电子器件。无源元器件不需要电源即可工作，如电阻器、电容器、电感器、开关、接插件等，通常被叫做电子元件，并可分为耗能、储能和结构元件。电阻器属耗能元件，电容器(存储电能)、电感器(存储磁能)属储能元件，开关、接插件属于结构元件。上述电子器件与电子元件统称为电子元器件。

2.1　电阻器和电位器

在电子线路中，具有电阻性能的实体组件称为电阻器(Resistor)，习惯上简称为电阻(Resistance)，电阻器可分为固定电阻器和可变电阻器(电位器)。一般不加说明通指固定电阻器。电阻器的主要功能是稳定和调节电路中的电流或电压，起到限流、降压、去耦、偏置、负载、匹配、取样、能量转换等作用，如图 2-1 所示。

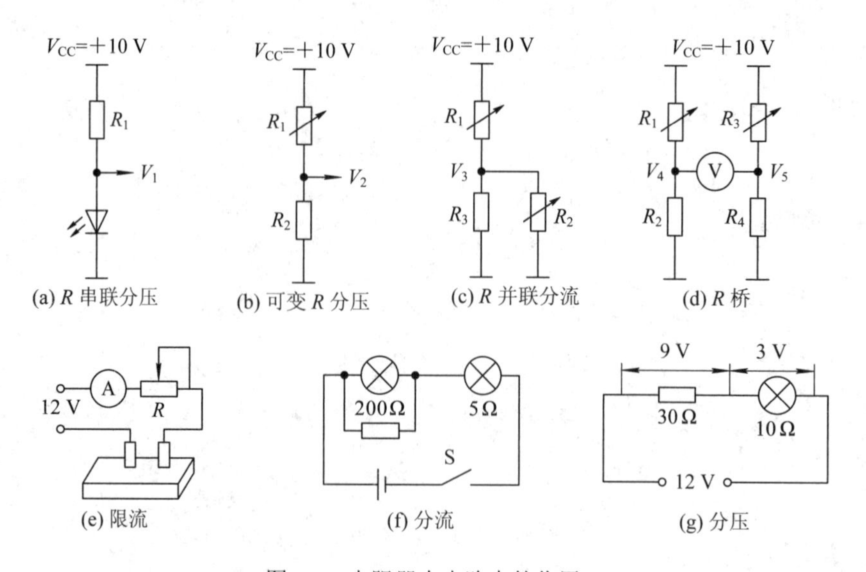

图 2-1　电阻器在电路中的作用

2.1.1　电阻器

1. 电阻器的分类及图形符号

电阻器可分为普通电阻器和特殊电阻器两大类，其部分外形如图 2-2 所示。

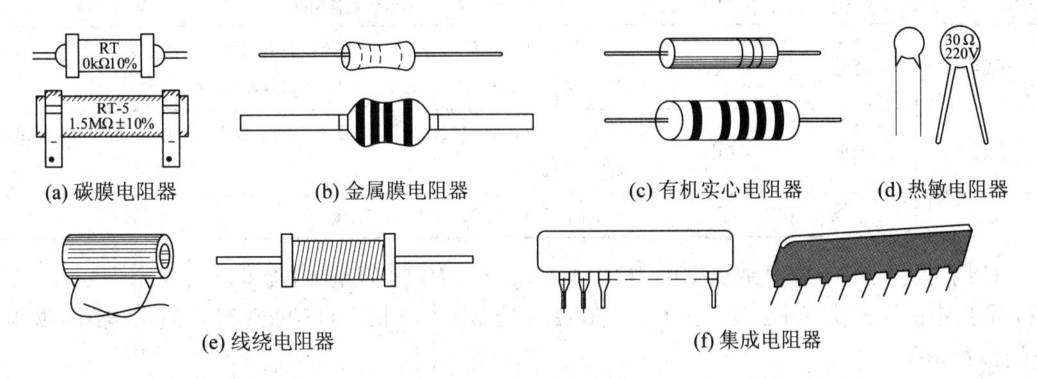

图 2-2　常用电阻器外形

在电路中，电阻器的通用文字符号用字母 R 表示。有时为了区分，特殊电阻在电路中也用 R 加下标表示。如热敏电阻 R_T、压敏电阻 R_V 等，其分类及图形符号如图 2-3、图 2-4 所示。

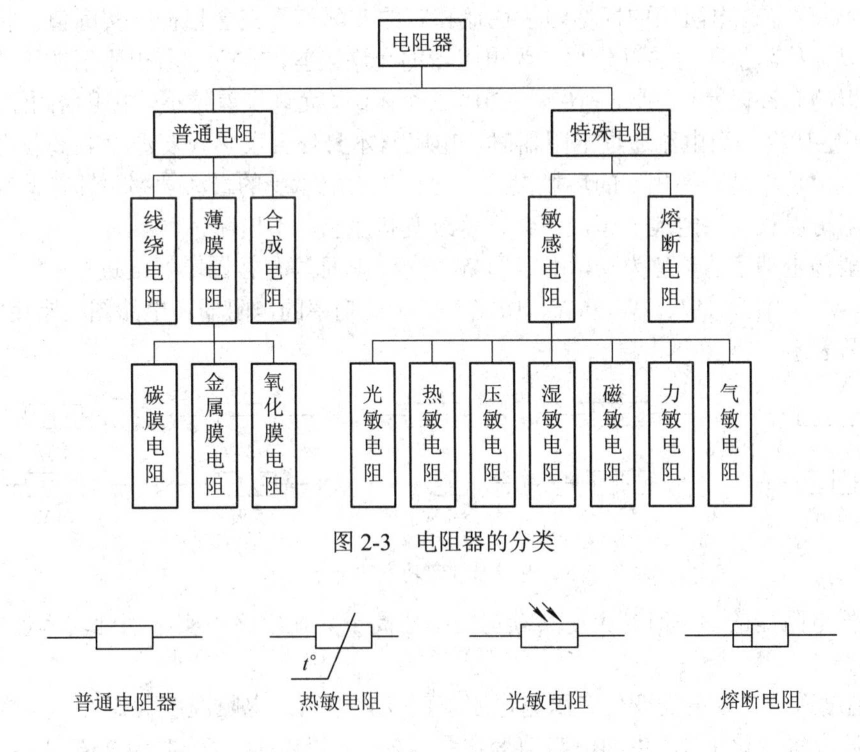

图 2-3　电阻器的分类

图 2-4　几种常用电阻器的图形符号

2. 电阻器的主要参数

电阻器的主要参数包括标称阻值、额定功率、允许误差、温度系数、噪声和极限电压等。

(1) 标称阻值。电阻器上所标的阻值称为标称阻值。不同精度等级的电阻器，其阻值系列不同，标称阻值是按国家规定的电阻值系列选定的。标称阻值系列如表 2-1 所示。

表 2-1　电阻器的标称阻值

标称值系列	精度	误差等级	标称阻值
E24	±5%	I	1.0，1.1，1.2，1.3，1.5，1.6，1.8，2.0，2.2，2.4，2.7，3.0，3.3，3.6，3.9，4.3，4.7，5.1，5.6，6.2，6.8，7.5，8.2，9.1
E12	±10%	II	1.0，1.2，1.5，1.8，2.2，2.4，2.7，3.3，3.9，4.7，5.6，6.8，8.2
E6	±20%	III	1.0，1.5，2.2，3.3，4.7，6.8

使用时将表中的数值乘以 10，100，1000，…，10^n(n 为整数)就可以成为系列阻值，如 E24 系列中的 1.5 就有 1.5 Ω、15 Ω、150 Ω、1.5 kΩ、15 kΩ、150 kΩ 等。通常电阻值即电阻的标称阻值。

在选择电阻器的阻值时，若系列中没有、则可选择系列中相近值的电阻器使用。电阻的单位是欧姆，用字母 Ω 表示(简称欧)，为了识别和计算方便，也常以千欧(kΩ)和兆欧(MΩ)为单位。

$$1\ \text{M}\Omega = 10^3\ \text{k}\Omega = 16^6\ \Omega$$

(2) 允许误差。电阻器的标称阻值往往和它的实际值不完全相符，实际值和标称值的偏差，除以标称阻值所得的百分数，为电阻器的允许误差，它标志着电阻器的阻值精度，普通电阻器的允许误差有±5%，±10%，±20%三个等级，允许误差越小，电阻器的精度越高。

(3) 额定功率。当电流通过电阻器时，电阻器本身便会发热，若温度过高就会将电阻器烧毁。额定功率是指在规定的环境温度下允许电阻器承受的最大功率，即在此功率限度下，电阻器可以长期稳定地工作，不会显著改变其性能，不损坏。

电阻器额定功率的单位为瓦，用字母 W 表示。其标注是按国家标准进行的，标称值有 1/8W、1/4W、1/2W、1W、2W、5W、10W 等。不同功率的电阻器在电路图上常用如图 2-5 所示的符号表示。

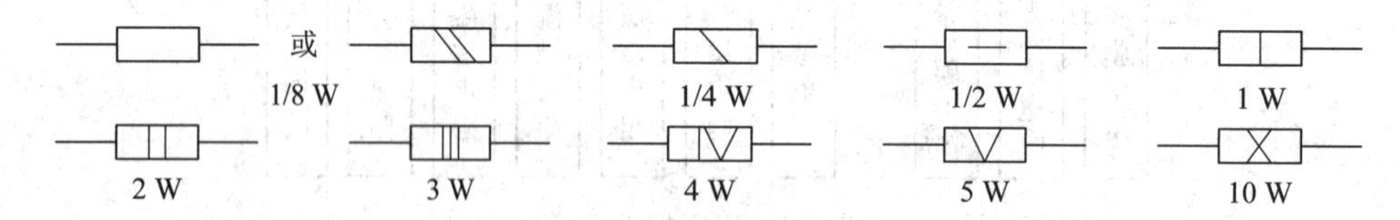

图 2-5　电阻器额定功率的符号表示

在选择电阻器的功率时，应使其额定功率值高于其在电路中实际消耗功率值的 1.5～2 倍。

(4) 温度系数。温度的变化会引起电阻值的变化，衡量电阻温度稳定性的参数为温度系数。即温度每变化 1℃产生的电阻值变化量 ΔR 与标准温度下(一般为 25℃)电阻值 R 的比值。

$$\alpha = \frac{1}{R}\cdot\frac{\Delta R}{\text{AT}}\quad (\alpha\ \text{温度系数可正可负})$$

金属膜、合成膜等电阻器具有较小的温度系数，适当控制材料及加工工艺，可制成温度稳定性较高的电阻器。

(5) 噪声。产生于电阻器中一种不规则的电压起伏称为噪声电压。噪声电压的大小与电阻器的类型、尺寸、阻值和外加电压的数值有关。当电子线路中信号很微弱时，必须使用低噪声的电阻器。

3. 电阻器的标识

电阻器有多项技术指标，但由于电阻器的表面积有限以及人们对参数关心的程度不同，一般在电阻器上只标明阻值、精度、材料、功率等。对于 1/8～1/2W 之间的小电阻器，通常只标注阻值和精度，材料及功率通常由外形尺寸及颜色判断。电阻器参数的标识方法有如下几种。

1) 直标法

直标法直接用数字和字母表示电阻器的阻值和误差，如图 2-6 所示。

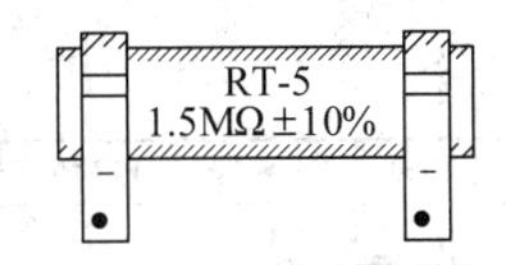

图 2-6　电阻器的直标法

2) 文字符号法

文字符号法用数字和文字符号两者有规律的组合来标注阻值及允许误差，如图 2-7 所示。

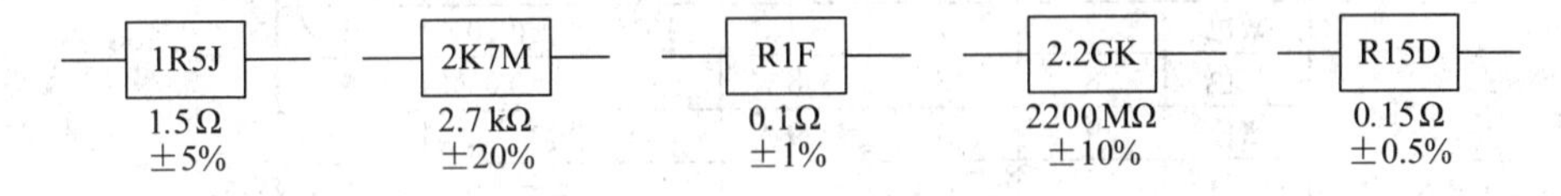

图 2-7　电阻器的文字符号法

文字符号有 R、Ω、K、M、G、T。其中 Ω 表示欧姆、K 表示千、M 表示兆、G 表示吉(10^9)、T 表示太(10^{12})。例如，3R3 表示 3.3 Ω；3K3 表示 3.3 kΩ；R33 表示 0.33 Ω；3M3 表示 3.3 MΩ 等。从上述几例中看出，R、K、M 等代替了小数点。文字符号法中的允许误差也常用字母表示，其字母代表的意义如表 2-2 所示。

表 2-2　允许偏差常用符号

文字符号	W	B	C	D	F	G	J	K	M	N	R	S	Z
偏差/%	±0.05	±0.1	±0.2	±0.5	±1	±2	±5	±10	±20	±30	+100 −10	+50 −20	+80 −20

例如，2R2K 表示电阻器的阻值为 2.2 Ω，允许误差为±10%；6K8M 表示 6.8 kΩ ± 20%。

3) 数码法

数码法用三位阿拉伯数字表示阻值，其中前两位表示阻值的有效数字，第三位表示有效数字后面零的个数。当阻值小于 10 Ω 时，用 XRX 表示(X 代表数字)，将 R 视为小数点，如图 2-8 所示。贴片电阻器常用此法进行标注。

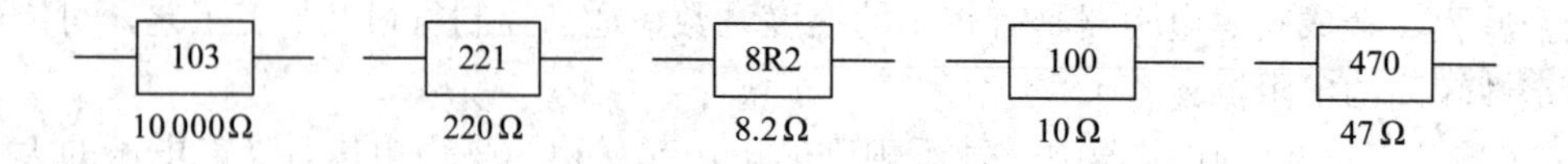

图 2-8　电阻器的数码法举例

4) 色标法

色标法用不同颜色的色环在电阻器表面标出标称阻值和误差值。此方法常用于小功率电阻器，是目前最常用的阻值表示法。数值读取方法如图 2-9 所示。常见的色环电阻器有四环电阻器和五环电阻器两种，其中五环电阻器属于精密电阻器(误差±.05%～±1%)。

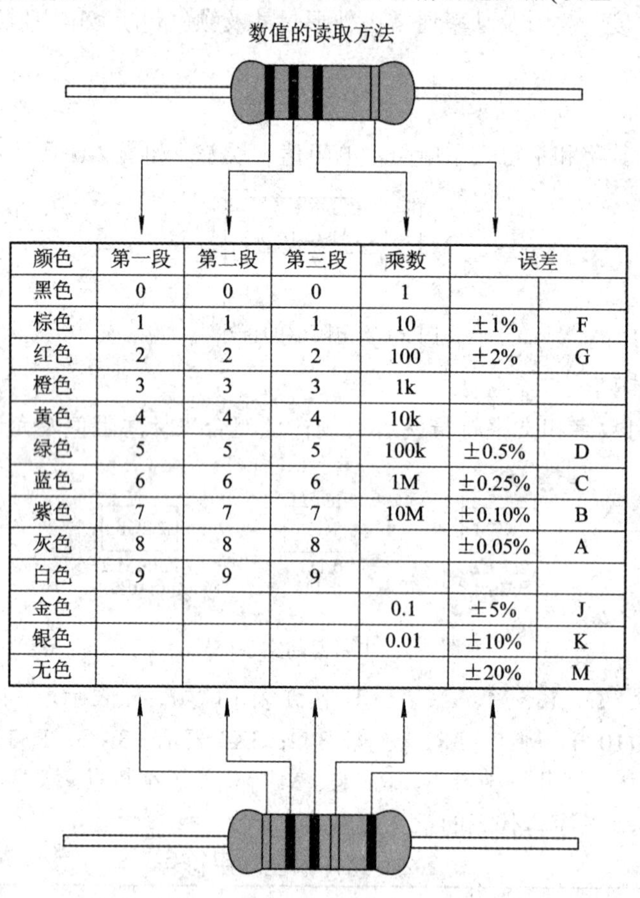

颜色	第一段	第二段	第三段	乘数	误差	
黑色	0	0	0	1		
棕色	1	1	1	10	±1%	F
红色	2	2	2	100	±2%	G
橙色	3	3	3	1k		
黄色	4	4	4	10k		
绿色	5	5	5	100k	±0.5%	D
蓝色	6	6	6	1M	±0.25%	C
紫色	7	7	7	10M	±0.10%	B
灰色	8	8	8		±0.05%	A
白色	9	9	9			
金色				0.1	±5%	J
银色				0.01	±10%	K
无色					±20%	M

图 2-9　色环电阻数值读取方法

(1) 两位有效数字色标法(四色环标法)。普通电阻器用四条色环表示标称阻值及允许误差，其中前两条分别表示该电阻器的标称阻值的第一位和第二位有效数值；第三条色环表示倍率，即标称值有效数字乘以 10^{-2}，10^{-1}，10^{1}，…，10^{9}，单位为 Ω；第四条色环(离第三条间隔较宽)则表示允许误差值。四色环读法举例如图 2-10(a)所示。

(2) 三位有效数字色标法(五色环标法)。同四色环标法类似，第 1、2、3 环表示有效数字，第 4 环表示倍率，单位 Ω，第 5 环表示允许误差值。五色环读法举例如图 2-10(b)所示。

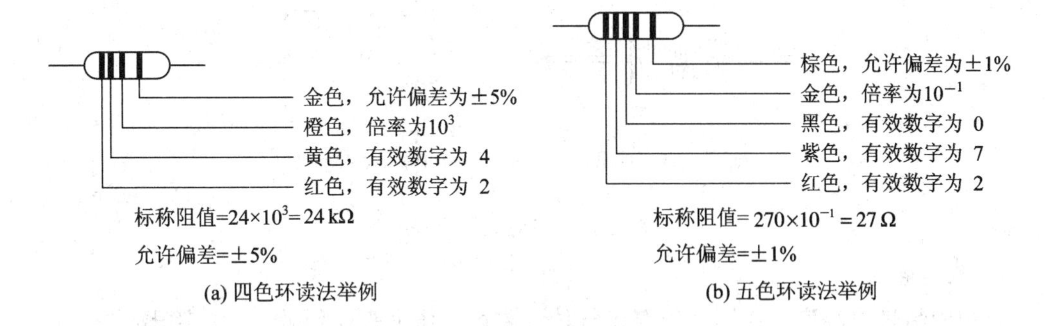

(a) 四色环读法举例　　(b) 五色环读法举例

图 2-10　色环读法举例

注意：第一环的辨识方法如下：

① 第一环距离端部较近，误差环距其他环较远(误差环较宽)。

② 从色环代表意义中可知：色环电阻器有效色环不可能有金色、银色；四环电阻器误差环不可能是黑、橙、黄、灰、白色等；五色环电阻器误差环不可能是黑、橙、黄、白色。

4．常用电阻器的结构、外形及特点

1) 碳膜电阻(型号 RT)

由碳氢化合物在真空中通过高温分解，使碳在陶瓷骨架表面上沉积成碳结晶导电膜而形成的电阻器，结构如图 2-11 所示。

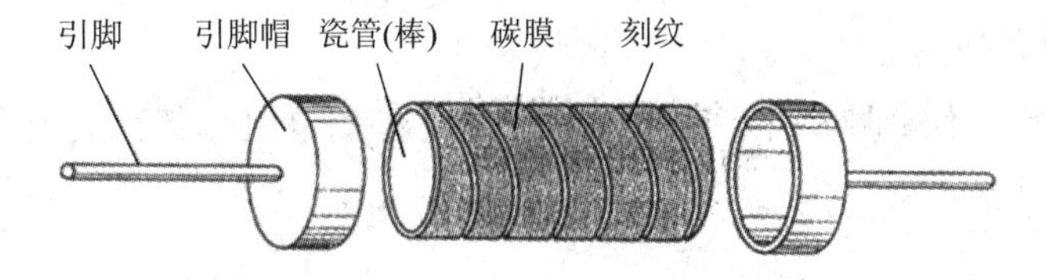

图 2-11　碳膜电阻器的结构(最外面还有一层保护漆)

阻值范围　10 Ω～10 MΩ

额定功率　0.125～10 W

精度等级　±5%、±10%、±20%

2) 金属膜电阻(型号 RJ)

在真空环境下，在陶瓷骨架表面蒸镀一层金属膜或合金膜而形成的电阻器，结构如图 2-12 所示。

阻值范围　1 Ω～620 MΩ

额定功率　0.125～5 W

精度等级　±5%、±10%

特点：体积小、温度系数小、稳定性好、噪声低。

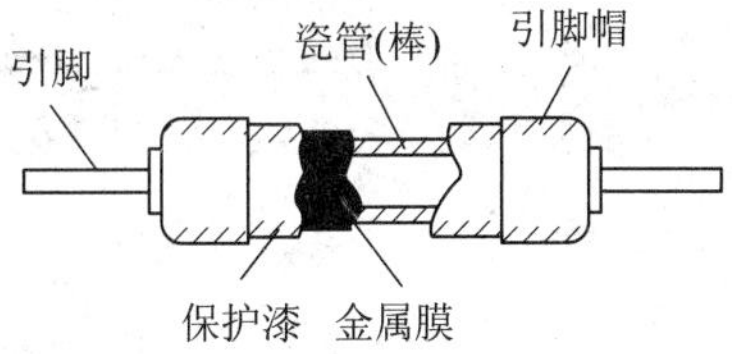

引脚　瓷管(棒)　引脚帽　保护漆　金属膜

图 2-12　金属膜电阻器的结构

3) 线绕电阻(型号 RX)

在瓷管上用康铜丝或镍铬合金丝绕制而成的电阻器称线绕电阻，外形如图 2-13 所示。其阻值范围在 0.01 Ω～10 MΩ 之间，分精密型和功率型线绕电阻，常在高精度或大功率电路中使用，但不适合在高频电路中工作。

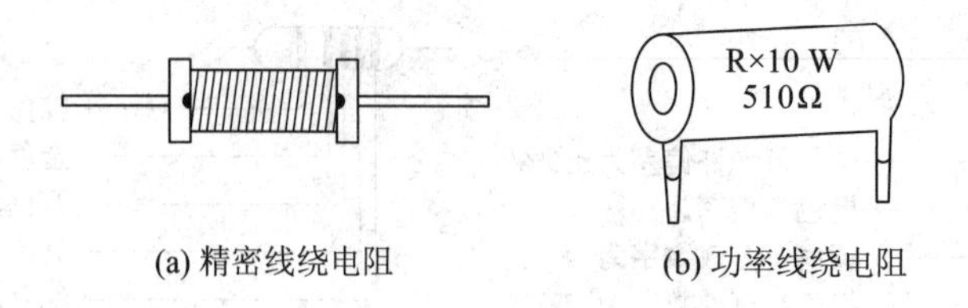

(a) 精密线绕电阻　　(b) 功率线绕电阻

图 2-13　线绕电阻外形

4) 敏感电阻

指电阻特性对温度、电压、光照、气体、磁场、压力等作用敏感的电阻器。

(1) 压敏电阻。阻值随着加到电阻器两端的电压变化而变化，在电路中常作为过压保护。压敏电阻主要有碳化硅和氧化锌两种，其中氧化锌具有更多的优良特性。

(2) 热敏电阻。阻值随着温度变化而变化，有正负两类温度系数。正温度系数常用于电视机、显示器中的消磁电阻，当温度升高时其电阻值快速增加，使消磁电流迅速减小。而电源电路滤波部分常使用负温度系数的电阻器，可抑制开机时的冲击电流。

(3) 光敏电阻。利用半导体的光电效应制成的一种阻值随入射光的强弱而改变的电阻器。入射光强，电阻值减小，反之增大。光敏电阻的主要参数有亮电阻、暗电阻、光电特性、光谱特性、频率特性、温度特性等。光敏电阻没有极性，使用时可加直流也可加交流。

2.1.2 电位器

1. 常用电位器外形

电位器是一个可连续调节的可变电阻器，又称可变电阻，其种类繁多，用途各异。其常见外形如图 2-14 所示。

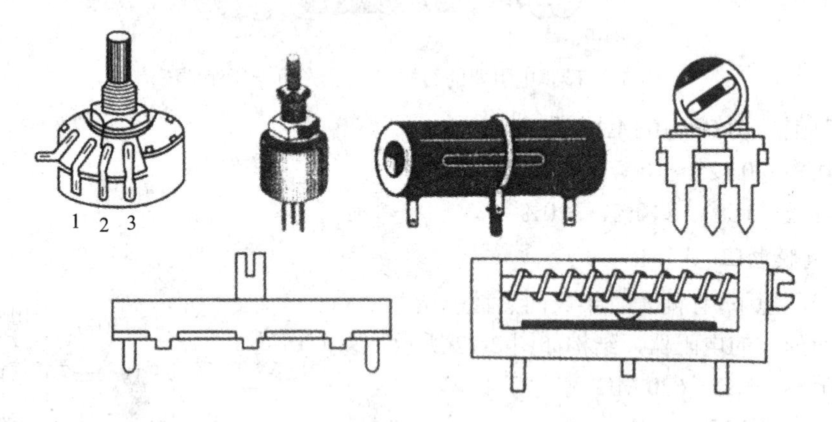

图 2-14　可变电阻器的常见外形

2. 电位器的结构及分类

1) 电位器的结构与符号

电位器一般有三个引出端，其中两个为固定端，一个为滑动端(中心抽头)，滑动端在固定电阻体上滑动，可获得与转角或位移成一定比例的电阻值。如图 2-15 所示为旋转式电位器的结构图，由电阻体、滑动片、转轴、焊片、金属外壳构成。

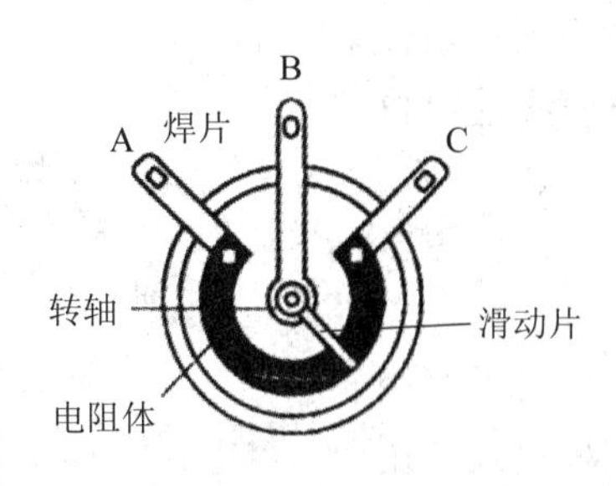

图 2-15　电位器的结构

在电路中，电位器常用来调节电阻值或电位，其常用图形符号如图 2-16 所示。电位器的文字符号一般用 R_W 表示，有时也用 R_P 表示。电位器在电路中的连接方法如图 2-17 所示。

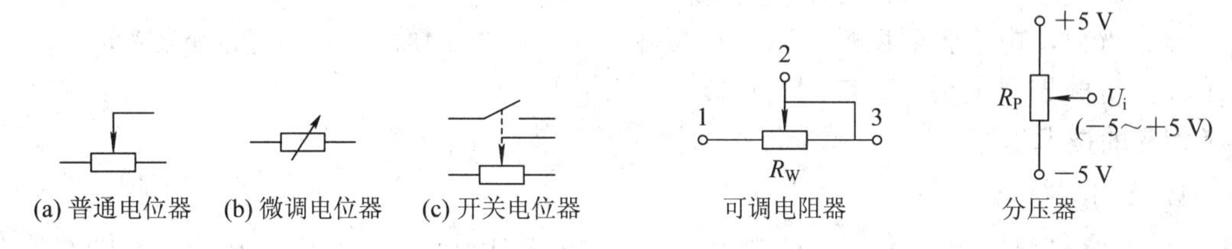

图 2-16　常用电位器的电路符号　　图 2-17　电位器在电路中的连接方法

2) 电位器的分类

电位器种类繁多，按材料、调节方式、结构特点、阻值变化规律、用途等可分成多种电位器，具体分类如表 2-3 所示。

表 2-3　电位器的种类

分类方式	种　类
材料	合金型电位器，如线性电位器、块金属膜电位器
	合成型电位器，如有机和无机实芯型、金属玻璃釉型、导电塑料型
	薄膜型电位器，如金属膜型、金属氧化膜型、碳膜型、复合膜型
调节方式	直滑式、旋转式(有单圈和多圈两种)
结构特点	带抽头型、带开关型(推拉式和旋转式)、单联、同步多联、异步多联
阻值变化规律	线性型、对数型、指数型
用途	普通型、微调型、精密型、功率型、专用型

3) 电位器的主要参数

(1) 标称阻值。标在产品上的名义阻值，通常为电位器的最大阻值，其系列与电阻系列类似，如标称值为 500 Ω 的电位器，其阻值可在 0～500 Ω 内连续变化。

(2) 允许误差。电位器的实际阻值对于标称阻值的最大允许偏差范围。根据精度不同等级，电位器的允许误差有±20%、±10%、±5%、±2%、±1%，精密电位器的精度可达±0.1%。

(3) 额定功率。电位器的额定功率是指电位器两个固定端允许耗散的最大功率。使用时应注意：滑动端与固定端之间所承受的功率应小于额定功率。电位器常见额定功率有 0.1 W、0.25 W、0.5 W、1 W、1.6 W、2 W、5 W、10 W、16 W、25 W 等。

(4) 阻值变化形式。根据电位器的阻值随轴旋转角度的变化关系，可分为线性电位器和非线性电位器。常用的有直线式、对数式、指数式，分别用 X、D、Z 来表示，如图 2-18 所示。

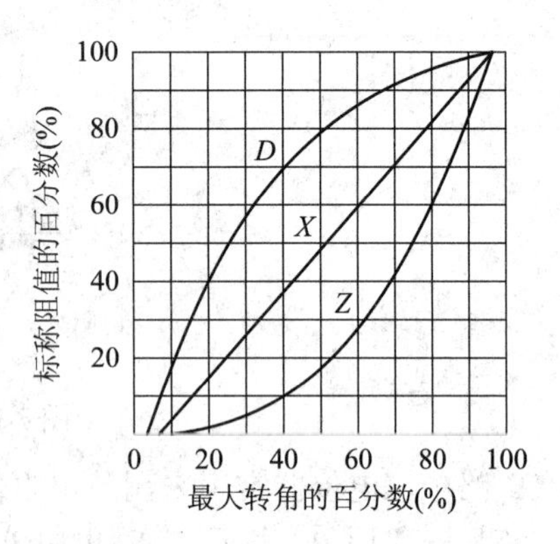

X—直线式　D—对数式　Z—指数式

图 2-18　电位器阻值的变化规律

直线式适用于做分压器，常用于万用表调零及示波器的聚集等方面；对数式常用于音调控制和电视机对比度调节；指数式常用于收音机、电视机等的音量控制，从变化曲线特点看为先细调后粗调(与对数式相反)。

电位器其他参数还有：滑动动态噪声，电位器分辨力，电阻膜耐磨性，双联电位器同步性，机械零位电阻等，应用时可视需要参考相应的技术指标。

4) 常用电位器

(1) 线绕电位器(WX)：用合金电阻丝在绝缘骨架上绕制成电阻体，中心抽头的簧片在电阻丝上滑动，可制成精度达±0.1%的精密线绕电位器和额定功率达 100 W 以上的大功率线绕电位器。其结构有单圈、多圈、多连等形式，如图 2-19 所示。

(2) 合成碳膜电位器(WTH)：在绝缘基体上涂敷一层合成碳膜，经加温聚合后形成碳膜片，再与基座、转动系统组合而成，如图 2-20 所示。此类电位器品种繁多，应用广泛，其特点是阻值连续变化，分辨力高，阻值范围宽(100 Ω～5 MΩ)。缺点是耐热性较差，使用寿命短。

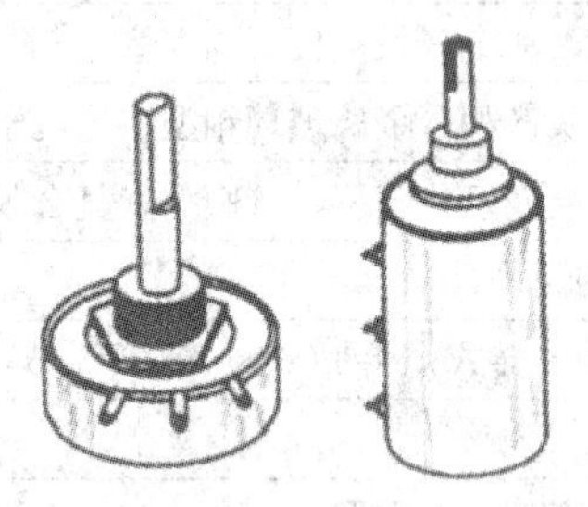

图 2-19　单圈、多圈线绕电位器

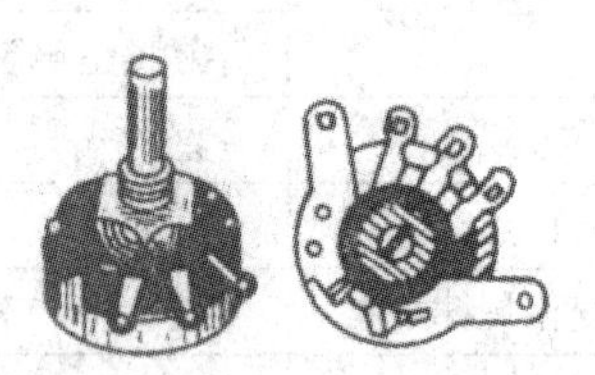

图 2-20　合成碳膜电位器

(3) 有机实芯电位器(WS)：用颗粒状的导电粉料加在预压好的基座腔中经热压形成导电体，配上转动部分组成，如图 2-21 所示。其特点是结构简单、导电体积大、过负荷能力强、寿命长、可靠性高。缺点是耐压较低、噪声大，精度及稳定性较差，多用于对可靠性要求较高的电子仪器中。

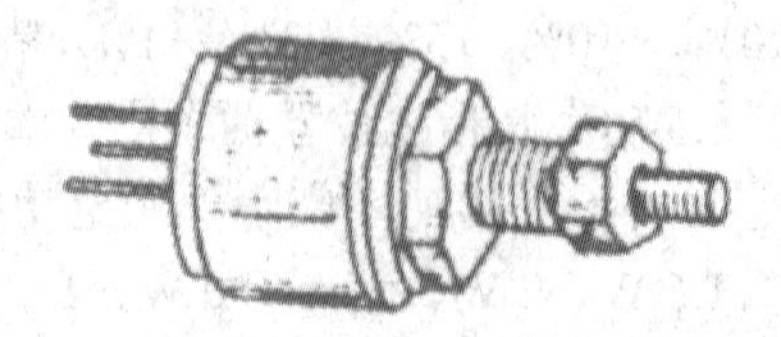

图 2-21　有机实芯电位器

2.2　电容器和电感器

电容器和电感器均属于储能元件，电容器是将电能转换为电场能储存起来，在电路中有阻直流、通交流的作用；而电感器则是将电能转换为磁场能储存起来，在电路中有阻交流、通直流的作用。此外，变压器也是一种电感器，它是利用相互靠近的电感线圈的互感现象工作的，小型变压器是电子产品中十分常见的元器件，下面将对上述三种元器件分别进行介绍。

2.2.1　电容器

电容器(Capacitor)简称电容，以字母 C 表示，是电子线路中必不可少的常用元件。它的基本结构是在两个互相靠近的导体之间覆以一层不导电的绝缘材料(介质)，工作时可在介质两边储存一定量的电荷，储存电荷的能力用电容量大小表示。

电容器在电路中多用于电路级间耦合、滤波、去耦、旁路和信号调谐等方面，部分用途如图 2-22 所示。

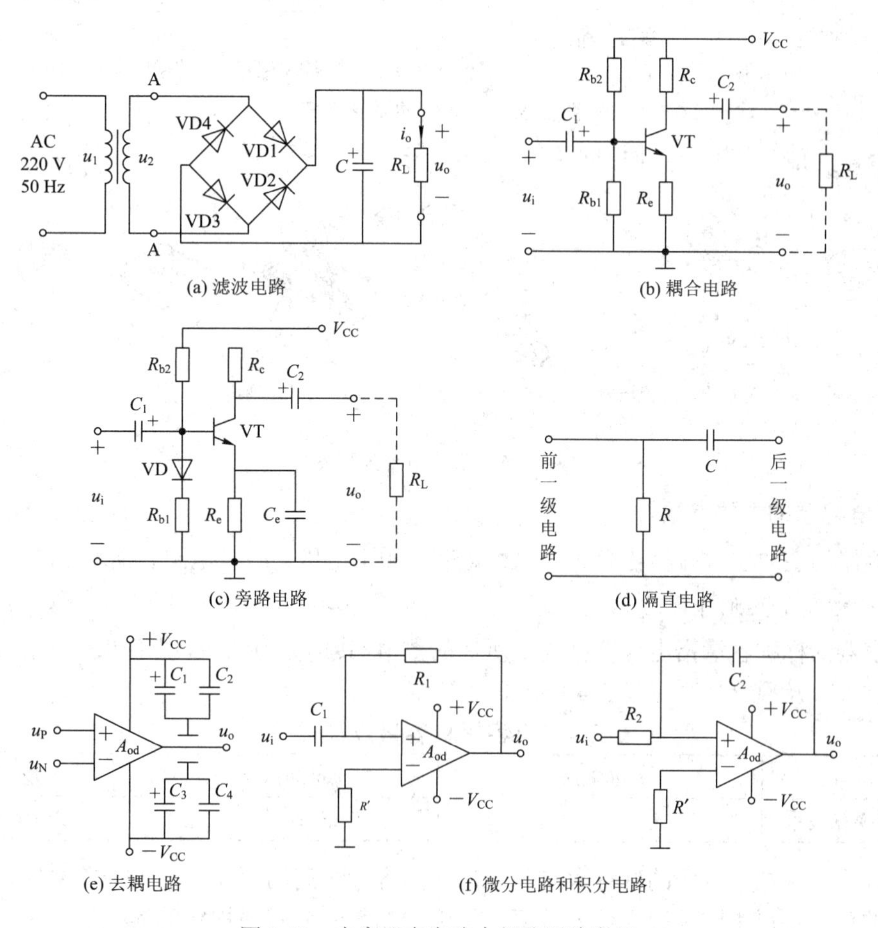

图 2-22　电容器在电路中部分用途举例

1. 电容器的分类及图形符号

电容器的分类方法很多，分类方法各不相同，具体分类如图 2-23 所示。

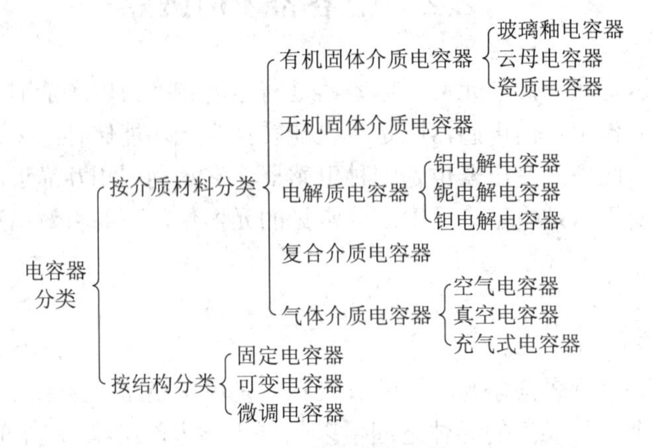

图 2-23　电容器的分类

电容器的电路图形符号如图 2-24 所示。

图 2-24　电容器的图形符号

电容器的部分外形及实物图，如图 2-25 所示。

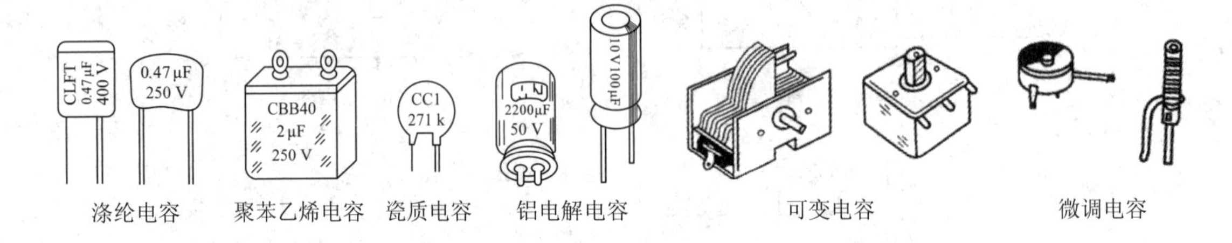

图 2-25　部分电容外形图

2. 电容器的主要参数

电容器的主要参数有标称容量、允许误差、额定电压、绝缘电阻、损耗、温度系数等。

1) 标称容量及允许误差

电容器的标称容量指电容器外壳上所标的数值，其单位为法拉，用字母 F 表示(简称法)。常用标称容量及换算关系如表 2-4 所示。

表 2-4　电容标称容量及换算关系

单位标识	μ(微)	n(纳)	p(皮)
单位及换算关系	$1\ \mu F=10^{-6}F$	$1nF=10^{-9}\ F$	$1\ pF=10^{-12}\ F$

允许误差是指电容器的标称容量和它的实际容量之间的误差。允许误差等级见表 2-5，等级中的英文字母为国际通用误差等级，括弧中的数字为我国规定的误差等级。

表 2-5　电容器允许误差等级

级别	F(01)	G(02)	J(Ⅰ)	K(Ⅱ)	M(Ⅲ)	(Ⅳ)	Z	S(Ⅴ)	R(Ⅵ)
允许偏差	±1	±2	±5	±10	±20	−30～+20	−20～+80	−20～+50	−10～+100

2) 额定电压

额定电压是指在技术条件所规定工作温度范围内，电容器长期可靠地工作所能承受的最大直流电压或交流电压的有效值，其数值一般以直流电压形式在电容器上标出。常用的固定电容工作电压有 6.3 V、10 V、16 V、25 V、50 V、63 V、100 V、250 V、400 V、630 V、1000 V 等。

3) 绝缘电阻与损耗

电容器两极之间的电阻称为绝缘电阻，或称漏电电阻。其大小是额定工作电压下的直流电压与通过电容器的漏电流的比值。电容器中的介质并不是绝对的绝缘体，多少有些漏电。除电解电容外，一般电容漏电很小。当漏电流较大时，电容器就会发热损坏，严重时会使外壳爆裂，电解电容的电解液外溢。使用中应尽量选择绝缘电阻较大的电容器。

电容器漏电会引起能量损耗，这种损耗不仅影响电容器的使用寿命，而且影响电路正常工作。除此之外，电容器的损耗还包括介质损耗和金属损耗两部分。介质损耗有漏电损耗、极化损耗、电离损耗三种形式，金属损耗由电容器的极板电阻和极板与引线间的接触电阻引起。电容器的绝缘电阻越大，损耗越小，表明电容器的质量越好。

4) 温度系数

电容器的容量一般随着工作温度的变化会发生变化，工程上用温度系数表示：

$$\alpha_c = \frac{c_1 - c_0}{c_0(t_1 - t_0)}$$

式中，c_0 为室温 t_0 下的容量，c_1 为极限温度 t_1 下的容量。

温度系数 α_c 与介质材料特性及电容器的结构有关。系数越小，电路工作越稳定。

3. 电容器的标识方法

电容器的标识方法有直标法、文字符号法、数码表示法、色标法四种。

1) 直标法

在电容器的表面直接用数字或字母标注标称容量、额定电压及允许误差等主要技术参数的方法，如图 2-26 所示。

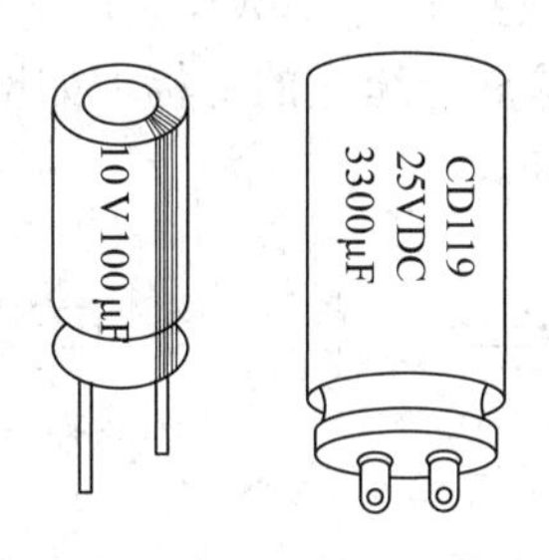

图 2-26　电容器的直标法

对于体积较小的电容器通常采用不标单位的直接表示法，仅标容量(如小容量瓷介电容器等)。一般电容器若是 10 的整数倍，其单位为 pF；若标注存在小数，则单位为 μF，如图

2-27 所示。

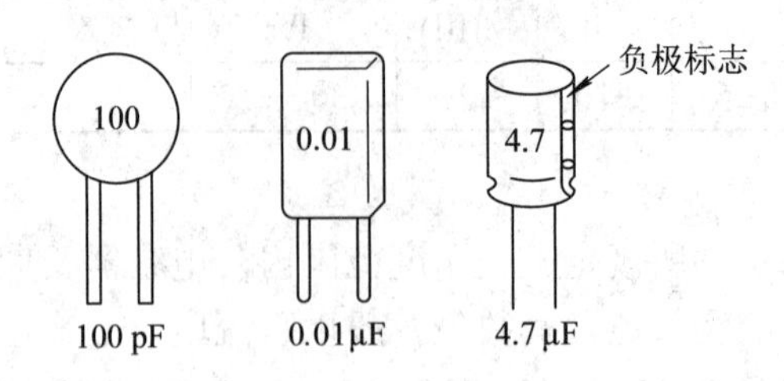

图 2-27　电容器的不标单位的直接表示法

2) 文字符号法

将标称容量的整数部分放在容量单位标志符号的前面，将小数部分放在容量单位标志符号的后面，如图 2-28 所示。

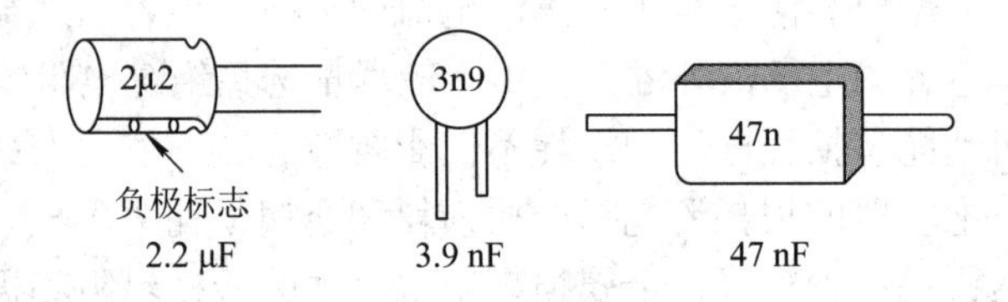

图 2-28　电容器的文字符号法

3) 数码法

一般可用三位数字表示电容器容量的大小，前面两位数字为容量有效值，第三位表示有效数字后面零的个数，即倍乘数。当第三位数为 9 时，表示 10^{-1}，如图 2-29 所示。

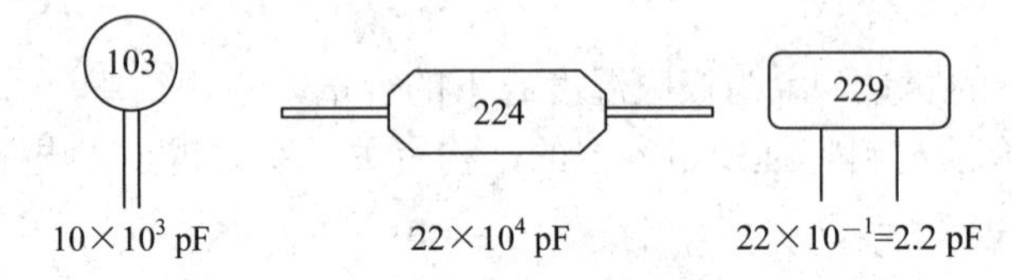

图 2-29　电容器的数码法

4) 色标法

色标法与电阻器的色环表示法类似，将颜色涂在电容器的一端或从顶端向引线侧排列，一般只有三种颜色，前两环为有效数字(即基数)，第三环为倍率，单位为 pF，如图 2-30 所示。有时一、二色标为同色，就涂成一道宽的色标，如橙橙(两个橙色色环涂成一道宽的色标)、三环为红，即表示为 3300 pF。

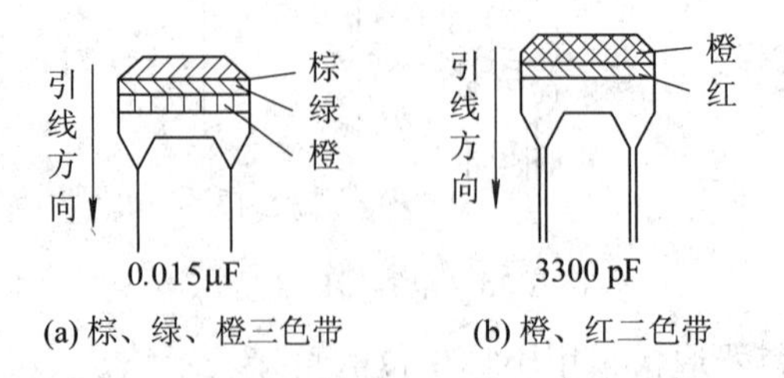

图 2-30　电容器的色标法

4．常用电容器结构及性能特点

常用电容器结构及性能特点如表 2-6 所示。

表 2-6　常用电容器结构及性能特点

名称	结构	性能特点	容量范围	工作电压
铝电解电容器	以氧化膜为介质，其厚度一般为 0.02～0.03 μm	单位体积的电容量大、重量轻、介电常数较大。但时间稳定性差、漏电流大、耐压不高	1～10 000 μF	6.3～450 V
钽电解电容器	固体钽电解电容器的正极是用钽粉压块烧结而成的，介质为氧化钽；液体钽电解电容的负极为液体电解质，并采用银外壳	可靠性高、稳定性好、漏电流小、体积小、容量大、寿命长、耐温性好	1～1000 μF	6.3～125 V
金属化纸介电容器	用真空蒸发的方法在涂有漆的纸上再蒸发一层厚度为 0.01 μm 的薄金属膜作为电极。再用这种金属化纸卷绕成芯子，装入外壳中，加上引线后封装而成	体积小、容量大、自愈能力强。但稳定性能差，老化性能差	6500 pF～30 μF	63～1600 V
涤纶电容器	介质为涤纶薄膜，外形结构有金属壳密封的、有塑料壳密封的、有的是将卷好的芯子用带色的环氧树脂包封的	容量大、体积小、耐热、耐湿性好。但稳定性较差	470 pF～4 μF	63～630 V
云母电容器	介质为云母，电极有金属筒式和金属膜式。在云母上被覆一层银电极，芯子结构是装叠而成的，外壳有金属外壳、陶瓷外壳和塑封外壳	稳定性高、精密度高、可靠性高、介质损耗小、固有电感小、温度特性好、频率特性好、不易老化、绝缘电阻高	5～5100 pF	100 V～7 kV
瓷介电容器	用陶瓷材料作介质，在陶瓷片上覆银而制成电极，并焊上引出线，再在外层涂以各种颜色的保护漆，以表示系数	耐热性能好、稳定性好、绝缘性能好、介质损耗小、温度系数范围宽。但电容量小，机械强度低	1～6800 pF	63～500 V 1～30 kV

5. 可变电容器

可变电容器一般由两组金属片组成电极，其中固定的一组金属片为定片，可旋转的一组金属片为动片，当旋转动片角度时，就可达到改变电容量大小的目的。可变电容器种类很多，按结构可分为单联(一组定片、一组动片)、双联(二组定片、二组动片)、三联、四联等。按介质可分为空气介质、薄膜介质等。其中空气介质可变电容器使用寿命长，但体积大。一般单联可变电容器用于直放式收音机的调谐电路，双联可变电容用于超外差式收音机的输入与本振电路。薄膜介质可变电容动片与定片之间用云母或塑料薄膜作为介质，外面加以封装。由于动定片之间的距离极近，因此，在相同的容量下，薄膜介质可变电容比空气可变电容的体积小，重量轻，常广泛用于便携式收音机。

微调电容器又叫半可变电容器，它是在两片或两组小型金属弹片中间夹有云母介质或有机薄膜介质组成；也有在两个陶瓷片上镀上银层制成(称瓷介微调电容)。用螺钉旋转调节两组金属片间的距离或交叠角度即改变电容量。微调电容器的容量调节范围极小，一般仅有几个到几十个皮法，常用于电路中作补偿和校正等。

2.2.2 电感器

电感器又称电感线圈，简称电感，在电子线路中常用符号 L 表示，是一种利用自感作用进行能量传输的元件。具有耦合、滤波、阻流、补偿、调谐等作用。通常，电感器是由漆包线或沙包线等带有绝缘表层的导线在骨架上绕制而成。

1. 电感器的分类和符号

1) 电感器的分类

因工作频率不同，电感线圈的匝数、骨架材料区别很大，因而其种类繁多，通常电感器可按以下几种形式进行分类：

按是否可调，电感可分为固定电感、可调电感和微调电感。

按导磁性质，电感可分为空芯电感、磁芯电感和铁芯电感。

按工作性质，电感可分为高频电感、低频电感、退耦电感、提升电感和稳频电感。

按结构特点，电感可分为单层、多层、蜂房式和磁芯式电感。

2) 电感器的实物外形

电感器通常由骨架、绕组、屏蔽罩、磁芯等组成。常用的电感器的实物外形如图 2-31 所示。

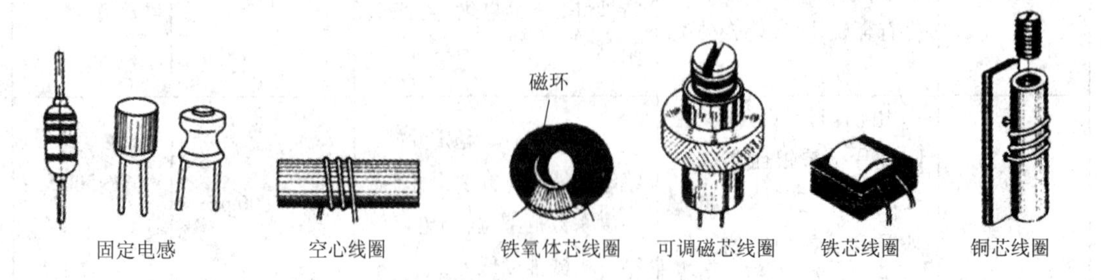

图 2-31　常用电感器的实物外形图

3) 电感器的电路符号

电感器的电路符号如图 2-32 所示。

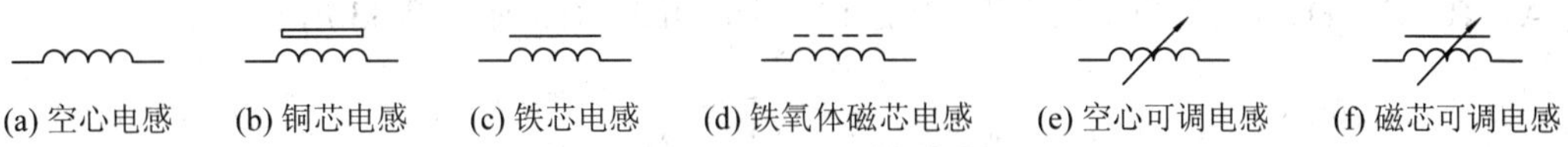

(a) 空心电感　(b) 铜芯电感　(c) 铁芯电感　(d) 铁氧体磁芯电感　(e) 空心可调电感　(f) 磁芯可调电感

图 2-32　电感器的电路符号

2．电感器的主要参数

(1) 标称电感量及允许误差。电感器的标称电感量是指电感器表面所标的电感量，主要取决于线圈的圈数、结构及绕制方法等。电感量也称为自感系数，是表示线圈自感应能力的一个物理量。电感量 L 的基本单位为亨利(H)，简称“亨”，常用数量级有 m(毫)、μ(微)和 n(纳)，其标志符号及换算关系如表 2-7 所示。

表 2-7　电感标称值的标志符号及换算关系

标志符号	m	μ	n
换算关系	1 mH=10^{-3} H	1 μH=10^{-6} H	1 nH=10^{-9} H

电感量的允许误差是指标称电感量与实际电感量的允许误差值，它表示产品的精度。电感器的允许误差等级与电阻的允许误差等级相同。

(2) 品质因数。线圈的品质因数 Q 也称优值或 Q 值，是表示一圈质量的参数。它是指线圈在某一频率的交流电压下工作时，所呈现的感抗与其等效损耗电阻之比。即

$$Q=\frac{\omega L}{R}=\frac{2\pi fL}{R}$$

式中，L 为电感量(H)。

R 为等效损耗电阻(Ω)。

f 为交流频率。

ω 为角频率。

Q 的数值大都在几十至几百，Q 值越高，电路的损耗越小，效率越高。

(3) 额定电流(标称电流)。电感器在规定的温度下，连续正常工作时的最大工作电流称额定电流。在选用电感元件时，若电路电流大于额定电流值，电感器就会发热导致参数改变，甚至烧毁。标称电流一般用字母表示，如表 2-8 所示。

表 2-8　电感线圈标称电流的代表字母

字母	A	B	C	D	E
电流/mA	50	150	300	700	1600

(4) 分布电容。电感线圈的匝与匝之间、线圈与铁芯之间都存在电容，这种电容均称分布电容。频率越高，分布电容影响就越严重，Q 值会急速下降。可以通过改变线圈绕制的方法来减少分布电容，如用蜂房式绕制或间段绕制。

3．电感器的参数标识方法

电感器的标识方法主要有直标法和色标法，标识方式相似于电阻器的标识方法。

1) 直标法

将标称电感量用数字直接标在电感器的外壳上，同时用字母表示电感器的额定电流(分为 A、B、C、D、E 五挡)和允许误差(用Ⅰ、Ⅱ、Ⅲ表示)，如图 2-33 所示。

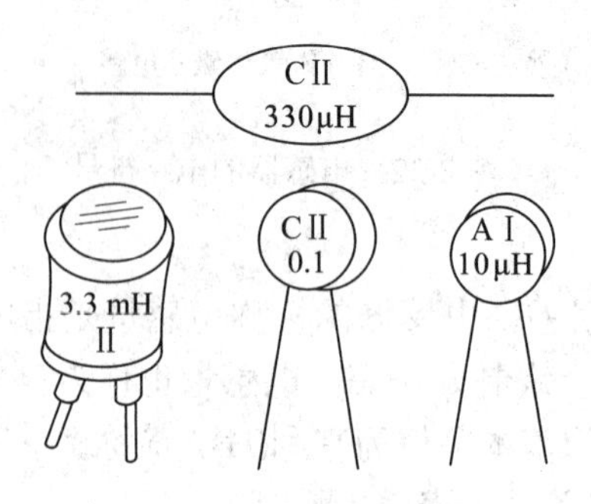

图 2-33　电感器的直标法

如电感器外壳上标有 C、Ⅱ、330 μH，表明电感量为 330 μH、最大工作电流为 300 mA、允许误差为±10%；10 μH、B、Ⅱ表明电感量为 10 μH、电流最大值为 150 mA，允许误差为±10%。

2) 色标法

在电感器的外壳上，使用颜色环或色点表示其参数的方法。常用于小型固定高频电感线圈，称为色码电感，其标注方法相似于电阻器的标注方法，如图 2-34 所示。

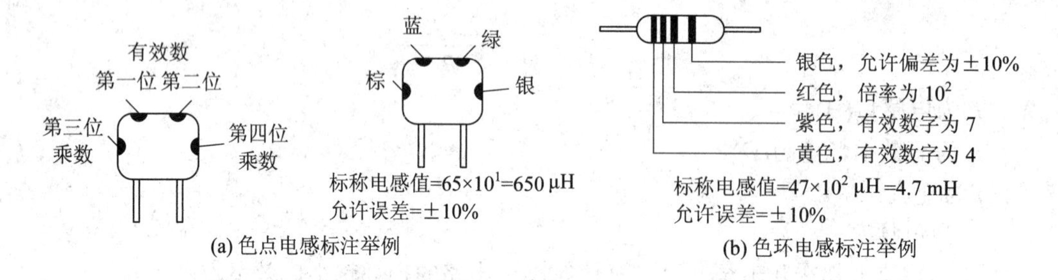

图 2-34　电感色点、色环的读法

3) 文字符号法

一些小功率电感器通常将标称值和允许误差值用数字和文字符号按一定的规律组合标示在电感体上，其单位为 nH 或 μH，用 N 或 R 表示小数点。例如，4N7 为 4.7 nH；47N 为 47 nH；6R8 表示电感量为 6.8 μH。文字符号法通常后缀一个英文字母表示允许误差，其方法同电阻器的文字符号法相似，见表 2-2。

4) 数码法

用三位数字来表示电感器电感量的标称值，常见于贴片电感器上，方法同电阻器数码法相似，基本单位为 μH。例如，标识为 102J 的电感器，其电感量为 10×100=1000 μH，允许误差±5%；标识 183 K，电感量为 18 mH、误差±10%。

4．常用电感器及主要特性

(1) 固定电感器。在铁氧体上绕制线圈后用环氧树脂等材料封装而成，主要特点是体积小、电感量范围大、Q 值高、结构牢固可靠。常用直标法或色环表示法标注电感量，主要在滤波、陷波、扼流、延迟等电路中使用。

(2) 可变电感器。在有些场合需对电感量进行调节，以改变谐振回路的谐振频率或耦合电路的耦合程度。制作时，可在线圈上引出数个抽头，或在线圈中插入可调节的磁芯或铜芯，用以改变电感器。

(3) 单层线圈。用绝缘导线一圈挨一圈地绕在纸筒或胶木骨架上，如收音机的天线线圈。单层线圈一般电感量较小，约数微亨至几十微亨，否则线圈尺寸会过大，多用于高频电路。

(4) 多层线圈。为获得较大的电感量(大于 300 μH)时，常制成多层线圈。多层线圈的分布电容较大，同时线圈层与层间的电压相差较多。当层间的绝缘较差时，易于发生跳火、绝缘击穿等问题，因此，多层线圈常采用分段绕制，各段之间距离较小，减小了线圈层间的压差。

(5) 蜂房线圈。为减少多层线圈的固有电容，电感器常采用蜂房绕制方法，即将被绕制的导线以一定的偏转角(约 19°～26°)在骨架上缠绕。如图 2-35 所示。对于电感量较大的线圈，常采用多个蜂房线包将其分段绕制。

(6) 低频扼流圈。常用于电源和音频滤波，它通常有很大的电感，可达几个亨到几十亨，因而对于交变电流具有很大的阻抗。扼流圈只有一个绕组，在绕组中对插硅钢片，组成铁芯，硅钢片中留有气隙，以减少磁饱和，如图 2-36 所示。

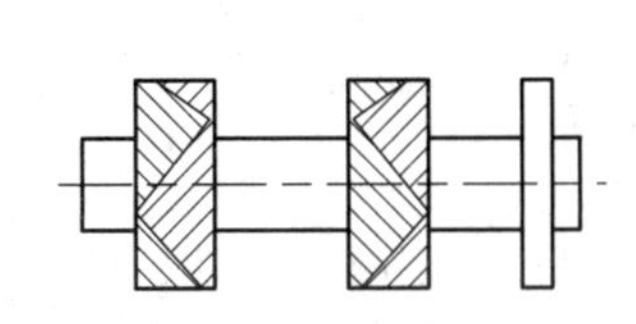

图 2-35　蜂房线圈

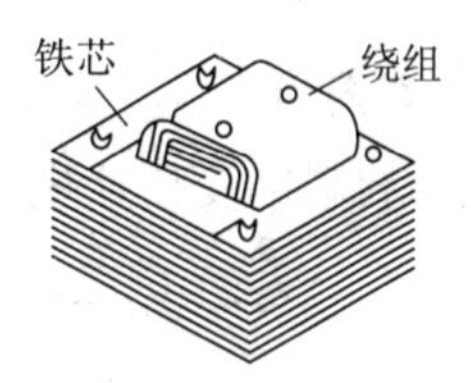

图 2-36　低频扼流圈

2.2.3　小型变压器

小型变压器是电子产品中十分常见的元件，它主要由初级线圈、次级线圈、铁芯或磁芯等组成，是电感器的一种。它利用相互靠近的电感线圈产生的互感现象制作而成，在电路中起到电压变换和阻抗变换的作用。其工作过程是：当初级线圈中通有交流电流时，铁芯(磁芯)中便产生交流磁通，使次级线圈中感应出电压(或电流)。变压器线圈一般有两个或两个以上的绕组，其中接电源(或信号源)的绕组叫初级线圈，其余的绕组称次级绕圈。

1. 变压器的分类和符号

1) 变压器的分类

变压器是将两组或两组以上的线圈绕在同一个骨架上，或同一铁芯上制成的。若线圈是空心的，则为空心变压器；若在绕好的线圈中插入铁氧体磁芯，则为铁氧体磁芯变压器；若在绕好的线圈中插入了铁芯，则为铁芯变压器。变压器的铁芯通常由硅钢片、坡莫合金或铁氧体材料制成，其形式如图 2-37 所示。

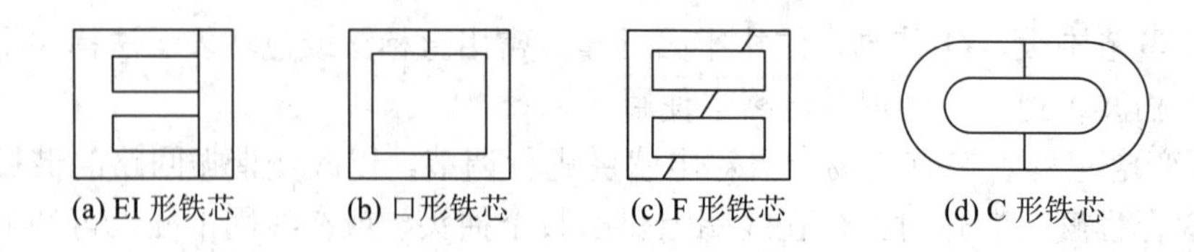

图 2-37　变压器常用铁芯形状

(1) 按工作频率分，变压器可分为高频变压器、中频变压器和低频变压器。

(2) 按用途分，变压器可分为电源变压器、音频变压器、脉冲变压器、恒压变压器、耦合变压器、自耦变压器、隔离变压器及输入/输出变压器等。

(3) 按耦合材料分，变压器可分为空心变压器、磁芯变压器和铁芯变压器三大类。

2) 变压器的外形

小型常用变压器外形如图 2-38 所示。

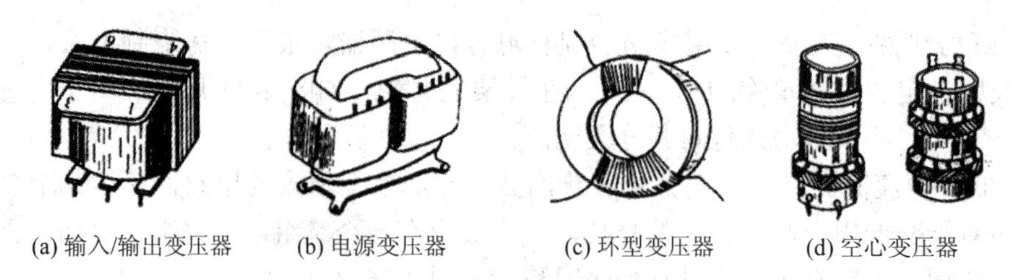

图 2-38　小型常用变压器外形

3) 变压器电路符号

(1) 不同耦合材料的变压器电路符号如图 2-39 所示。

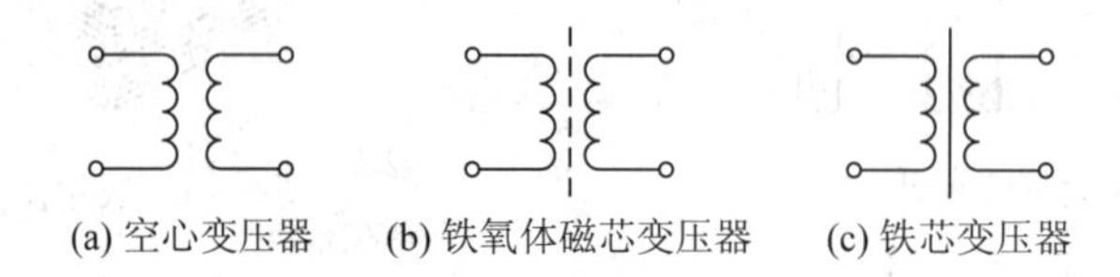

图 2-39　不同耦合材料变压器的电路符号

(2) 不同用途的变压器电路符号如图 2-40 所示。

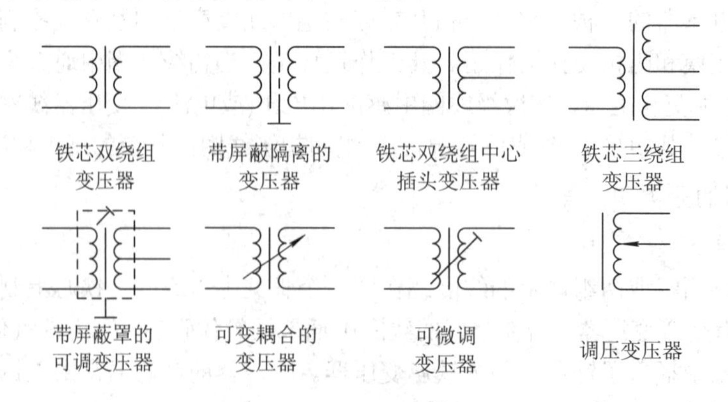

图 2-40　不同用途的变压器电路符号

2．小型电源变压器的主要技术参数

小型电源变压器的技术参数是其性能的反映，也是设计、生产、检验及使用的主要依据。

(1) 工作频率。变压器铁芯损耗与频率关系很大，故应根据使用频率来设计变压器，该频率称为工作频率。

(2) 额定功率。额定功率是指在规定的频率和电压下，变压器能长期工作，且变压器温升不超过规定温升的输出功率。在电源变压器设计中，额定功率是确定铁芯尺寸的主要依据。

(3) 额定电压。额定电压是指在变压器的线圈上所允许施加的电压，工作时初级线圈外加电压不得大于规定值。

(4) 电压比、匝比、变阻比。电压比是指变压器初级电压与次级电压的比值，通常直接标注变换值，如 220 V/10 V。

匝比是变压器初级线圈匝数和次级线圈匝数的比值，通常以比值表示，如 22∶1。

变阻比是变压器初级线圈的阻抗与次级线圈的阻抗之比，如 3∶1 表示初、次线圈阻抗比为 3∶1。

(5) 空载电流、空载损耗。空载电流是指变压器次级开路时，初级仍有一定的电流。空载电流由磁化电流(产生磁通)和铁损电流(铁芯损耗)组成。对于 50 Hz 小型电源变压器，空载电流基本上等于磁化电流。

变压器次级开路时，在初级测得的功率损耗为空载损耗，其损耗主要为铁芯损耗，其次是空载电流在初级线圈铜阻上产生的损耗(铜损)。

(6) 效率。变压器输出功率与输入功率之比称为效率，即

$$\eta = \frac{P_2}{P_1} = \frac{P_2}{P_2 + P_m + P_c}$$

式中，P_m 为线圈铜损(W)；P_c 为铁芯磁损(W)。

通常变压器的额定功率愈大，效率愈高。

(7) 绝缘电阻。绝缘电阻表示变压器各线圈之间、各线圈与铁芯之间的绝缘性能，其性能与绝缘材料、温度高低和潮湿程度有关。

3．几种常用的变压器

1) 低频变压器

低频变压器分为音频变压器和电源变压器两种，其主要差别在阻抗变换和交流电压的变换上。

(1) 音频变压器。实现阻抗匹配、耦合信号、将信号倒相等。音频变压器主要用于收音机末级功放上起阻抗变换作用，分为输入和输出两种，其结构有 E 型铁芯型、C 型铁芯型及 O 型铁芯型等。

(2) 电源变压器。常见的电源变压器多为交流 220 V 降压变压器，用于各种电子产品的低压供电。该种变压器结构简单，易于绕制，价格低廉，使用广泛，主要用于对工频电压进行电气隔离和电压变换。传统的电源变压器铁芯有“EI”形、“口”形、“F”形、“C”形等，如图 2-37 所示。

2) 中频变压器(中周)

中频变压器是超外差式收音机和电视机中的重要元件，又称为中周。其结构如图 2-41 所示，适用的频率范围从几千赫兹到几十兆赫兹，在电路中起选频和耦合等作用，它的优劣很大程度上决定了收音机的灵敏度、选择性和通频带。中周的磁芯和磁帽是用磁性材料制成的，通过调整磁帽与磁芯的位置可改变中周的谐振频率。

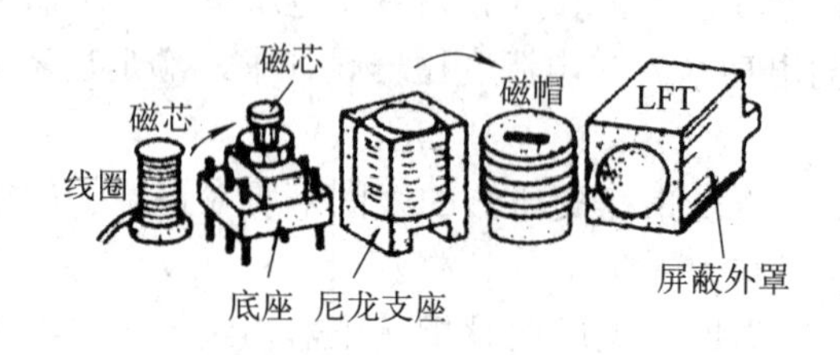

图 2-41　中周的结构

3) 高频变压器

高频变压器常见于超外差式收音机中的天线线圈、电子产品中的开关电流。高频变压器的原理与低频普通变压器相同，都是根据电磁感应原理工作的，但所用的磁芯材料不同，高频变压器所用磁芯采用高频磁芯(铁氧体)，如收音机的磁棒。中波磁棒常用锰锌铁氧体材料，外表呈黑色；短波磁棒采用镍锌氧化材料，呈灰色，如图 2-42 所示。

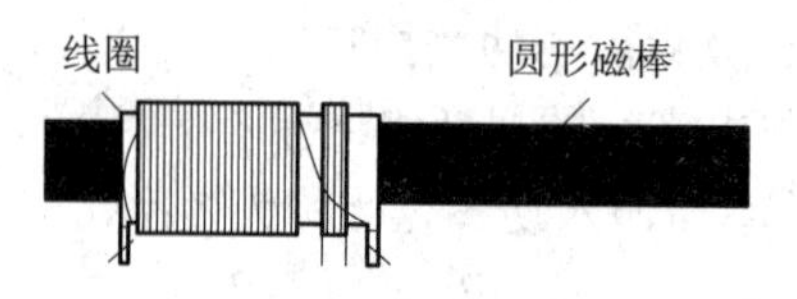

图 2-42　高频变压器(磁性天线)

2.3　常用半导体分立器件

半导体器件主要是以硅、锗等半导体材料制作而成的电子元器件，其特点是体积小、重量轻、使用寿命长、输入功率小、功率转换效率高，已广泛应用于电子产品及电子设备。目前，虽然集成电路已被广泛使用，并在很多场合取代了晶体管，但受到频率、功率等因素的制约，以及半导体器件自身的特点，晶体管在电子产品中有其他元器件所不能取代的作用，半导体器件仍是电子元器件家族中不可缺少的成员。

晶体管主要包括晶体二极管、晶体三极管、场效应管及晶闸管。

2.3.1　晶体二极管

晶体二极管(Diode)简称二极管，是一种具有单向导电特性的非线性器件，它由一个 PN 结、电极引线和外加密封壳制成。二极管在电子电路中有检波、整流、稳压、箝位、限幅、开关等作用，其整流、稳压作用及波形如图 2-43 所示。

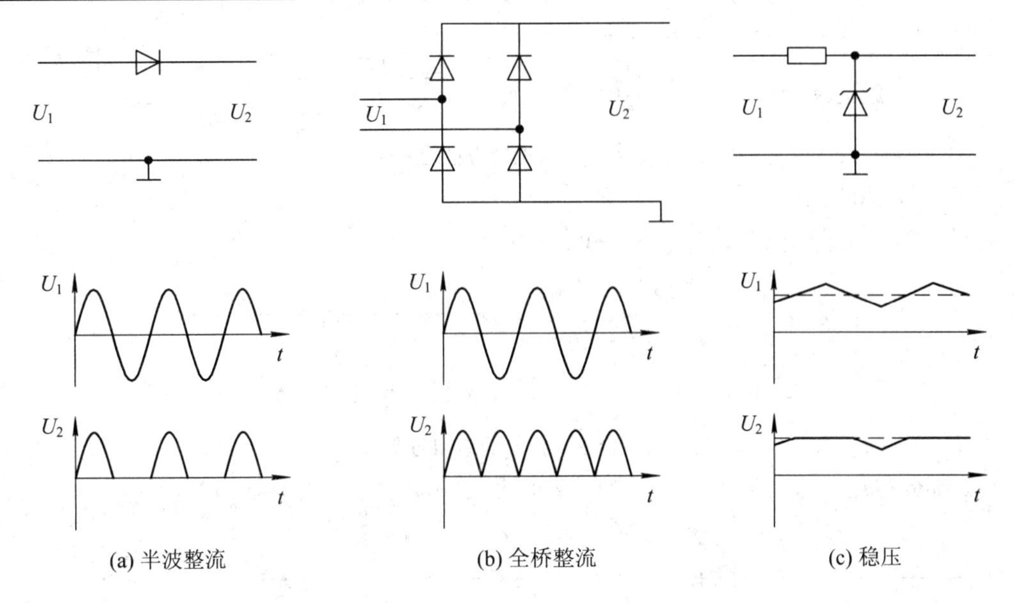

(a) 半波整流　　(b) 全桥整流　　(c) 稳压

图 2-43　二极管在电路中的作用

1．二极管的分类及图形符号

1) 二极管的分类

(1) 按材料分类，二极管分为锗管和硅管两大类。两者性能区别在于：锗管正向压降比硅管小(锗管为 0.2～0.3 V，硅管为 0.6～0.7 V)；锗管的反向漏电电流比硅管大(锗管约几百微安，硅管小于 1 μA)；锗管的 PN 结可承受的温度比硅管低(锗管约为 100℃，硅管约为 200℃)。所以锗管与硅管相比，具有正向压降低，反向漏电流大，温度稳定性差等特点。

(2) 按结构分类，二极管分为点接触型和面接触型，其内部结构如图 2-44 所示。点接触型二极管的结电容小，正向电流和允许加的反向电压小，常用于检波、变频等电路；面接触型二极管的结电容较大，正向电流和允许加的反向电压较大，主要用于整流等电路，因其结电容较大，故工作频率较低。

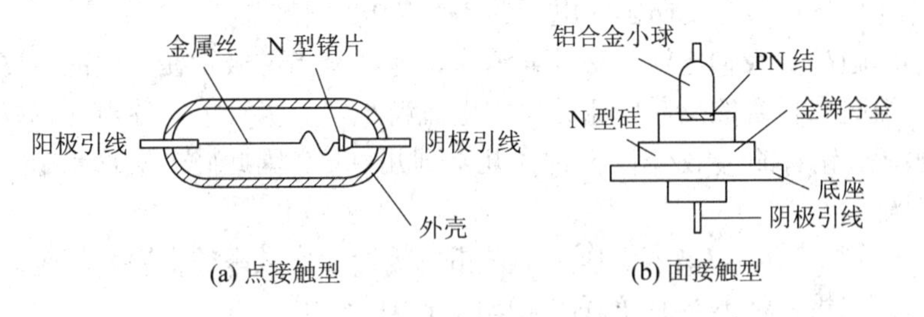

(a) 点接触型　　(b) 面接触型

图 2-44　二极管的内部结构

(3) 按用途分类，二极管分为普通二极管、整流二极管、开关二极管、发光二极管、变容二极管、稳压二极管、隧道二极管、光电二极管等。

2) 二极管的图形符号

(1) 常用二极管的外形如图 2-45 所示。

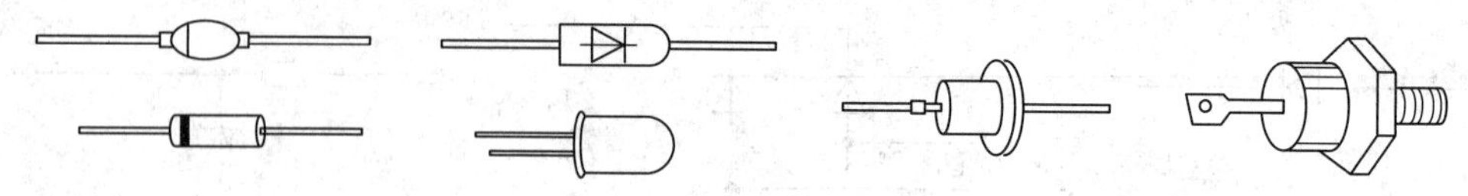

图 2-45　常见二极管的外形

(2) 二极管的电路符号。

① 普通二极管的电路符号如图 2-46 所示。

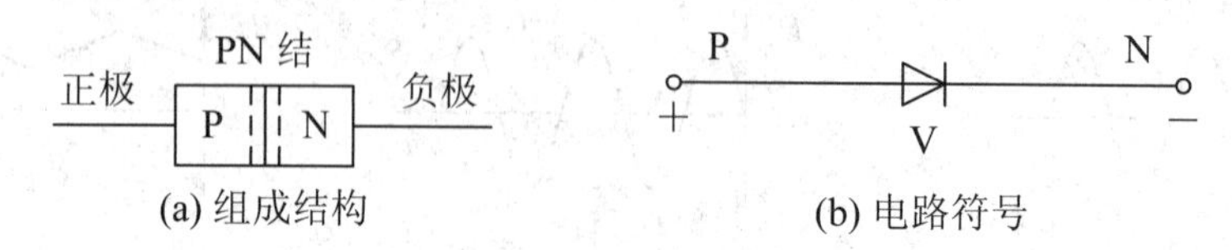

图 2-46　普通二极管的结构与电路符号

② 部分常用二极管的电路符号如图 2-47 所示。

图 2-47　部分常用二极管的电路符号

2. 二极管的主要参数

(1) 额定正向工作电流(I_F)。额定正向工作电流是指二极管长期连续工作时允许通过的最大正向电流值。二极管使用过程中不能超过此值，否则会使二极管发热烧毁。常用的 1N4001 的额定正向工作电流为 1 A。

(2) 最高反向工作电压(U_{RM})。最高反向工作电压是指二极管工作时所承受的最高反向电压，超过该值二极管可能被反向击穿。常用二极管 1N4001 的 U_{RM}=50 V，1NA007 的 U_{RM}=700 V。

(3) 反向击穿电压。二极管发生击穿时的电压称为反向击穿电压。二极管手册上给出的最高反向工作电压一般是反向击穿电压的 1/2 或 2/3。

(4) 反向电流(I_R)。反向电流又称反向饱和电流，是指二极管在规定的温度和最高反向电压作用下，流过二极管的反向电流。反向电流越小，二极管单向导电性越好。反向电流对温度非常敏感。锗管的 I_R 较硅管的 I_R 大几十到几百倍，因此硅二极管比锗二极管在高温下的稳定性要好。

(5) 最高工作频率(f_M)。最高工作频率是指二极管工作频率的上限。超越此值时，由于结电容的作用，二极管将不能很好地体现单向导电的作用。

3. 常用二极管的结构特点

1) 整流二极管

整流二极管用硅材料制成，PN 结多为面接触型，利用二极管的单向导电性，可对低频的交流电进行整流。它是正向电流较大的功率器件，因结电容大，故工作频率低。

2) 检波二极管

检波二极管用锗材料制成，PN 结多为点接触型，利用二极管的单向导电性，对高频小信号进行检波。其正向电流较小，工作频率较高，结电容较小。

3) 开关二极管

在脉冲数字电路中，用于接通和关断电路的二极管，其特点是反向恢复时间短，可满足高频和超高频应用的需要。它由导通变为截止或由截止变为导通所需的时间比一般二极管短。

4) 稳压二极管

稳压二极管工作于反向击穿状态下，是利用二极管的反向击穿时的电压基本不随电流的变化而变化的特性，达到稳压的目的。它是由硅材料制成的面结合型二极管，也称齐纳二极管，主要用于电路的稳压环节和直流电源电路中。

5) 变容二极管

变容二极管利用 PN 结电容随外加反向电压而变化的特性制成的二极管。器件工作在反向偏置区，结电容的大小与偏压的大小有关，反向偏压越高，结电容越小；反之，结电容越大，且曲线是非线性的。在通信设备或仪器仪表电路中用于倍频、限幅和频率微调，起到可变电容的作用。

6) 隧道二极管

具有负阻特性的二极管称隧道二极管，由于采用了高掺杂材料，其伏安特性与普通二极管有很大区别。具有结构简单、功耗小和开关速度快等特点，在高速脉冲电路和高频电路中获得广泛应用。

7) 发光二极管

发光二极管简称 LED，具有一个单向导电的 PN 结，当外加的正向电压使得正向电流足够大时，该二极管就会发光，将电能转换成光能。目前已广泛用于半导体照明及灯饰，可制成包括白光在内的多种颜色，其发光颜色取决于所用材料。

8) 光敏二极管

光线通过该管上的窗口照射到管芯上，在光的激发下，器件内产生大批光载流子，管子的反向电流大大增加，使内阻减小。目前在光电自动化控制中应用广泛。

2.3.2　晶体三极管

晶体三极管(Transistor)简称三极管、晶体管，是电子线路中的核心器件，它由两个 PN 结组成，有发射极、基极、集电极三个电极。在模拟电路中，用它构成各类放大器，各种波形的产生、变化和信号处理电路，在脉冲数字电路中作为开关控制元件，其部分作用如图 2-48 所示。

1. 三极管的结构及分类

1) 三极管结构类型

根据不同的掺杂方式在一块半导体晶片上制造出三个掺杂区域，并形成两个 PN 结，就构成一个三极管。按 PN 结的组合方式不同，三极管有 NPN 型和 PNP 型两种，内部结构分别如图 2-49 所示。

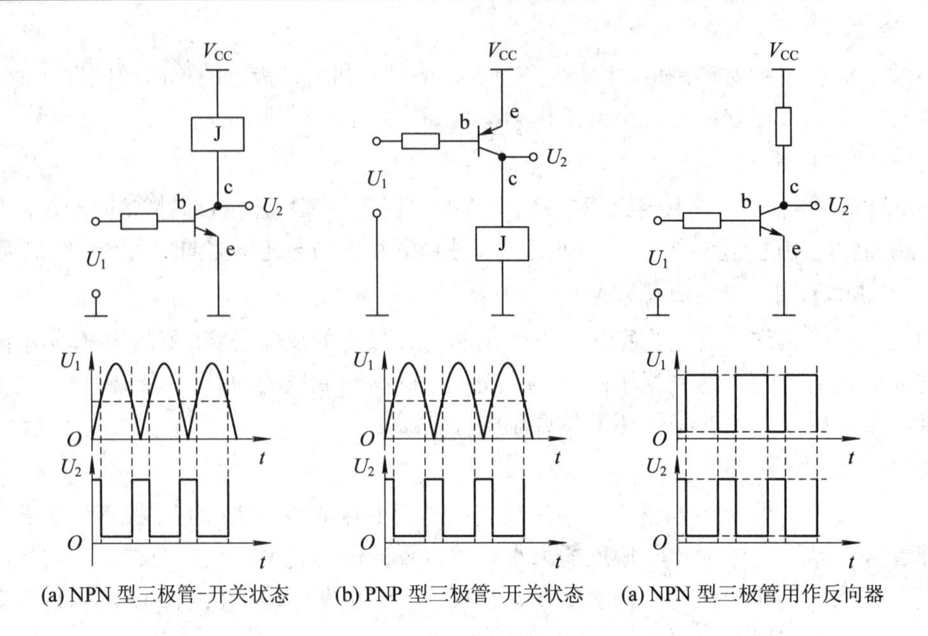

图 2-48　三极管在电路中的作用

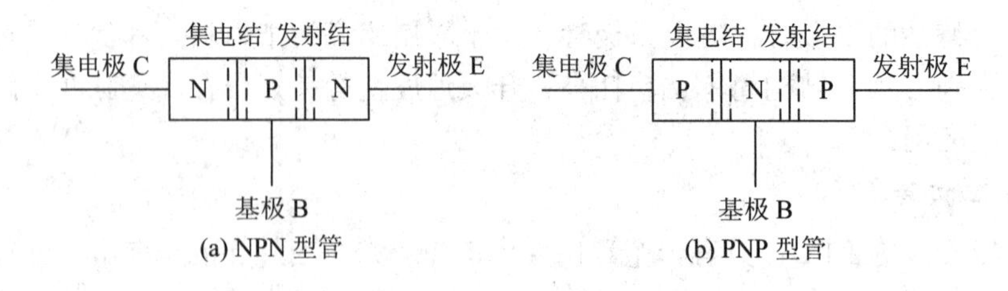

图 2-49　三极管的组成结构

2) 三极管的外形及符号

常见三极管的外形如图 2-50 所示。

常用三极管图形符号如图 2-51 所示。

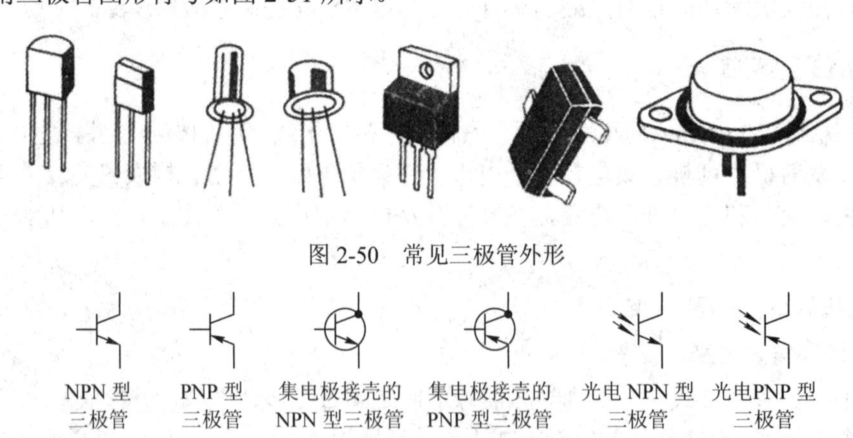

图 2-50　常见三极管外形

图 2-51　常用三极管图形符号

3) 三极管的分类

按材料分：三极管可分为锗三极管、硅三极管。

按导电类型分：三极管可分为 PNP 型和 NPN 型。锗三极管多为 PNP 型，硅三极管多为 NPN 型。

按工作频率分：三极管可分为高频管(f_a≥3 MHz)和低频管(f_a<3 MHz)。

按功率分：三极管可分为大功率(P_c> 1 W)、中功率(P_c 为 0.5～1 W)和小功率三极管(P_c<0.5 W)。

2. 三极管的主要参数

1) 直流参数

(1) 共发射极电流放大倍数 h_{FE}(或$\overline{\beta}$)：指集电极电流 I_C 与基极电流 I_B 之比，即

$$h_{FE}=\frac{I_B}{I_C}$$

(2) 集电极—发射极反向饱和电流 I_{CEO}：指基极开路时，集电极与发射极之间加上规定的反向电压时的集电极电流，又称穿透电流。它是衡量三极管热稳定性的一个重要参数，值越小，稳定性越好。

(3) 集电极—基极反向饱和电流 I_{CBO}：指发射极开路时，集电极与基极之间加上规定的电压时的集电极电流。此时的集电极电流称为集电极反向截止电流。良好的三极管 I_{CBO} 应很小。

2) 交流参数

(1) 共发射极交流电流放大系数 $h_{fe}(\beta)$：指在共发射极电路中，集电极电流变化量 Δ_{ic} 与基极电流变化量 Δ_{ib} 之比，即 $\beta=\Delta_{ic}/\Delta_{ib}$。

(2) 共发射极截止频率 f_B：指反向电流放大系数因频率增加而下降至低频放大系数的 0.707 时的频率。

(3) 特征频率 f_T：指 β 值因频率升高而下降至 1 时的频率。

3) 极限参数

(1) 集电极最大允许电流 I_{CM}：指三极管参数变化不超过规定值时，集电极允许通过的最大电流。当实际工作电流大于 I_{CM} 时，三极管的性能将显著变差。

(2) 集电极—发射极反向击穿电压 BV_{CEO}：指基极开路时，集电极与发射极之间允许加的最高反向电压。

(3) 集电极最大允许耗散功率 P_{CM}：指三极管参数变化不超过规定允许值时的集电结功耗最大值，其大小决定于集电结的最高结温。

3. 常用三极管

1) 中小功率三极管

通常将 I_{CM}<1 A，P_{CM}<1 W 的三极管统称为中小功率管，其主要特点是功率及工作电流较小，种类繁多，体积封装有大有小，外形尺寸也各有不同。常用部分小功率三极管的技术参数如表 2-9 所示。

表 2-9　几种常用小功率三极管技术参数

型号	材料与极性	最大额定值					直流参数		交流参数	国内代换
		P_{CM}/W	I_{CM}/A	BV_{CBO}/V	BV_{CEO}/V	BV_{EBO}/V	I_{CBO}/nA	h_{FE}	f_T/MHz	
9011	硅 NPN	0.4	0.03	50	30	5	100	28～198	370	3DG122
9012	硅 PNP	0.625	−0.5	−40	−20	−5	−100	64～202	*	3CK10B
9013	硅 NPN	0.625	0.5	40	20	5	100	64～202	*	3DK4B
9014	硅 NPN	0.625	0.1	50	45	5	50	60～1000	270	3DG6
9015	硅 PNP	0.45	−0.1	−50	−45	−5	−50	60～600	190	3CG6
9016	硅 NPN	0.4	0.025	30	20	4	100	28～198	620	3DG122
9018	硅 NPN	0.4	0.05	30	15	5	50	28～198	1100	3DG82A
8050	硅 NPN	1	1.5	40	25	6	100	85～300	192	3DK30B
8550	硅 PNP	1	−1.5	−40	−25	−6	−100	60～300	200	3CK30B

注：表中所列为三星公司 90 系列产品。

2) 大功率三极管

通常将 I_{CM}>1 A，P_{CM}>1 W 的三极管称为大功率管，主要用于信号的功率放大，特点为功率及工作电流大，且耐压较高。大功率管一般分为金属壳封装和塑料封装两种，金属壳封装大功率管体积较大，外壳即为散热部件且为集电极 C，而对于塑封功率管，其集电极 C 通常与自带散热片相通，使用时应按要求加装散热片。

3) 开关管

开关管是一种饱和与截止状态变换速度较快的三极管，广泛用于各种脉冲电路，开关数字电路及开关电源电路。

4) 光敏三极管

具有放大能力的光—电转换三极管，常用于各种光控电路，等效电路及电路符号如图 2-52 所示。

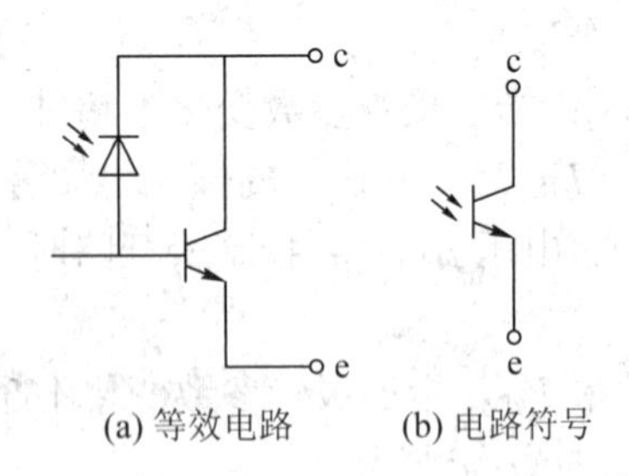

(a) 等效电路　　(b) 电路符号

图 2-52　光敏三极管的等效电路及符号

5) 达林顿管

达林顿管采用复合连接方式，将两只或更多三极管的集电极连在一起，而将第一只三极管的发射极直接耦合到第二只三极管的基极，依次连接而成，最后引出 E、B、C 三个电极，其连接方式及电路符号如图 2-53 所示。达林顿管的放大倍数是各三极管放大倍数的乘积(可达数千倍)，分为普通达林顿管和大功率达林顿管，普通管主要用于高增益放大电路或继电器驱动电路，大功率管主要用于音频功率放大、电源稳压、大电流驱动、开关控制等电路。

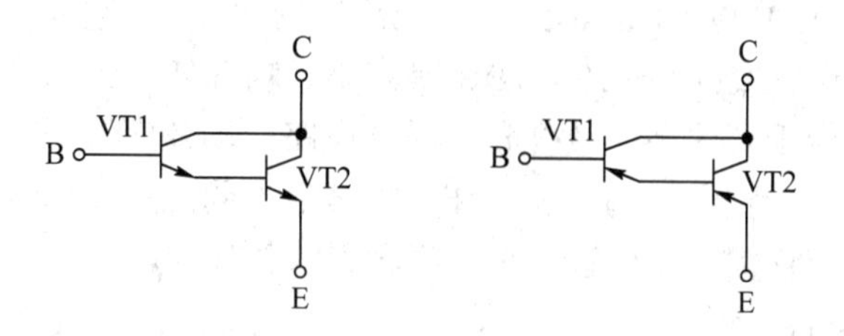

图 2-53 NPN 型(左)和 PNP 型(右)达林顿管

4．常用三极管的封装及引脚排列

部分常用三极管的封装及引脚排列见表 2-10。

表 2-10 常用三极管封装与引脚排列

类别		外形封装及引脚排列	实例	特点及应用
三极管	小功率金属封装	E B C C 型　E B C D 型　E B C E 型　E B C B-1 型	3DK2 3DJ7 3DG6C	可靠性高，散热好，造价高
	小功率塑封管	E B C S-1A 型 TO-92　E B C S-1B 型　E B C S-2 型 TO-92S　E B C S-4 型 TO-92L	3DG6A S9013 S8050	造价低，应用广
	大功率塑封管	E C B S-5 型 TO-126　B C E S-6A 型　B C E S-6B 型 TO-202　B C E S-7 型 TO-220	BD237 BU208 2SD1943	可方便加散热片，造价低，应用广
	大功率金属封装	E C B F 型　B E C G 型　C E B 方盘型	3DD102C 3AD30	功率大，散热性好，造价较高

2.3.3 场效应晶体管

场效应晶体管(Field-Effect Transistor，FET)简称场效应管，它属于电压控制型半导体器件。其特点是输入电阻很高(10^7～10^{15} Ω)、噪声小、功耗低、无二次击穿现象，受温度和辐射影响小，特别适应于要求高灵敏度和低噪声电路。场效应管与三极管一样都能实现信号的控制和放大，但由于它们的构造和工作原理截然不同，所以二者的差别很大。在某些特殊应用方面，场效应管优于三极管，是三极管无法替代的。

1. 场效应管的特性

场效应管与三极管相似，也是一种具有 PN 结的半导体器件。但与三极管不同的是，它不是利用 PN 结的导电特性，而是利用它的绝缘特性，其结构如图 2-54 所示。

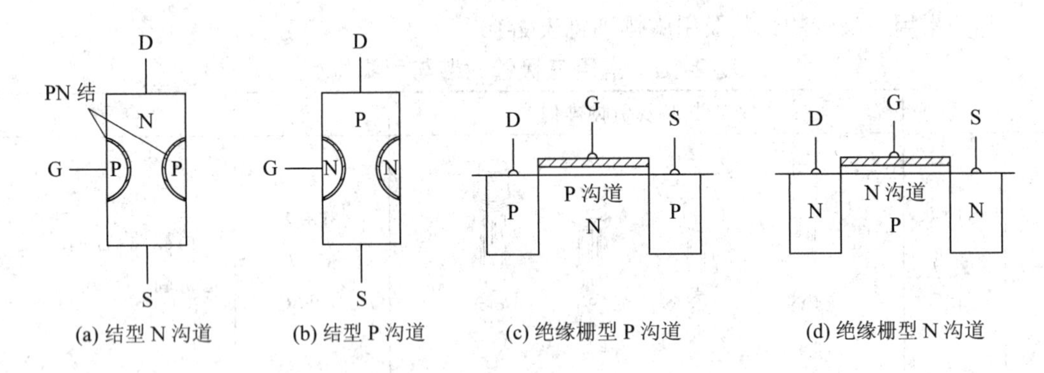

(a) 结型 N 沟道　(b) 结型 P 沟道　(c) 绝缘栅型 P 沟道　(d) 绝缘栅型 N 沟道

图 2-54　场效应管的结构

场效应管中有一个电流通道，称为沟道，沟道的两端分别称为漏极 D 和源极 S，PN 结位于整个沟道的旁边，PN 结的外侧为第三个极，即栅极 G。

当栅极加上电压后，就会产生电场，这个电场会影响 PN 结的厚度，从而影响沟道的内径大小，导致沟道导电能力也就是流过沟道的电流发生变化，达到用栅极电压控制漏极电流的目的，如图 2-55 所示。

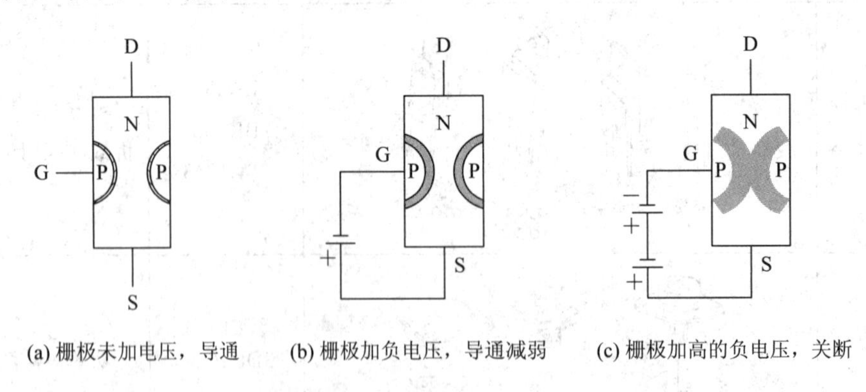

(a) 栅极未加电压，导通　(b) 栅极加负电压，导通减弱　(c) 栅极加高的负电压，关断

图 2-55　场效应管的原理示意图

2. 常用场效应管的分类与图形符号

场效应管分为两类：一类是结型场效应管(JFET 管)，另一类是绝缘栅型场效应管(MOS

管)。结型场效应管又分为 N 沟道和 P 沟道两种；绝缘栅型场效应管又有耗尽型与增强型之分，即栅、源之间的电压(V_{GS})为零时，D、S 之间就存在导电沟道，为耗尽型，若$|V_{GS}|>0$才存在导电沟道的，为增强型。常见场效应管分类与电路符号如表 2-11 所示。

表 2-11　常见场效应管分类与电路符号

类别	结型场效应管(J-FET)		绝缘栅型场效应管(MOS-FET)			
			耗尽型		增强型	
	N 沟道	P 沟道	N 沟道	P 沟道	N 沟道	P 沟道
电路符号	G D S	G D S	G D S	G D S	G D S G_1 G_2 D S 双极	G D S G_1 G_2 D S 双极
举例说明	3DJ1～3DJ9	FJ451 3CJ1～3CJ9	3DO1～3DO4		3DO6 4DO6	3CO2 4CO2

3．场效应管的主要参数

(1) 跨导(g_m)：指场效应管工作在饱和区时，漏源电压 V_{DS} 固定于某个数值(如 V_{DS} = 10 V)时，栅源电压的变化量 ΔV_{GS} 和对应的漏极电流的变化量 ΔI_D 的比值，即 $g_m = \Delta I_D/\Delta V_{GS}$。$g_m$ 反映的是栅极电压对漏极电流的控制能力，也是衡量其放大作用的重要参数。

(2) 饱和漏极电流(I_{DSS})：指结型场效应管或耗尽型 MOS 管在栅极和源极短路的情况下，漏源电压 $V_{DS}>|V_P|$时的漏极电流。

(3) 夹断电压(V_P)：指结型场效应管或耗尽型 MOS 管的漏源电压 V_{DS} 固定于某个数值(如 V_{DS}=10 V)时，使场效应管的漏—源间刚刚截止的栅极电压。

(4) 开启电压(V_T)：指增强型 MOS 管的漏源电压 V_{DS} 固定于某个数值(如 V_{DS}=10 V)时，使场效应管的漏—源间刚刚导通的栅极电压。

4．场效应管的应用及使用常识

1) 场效应管的应用

场效应管由于输入电阻高，常用于电路的输入端，以提高电压的灵敏度，如话筒放大器等。

场效应管由于特别容易集成，因此绝大部分集成电路均采用场效应管作为设计制作元器件，特别是 MOS 管。

2) 场效应管的使用常识

(1) 为保证场效应管安全可靠地工作，使用时不要超过器件的极限参数。

(2) MOS 管保存时应将各电极引线短接，栅极不允许开路，否则会感应出很高的静电电压，而将其击穿。

(3) 焊接时应将电烙铁外壳接地或切断电源趁热焊接，并先焊栅极以避免栅极悬空。

(4) 测试时仪表应良好接地，不允许有漏电现象，MOS 管由于易受感应电压的危害，一般不用万用表检测。

(5) 当场效应管使用在要求输入电阻较高的场合，还应采取防潮措施，以免其受潮气的影响使输入电阻大大降低。

(6) 对于结型管，栅—源间的电压极性不可接反，否则 PN 结将正偏而不能正常工作，有时可能烧坏器件。

3) 场效应管与三极管的主要区别

(1) 场效应管是电压控制器件，是通过 V_{GS} 来控制 I_D；三极管是电流控制器件，通过 I_B 控制 I_C。

(2) 场效应管在结构上是对称的，它的漏极和源极可以互换，耗尽型绝缘栅管的栅极电压可正可负，灵活性比双极型三极管强。

(3) 三极管放大电路的电压放大系数要大于场效应管，三极管的组装工艺要求低于场效应管，故三极管在各种电路中都有广泛应用；场效应管因其输入的高阻抗常用于电路的输入级，因其具有电子管的声音效果常用在音响的末级功放。

4) VMOS 场效应管及管脚判别

VMOS 场效应管(VMOS FET)简称 VMOS 管，其全称为 V 型槽 MOS 场效应管，也称其为功率场效应管，它是继 MOS 管之后新发展起来的高效功率开关器件。该器件不仅继承了 MOS 管输入阻抗高、驱动电流小的特点，还具有耐压高(最高可达 1200 V)、工作电流大(1.5～100 A)、输出功率高(1～250 W)、跨导电线性好、开关速度快等优良特性。正是由于它将电子管与功率晶体管之优点集于一身，因此在电压放大器(电压放大倍数可达数千倍)、功率放大器、开关电源和逆变器中得到广泛地应用。

VMOS 管的管脚判别方法如下：

(1) 判定栅极。将万用表拨至 R × 1k 挡分别测量三个引脚之间的电阻值。若发现某脚与其他两脚之间的电阻值均呈无穷大，并且交换表笔后仍为无穷大，则证明此脚为栅极，因为它和另外两个管脚是绝缘的。

(2) 判定源极和漏极。在源极和漏极之间有一个 PN 结，因此可根据 PN 结正反向电阻存在的差异，可识别源极和漏极。交换表笔法测两次电阻，其中电阻值较小(一般为几 kΩ 至十几 kΩ)的一次为正向电阻，此时黑表笔的是源极，红表笔接漏极，为 N 沟道；反之，则为 P 沟道。

2.4 集 成 电 路

集成电路(Integrated Circuits，IC)，俗称芯片，是采用半导体工艺、厚膜工艺、薄膜工艺等特殊工艺，将晶体管、电阻、电容、场效应管等元器件按照设计要求连接起来，制作在同一片硅片上，成为具有特殊功能的电路。集成电路具有体积小、质量轻、功能多、引出线和焊接点少、寿命长等诸多优点，同时具有成本低、便于大规模生产等特点，因而在工业、民用及军事等电子产品和设备上得到广泛的应用。

2.4.1 集成电路的分类

集成电路种类繁多，从不同的角度有不同的分类方法，通常从以下几个方面进行分类。

1. 按功能结构分类

集成电路按其功能、结构不同，可分为模拟集成电路和数字集成电路两大类。模拟集成电路用来产生、放大和处理各种音视频信号，而数字集成电路是用来对在时间和幅度上离散取值的数字信号进行产生、放大和处理。

2. 按制作工艺分类

集成电路按制作工艺可分为半导体集成电路、薄膜集成电路、厚膜集成电路和混合集成电路。

(1) 半导体IC：用平面工艺(氧化、光刻、扩散、外延)在半导体晶片上制成的集成电路。

(2) 薄膜IC：用薄膜工艺(真空蒸发、溅射)将电阻器、电容器等无源元件相互连接并制作在同一块绝缘衬底上，再焊接上晶体管管芯等有源器件，使其具有一定功能的电路。

(3) 厚膜IC：用厚膜工艺(丝网印制、烧结)将电阻器、电容器等无源元件相互连线并制作在同一块绝缘衬底上，再焊接上晶体管管芯等有源器件，使其具有一定功能的电路。

3. 按集成度分类

集成电路按集成度高低的不同可分为小规模集成电路(SSI)、中规模集成电路(MSI)、大规模集成电路(LSI)、超大规模集成电路(VLSI)和甚大规模集成电路(ULSI)。

集成度指在一块硅片上含有的元件数目(小规模IC元件数小于100、中规模IC为100～1000、大规模IC为1000～100 000、超大规模IC大于10^5)。一般常用集成电路以中、大规模为主，超大规模和甚大规模集成电路主要用于存储器及计算机CPU等专用芯片中。目前，可制成在几十mm^2的芯片上有上亿个元件的超大规模集成电路。

4. 按导电类型不同分类

集成电路按导电类型不同可分为双极型集成电路和单极型集成电路。双极型集成电路的制作工艺复杂，功耗较大，有TTL、ECL、HTL、LST-TL、STTL等类型。单极型集成电路的制作工艺简单，功耗也较低，易于制成大规模集成电路，有CMOS、NMOS、PMOS等。

5. 按使用与用途分类

集成电路根据用途可分为通用集成电路和专用集成电路。通用集成电路按使用领域又分音/视频电路、数字电路、线性电路、微处理器、接口电路、光电电路等。而专用集成电路是为特定应用领域或特定电子产品专门研制的，目前应用较多的有门阵列(GA)、标准单元集成电路(CBIC)、可编程逻辑器件(PLD)、模拟阵列和数字模拟混合阵列、全定制集成电路等。专用集成电路性能稳定、功能强、保密性好。

2.4.2 常用集成电路的封装

半导体电子元器件的封装，不仅起到沟通芯片内部电路与外部电路的桥梁作用，还为集成电路提供了一个稳定可靠的工作环境。因此，集成电路封装应具有较强的机械性能、良好的电气性能及散热性能。由于大批量生产和降低成本的需求，目前有很多集成电路采用了塑料封装材料。封装技术经历了几代变迁，相继产生了片式载体封装、四面引线扁平封装、针栅阵列封装、载带自动焊接封装等。同时，为了适应集成电路发展的需要，还出现了功率型封装、混合集成电路封装以及适应某些特定环境和要求的恒温封装、抗辐射封装和光电封装。并且各类封装逐步形成系列，引线数从几条直到上千条，已充分满足集成电路发展的需要。表 2-12 列举了几种常见集成电路的封装。

表 2-12　几种常见集成电路的封装

封装外形图	封装名称	封装外形图	封装名称
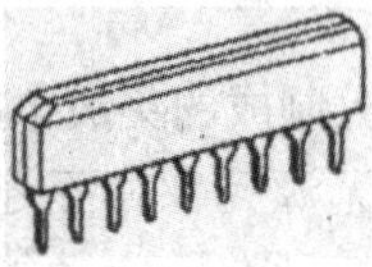	SIP 单列直插封装	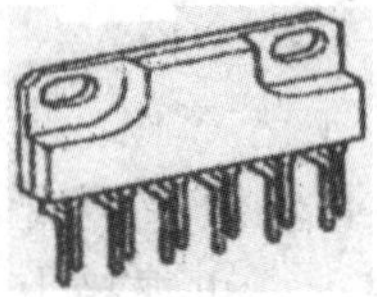	ZIP Z 型直插封装
	DIP 双列直插封装		S-DIP 收缩双列直插封装
	BGA 球栅阵列封装		QFP 方形扁平封装
	PLCC 有引线塑料封芯片载体		Flat Pack 扁平封装
	SOJ J 形引线小外形封装		SOP 小外形封装

2.4.3　集成电路的型号

集成电路的命名与分立器件相比规律性较强，绝大部分国内外厂商生产的同一种集成电路采用基本相同的数字标号，而以不同的字头代表不同的厂商，例如 NE555、LM555、μPC555、SG555 分别是由不同国家和厂商生产的定时器电路，它们的功能、性能、封装、引脚排列都一致，可以相互替换。因此，在使用国外集成电路时，应该查阅手册或有关产品型号对照表，以便正确选用器件。

我国集成电路型号采用与国际接轨的准则，共由 5 部分组成，其含义见表 2-13。

集成电路型号示例如图 2-56 所示。

表 2-13　国产集成电路型号含义

第 1 部分		第 2 部分		第 3 部分	第 4 部分		第 5 部分	
用字母表示器件符合国家标准		用字母表示器件的类型		用阿拉伯数字和字母表示器件的系列品种	用字母表示器件的工作温度范围		用字母表示器件的封装	
符号	意义	符号	意义		符号	意义	符号	意义
C	中国制造	T	TTL 电路	TTL 分为：	C	0～70℃	F	多层陶瓷扁平封装
		H	HTL 电路	54/74XXX	G	−25～70℃	B	塑料扁平封装
		E	ECL 电路	54/74HXXX	L	−25～85℃	H	黑瓷扁平封装
		C	CMOS	54/74LXXX	E	−40～85℃	D	多层陶瓷双列直插封装
		M	存储器	54/74SXXX				
		μ	微型机电器	54/74LSXXX	R	−55～85℃	J	黑瓷双列直插封装
		F	线性放大器	54/74ASXXX	M	−55～125℃	P	塑料双列直插封装
		W	稳压器	54/74ALSXXX			S	塑料单列直插封装
		D	音响、电视电路	54/74FXXX			T	塑料封装
		B	非线性电路				K	金属圆壳封装
		J	接口电路				C	金属菱形封装
		AD	A/D 转换器	CMOS 为：			E	陶瓷芯片载体封装
		DA	D/A 转换器	4000 系列			G	塑料芯片载体封装
		SC	通信专用电路	54/74HCXXX			SOIC	小引线封装
		SS	敏感电路	54/74HCTXXX			PCC	塑料芯片载体封装
		SW	钟表电路				LCC	陶瓷芯片载体封装
		SJ	机电仪电路					
		SF	复印机电路					

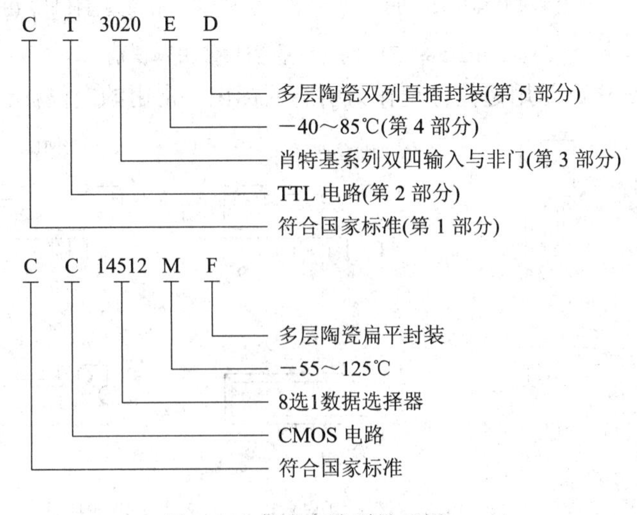

图 2-56　集成电路型号示例

2.4.4 集成电路的使用与检测

1. 集成电路引脚识别

集成电路的引脚数目很多(从几脚至上百脚不等)，但其排列有一定规律，在使用时可按照这些规律来正确识别引脚。

在集成电路的外壳上都有供识别引脚排序的定位标记(或称第 1 脚)，要正确地找出是识别引脚的关键，下面介绍几种常用集成电路引脚的排列形式。

1) 圆形金属外壳集成电路

对圆形金属外壳的集成电路(一般为圆形或菱形金属外壳封装)，识别时应将集成电路的引脚朝上，找出标记，按顺时针方向依次排列引脚 1、2、3…，如图 2-57 所示。

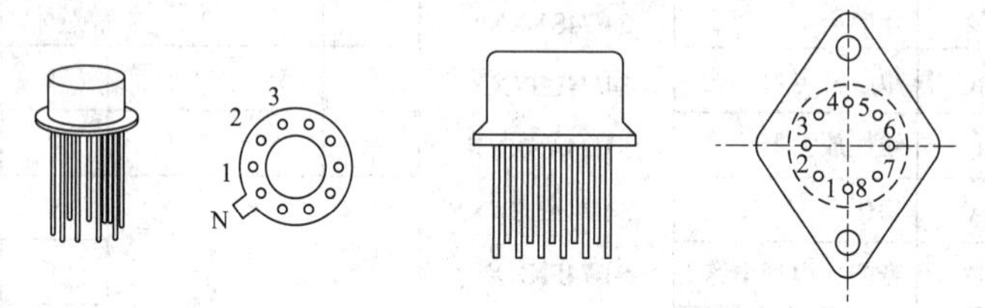

图 2-57　圆形金属封装引脚识别

2) 单列直插式集成电路

对于单列直插式集成电路，识别其引脚时应将引脚朝下，面对型号或定位标记，自定位标记一侧的第一只脚开始数起，依次为 1、2、3…脚，其 ZIP 与 SIP 封装的引脚识别方法如图 2-58 所示。

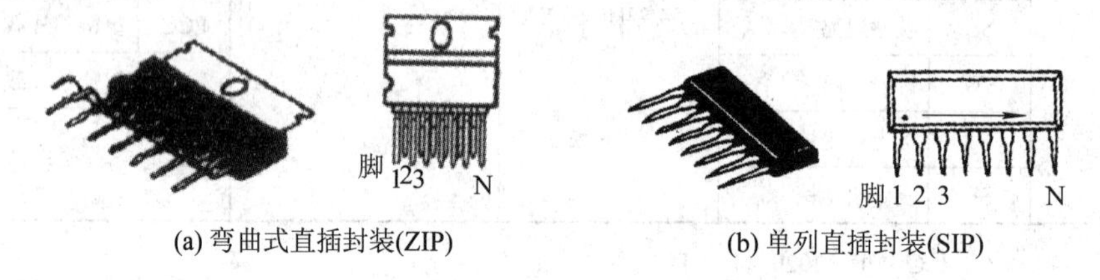

(a) 弯曲式直插封装(ZIP)　(b) 单列直插封装(SIP)

图 2-58　ZIP 与 SIP 直插封装引脚识别

单列直插集成电路常用定位标记作为引脚的标识，常用的定位标记如图 2-59 所示。

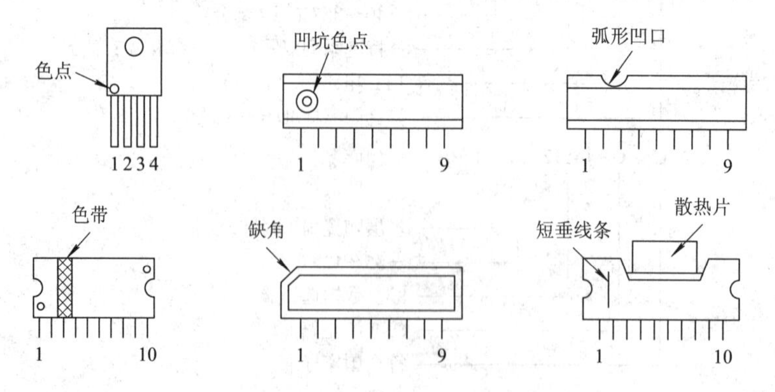

图 2-59　单列直插式封装常用定位标记及引脚识别

3) 双列直插式集成电路

对于双列直插式集成电路，识别引脚时，面向集成电路的背部(俯视)，半圆形凹槽或凹坑标记在左侧，则从左下角第一只引脚开始，按逆时针方向，依次为 1、2、3、…，如图 2-60 所示。如果是面向引脚(型号、商标向下)，则定位标志位于左边、应从左上角第一只引脚开始，按顺时针方向，依次为 1、2、3、…。

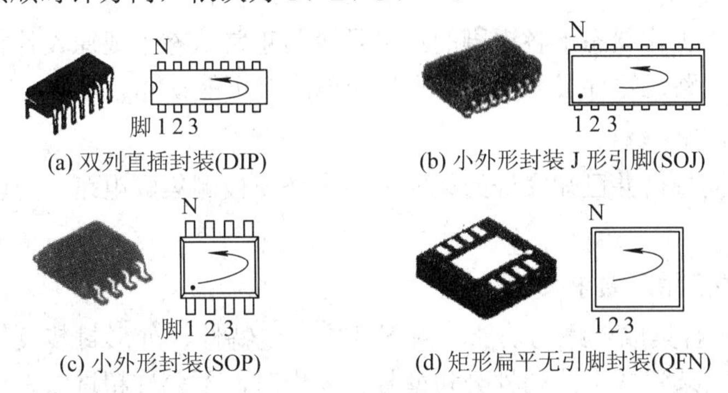

(a) 双列直插封装(DIP)　(b) 小外形封装 J 形引脚(SOJ)

(c) 小外形封装(SOP)　(d) 矩形扁平无引脚封装(QFN)

图 2-60　双列直插式封装及引脚识别

注：有些进口 IC 的引脚排序是反向的，这些 IC 的型号后面带有后缀字母 R。

4) 四列扁平封装及软封装集成电路

四列扁平封装的集成电路引脚排列顺序如图 2-61(a)、(b)、(c)所示，其中(d)为软封装(或称黑胶封装)IC 的引脚排列方法。

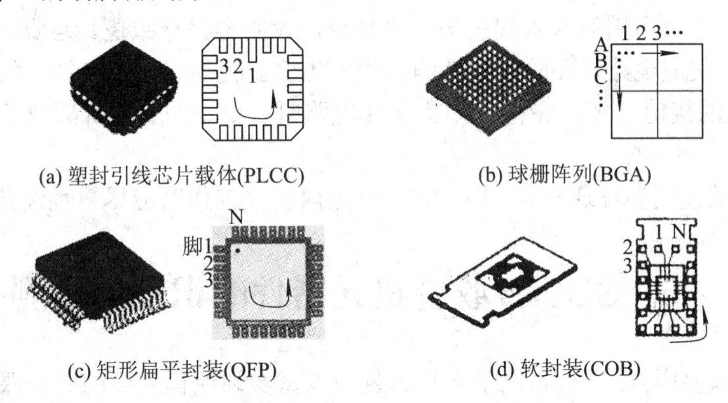

(a) 塑封引线芯片载体(PLCC)　(b) 球栅阵列(BGA)

(c) 矩形扁平封装(QFP)　(d) 软封装(COB)

图 2-61　四列扁平封装、软封装

2. 集成电路的测量

1) 电阻法测量

集成电路未焊入印制电路板时，可采用电阻法对其质量进行测量，即测量集成电路各引脚对地的正、反向电阻。方法是：用万用表红表笔接集成电路的接地脚，用黑表笔分别测其他各脚的对地电阻；然后用黑表笔接集成电路的接地脚，用红表笔分别测其他各脚的对地电阻。将测量结果与参考资料或另一块好的集成电路进行对比，从而作出判断。测量时必须使用同一万用表和同一挡测量。

2) 电压法测量

集成电路已焊接在印制电路板上，可采用电压法对其好坏进行测量，即测量集成电路引脚的对地动、静态电压，方法是：在通电的状态下测量各脚的对地直流电压，将测量结果与电路图或有关资料给出的参考电压相比较，若引脚电压有较大差别，其外围元器件又无损坏，则可判断集成电路损坏。有时为了更准确些，可运用电阻法进行补充测量。注意：有的参考电压值可能因当时的信号或电路状态的不同而有所差异。

3) 波形法测量

检测集成电路在工作状态下各引脚的波形是否与正常状态下或原设计相符，若发现有较大区别，且外围电路元器件又无损坏，则集成电路有可能损坏。

4) 替换法检测

用相同型号或同规格并已知完好的集成电路来替换被测集成电路，用以判断该集成电路是否损坏。

3．集成电路的应用及要求

(1) 应用前应了解集成电路的功能、内部结构、电特性、外形封装及与该集成电路相连接的电路，确定所选集成电路的种类和型号。使用时，不允许超过参考手册中规定的参数数值。

(2) 安装集成电路时要注意方向，不可插错。扁平型集成电路外引脚成形、焊接时，引脚要与印制电路板平行，不可穿引扭焊，不得从根部弯折。

(3) 集成电路焊接时，不得使用大于 45 W 的电烙铁，每次焊接不要超过 10 秒。

(4) 正确处理好空引脚，不应擅自将空引脚接地，这些引脚为更替或备用脚或作为内部连接。但 CMOS 电路不用的输入端引脚不可悬空，否则容易导致逻辑运算错误。

(5) 对于 MOS 集成电路，要防止其被静电感应击穿。使用时，电烙铁、仪器仪表及电路本身都要有良好的接地措施；保存 MOS 集成电路时，要采用金属屏蔽包装，以防止外界电场击穿其栅极。

(6) 集成电路的使用温度通常在−30～85℃范围内，在工作时应尽量远离热源。

2.5　SD925 收音机元器件的识别与检测

SD925 中波段超外差收音机是电子产品组装与调试实训课程主要的制作课件。该收音机从生产工艺上来看，应属于混合装配工艺电子产品，即电子元器件的安装由表面贴装与直插分立安装两种工艺混合组装而成。因此，在进行收音机组装之前，首先要求每位同学对自己的收音机套件中的各元器件(表贴元器件与直插分立元器件)进行识别并按照测试要求进行检测，确保所用元器件的准确性与完好性，使收音机各项指标符合功能参数要求。

2.5.1　阻容元件的识别与测量

1．实训目的

通过对 SD925 收音机电阻器、电容器的识别与测量，应掌握固定电阻器、电容器的质量判别方法和基本特性；了解贴片、直插元器件的形状与参数标识；学会用万用表等测量工具检测电阻器、电容器。

2. 测量工具

MF47 型指针式万用表，DT-890 型数字式万用表。

3. 认识 SD925 收音机的电阻器

表 2-14 所示的是 SD925 超外差收音机中的所有电阻器，其中列举有表贴电阻器和直插分立电阻器。其相关理论知识参看本章 2.1.1 节内容；表贴电阻器参看第 6 章 6.2.2 节内容。

表 2-14　SD925 收音机中电阻器

电阻器		直插分立(THT)				表面贴装(SMC)			
标号	电阻值	图例	色环	功率	误差	图例	封装形式	阻值标注	贴装方法
R_1、R_{10}	3 kΩ		橙黑红金	1/8 W	±5%		0805	302	生产线贴装
R_2、R_{12}	430 Ω		黄橙棕金	1/8 W	±5%		0805	431	生产线贴装
R_3	150 kΩ		棕绿黄金	1/8 W	±5%		0805	154	生产线贴装
R_5	15 kΩ		棕绿橙金	1/8 W	±5%		0805	153	手工贴装
R_7	510 Ω		绿棕棕金	1/8 W	±5%		0805	511	生产线贴装
R_8	51 Ω		绿棕黑金	1/8 W	±5%		0805	510	生产线贴装
R_{11}、R_{13}	330 Ω		橙橙棕金	1/8 W	±5%		0805	331	生产线贴装
R_6	510 Ω		绿棕棕银	1/8 W	±10%		1206	511	手工贴装
R_9	68 kΩ		蓝灰橙银	1/8 W	±10%		1206	683	手工贴装
R_4	43 kΩ		黄橙橙金	1/8 W	±5%				

4. 实际电阻器的检测

1) 外观检测

直观检查电阻器外观，若有引线折断、电阻体烧焦、开裂等，则表示该电阻器已性能不良或损坏。

2) 用指针式万用表测量

(1) 调零。以 MF47 型万用表为例，将万用表的功能选择开关置于 Ω 挡适当量程(可由被测电阻器色环确定)，再将红、黑表笔短接，指针应在刻度线零点。若不在，则要调节“Ω”旋钮使表头指针指向“0”刻度，然后进行测量。注意测量中每次变换量程，都必须重新调零后再测量。MF47 型万用表的使用方法见第 5 章 5.2.2 节。

(2) 一般固定电阻器的测量。将两表笔(不分正负)分别与电阻器的两端相接，即被测电阻器串接于红、黑表笔之间，如图 2-62(a)所示，此时表头指针偏转，等待稳定后可以从 Ω 挡刻度线上直接读出所示数值，再乘以事先所选的倍率，即可得到被测电阻器的阻值。注意挡位的选择应使指针尽可能落到刻度线 20%～80%弧度范围内，以使测量准确。

根据电阻器的误码差等级，若测量数据与标称值相符，标志清晰，保护漆完好，则可初步断定该固定电阻质量良好。如电阻值超出误差范围，则说明该电阻器已变质。如测得结果为 0，则说明该电阻已短路；如是无穷大，则表示该电阻器断路，两种情况下的电阻器均不可继续使用。

注意：测量时，特别是几十千欧以上电阻器，人体不能同时接触被测电阻器的两根引线，如图 2-62(b)所示，以避免人体电阻对测量的影响。

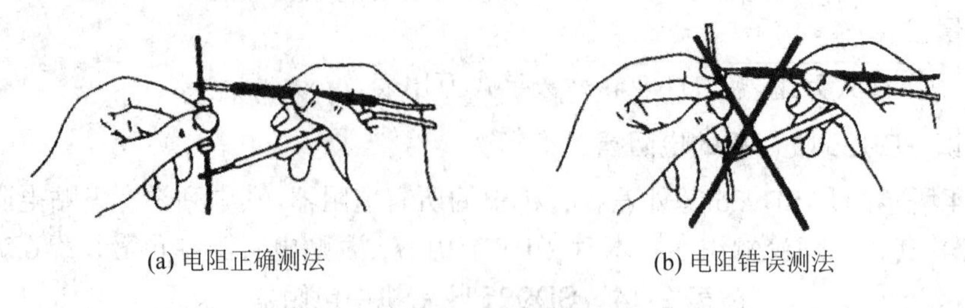

图 2-62　测量阻值

3) 用数字万用表测量

首先将黑表笔插入“COM”孔，红表笔插入“Ω”插孔，万用笔的挡位开关转至相应的电阻挡上打开万用表开关，将红、黑表笔跨接在被测电阻的两个引脚上，万用表的显示屏即可显示出被测电阻器的阻值。需要说明的是，在使用数字式万用表测量电阻时一般无需调零，可直接测量。如所测电阻的标称值超过所选电阻挡量程时，则显示屏左端会显示“1”，这时应将挡位开关转至较高挡位上。当测量电阻值超过 1 MΩ 以上时，显示的读数需几秒钟后才会稳定，应属正常现象，特别在测量较大电阻值时经常出现。数字万用表的使用参看第 5 章 5.2.2 节相关内容。

4) 检测表面贴装电阻器

用万用表检测表面贴装电阻器的阻值，其方法与直插分立电阻器的检测方法相似，可将万用表的表笔磨尖，两表笔接触表贴电阻的两端焊接处即可。表贴电阻体积小，易丢难找，操作时要小心轻放，用镊子夹取，用放大镜识读阻值。

实训时，可在第一道工序表贴焊接后的印制板上对表贴电阻及焊接质量进行在线测量，但需注意电阻的在线阻值，即在电路中的串、并关系。

5．电位器的检测

电位器是收音机组装中必不可少的元器件之一。SD925 收音机所用电位器型号为 WH15-K2-5 kΩ (带开关、指数型复合膜电位器)，其外形及内部结构如图 2-63 所示。相关知识参看本章 2.1.2 节内容。

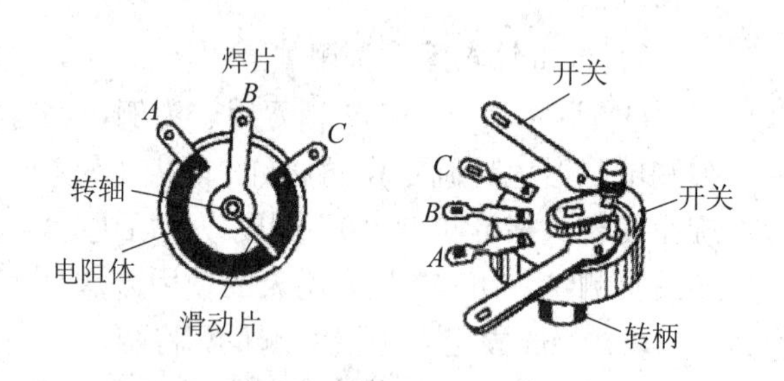

图 2-63　开关电位器

检测方法：

(1) 检查机械性能：电位器有 2 个固定端和 1 个滑动端，检测时先转动转轴，感觉其转动是否平滑、灵活，手感要好，声音要小。开关是否可靠、自如(可用万用表测试)。

(2) 检查电气性能：先检查两个固定端，用万用表欧姆挡测其固定阻值，其读数应为电位器的标称阻值。然后检测滑动端，将万用表笔分别接滑动端和某一固定端，缓慢转动电位器转轴，万用表指针应在零到标称值(5 kΩ)的范围内连续、均匀变化，若发现有断续或跳动现象，则说明该电位器存在接触不良或阻值变化不均匀的问题。带开关电位器在按逆时针旋至接近“关”的位置时，电阻值应为零或很小(若接近 5 kΩ，应换一个固定端再测)，否则会出现音量关不死或开机就有声的现象。上述测量方法如图 2-64 所示。

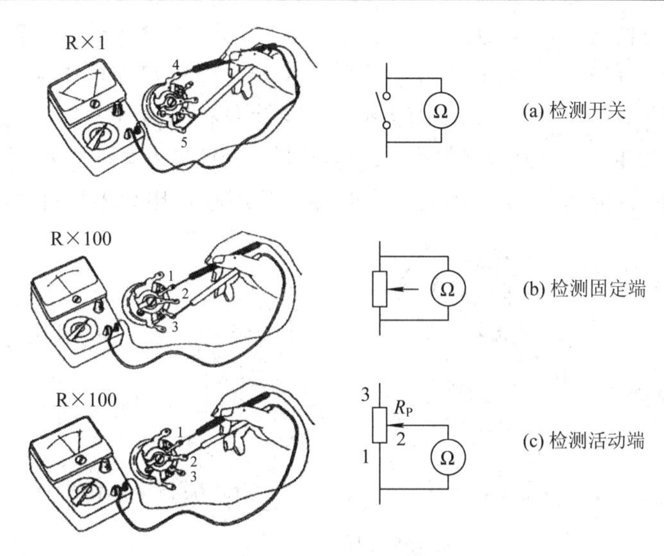

图 2-64　电位器检测

6．电容器的识别与检测

1) 电容器的识别

表 2-15 所示的是 SD925 超外差收音中的各种类型的电容器，既有表贴电容器，又有直插式电容器，可对比认知。其相关知识可参看本章 2.2.1 节内容，表贴电容器参看第 6 章 6.2.2 节内容。

表 2-15　SD925 收音机中的电容元件

电容器		直插分立(THT)			表面贴装(SMC)			
标号	容量	图例	类型	标称	图例	封装	容量标注	贴装方法
C_6、C_7	0.022 μF	223	瓷片电容	223		0805	无	生产线贴装
C_{10}、C_{11}	0.022 μF		瓷片电容	223		0805	无	生产线贴装
C_{12}	2200 pF		瓷片电容	222		0805	无	生产线贴装
C_3	0.01 μF		聚酯电容	103J		1206	无	手工贴装
C_2	10 μF	10V10μF	电解电容	10 μF/25 V				
C_5、C_8	4.7 μF		电解电容	4.7 μF/10 V				
C_4、C_{13}	100 μF		电解电容	100 μF/10 V				
C_9	1 μF		电解电容	1 μF/50 V				

2) 电容器的检测

(1) 小容量固定电容器的检测。小容量固定电容器的电容量一般为 0.01 μF 以下，因容量太小用指针式万用表进行测量只能定性检查其是否有漏电。SD925 收音机中的 C_3、C_{12} 均为小电容，检查时可用 $R\times10$ k 挡，用万用表表笔任意接触电容器的两个引脚，正常情况下万用表的读数应为无穷大，若测得阻值小或为零，则表明被测电容器内部漏电或短路。

(2) 0.01 μF 以上固定电容器的检测。指针式万用表检测电容器是用电阻挡与被测电容形成的 RC 充放电特性进行测量的。如图 2-65 所示。当两表笔接触电容器的两电极时，表内电池 E 通过内阻向 C 充电，此时表针迅速向右偏转，随着 C 充电电流逐渐减小，表针向左返回。电容器容量越大，充电起始电流越大，表针向右偏转越大，从表针的偏转角度可粗略判断被测电容器的容量大小。最后 C 充电结束，表针停在表盘上的某一位置，此时的阻值便为电容器的漏电电阻，此值越大，说明漏电流越小，电容器性能越好。

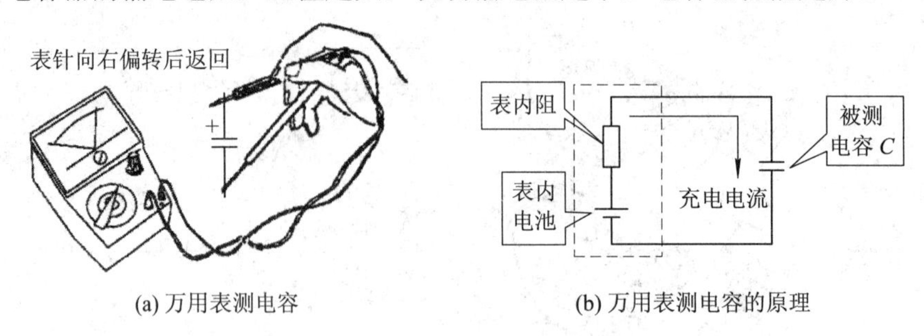

(a) 万用表测电容　　(b) 万用表测电容的原理

图 2-65　万用表测电容

SD925 收音机中 C_6、C_7、C_{10}、C_{11} 均为大于 0.01 μF 的一般电容器，测量时可用指针万用表的 $R\times10\text{k}$ 挡，直接测试其有无充电过程及内部短路或漏电现象。上面四个电容若正常的话，指针应向右有一微小偏移之后回到“∞”。对于 C_2、C_5、C_8、C_9 为 1 μF 至 50 μF 以上的电解电容，可用 $R\times1\text{ k}$ 挡进行测量；C_4、C_3 为 50 μF 以上的电解电容可用 $R\times100$ 挡进行测量。方法是：首先确定电解电容的极性，一般情况下电解电容的外壳上标注有极性或由引脚长短(短脚为负极)来确定引脚极性。若无法判断可根据其漏电大小来判别，即两表笔分别对电解电容的两引脚进行漏电阻测量如图 2-66 所示，在两次测量结果中，阻值大的一次便是正向接法，此时红表笔所接引脚为电解电容的负极，黑表笔所接引脚为正极。极性确定后，按正向接法进行测量，若被测电解电容容量正常，指针应有较明显的充电过程，将指针偏转幅度与同容量并确定质量合格的电解电容的偏转幅度进行对比，用以判别被测电容器的优劣。

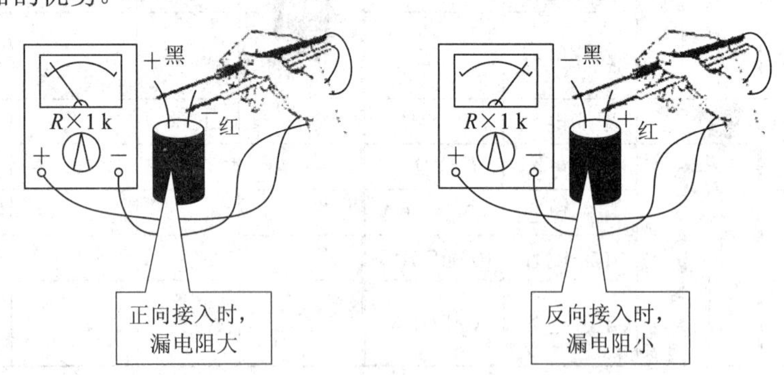

图 2-66　电解电容器极性的判别

注意：① 重复检测电解电容时(无极性电容器也一样)，每次测量前应将被测电解电容两引脚进行短路放电。

② 正向接法最后指针所停某一位置为电解电容漏电电阻。一般情况下，漏电电阻大于 500 kΩ 时性能较好，小于 200 kΩ 时质量较差。

③ 检测时，手指不要同时触碰被测电容的两个引脚，避免人体电阻对测量的影响。

(3) 用数字式万用表测量电容器。数字式万用表一般都有测试电容容量的功能。可将万用表的功能开关置于相应的挡位，被测电容器插入 C_x 插座内，通过液晶显示屏可粗略读出电容器的容量，判断其是否在标称和误差范围内。具体测量方法及数字万用表的使用参看第 5 章 5.2.2 节相关内容。

7. 可变电容器的认识与检测

双联可变电容器是 SD925 收音机的重要元器件之一，其在电路中的作用及外形如图 2-67 所示。

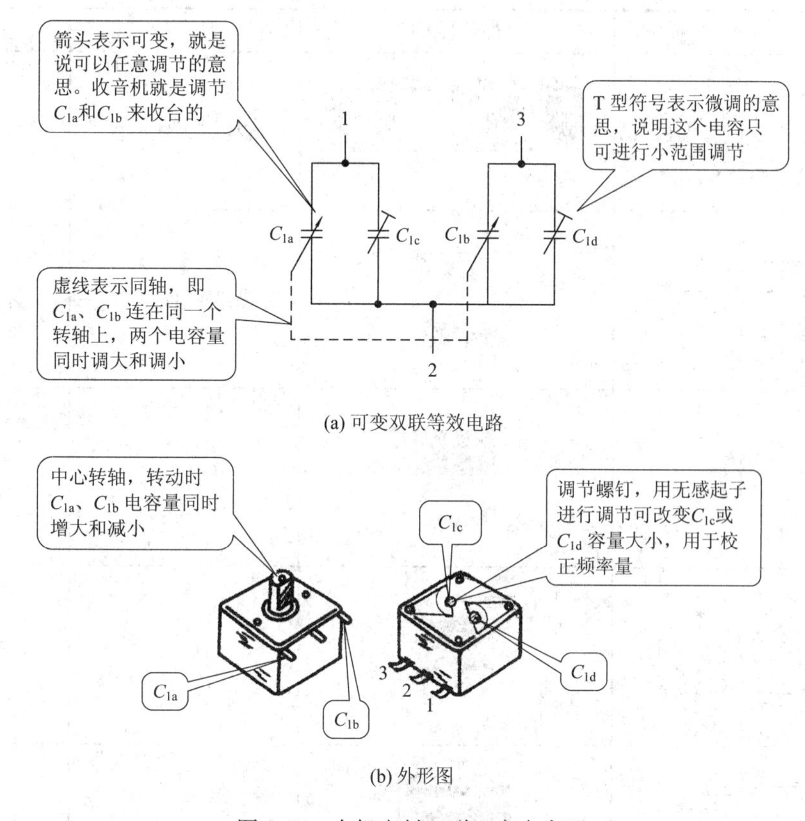

(a) 可变双联等效电路

(b) 外形图

图 2-67　有机密封双联可变电容器

电容器检测方法：

(1) 用手轻轻转动双联的转轴，应感觉平滑，无时紧时松甚至有卡滞现象。

(2) 将双联的转轴向各个方面推动，不应有摇动现象。

(3) 将万用表置于 $R \times 10\text{ k}$ 挡，将两表笔分别接触可变电容器的动片和定片引脚，并来回转动双联转轴，万用表的指针都应在无穷大的位置上不动。若指针有时指向零，则说明动片与定片间存在着短路现象；若在某一位置有阻值，则说明存在漏电现象，应更换。

(4) 对于双联上面 C_{1c}、C_{1d} 两个补偿电容，可采用与检测双联相同的方法进行测试。

2.5.2　变压器与扬声器的识别与检测

1. 实训目的

认知 SD925 收音机中的所有高频、中频、音频变压器，了解其工作原理，应掌握各种变压器的检测方法，正确判断其质量好坏、优劣。认知电动式锥盆扬声器，掌握其性能的简要检测方法。各类变压器的相关知识可参看本章 2.2.3 节内容。

2. 测量工具

MF47 型指针式万用表，DT-890 型数字式万用表。

3. 认知 SD925 收音机中的各类变压器

表 2-16 所列为 SD925 收音机中的各类变压器及应用场合。

表 2-16　SD925 收音机中的变压器

序号	符　号	外形图例	名　称	应用场合
T_1	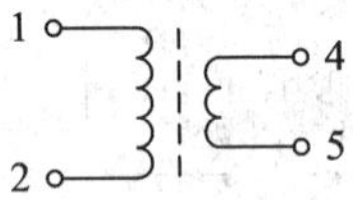 1, 2, 4, 5	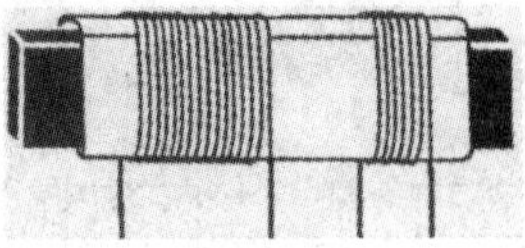	磁棒、天线线圈	高频输入电路
T_2	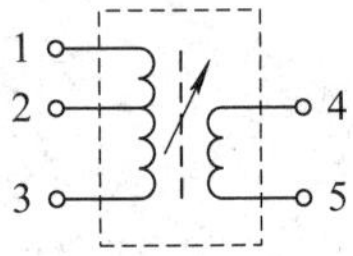 1, 2, 3, 4, 5		振荡线圈(红)	本机振荡
T_3	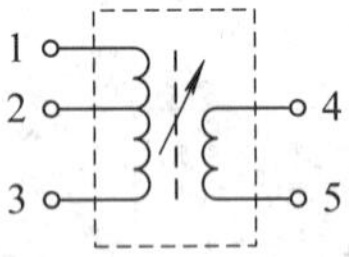 1, 2, 3, 4, 5	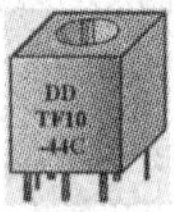 DD TF10 -44C	中周(绿)	中放 I
T_4	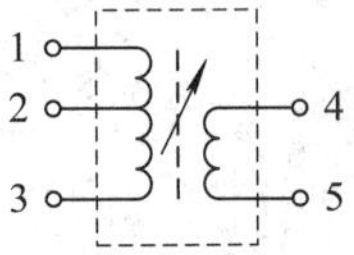 1, 2, 3, 4, 5	 DD ML10 -18	中周(黑)	中放 II
T_5	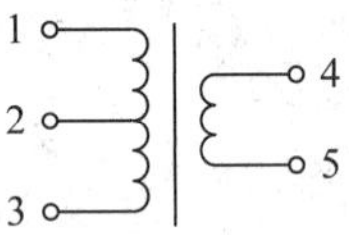 1, 2, 3, 4, 5		输入变压器(蓝、绿)	低频功率放大
T_6	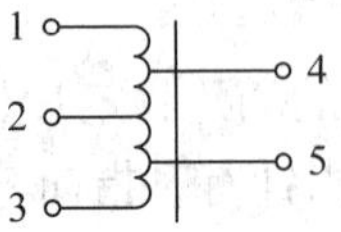 1, 2, 3, 4, 5		输出变压器(黄、红)	低频功率放大

4. 变压器的检测与扬声器性能检测

1) 振荡线圈(T_2)、中周(T_3、T_4)的检测

T_2、T_3、T_4 的检测步骤见表 2-17。

表2-17 SD925收音机T_2、T_3、T_4的检测

步骤	检测内容	检测情况说明
1	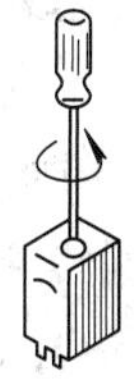	根据中周表面有无异常情况判断其质量好坏，磁芯可用无感改锥进行伸缩调整，磁芯不应有松动或断裂现象
2	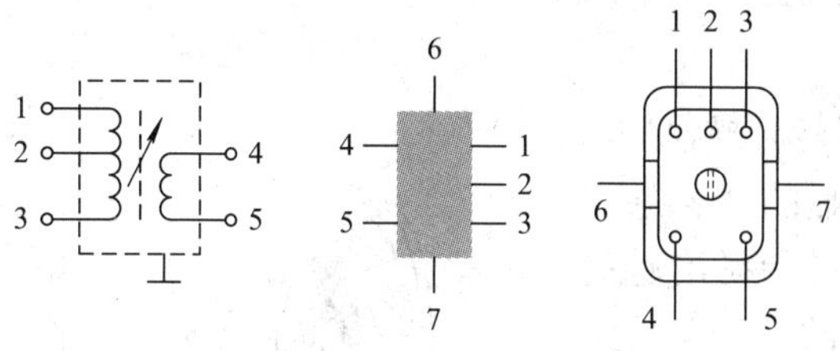 1 2 3 4 5 6 7 (a) (b) (c)	图(a)中虚线为金属外壳；图(b)、(c)中6、7位置为金属外壳接地端
3	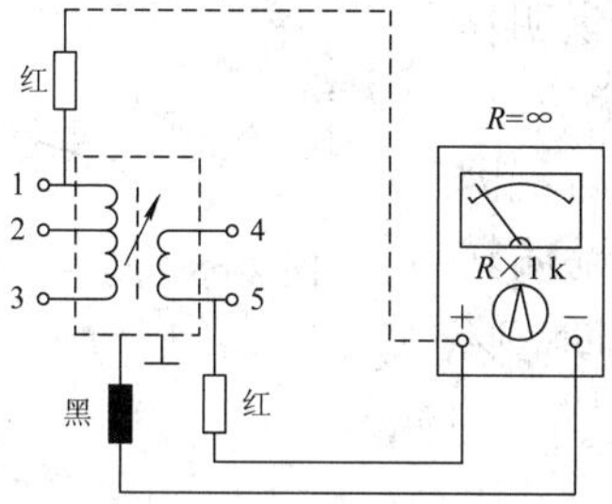 红 R=∞ 1 2 3 4 5 R×1 k + − 黑 红	用万用表的$R\times1$ k挡或$R\times10$ k挡分别测量每个绕组与外壳之间的绝缘电阻。正常时应为无穷大。若测得的电阻很小则说明元件内部引线碰壳不能使用
4	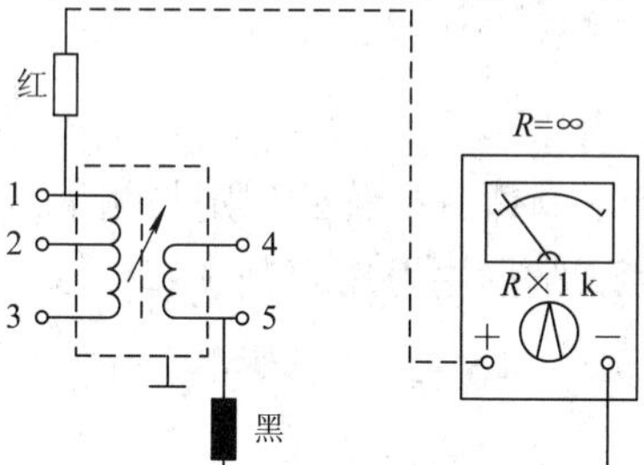 红 R=∞ 1 2 3 4 5 R×1 k + − 黑	用万用表的$R\times1$ k挡或$R\times10$ k挡分别测量每个绕组之间的绝缘电阻，正常时应为无穷大。若测得的电阻很小则说明元件内部短路不能使用
5	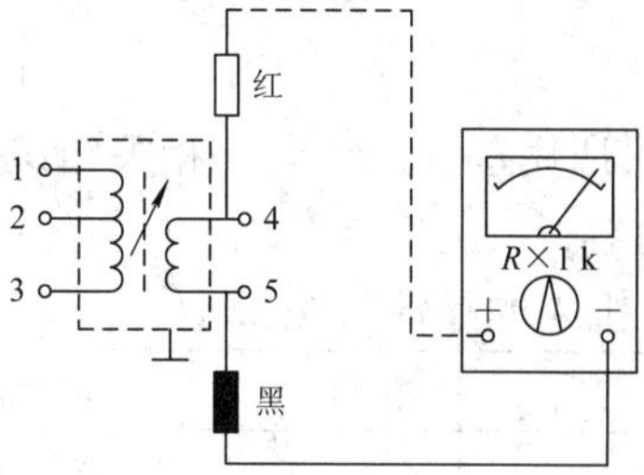 红 1 2 3 4 5 R×1 k + − 黑	用万用表的$R\times1$挡分别测量各绕组线圈，应有一定的阻值，因为N_1、N_2、N_3匝数不同，所以R_{12}、R_{23}、R_{45}应略有不同。如果测得某绕组线圈电阻值为无穷大，则说明绕组线圈断路；如果测得阻值较正常值小，则说明绕组线圈内部短路

2) 天线线圈(T_1)、音频变压器(T_5、T_6)的检测

天线线圈的结构较直观，是用漆包线(或纱包线)在塑料骨架上平绕而成，初、次级分明。检测时可首先观察线圈外形，看有无变形、线圈脱落及漆包线外层绝缘漆是否完好，

之后，用万用表分别测量线圈的初、次级绕组。正常情况下初级线圈的阻值应为 6、7 Ω；次级线圈应为 1 Ω 左右。注意：绕组端头的漆应刮干净再测量。

音频变压器的检测同中周的检测相似，首先检查外观是否有明显异常。如线圈引线是否断裂、脱焊，绝缘材料是否有烧焦痕迹，磁芯是否松动等。再用万用表 $R\times10$ k 挡分别测量变压器磁芯与初级、初级与各次级、磁芯与各次级间的电阻值。阻值应大于 100 MΩ，否则，变压器绝缘性能不良。将万用表置于 $R\times1$ Ω 挡检测线圈绕组两个接线端子之间的电阻值。正常情况下，输入变压器(蓝)初级电阻(4、5 间)约 45 Ω；次级电阻(1、3 间)约 80 Ω，输出变压器(红)1、3 间引脚的电阻约 2.5 Ω。

3) 扬声器(喇叭)的性能检测

将万用表置于 $R\times1$ 挡，当两表笔分别接触扬声器音圈引出线的两个接线端时，能听到明显的‘咯咯’声响，表明音圈正常；声音越响，扬声器的灵敏度越高。由于扬声器的额定阻抗通常为直流阻抗的 1.2 倍，因此可以通过测量扬声器的直流阻抗与其额定阻抗除以 1.2 的值作比较。若被测扬声器的直流阻抗过小，则说明音圈局部有短路现象；若直流阻抗为零，则音圈完全短路；若扬声器无声，但直流阻抗属正常范围，则音圈可能因变形而被卡住；若扬声器无声且万用表指针无偏转(∞)，则表明扬声器音圈引出线开路或音圈已烧断。扬声器性能的简要检测如图 2-68 所示。

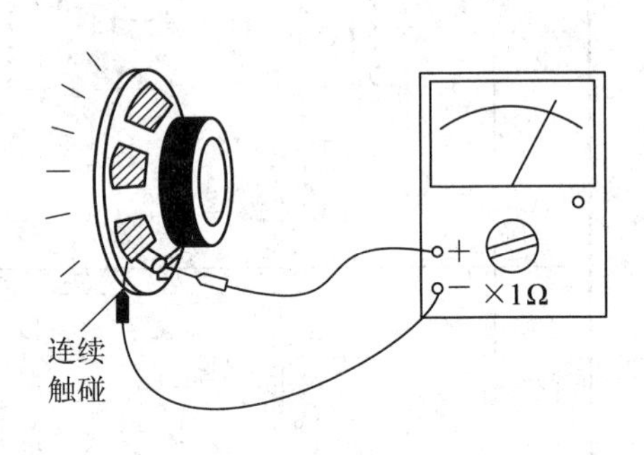

图 2-68　扬声器性能的简要检测

2.5.3　晶体管的识别与测量

1．实训目的

通过对组装 SD925 收音机中的晶体二极管、晶体三极管的识别与测量，了解其分立器件(THT)与表贴器件(SMD)的结构和各自的特点；掌握用万用表判别二极管、三极管的极性及类型，确定其质量的优劣。

2．测量工具

MF47 型指针式万用表，DT-890 型数字万用表。

3．SD925 收音机中的晶体管

(1) 晶体二极管。表 2-18 为 SD925 收音机所用晶体二极管，相关知识参看本章 2.3.1 节内容，表贴二极管参看第 6 章 6.2.3 节相关内容。

表 2-18　SD925 收音机中的晶体二极管

标号	图例	类型	型号	材料	备注
V_{11}	A2	SMD	1N4148	硅管	用生产线设备进行贴装
V_1		THT	2CB1C	硅管	可用 9018 一个 PN 结代替
V_3		THT	1N60	锗管	

(2) 晶体三极管。表 2-19 为 SD925 收音机所用晶体三极管。相关知识参看本章 2.3.2 节内容，表贴三极管参看第 6 章 6.2.3 节内容。

表 2-19　SD925 收音机中的晶体三极管

标号	图例	类型	型号	管型	用途	备注
V_9、V_{10}		SMD	8050	NPN	功放	用生产线设备进行贴装
V_2		THT	9018G	NPN	高放、混频	
V_5		THT	9018H	NPN	中放	
V_6		THT	9018G	NPN	检波	
V_7		THT	9014B	NPN	低放	
V_8		THT	9012G	PNP	低放	

4．晶体二极管的检测

用指针式万用表判断晶体二极管的极性及质量优劣的方法见表 2-20。

表 2-20　晶体二极管的检测

检测内容		图　示	测量方法
判别正、负极		电阻较小 $R\times1$ k 黑　红	① 将万用表置于 $R\times1$ k 挡，先用红、黑表笔任意测量二极管两引脚间的电阻值，然后交换表笔再测量一次。若二极管没有质量问题，则两次测量结果必定出现一大一小。以阻值较小的一次测量为准，黑表笔所接的一端为正极，红表笔所接的一端为负极。 ② 观察外壳上的色点和色环。一般标有色点的一端为正，带色环的一端为负
判别二极管质量好坏	测正向电阻	正向 ∞　0 $\times1$k	将万用表置于 $R\times1$k 挡，测量二极管的正、反向电阻值。二极管的正向电阻越小越好，反向电阻越大越好。若测得正向电阻为无穷大，说明二极管的内部断路；若测得正、反向电阻接近于零，则表明二极管已经击穿短路
	测反向电阻	正向 ∞　0 $\times1$k	

注意：对于一般小功率二极管宜使用 $R\times100$，$R\times1$k 挡进行测量，而不宜使用 $R\times10$k 挡，因 $R\times1$ 挡万用表内阻较小，测量时流过二极管正向电流较大，易烧毁管子；而 $R\times10$k 挡万用表内置电池的电压较高，对于低反压二极管易造成击穿。由于二极管是非线性元件，用不同灵敏度的万用表或不同倍率的挡位进行测量，所得数值会不尽相同，只可定性测量。

5．晶体三极管的检测

1) 用指针万用表电阻挡检测晶体三极管

用指针式万用表测量晶体三极管，其内容包括判别管子极性、管子类型及质量鉴定，另外根据测量数据粗略估算其放大倍数。具体测量方法见表 2-21。

表 2-21　晶体三极管的测量

检测内容	图示	测量方法
判别基极 b 和三极管管型	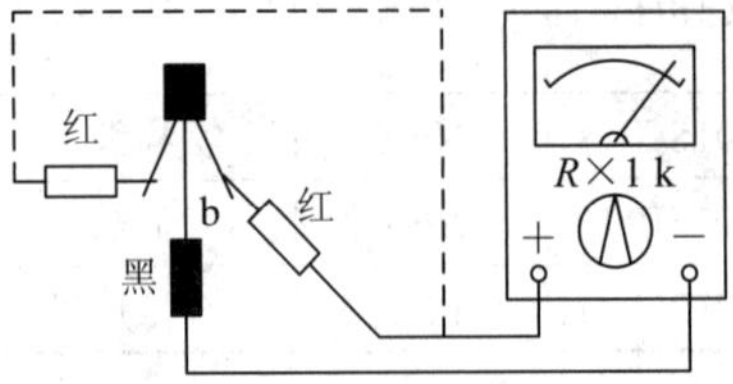	① 用万用表 $R\times1$k 挡测量三极管三个管脚中每两个之间的正、反向电阻值。当用第一支表笔接触其中一个管脚，而第二支表笔先后接触另外两个管脚，若测得电阻值均较低，则第一支表笔所接触的那个管脚为三极管的基极 b。 ② 将黑表笔接触基极 b，红表笔分别接触其他两管脚时，如测得阻值都较小，则被测三极管为 NPN 型管；否则为 PNP 管
判别集电极 c 和发射极 e	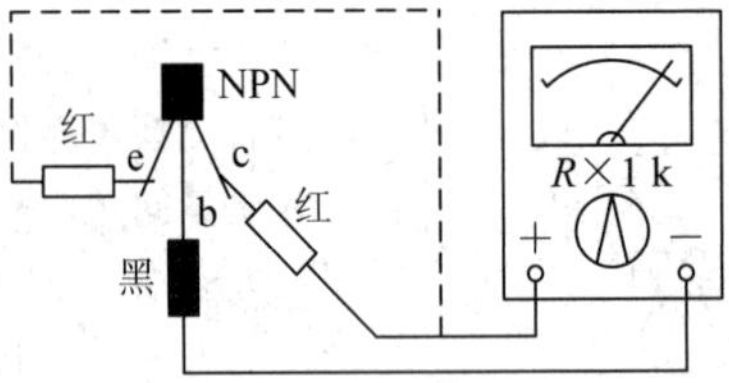	① NPN 型管：将万用表置于 $R\times1$k 挡，黑表笔接基极 b，用红表笔分别接触另外两个引脚，测得一大一小两个阻值(阻值差别不大)。在相对阻值较小的测量时，红表笔所接管子引脚为集电极 c；那么，在另一次测量时，红表笔所接引脚为发射极 e。 ② PNP 型管：万用表置于 $R\times100$ 或 $R\times$ 1k 挡，将红表笔固定接三极管基极 b，用黑表笔分别接触其余两个引脚进行测量同理可得出结论：在阻值小的一次测量中，黑表笔所接引脚为集电极 c；在另一次测量时，黑表笔所接引脚为发射极 e
三极管的质量检测与估测电流放大倍数 (可进行极性判别)	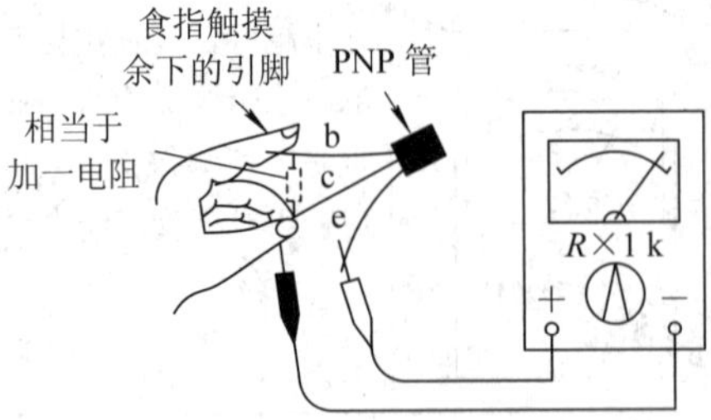	将万用表置于 $R\times1$k 挡，以 NPN 管为例，首先将基极 b 悬空，用两表笔分别任意接其余两引脚，此时，万用表指针基本不动。① 按图示接入一电阻(50～100 kΩ)，② 万用表红、黑表笔接相应的引脚，如果指针基本不动，可将电阻改接基极与另一引脚之间再进行测量。③ 此时万用表指针向右偏转，偏转角越大，说明被测管子质量较好，放大倍数 β 较大，反之表明管子质量较差或已损坏。另外也可判别电阻 R 所接两引脚分别为基极和集电极。④ 如果两次测量中，指针均基本不动，应将万用表红黑表笔对调，重复进行上述测量。另外电阻 R 也可用人体电阻代替，即用手捏住 c、b 两引脚(但不可短接)来进行测量

2) 用万用表上的 h_{FE} 挡测量三极管

万用表一般都设有测量三极管放大倍数的挡位(h_{FE} 挡)，使用时先确定三极管的类型，然后再将被测管子的 e、b、c 三管脚分别插入万用表面板上 h_{FE} 测量插座上，即可显示 h_{FE}(直流放大倍数)。注意：万用表应置于 h_{FE} 挡并进行调零。

3) SD925 收音机三极管的极性与参数

实训组装 SD925 超外差收音机共有七只三极管，其中五只为 90 系列直插分立小功率管，两只为 8050 表面贴装小功率管。

(1) 90 系列三极管管脚极性排列。

封装：T0-92。

管脚图：如图 2-69 所示。

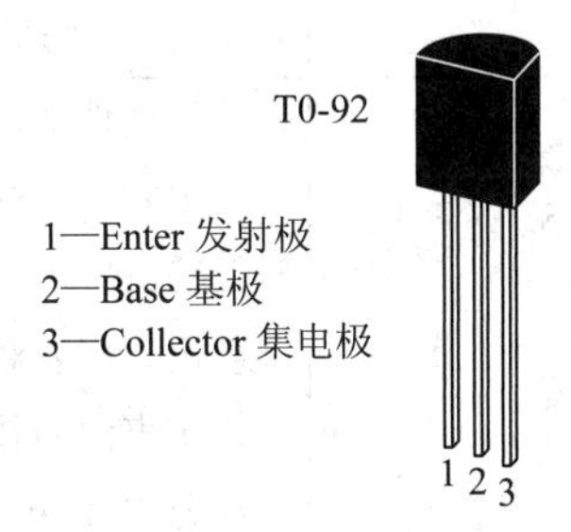

图 2-69　9018 管脚图

(2) 9018、9012、9014 主要参数。

9018 的主要参数：硅 NPN 管、30 V(反压)、50 mA(最大 C 极电流)、0.4 W(功耗)，后缀 H、G 是放大系数，H 为 97～146、G 为 72～108。

9012 的主要参数：硅 PNP 管−30 V(反压)　−500 mA(最大 C 极电流)、0.625 W(功耗)，放大系数 G 为 122～166。

9014 的主要参数、硅 NPN 管 45 V(反压)、100 mA(最大 C 极电流)、0.625 W(功耗)，放大系数 B 为 100～300。

(3) 8050 三极管管脚极性排列及主要参数。

封装：SOT-23。

管脚排列：如图 2-70 所示。

图 2-70　8050 管脚图

主要参数：硅 NPN 管、30 V(反压)、1.5 A(最大集电极电流)、1.1 W(功耗)。

2.5.4　收音机元器件识别与检测评价

SD925 收音机主要元器件识别与检测评价内容及方法如表 2-22 所示，满分 100 分。

表 2-22　评价内容及方法

项目	考核内容	配分	评分	得分
电阻识读与检测	THT：色环电阻的识读；用万用表检测收音机套件中的电阻 SMT：表贴电阻标注值的识读；用万用表进行在线检测	20 分	认识直插分立式电阻 对电阻上的色环能正确识读 正确使用万用表检测电阻 万用表阻值读数与色环读数相符 认识表面贴装电阻 对表贴电阻上标注的阻值能正确识读 用万用表能正确检测在线电阻	
电容识读与检测	THT：识别电容的容量、极性；用万用表检测收音机套件中的电容 SMT：识别贴装前与贴装后的表贴电容； 用万用表进行在线检测	15 分	认识套件中各类电容 对电容上的标注能正确进行识读 正确判别电解电容的极性 使用万用表对电容进行正确检测 认识表面贴装电容 用万用表 10 k 挡对焊接后在线电容进行测量	
各类变压器的检测	识别各类变压器 区分变压器的初、次级 用万用表测量各类变压器	15 分	从套件中找出各变压器 正确区分振荡线圈与中周 正确区分输入、输出音频变压器 使用万用表判断各变压器的优劣 使用万用表检测时量程正确	
二极管 三极管 检测	识别各类晶体管 用万用表检测晶体管	20 分	将套件中的晶体管进行分类 对照封装形式判别管二极管脚极性 使用万用表检测各二极管的优劣 正确判别三极管各脚极性 使用万用表检测各三极管的优劣	
音量 电位器检测	用万用表检测电位器及开关	10 分	正确认识音量电位器各端子 使用万用表检测电位器的好坏	
双联电容的检测	用万用表检测双联电容	10 分	正确认知双联与补偿电容 用万用表检测双联与补偿电容的优劣	
安全、文明规范考核	操作规程及工具、仪器仪表的使用	10 分	操作文明、规范；无损坏、丢失元器件；无损坏仪表、工具；无发生安全事故	

第3章　电子产品组装工艺

3.1　整机组装基础

3.1.1　组装概述

电子产品的组装是将各种电子元器件以及结构件，按照设计要求，组装在规定的位置上，构成具有一定功能、稳定可靠的完整的电子产品的过程。电子产品组装是其生产过程中极其重要的环节，优良的装配工艺是保证产品质量的前提，一个设计精良的电子产品可能因为组装工艺不当而无法实现预定的技术指标，一台精密的电子仪器也可能由于一个螺钉的松动而无法正常工作。所以，掌握正确的组装工艺与连接技术对于电子产品的设计和生产、使用和维修都具有重要的意义，它是制造高质量产品的关键之一。

3.1.2　组装内容与级别

1. 组装的内容

电子产品整机组装的主要内容包括电气装配和机械装配两大部分。电气装配部分包括元器件的选择布局与元器件引线安装前的加工处理，各类元器件的插装、焊接，单元电路板的装配，连接线的排布与固定等。机械装配部分包括机箱和面板的加工，各种电气元件固定支架的组装，各种机械联结和面板控制器件的组装，以及面板上必要的图标、文字符号的喷涂等。

2. 整机组装的级别

在整机组装过程中，根据组装单位的大小、尺寸、复杂程度和特点的不同，将电子产品的整机组装分成不同的等级，见表3-1。

表3-1　电子设备的组装级别

组装级别	特　点
第1级(元器件级)	组装级别最低，结构不可分割。主要为通用电路元器件、分立元器件、集成电路等
第2级(插件级)	用于组装和互连第1级元器件。例如，装有元器件的电路板及插件
第3级(插箱板级)	用于安装和互连第2级组装的插件或印制电路板部件
第4级(箱柜级)	通过电缆及连接器互连第2、3级组装，构成独立的有一定功能的设备

注：1. 在不同的等级上进行组装时，构件的含义会改变。例如，组装印制电路板时，电阻器、电容器、晶体管等元器件是组装构件，而组装设备的底板时，印制电路板则为组装构件。

2. 对于某个具体的电子设备，不一定各组装级别都具备，而是要根据具体情况来考虑应用到哪一级。

3．整机装配的技术要求

不同的产品、不同的生产规模对组装的技术要求是各不相同的，但基本注意事项及相关要求是相同的。

(1) 安全使用。电子产品组装应注意用电安全，不良的组装不仅会使产品性能受到影响，严重的还会造成安全隐患，如“漏电”事故等会造成人身伤害，所以正确的组装是安全使用的基本保证。

(2) 保证产品的电气性能。电气连接的导通与绝缘，接触电阻和绝缘电阻都和产品性能、质量紧密相关。组装者应按规定将导线绞合镀锡后再装上，否则会造成产品无法正常工作。

(3) 保证产品的机械强度。为了防止电子产品在运输和搬运的过程中出现由于机械振动而受损的情况，在组装时，应考虑产品的机械强度。例如电源变压器用自攻螺钉固定在塑料机壳上；体积较大的电容器直接焊接在电路板上等都难以保证有较高的机械强度。以上两种情况都可能由于加速运动的瞬间使组装产品受力而损坏。

(4) 保证不损伤产品零部件。组装时由于操作不当不仅可能损坏所安装的零部件，而且还会殃及相邻的零部件。例如安装瓷质波段开关时，紧固力过大造成开关变形失效；面板上装螺钉时，螺丝刀滑出擦伤面板；装集成电路时，折断管脚等。

(5) 保证散热良好。在组装时要确保某些零部件的散热要求，否则将造成电子产品的性能降低或损坏。如大功率晶体管在机壳上安装时，应利用金属机壳散热的方法安装。安装时须加云母垫片，既要保证绝缘要求，又不能影响散热的效果。

(6) 保证良好的接地与电磁屏蔽。接地与屏蔽的目的，一是消除外界对产品的电磁干扰，二是消除产品对外界的电磁干扰。一台电子仪器在实验室工作可能很正常，但到工业现场工作可能就会出现各种干扰，有时甚至不能正常工作。这些问题绝大多数是由于接地、屏蔽设计或组装不合理所致。例如，安装金属屏蔽盒时，为了避免接缝造成电磁泄漏，安装时可在接缝处衬上导电衬垫，则可以提高屏蔽效果。衬垫通常采用金属编织网或导电橡胶制成。

3.1.3　组装的特点与方法

1．组装特点

电子产品属于技术密集型产品，装配工作是由多种基本技术构成的。如电子元器件的筛选与引线成形技术、线材加工处理技术、焊接技术、装配技术、质量检验技术等。

装配质量在很多情况下是难以定量分析的，如对于刻度盘、旋钮等的装配质量多以手感来鉴定，目测来判断，因此，掌握正确的组装操作方法是十分必要的。

装配者需进行培训和挑选。否则会因为知识缺乏和技术水平不高而生产出次品，而一旦混进次品，就不可能百分之百地被检查出来。

2．组装方法

(1) 功能法：将电子设备的一部分放在一个完整的结构部件内，去完成某种功能的方法。此方法广泛用在采用电真空器件的设备上，也适用于以分立元器件为主的产品或终端功能部件上。

(2) 组件法：制造出一些在外形尺寸及组装尺寸上统一的产品部件的方法。这种方法广泛用于电气组装工作中，且可大大提高组装密度。

(3) 功能组件法：该方法兼顾功能法和组件法的特点，使制造出来的产品部件既具有完整的功能性，又具有规范化的结构尺寸。

3．整机组装工艺过程

整机组装的工艺过程就是整机的装接工序安排，它是根据设计文件的要求，按照工艺规程、分工序进行，最后形成电子产品的过程。整机组装过程由于设备的种类、规模各不相同，其构成也有所不同，但基本过程并没有太大区别，一般电子产品整机组装工艺过程如图 3-1 所示。

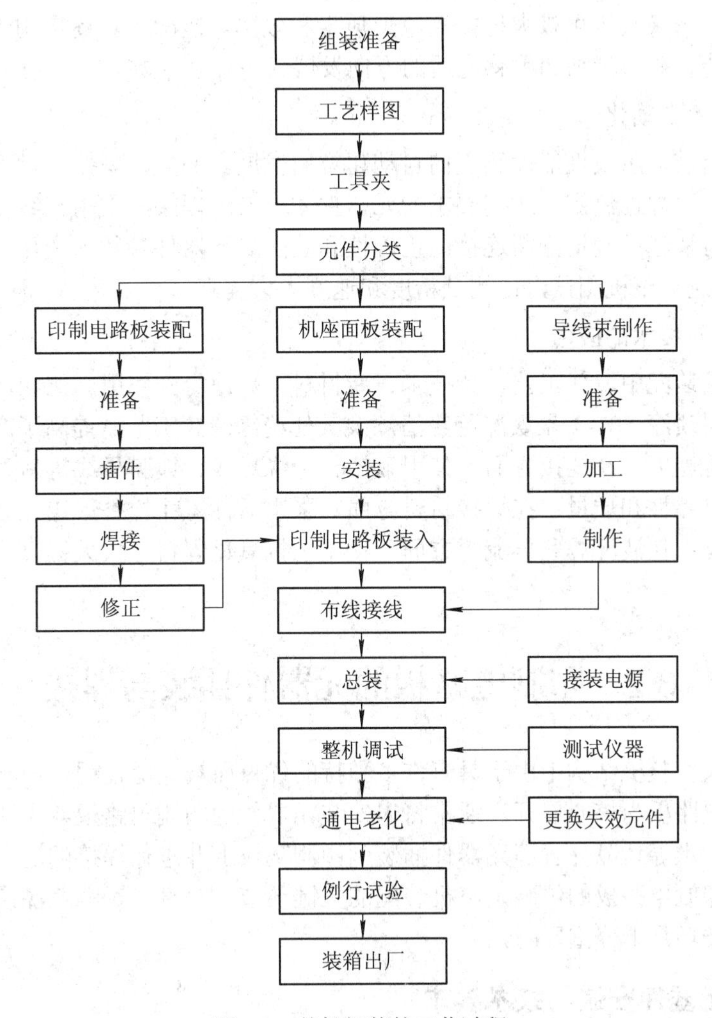

图 3-1　整机组装的工艺过程

3.1.4　组装技术的发展

随着新材料、新器件的大量涌现，近年来，组装工艺技术得到了突飞猛进的发展。主要表现在以下方面：

1．连接工艺的多样化

在电子产品中，实现电气连接的主要工艺方法是焊接(包括手工及机器焊接)。如今，除焊接外，压接、绕接、胶接等连接工艺也越来越受到重视。其中，压接多用于高温和大电流的连接，如电缆和电连接器；绕接多用于高密度接线端子的连接，如印制电路板接插件；胶接主要用于非电气接点的连接，如金属或非金属零件的粘接，导电胶也可实现电气连接。

2．工装设备的改进

电子产品的微小型化发展大大促进了组装工具和设备的不断改进，采用小巧、精密和专用的工具和设备，成为保障组装质量的必要前提。例如采用手动、电动、气动成形机，集成电路引线成形模具等可极大地提高成形质量和效率。装配工具逐步淘汰了传统钳工工具，向结构小巧、钳口精细和手感舒适的方向发展。

3．检测技术自动化

电子产品组装质量及性能检测正向自动化方向发展。例如，焊接质量可采用可焊性测试仪对引线进行可焊性测定，达到要求的元器件才可安装焊接。采用在线测试仪对电气连接进行检查，可快速准确地判断连接的正确性和装配后元器件参数的变化。采用计算机辅助测试(CAT)来进行整机测试，使测试精度和速度大大提高。

4．新工艺新技术的应用

在电子产品装配中，新工艺、新技术、新材料不断地得到应用。例如，在进行表面防护处理时，采用喷涂 501-3 聚氨酯绝缘清漆及其他绝缘清漆工艺，提高了产品的防潮、防盐雾、防霉菌等能力；在连接方面，使用氟塑料绝缘导线、镀膜导线等新型连接导线可提高电子产品的可靠性和质量；在焊接材料方面，采用活性氢化松香焊锡丝代替传统使用的普通松香焊锡丝；在波峰焊和再流焊方面，使用了抗氧化焊料，大大提高了电子产品的焊接和组装质量。

3.2　印制电路板的元器件插装与焊接

印制电路板在整机结构中由于具有许多独特的优点而被广泛使用，电子产品的整机组装大都以印制电路板为核心展开。通常将未安装元器件的印制电路板叫做印制基板，将电阻器、电容器、半导体晶体管等元器件插装到印制基板上并进行焊接的过程，称为印制电路板的组装。印制电路板的组装是整机装配的关键环节。它直接影响产品的质量，故掌握电路板组装的技巧是十分重要的。

3.2.1　电子元器件安装的技术要求

(1) 电子元器件的标识方向应按照图纸规定的要求，安装后应能看清元器件上的标志。若装配图上未指明方向，则应使标记向外易于辨认，并按从左到右、从下到上的顺序读出。如图 3-2 所示。

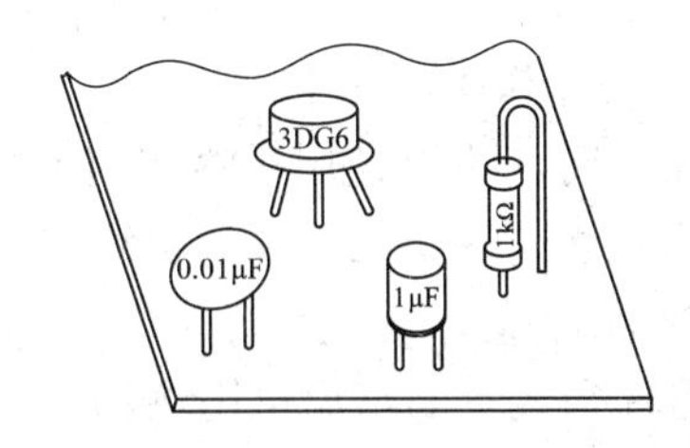

图 3-2　元器件标识正确安装方法

(2) 元器件的极性不得装错，可在安装前套上相应的套管。

(3) 元器件安装高度应符合规定要求，同一规格的元器件应尽量安装在同一高度上。

(4) 安装顺序一般为先低后高、先轻后重、先易后难、先一般元器件后特殊元器件。

(5) 元器件在印制电路板上的分布应尽量均匀、疏密一致、排列整齐美观，不允许斜排、立体交叉和重叠排列。标准排列如图 3-3 所示。

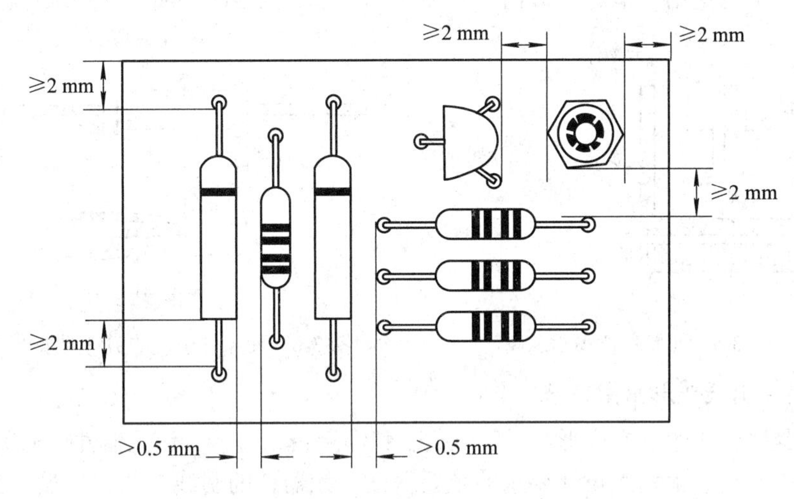

图 3-3　元器件的标准排列

(6) 元器件外壳和引线不得相碰，要保证大于 0.5 mm 的安全间隙。无法避免时，应套绝缘套管。

(7) 元器件的引线直径与印制电路板焊盘孔径应有 0.2～0.4 mm 的合理间隙。

(8) 一些特殊元器件的安装方法：MOS 集成电路的安装应在等电位工作台上进行，以免产生静电而损坏元器件；发热元器件(如 2 W 以上的电阻)要与印制电路板保证一定距离，不允许贴板安装；热敏元器件不要靠近发热元器件；光敏元器件要注意光源的位置；磁场较强的元器件应采取屏蔽措施；较大的元器件的安装应采取绑扎粘固等措施。

(9) 元器件的引线穿过焊盘后应至少保留 2 mm 以上的长度。建议不要先把引线剪断，而应待焊接好后再剪断。

3.2.2　元器件引线的加工

1. 预加工处理

电子元器件引线在成形前必须进行加工处理，因为元器件的引线在生产、运输、存储等各个环节中，由于接触空气，表面会产生氧化膜，使引线的可焊性下降。电子元器件的引线镀锡是必不可少的工序，其操作步骤如下：

(1) 校直引线。在手工操作时，可以使用平嘴钳将元器件的引线夹直，但注意不能用力强行拉直，以免造成元器件损坏。轴向元器件的引线应保持在轴心线上或与轴心线保持平行。

(2) 表面清洁。对于元器件引线上的污垢可用酒精或丙酮擦洗，氧化锈蚀层采用刀刮或用砂纸打磨等方法去除。注意：手工刮脚时须沿着引线从中间向外刮，边刮边转动引线，不可划伤引线表面，不得将引线切伤或折断，也不要刮元件引线的根部(应留 1～3 mm 左右)，如图 3-4 所示。

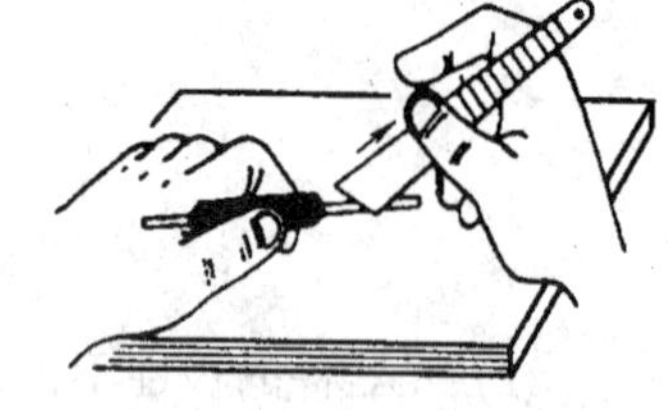

图 3-4　小刀刮去氧化膜

(3) 引线镀锡。对于一些可焊性差的元器件，用小刀刮去引线的氧化膜后，必须进行镀锡。用蘸锡的电烙铁沿着蘸了助焊剂的引线加热，从而达到镀锡的目的。在批量处理元器件引线时，也可使用锡锅进行镀锡，如图 3-5 所示。元器件引线镀锡要求如图 3-6 所示。

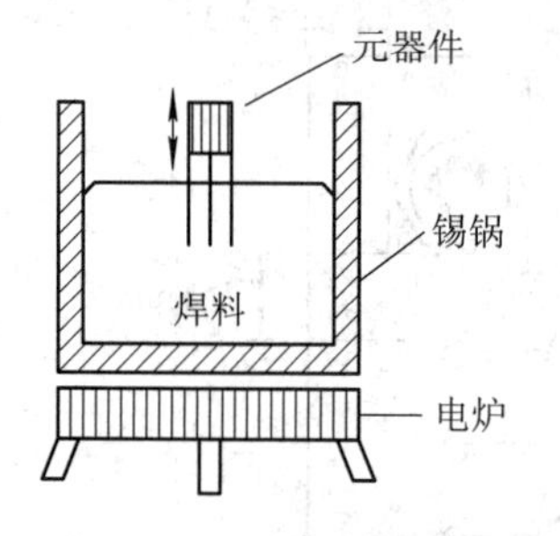

图 3-5　元器件镀锡示意图

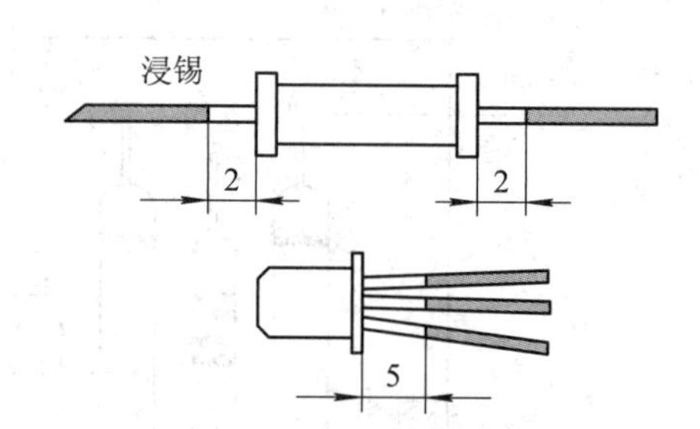

图 3-6　元器件引线的镀锡要求

2. 元器件引线成形常用方法

电子元器件引线的良好成形，不仅给插装和焊接带来方便，使元器件排列美观、整齐，更是产品在技术指标上达到设计要求的重要保证。元器件的引线要依据焊盘插孔的要求做成需要的形状，以符合安装的要求，如图 3-7 所示。图中，L、h≥2 mm，R>2d。

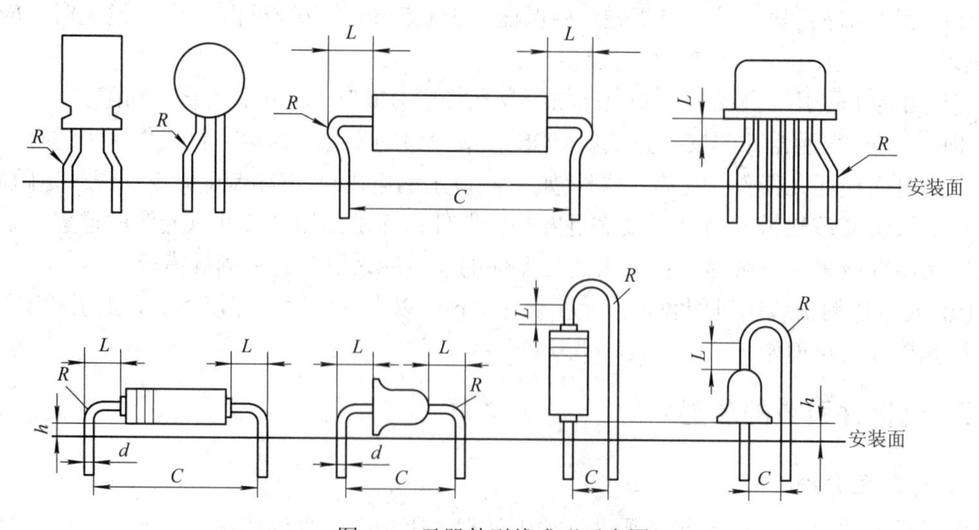

图 3-7　元器件引线成形示意图

1) 通用手工成形

在业余条件下，通常需要成形的元器件数量较少，可利用尖嘴钳、镊子等常用电子工具加工成形。如图 3-8 所示。

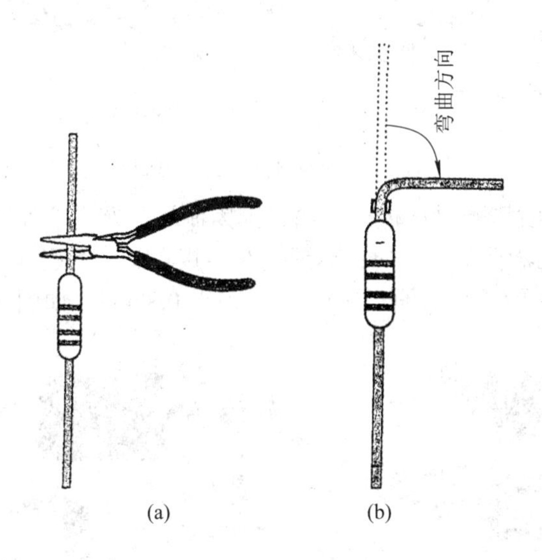

图 3-8　手工成形示意图

2) 专用模具成形

利用如图 3-9 所示的模具手工加工元器件的引线，可以使引线有较好的一致性，安装美观。不同的元器件需有不同的模具，在批量不大时采用。

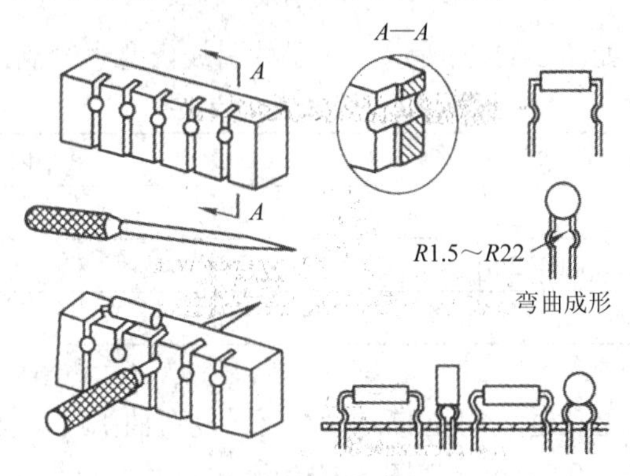

图 3-9　引线成形的模具

3) 专用引线成型机成形

对于大批量的元器件成形，一般采用专用工具或专用设备。可使成形的引线一致性及形状较好，速度较快。在成型机上有供元件插入的模具孔，用成形插杆插入成形孔，使元器件引脚成形。

手工进行元件引脚成形时应注意几个问题：

(1) 在引线弯曲时，应使用专用夹具或工具固定弯曲处，不可拿着管座弯曲，如图 3-10 所示。夹具与引线的接触面应平滑，以免损伤引线镀层，留下毛刺、尖峰。

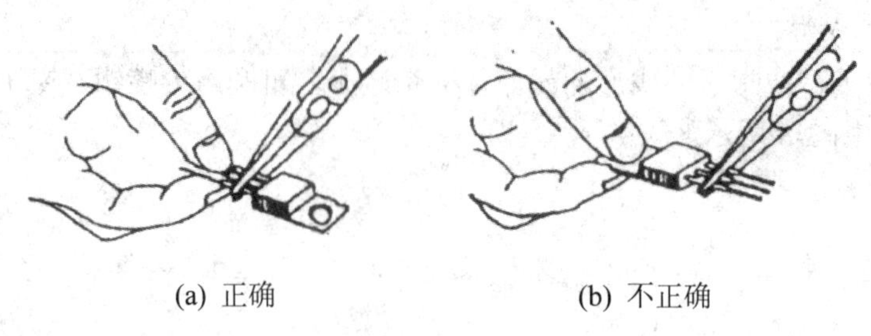

图 3-10　元器件引线手工成形

(2) 所有元器件引线均不得从根部弯曲。因为制造工艺上的原因，根部容易折断。一般通孔插装的引线从元器件本体、焊料球或引线熔接点延伸至引线弯曲起始点的距离，至少为一个引线直径或厚度(矩形截面引线)，但不小于 0.8 mm，如图 3-11(a)所示。

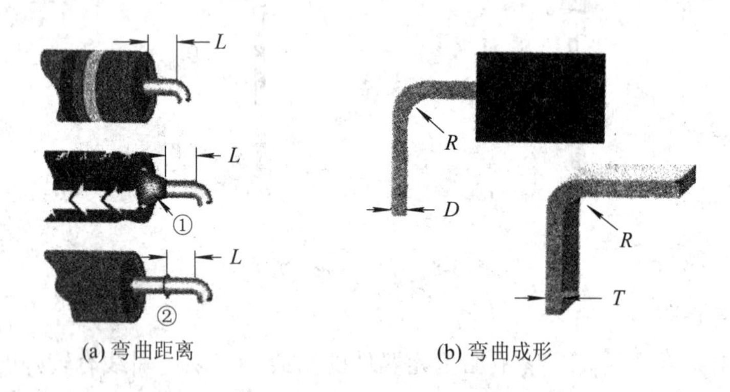

图 3-11　元器件引线弯曲成形

(3) 引线弯曲要求，如图 3-11(b)所示。元器件引线内弯半径满足表 3-2 的要求。

表 3-2　引线内弯半径

引线直径(*D*)或厚度(*T*)	最小内弯半径(*R*)
<0.8 mm[0.031in]	1 倍 *D*/*T*
0.8 mm[0.031in]至 1.2mm[0.0472in]	1.5 倍 *D*/*T*
>1.2mm[0.0472in]	2 倍 *D*/*T*

注：矩形引线采用厚度(*T*)。

(4) 不可沿引线轴向施加过大的拉伸力，不要反复弯曲引线。使用设备或手工成形时，弯曲夹具接触引线部分 $R \geqslant 0.5$ mm。如图 3-11(b)所示。

(5) 在进行静电敏感器件(SSD)引脚成形时，所用工具，工作环境及操作人员应采取静电防护措施。

3.2.3　元器件的安装

电子元器件的安装是指将已经加工成形后的元器件的引线插入印制电路板的焊孔。安装方法有手工插装和机械插装两种，手工插装简便易行，但生产效率低。机械插装设备成本高，引线成形要求严格，适合批量生产流水作业。在电子组装实训及电子设计竞赛中常采用手工插装。

1. 一般常用元器件的安装方式

一般元器件是指电阻、电容、二极管、三极管等常见分立式元器件。安装时可根据其外形和引线排列形式及电路要求选择以下几种安装方式。

(1) 贴板安装。如图 3-12(a)所示，将元器件紧贴印制电路板板面安装，也可留有一定间隙(约 1 mm 左右)安装。贴板安装引线短，稳定性好，插装简单，但不利于散热，不适合高发热元器件。当元器件为金属外壳，印制板是双面板(安装面有印制导线)时，应加绝缘衬垫。如图 3-12(b)所示。

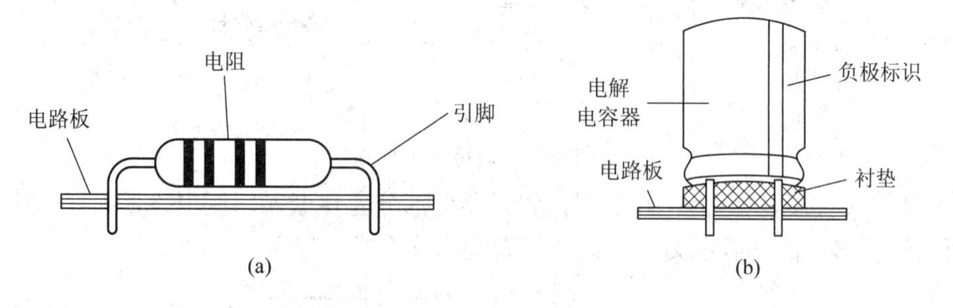

图 3-12　贴板式安装形式

(2) 悬空安装。如图 3-13 所示，元器件距印制板有一定高度，间隙在 3～8 mm 左右。适用于发热元器件的安装，为保持元器件两端高度一致，可在引线上套上套管。

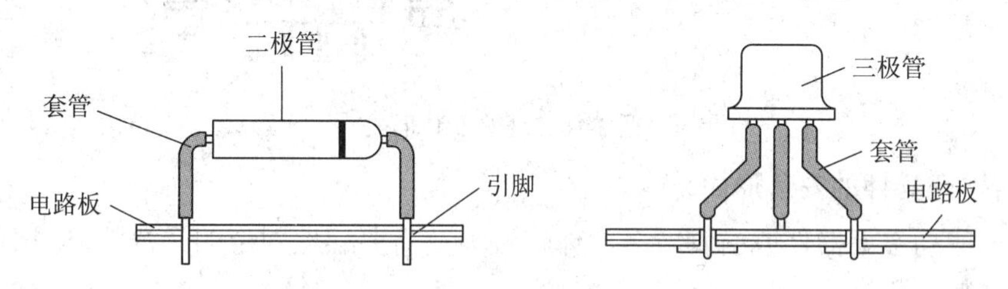

图 3-13　悬空式安装形式

(3) 垂直安装。如图 3-14 所示，将轴向双向引线的元器件壳体竖直安装，此方法常用于高密度安装区域中。对于短引线的引脚，为避免焊接时损坏元器件，可外加衬垫或套管。如图 3-14(b)所示。

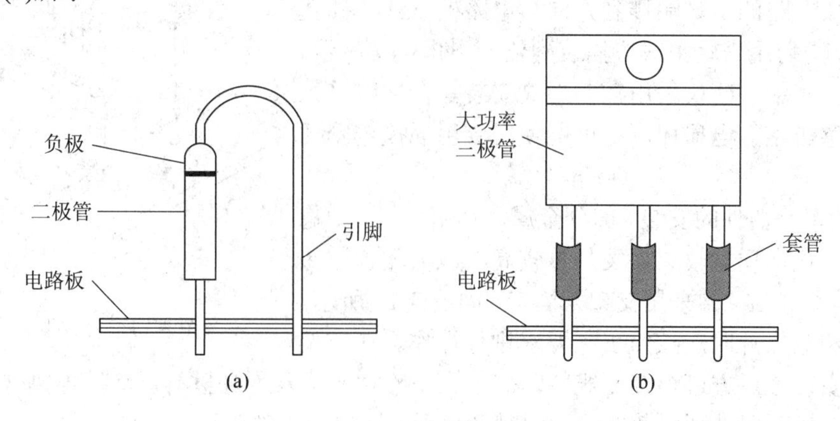

图 3-14　垂直式安装形式

(4) 折弯安装。如图 3-15(a)所示，立式小功率元器件在安装高度受限时，可将元器件垂直插入电路板插孔后，壳体再向水平方向弯曲，以降低高度。可在立式小功率元器件的固定面加硅胶进行绝缘、稳固处理，如图 3-15(b)所示。

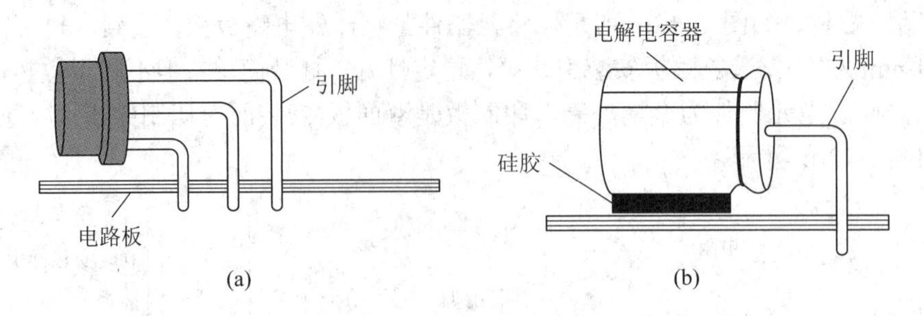

图 3-15　折弯安装形式

(5) 嵌入式安装。如图 3-16 所示，将元器件部分壳体嵌入印制电路板的嵌入孔内。此方法可提高元器件的抗震能力，降低安装高度。该方式又称埋头安装。

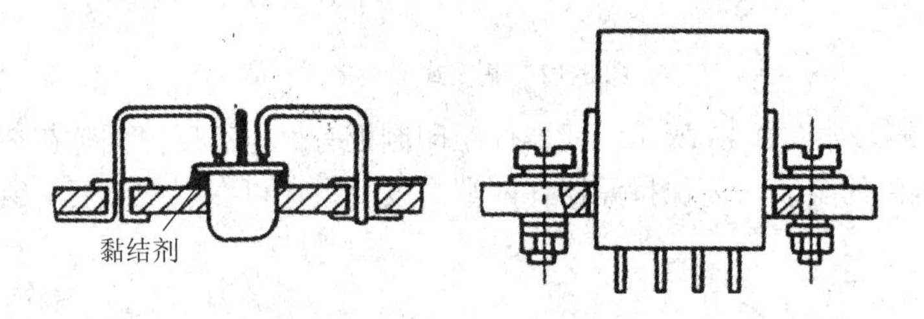

图 3-16　埋头安装形式

2. 特殊元器件的安装形式

对于一些功率元器件或引脚较多、体积较大及需要螺丝固定的元器件，需根据情况采用特殊的安装方式进行安装。

(1) 集成电路的安装。集成电路有多种封装形式，安装方式可按封装形式进行选择。先将其引脚按印制电路板焊盘尺寸成形后，直接对照电路板的插孔插入即可。应注意集成电路的引脚端排列方向与电路板一致，插孔一一对应，均匀用力将集成块插装到位，如图 3-17 所示。在实习或竞赛中，建议采用插座形式安装。在加装时，一定要注意防止静电损坏，尽可能使用专用插拔器安插集成电路。

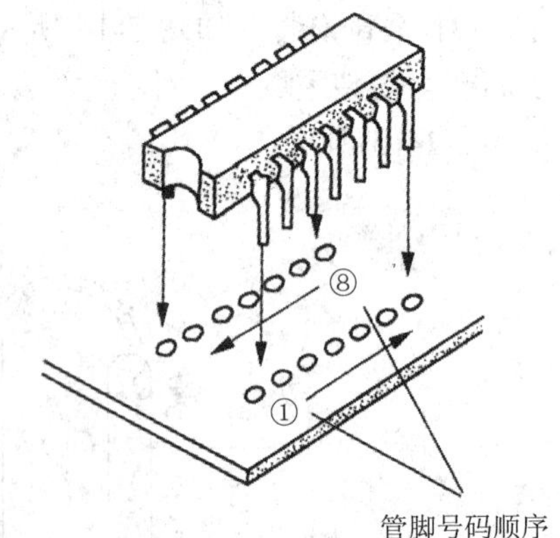

图 3-17　集成电路的插装

(2) 功率元器件的安装。部分金属大功率三极管、稳压器等因体积、质量较大，发热量较高，故需配置散热片。为了安装牢固，常采用支架来固定，如图 3-18 所示。安装支架和散热片时应按照工艺要求进行操作。在支架和散热片安装好后方可焊接元器件，需绝缘安装时要垫入绝缘材料，涂抹导热硅脂帮助散热。一般功率元器件利用散热片的同时又起到了固定支架的作用。

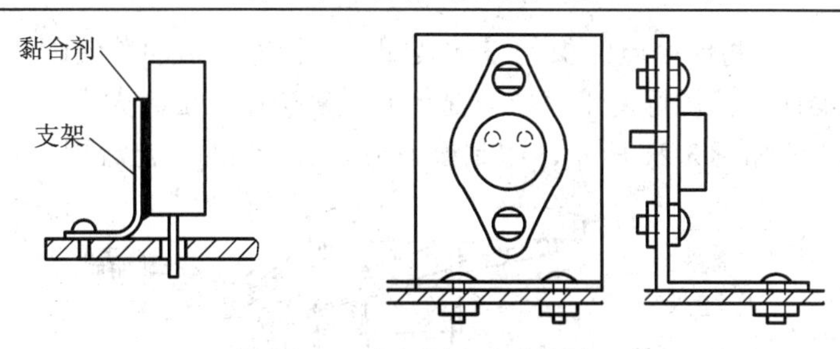

图 3-18　支架固定安装形式

(3) 开关、电位器、插座的安装。开关、电位器、插座等器件常被安装在设备的控制面板上，安装方法如图 3-19 所示，自上而下，分别将螺母、平垫圈、底板、止转销和下螺母等紧固件一一旋紧。

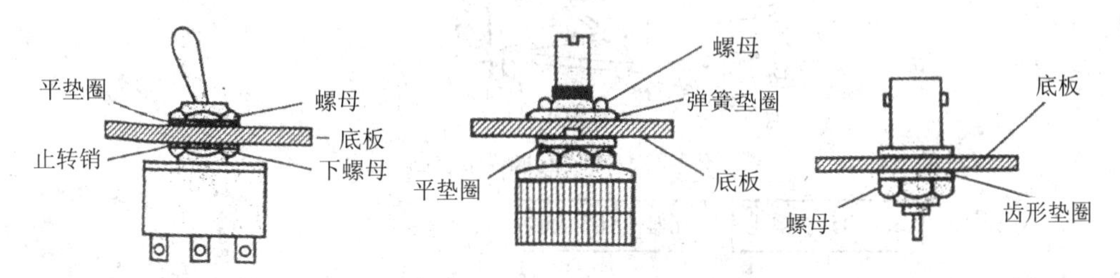

图 3-19　开关、电位器、插座的安装

(4) 导线的安装。两印制板之间，板外元器件与印制板之间，印制电路板上某两处之间等，常用多股导线进行连接。为了提高焊接可靠性，提高抗拉强度，在安装时采用穿孔安装焊接的方法，如图 3-20 所示。导线头穿过焊盘的通孔后可紧贴焊盘弯曲，以提高抗拉强度，弯得越多强度越大，如果是排线，还要求弯曲方向一致。单面印制板上两处之间的连接可直接用导线相连，若两处离得较近(一个元器件焊接的距离)，一般设计成“跳线”连接，贴板安装。

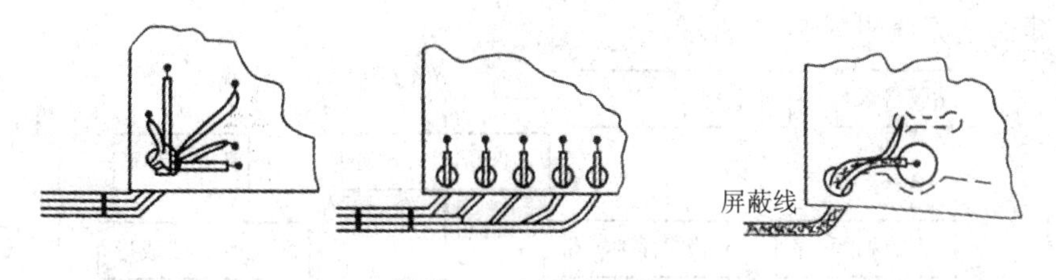

图 3-20　导线的安装

3.2.4　电路板组装方式

1. 手工组装工序

手工组装方便灵活、设备简单，广泛用于中小规模的生产中。根据批量的大小，手工组装又有独立插装和流水线插装两种组装形式。

(1) 独立插装。采用手工独立插装的方式来完成整个印制电路板的组装。操作者根据工艺作业指导卡，把所有元器件逐个插装到印制电路板上，其操作程序为待装元器件准备→元器件预处理→引线成形→插装与焊接→检查整形→复核检验。

(2) 流水线插装。将印制电路板的整体装配分解为若干道简单装配工序，每道工序插装一定数量的元器件，使得每道工序成为简单的重复操作，可大大提高装配效率和插装质量。插装生产流水线如图 3-21 所示。印制板手工流水插装的工艺流程如图 3-22 所示。

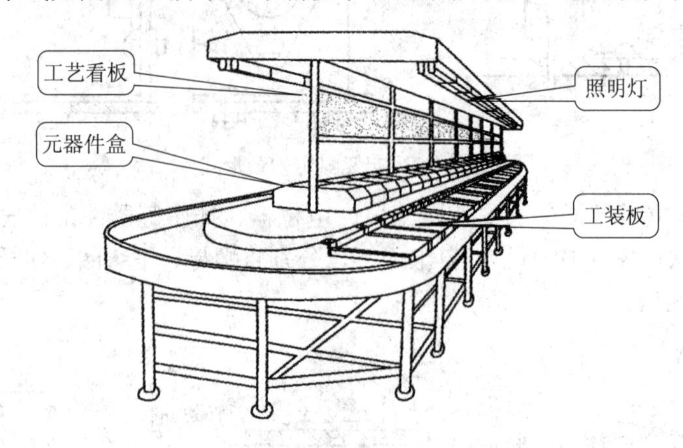

图 3-21　插装流水线示意图

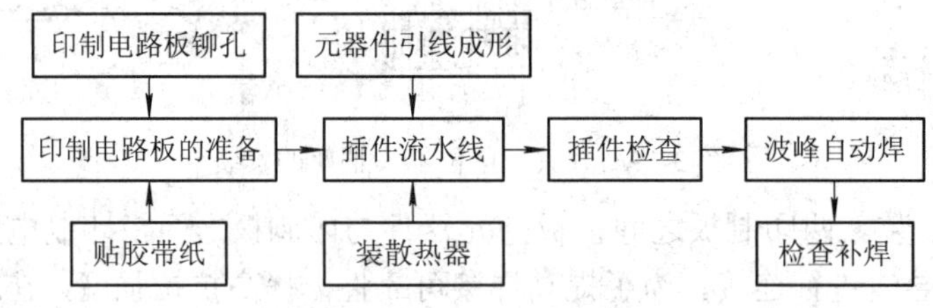

图 3-22　手工插装工艺流程

2. 自动插装工艺流程

自动插装是采用先进的自动插装机按预先设定的程序自动插装元器件，用于设计稳定，生产规模大的电子产品。其中大部分元器件采用自动插装，部分特殊元器件需进行手工补充插装，其工艺流程如图 3-23 所示。

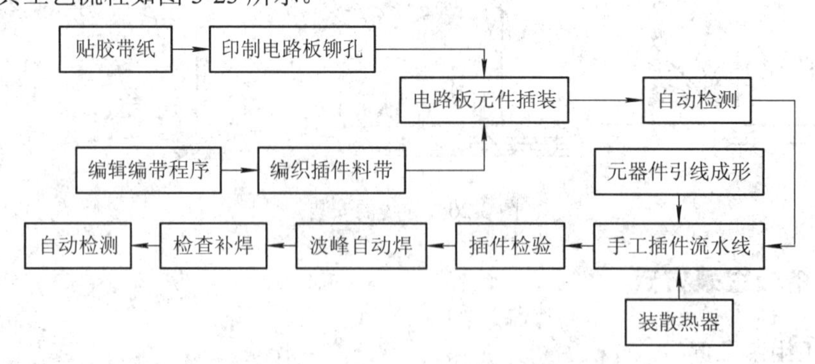

图 3-23　自动插装及生产工艺流程

经过处理的元器件装在专用的传输带上，不间断地向前移动，确保每一次有一个元器件进到自动装配机装插头的夹具里，插装机自动完成切断引线、引线成形、移动基板、插入、弯角等动作。在计算机控制下完成元器件的插装，之后通过传送带进入波峰焊接。

印制电路板的自动传送、插装、焊接、检测等工序，都是用计算机进行程序控制的。

首先要根据电路板的尺寸、孔距、元器件尺寸和在主板上的相对位置等确定最佳途径，编写程序，然后将程序写入编程机的存储器中，由计算机自动控制完成上述工艺流程。当然不是所有元器件都可以进行自动插装，一般要求所装元器件的外形和尺寸尽量简单一致，方向易于识别，具有互换性。所以一般在自动插装后，还需手工进行补充插装。

3.2.5　浸焊和波峰焊

印制电路板插装完毕即可按照焊接工艺进行元器件的焊接。根据生产的实际情况，焊接方式可采用手工焊接和工业化自动焊接(如浸焊、波峰焊、再流焊等)。手工锡焊由于是逐点焊接，所以效率较低，而且焊点的一致性不好，缺乏美感，焊点较多时焊接的可靠性也难以保证，故只适用于非 PCB 电路焊接或少量的 PCB 焊接及产品研发过程的焊接。手工焊接在第 1 章中已介绍，本节主要介绍现代工业化生产中普遍采用的浸焊和波峰焊焊接技术，再流焊将在第 6 章中进行介绍。

1. 浸焊

浸焊是将插装好的印制电路板浸入熔化的锡槽中，一次性完成电路板上所有焊点的焊接。浸焊具有设备简单、操作方便、容易推广的特点，适合于中、小型工厂对焊接要求不是很高的电子产品生产。

浸焊有手工浸焊和设备自动浸焊两种形式，基本工序大体一致，手工浸焊是使用夹具将需焊接的已插好元器件的电路板浸入锡槽内来完成的，如图 3-24(a)所示。

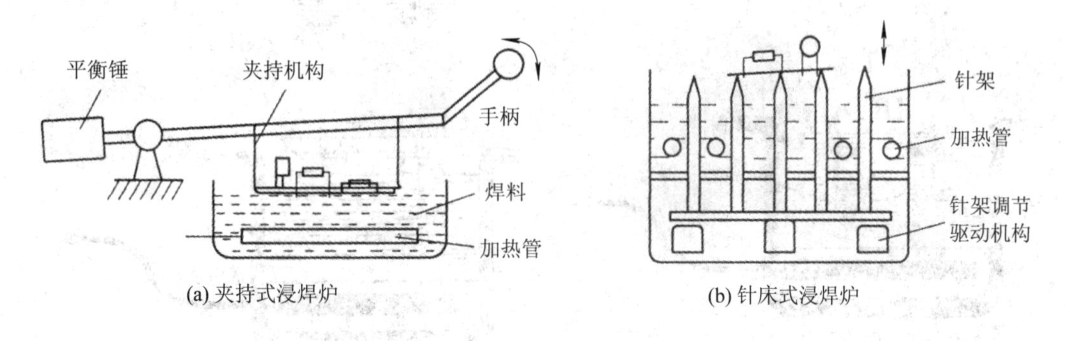

图 3-24　浸焊设备示意图

自动浸焊是由机器设备自动完成浸焊全工序、流水线作业。自动浸焊设备示意图如图 3-24(b)所示，自动浸焊的一般工艺流程如图 3-25 所示。

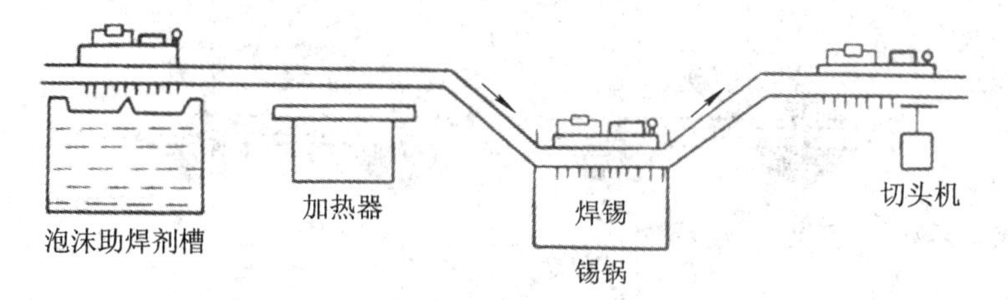

图 3-25　自动浸焊的一般工艺流程

浸焊手工焊接工序如下：

(1) 将插装好元器件的印制电路板用专用夹具夹装，浸入助焊剂槽内使印制板背面及其引脚浸润松香助焊剂，过程如图 3-26 所示。

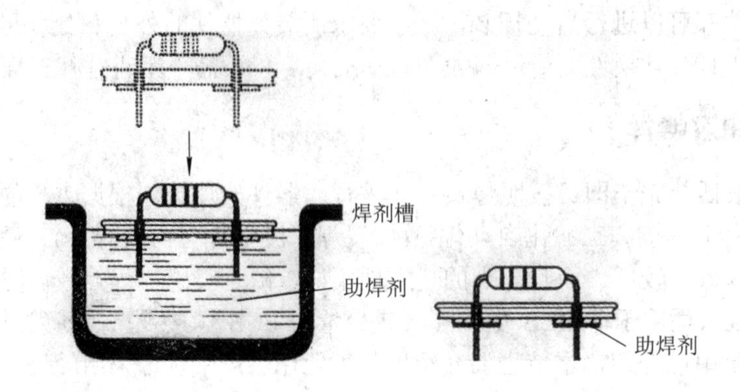

图 3-26　涂敷助焊剂

(2) 助焊剂固化后，将待焊接的印制板水平地浸入已加热且焊锡熔化(温度为 230～250℃为宜)的锡槽中，使焊接面与熔化的焊锡完全接触，浸焊的时间约 3～5 秒。过程如图 3-27 所示。将电路板置入锡槽时，一定要保持平稳，与焊锡的接触面要适当。这是其浸焊的关键。

(3) 将印制电路板撤离锡槽液面，如图 3-28 所示。待冷却后，检查焊接质量，若有个别焊点没焊好可用手工补焊，若有较多焊点没焊好，要重复浸焊。

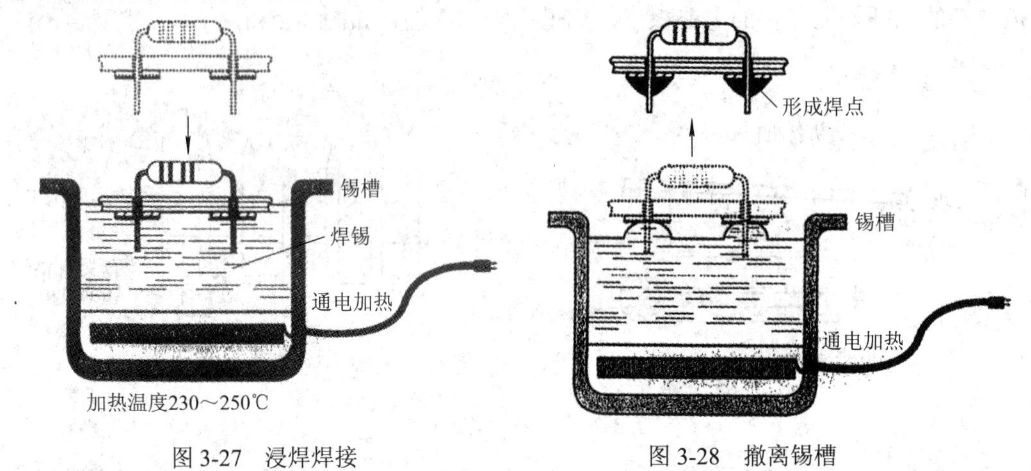

图 3-27　浸焊焊接　　图 3-28　撤离锡槽

(4) 用剪钳剪去过长的引脚，元器件引线伸出焊锡点的长度不超过 2 mm 为宜，如图 3-29 所示。

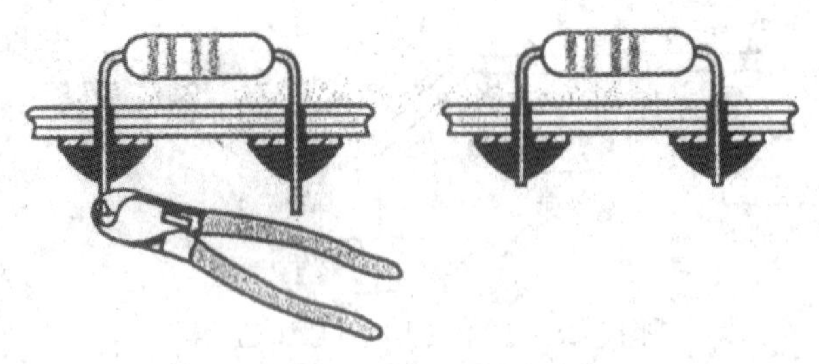

图 3-29　剪去过长的引脚

2．波峰焊

波峰焊接技术是一种先进的有利于实现全自动化生产流水线的焊接方式，其焊接工艺是采用波峰焊机一次完成印制板上全部焊点的焊接。波峰焊机的主要结构是由一个温度可控的熔锡缸，缸内装有机械泵和具有特殊结构的喷嘴。熔锡缸将焊料熔化，机械泵根据焊接要求，连续不断地从喷嘴压出液态锡波，当预先插装好元器件的印制板由传送机构以一定速度通过熔锡缸时，焊锡以波峰的形式不断地溢出至印制板面实现焊接。波峰焊分为单波峰焊、双波峰焊、多波峰焊、宽波峰焊等。波峰焊机内部结构示意图如图3-30所示。

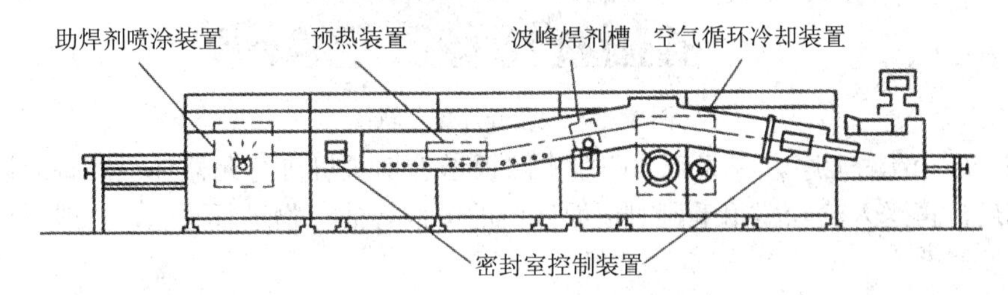

图3-30　波峰焊机内部结构示意图

波峰焊工艺流程如下：

(1) 助焊剂喷涂工序。该工序作用是提高被焊接件面浸润性和去除氧化物。涂敷助焊剂的方式有喷雾式、喷流式、发泡式等，通常使用喷雾式，如图3-31所示。助焊剂采用免清洗助焊剂。

(2) 预加热工序。该工序作用是将印制板上助焊剂中的溶剂成分加热挥发，避免熔剂成分在经过焊锡液面时高温气化导致炸裂产生锡粒等不良现象。预热也可减小待焊元器件与锡波接触时遭受热冲击，预热后焊接元器件吸收波峰焊锡的热量减少，可防止虚焊、拉尖和桥接。预热方式有强制热风对流、电热板对流、电热棒加热及红外加热等。图3-32所示是强制热风式加热器，其特点是：温度变化小，预热温度均匀。

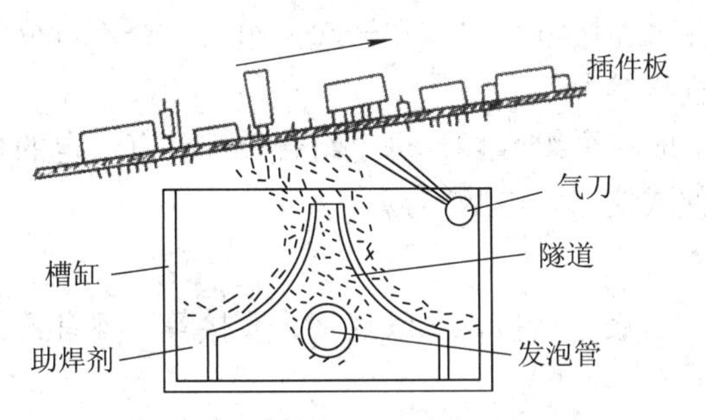

图3-31　助焊剂喷雾式涂敷示意图

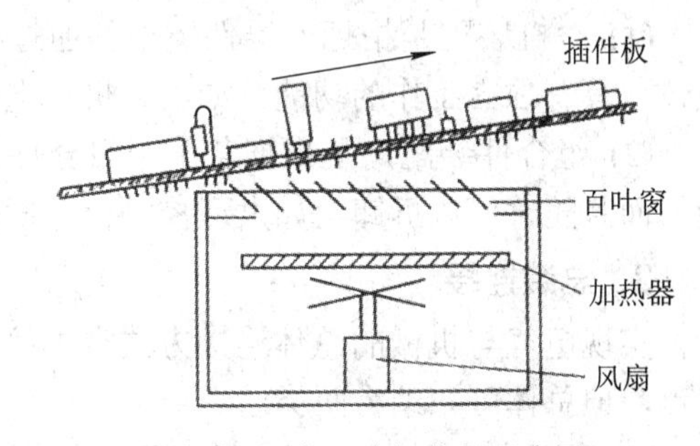

图3-32　热风式加热器示意图

(3) 焊接工序。该工序中印制电路板由传送带以一定速度和倾斜度送入焊料槽与焊料波峰接触，完成焊接。波峰焊分单波(峰焊)和双波(峰焊)两种方式。图3-33所示为双波峰焊接示意图。焊接时，印制板先接触第1个湍流波，其波峰由窄喷嘴喷流出，流速快、渗透强，提高了焊锡的浸润性，并克服了“遮蔽效应”。第2个波峰为宽阔平滑、流速缓慢的平滑波，去除多余焊料，消除桥连、拉尖等不良现象。

(4) 冷却工序。该工序作用是净化密封焊接通道内的环境，给焊件降温。印制板焊接后，板面温度很高，焊点处于半凝固状态，很小的震动都会影响焊接质量。另外元器件因受高温影响需进行降温处理。因此，焊接后一般采用风扇冷却处理。

图 3-33　双波峰焊接示意图

(5) 铲头、清洗工序。冷却后的印制电路板送入切头机进行元器件引线脚的切除，切除引线脚后，再送入清除器用毛刷对板面残留的焊剂等沾污物进行清除，一般采用气相清洗或超声波清洗。

3.3　电子产品总装工艺

3.3.1　总装的内容

电子产品的总装就是将构成整机的各零部件、已完成焊接的各单元印制电路板、插装件以及单元功能整件(如各机电器件、底座以及面板)等，按照设计要求，进行装配、连接，组成一个具有一定功能的、完整的电子整机产品的过程。总装包括机械和电气两大部分工作。

1. 总装的方式

以整机结构来分，总装的方式有整机装配和组合件装配两种。

(1) 整机装配是指把元器件、部件通过各种连接方法安装在一起，组成一个不可分的整体，具有独立工作的功能。如收音机、电视机等。

(2) 组合件装配，是指把若干个组合件组成一个组合体，每个组合件都具有一定的功能，而且随时可以拆卸，如大型控制台，插件式仪器、电脑等。

2. 总装连接

实现电气与机械的总体连接方式有焊接、压接、绕接、螺纹连接、胶接等，各有各的特点，但总体可归纳为两类：

(1) 可拆卸的连接，即拆散时不会损坏任何零件，它包括螺钉连接、柱销连接、夹紧连接等。

(2) 不可拆连接，即拆散时会损坏零件或材料，它包括锡焊连接、胶粘、铆钉连接等。

3.3.2　总装常用的连接及坚固方法

1. 非锡焊电气连接

(1) 压接。借助较高的挤压力和金属位移，使连接器触脚或端子与导线实现连接，如图 3-34 所示。压接的导线多为柔软的多股铜线，通常经过镀覆处理。与其他连接方法相比，压接具有温度适应性强、耐高温、连接机械强度高、无腐蚀、电气接触性能好等优点，在导线的连接中应用最多。压接端子类型及压接过程如图 3-35 所示。

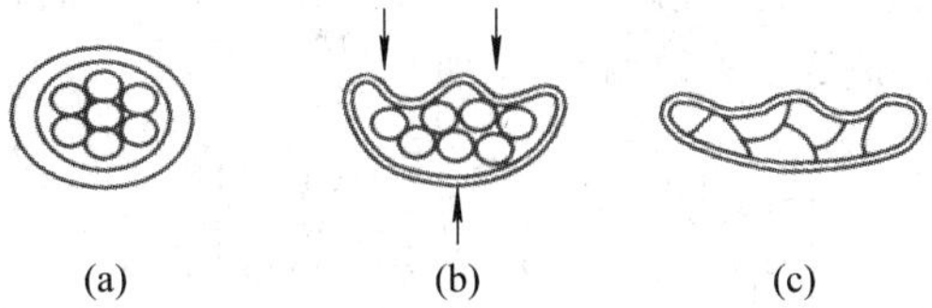

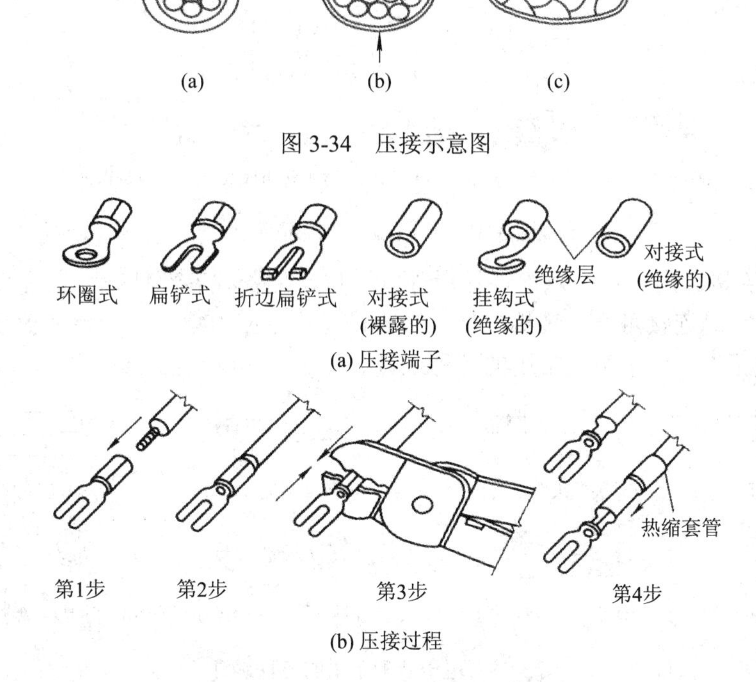

图 3-34　压接示意图

(a) 压接端子

(b) 压接过程

图 3-35　压接端子类型和压接过程

(2) 绕接。将单股芯线用绕接枪高速绕到带棱角(菱形、方形或矩形)的接线柱上的电气连接方法。由于绕接具有可靠性高、工作寿命长、工艺性好等优点，在通信设备等要求高可靠性的电子产品中广泛应用。绕接方法及工具如图 3-36 所示。良好的绕接点要求导线排列紧密，不得有重绕，导线不留尾，导线与接线柱之间无空隙。

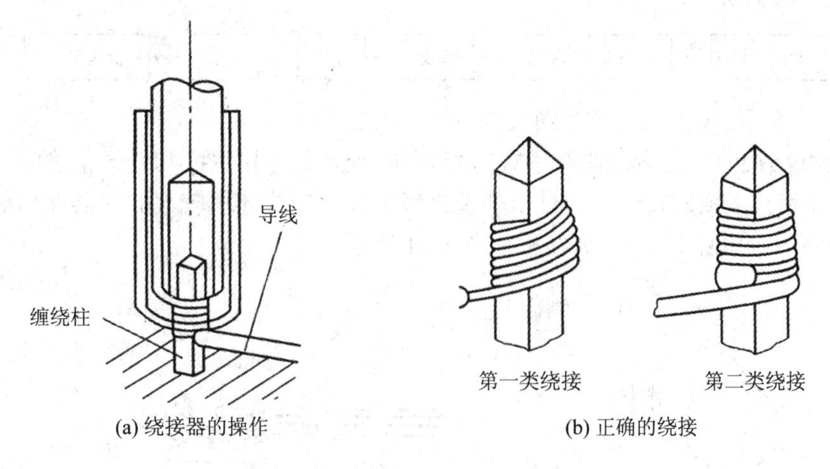

(a) 绕接器的操作　　(b) 正确的绕接

图 3-36　绕接示意图

2. 结构件、器件紧固连接

(1) 铆接。用铆钉等紧固件，把各种零部件或元器件连接起来的连接方式。电子装配中所用铆钉主要有空心铆钉、实心铆钉和螺母铆钉等。其中空心铆钉是电子制作中使用较多的一种电气连接铆钉。铆接方法如图 3-37 所示。

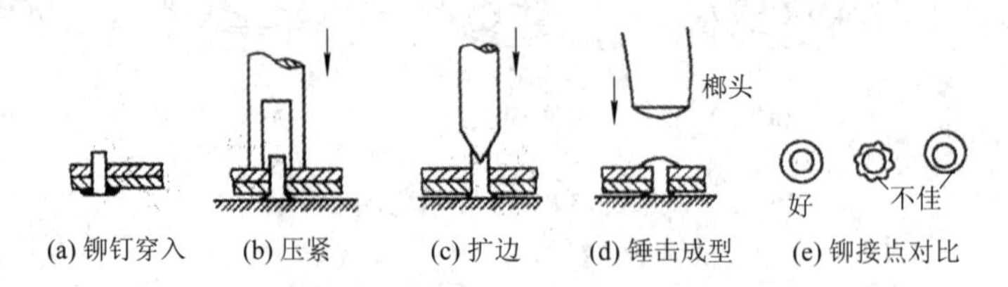

(a) 铆钉穿入　(b) 压紧　(c) 扩边　(d) 锤击成型　(e) 铆接点对比

图 3-37　空心铆钉铆接示意图

(2) 螺纹连接。用螺钉、螺栓、螺母等紧固件，把各种零部件或元器件连接起来的连接方法。其优点是连接可靠、装拆方便，缺点是易产生应力集中，安装薄板或易损件时容易发生形变或压裂。电子装配常用的各种螺钉如图 3-38 所示。

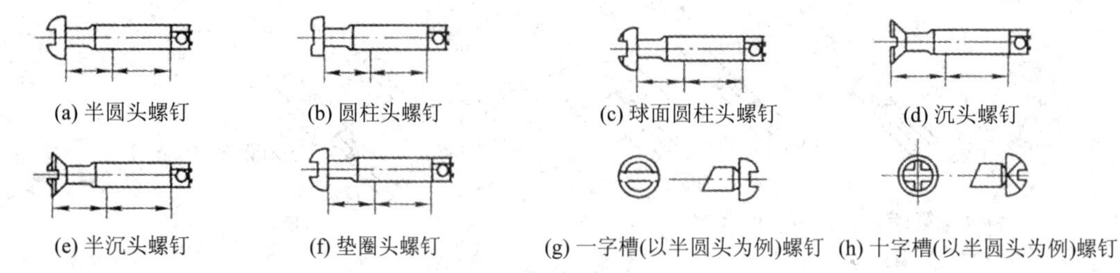
(a) 半圆头螺钉　(b) 圆柱头螺钉　(c) 球面圆柱头螺钉　(d) 沉头螺钉
(e) 半沉头螺钉　(f) 垫圈头螺钉　(g) 一字槽(以半圆头为例)螺钉　(h) 十字槽(以半圆头为例)螺钉

图 3-38　电子装配常用的各种螺钉

零部件的固定一般都需要使用两个以上的成组的螺钉。一定要做到交叉对称，分步拧紧。第一步应将所有螺钉拧入 2/3，并检查零件紧固情况，第二步再按规定顺序完全拧紧。

(3) 胶接。用胶黏剂将零部件粘在一起的安装方法，属于不可拆卸的连接。胶接广泛用于小型元器件的固定和不便于螺纹连接、铆接的零件装配，以及需要气密性要求的场合。胶接的工艺过程如图 3-39 所示。

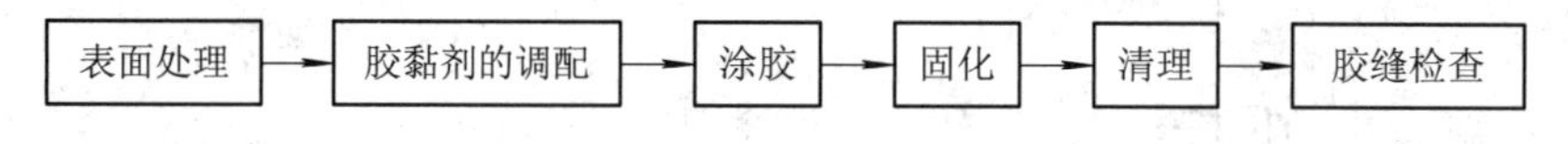

图 3-39　胶接的工艺过程

形成良好粘接的三要素是选择适宜的胶黏剂、处理好粘接表面和选择正确的固化方法。

(4) 卡环和夹线板固接。用弹性卡环及夹线板固定一些体积较大的元器件和捆扎导线，如图 3-40 所示。常见的卡环和夹线板如图 3-41 所示。

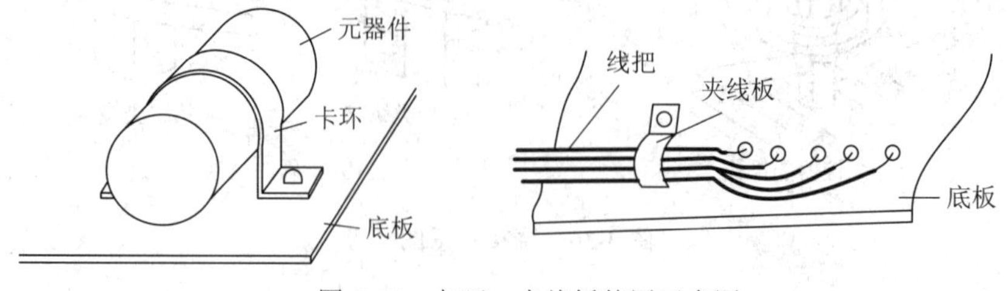

图 3-40　卡环、夹线板使用示意图

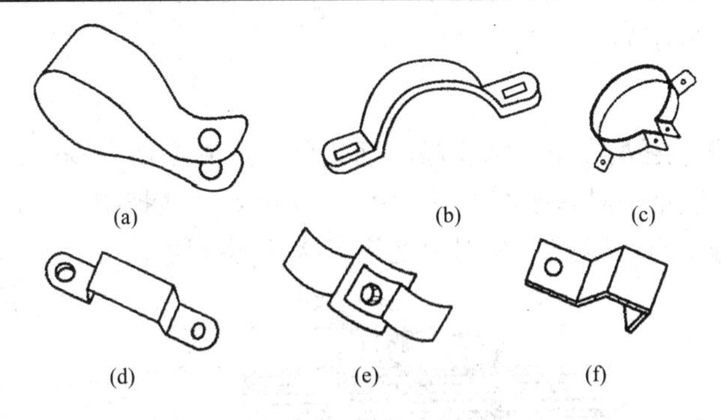

图 3-41　常用卡环、夹线板

(5) 卡接。卡接又称卡装或钩扣连接。卡接形式多样，特征为连接的两个零件一个带有凸缘，另一个带有凹槽，装配时其配合处产生瞬时形变，从而使凸缘卡入凹槽，锁定两个零件或凸缘卡入印制板设计的凹槽内，固定元器件。钩扣所用材料有 ABS 塑料、聚酰胺、聚碳酸酯、聚丙烯等，具有弹性变形的特性。卡接是一种较新型的连接方法，其装配简便快速，连接的基本形式有悬臂卡入、扭转卡入、环状卡入三类，在实际应用中可根据不同的使用要求，设计其连接形式。图 3-42 所示为卡接的结构形式。

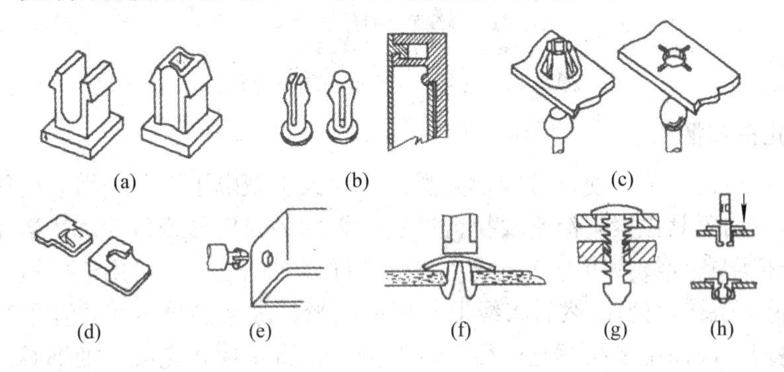

图 3-42　卡接的结构形式

3.3.3　总装中的线扎制作

在电子整机装配中常用细绳线和扎扣把众多单根导线绑扎成各种不同形状的线扎(也称线把、线束)。目前，在中小型电子设备中已被多股扁平线代替，但在大型电子设备中仍被广泛应用。图 3-43 所示为线扎示意图。

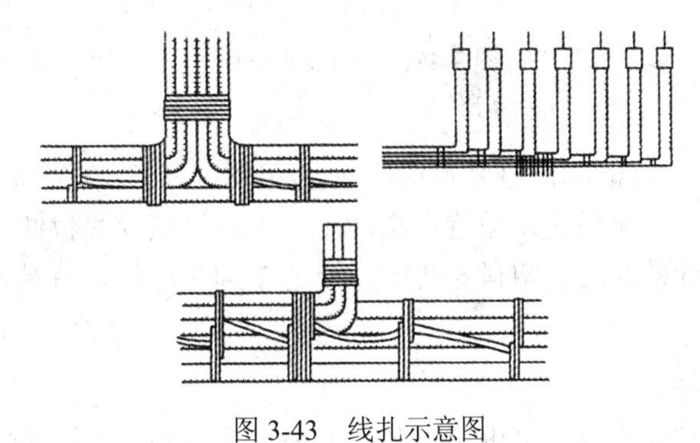

图 3-43　线扎示意图

常用的线扎制作方法如下。

1．用线绳捆扎

捆扎用线有棉线、尼龙线和亚麻线等，捆扎前可放到石蜡中浸一下，以增加导线的摩擦系数，防止松动。线把的具体捆扎方法如图 3-44 所示。线把绑好后，应用清漆涂覆，以防松脱。对于带有分支点的线把，在拐弯处应多绕几圈加固。

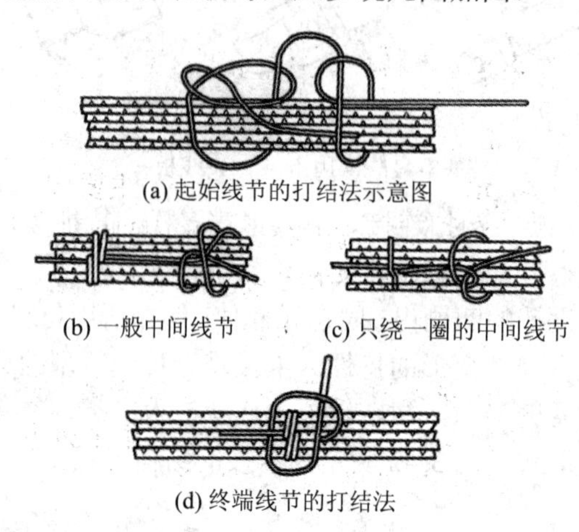

(a) 起始线节的打结法示意图

(b) 一般中间线节　　(c) 只绕一圈的中间线节

(d) 终端线节的打结法

图 3-44　线绳捆扎法线节的打结法

2．用线扎搭扣捆扎

用线扎搭扣捆扎十分方便，且线把美观，常为大中型电子设备采用。用线扎搭扣捆扎应注意，可用专用工具拉紧，但不要拉得过紧，否则会弄伤导线，并破坏搭扣。搭扣捆扎的方法是，先把塑料导线按线把图布线，在全部导线布完之后，可用一些短线头临时绑扎几处(如线把端头、转弯处)，然后将线把整理成圆形。成束的导线应相互平行，不允许有交叉现象，整理一段即用搭扣捆扎一段，从头到尾，直至捆扎完成。捆绑时，力求距离均等。搭扣拉紧后，剪去多余的部分。线扎搭扣的种类很多，常见的如图 3-45 所示。

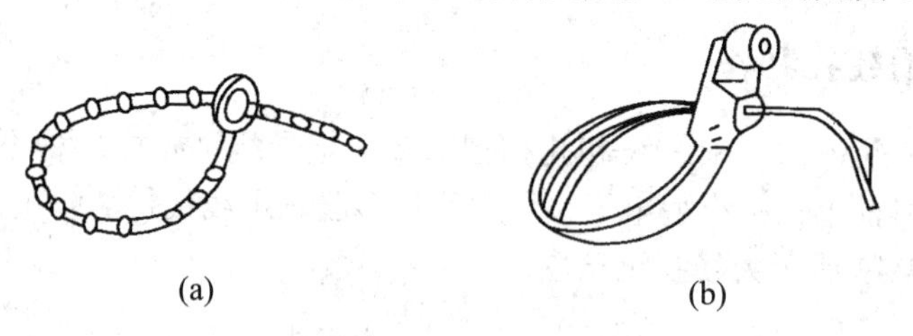

(a)　　(b)

图 3-45　常用线扎搭扣

3．黏合剂结扎

导线较少(几根至十几根)，而且是塑料绝缘导线时，可用黏合剂黏合成线把，如图 3-46 所示。黏合时，可将一块平板玻璃放置在桌面上，再把待粘导线拉伸并列紧靠在玻璃上，然后用毛笔蘸黏合剂涂敷在这些塑料导线上，经过 2 到 3 分钟，待黏合剂凝固后便可获得一个线把。

4．用塑料线槽排线

对机柜、机箱、控制台等大型电子设备，一般可采用塑料线槽布线的方式。线槽固定在机壳内部，线槽的两侧有很多出线孔。布线时只需将不同走向的导线依次排入槽内，可不必绑扎，导线排完后盖上线槽盖板即可，如图 3-47 所示。

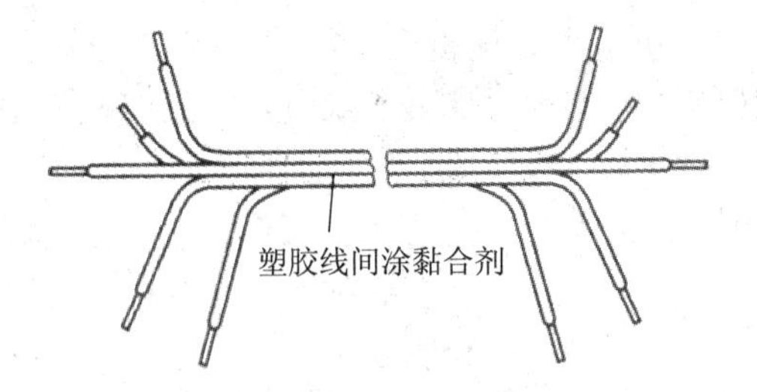

图 3-46　用黏合剂粘合导线制作线把

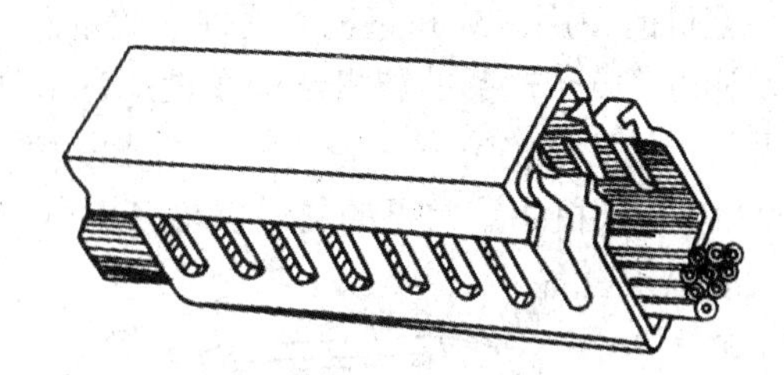

图 3-47　塑料线槽布线示意图

5．塑料胶带绑扎

目前有些电子产品采用聚氯乙烯胶带绑扎线把，简便可行，如图 3-48 所示。制作效率比线绳绑扎高，效果较线扎搭扣好，成本比塑料线槽低。

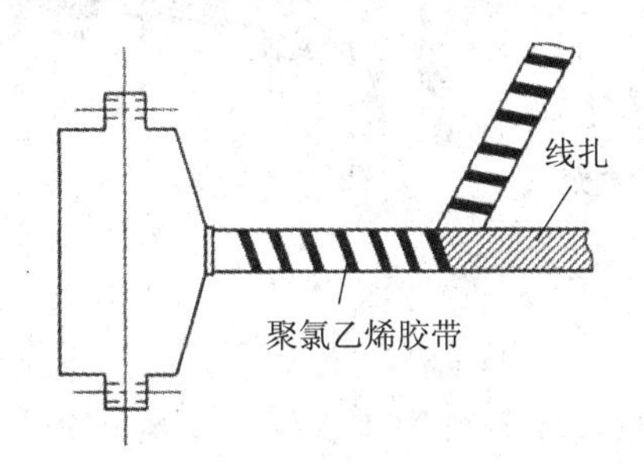

图 3-48　塑料胶带绑扎示意图

6．活动线扎的捆扎

插头等接插件(如读盘机用的激光头线扎)，因需要拔出插进，其线扎也需经常活动。为使线把弯曲时每根导线受力均匀，应将线把拧成 15° 后再捆绑，如图 3-49 所示。

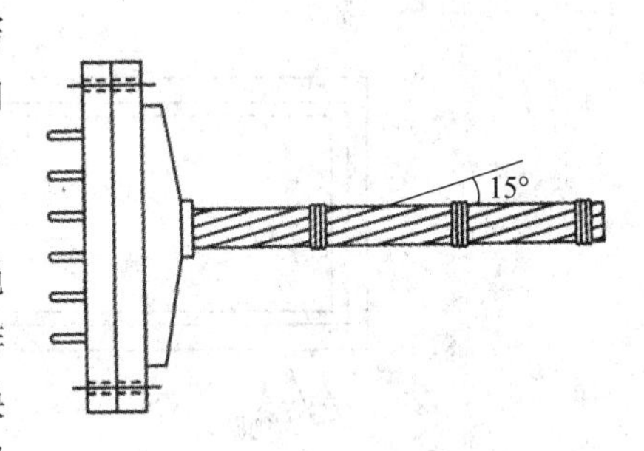

图 3-49　活动线扎的捆扎

上述几种线束的处理方法各有优缺点，用线绳捆扎比较经济，但较繁琐；用线槽成本较高，但排线省事；黏合绑扎只能用于少量线束较经济，但换线不方便；用线扎搭扣较省力，更换导线方便，但搭扣只能使用一次。在电子产品组装时，应根据具体情况对线把绑扎方式进行选择。

3.3.4　面板与机壳的装配

1．电子产品的整机结构

电子产品不仅应有良好的电气性能，还要有可靠的总体结构以及牢固的机箱外壳，操作方便灵活且显示清晰的面板，才可承受各种环境因素的影响而长期可靠、安全地工作。

电子产品的整机结构的一般要求是：使用方便、操作安全、结构轻巧、外形美观、显示清晰、便于维修。

1) 机箱的结构选择

整机的使用方式和整机元器件的数量及体积，决定了整机机箱结构的选择。在进行产品设计时，电子产品的整机结构在设计开始阶段就与电路一并完成。就电子产品整机来说，常见的机箱形式有立式、台式和便携式三种。

(1) 立式机箱。常见的立式机箱有立柜式和琴柜式两种，如图 3-50 所示，适用于体积较大的电子设备。

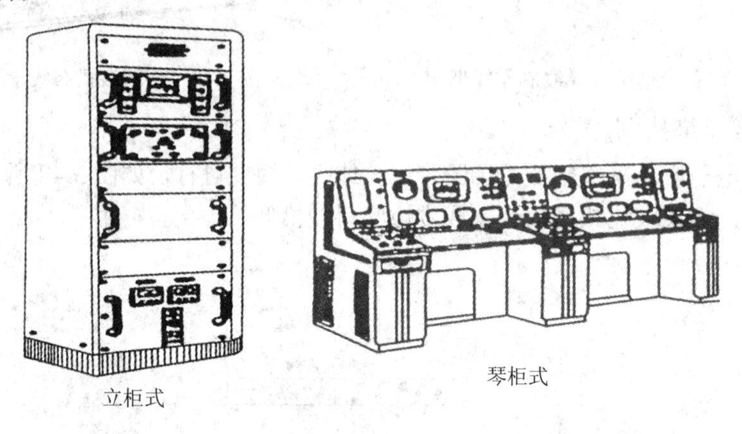

图 3-50　立式机箱

(2) 台式机箱。台式机箱适用于各种电子仪器、实验设备等便于放置在工作台上操作使用的电子产品。如图 3-51 所示。大多数机箱采用专门设计的模具注塑制成，例如常见的收录机、电视机、计算机及显示器等家用电器的外壳。

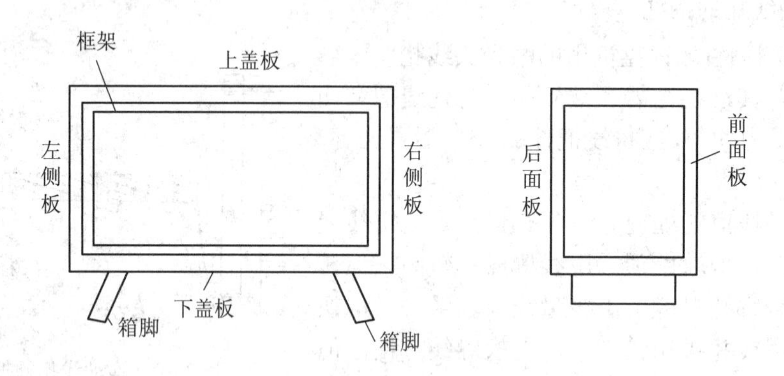

图 3-51　台式机箱组成示意图

(3) 便携式机箱。便携式机箱适用于那些元器件数量少或体积小巧，需要经常移动的电子产品。便携式机箱品种很多，功能各异。由于随身携带的特点，因此对机箱的造型和结构有更高的性能要求和美学要求，并且要求抗振动、耐碰撞，故通常采用 ABS 工程塑料注塑成型。对一些军用或民用高级产品，如高档次照相机等，也常使用高成本的碳纤维材料制造。

2) 电子设计制作机箱的选用

在业余电子产品制作或参加各类竞赛制作时，由于设计和加工条件的限制，可根据自己的实际情况确定整机结构。

(1) 先制作电路后考虑整机结构。这种方法是先设计、制作、试验整机的内部电路，实现其预定的电气功能后，再由制作好的电路板尺寸设计、制作或选用合适的成品机箱。

(2) 利用现成的机箱。根据该机箱的尺寸选购元器件及制作电路板，此法省去了制作机箱的工序，但空间体积以及外形受到限制。如图 3-52 所示为铝型材标准机箱。

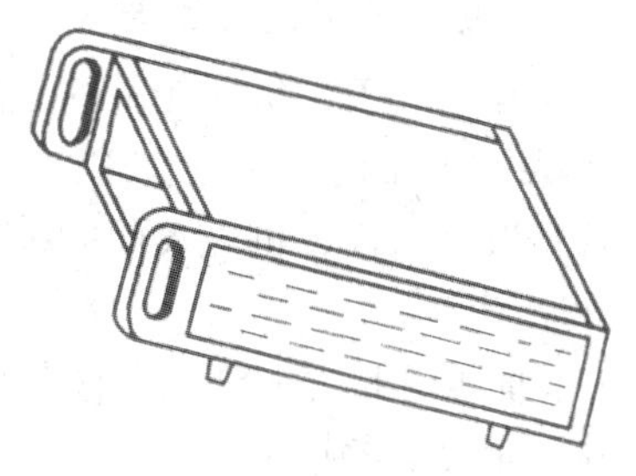

图 3-52　铝型材标准机箱

2. 机箱的面板

几乎任何电子产品都需要面板，通过面板安装固定开关、控制器件、显示和指示装置，实现对整机产品的操作与控制。面板分为前面板和后面板。前面板上主要安装操作和指示器件，如电源开关、选择开关、调节旋钮、指示灯、数码管、显示屏、输入输出插座等。机箱后面板上主要安装和外部的连接器件，如电源插座、输入输出装置、保险丝盒、接地端子等。另外，还可以开有通风散热的窗孔。图 3-53 所示为函数信号发生器前后面板。

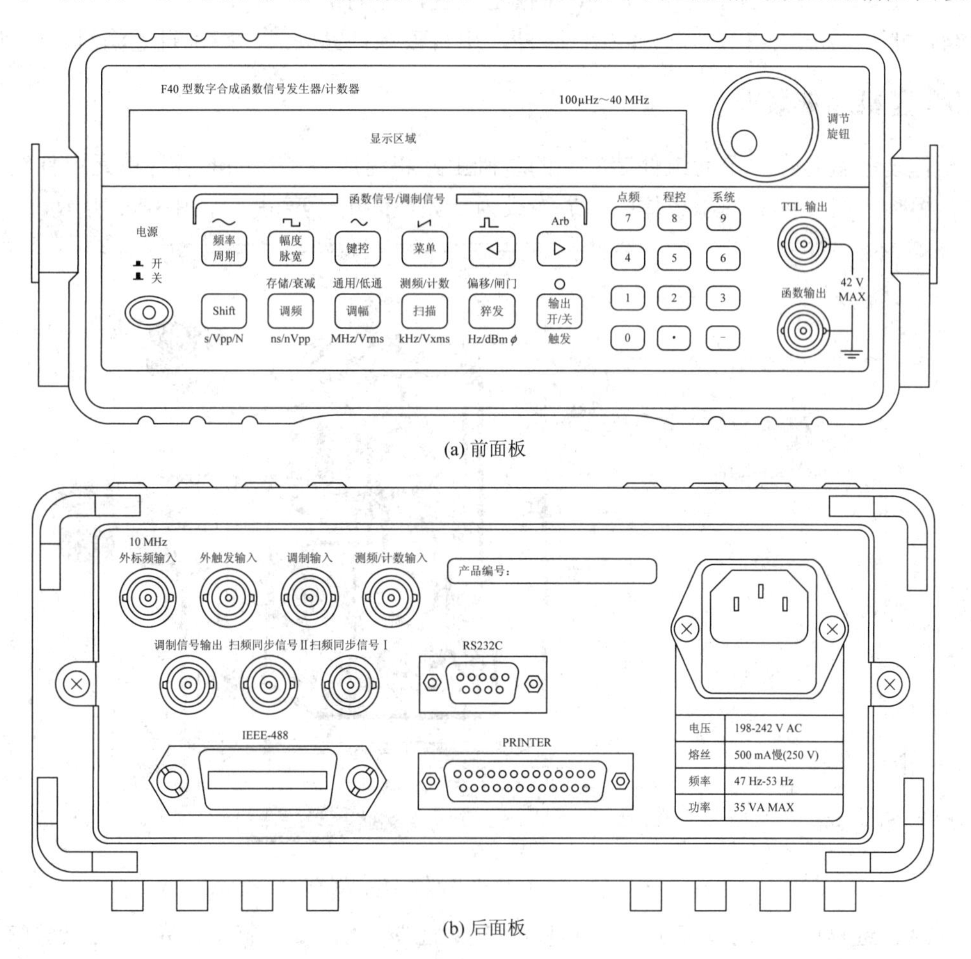

(a) 前面板

(b) 后面板

图 3-53　函数信号发生器前后面板

3．面板、机箱的装配要求

(1) 凡是面板、机壳接触的工作台面，均应放置塑料泡沫或橡胶垫，以防装配过程中划伤其表面，搬运时要轻拿轻放，不能挤压。

(2) 为了面板、机壳表面的整洁，不能任意撕下其表面的保护膜，防止装配过程中产生擦痕。

(3) 面板、机壳间插入、嵌装处应安全吻合与密封。

(4) 面板上各指示器件、显示器件、控制器件、接插部件、扬声器等应使操作者感到清楚、直观、一目了然，刻度和数字的选择符合人们的习惯且易读，操作应灵活、可靠，安装应紧固无松动。

4．面板、机箱的装配工艺

(1) 机箱内应预留有各种台阶及成形结构，用来安装印制板、扬声器、显像管、变压器等其他部件。装配时应执行先里后外、先小后大的顺序。

(2) 面板、机箱上使用自攻螺钉时，螺钉尺寸要合适，手动或机动旋具应与工件垂直，扭力矩大小应适中，防止面板、机箱被穿透或开裂。

(3) 应按要求将商标、装饰件等贴在指定位置，并端正、牢固。

(4) 机箱、机壳合拢时，除卡扣嵌装外，用自攻螺钉紧固时，应垂直无偏斜、松动。

3.3.5　整机箱体装联

箱体装联就是在“单元组件装配”的基础上，将组成电子产品的各种单元组件组装在箱体、柜体、机壳或其他承载体中，最终成为一完整的电子产品，如图 3-54 所示。

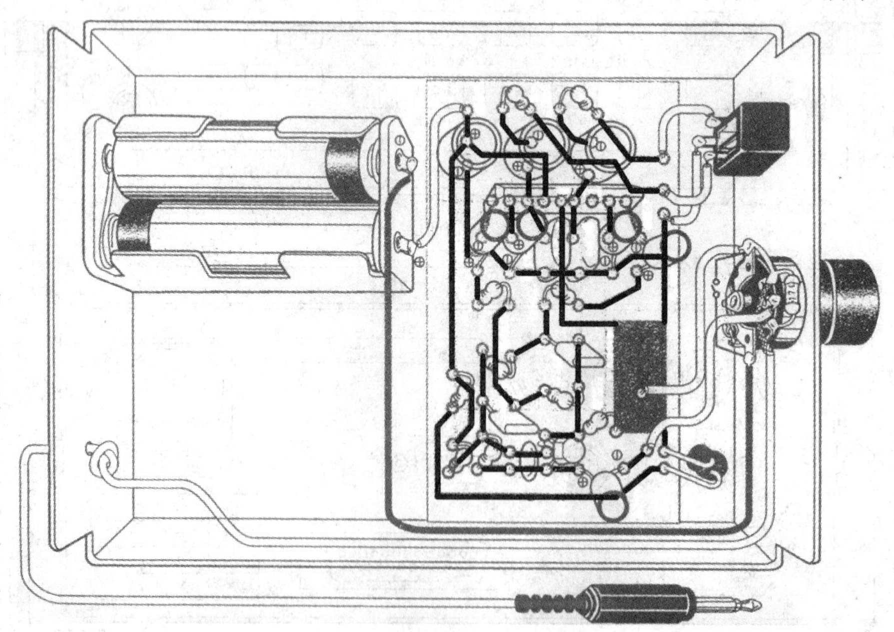

图 3-54　电子产品内部装联示意图

在这一过程中，除了要完成单元组件间的装配外，还需要对整个机壳、箱体进行布线、连线，以方便各组件之间的电路连接。箱体的布线要严格按照设计要求，否则会给安装及以后的检测、保养和维护工作带来不便。

1. 整机的内部装配及结构

电子产品在进行设计及最后总装过程中，应重点考虑以下因素：

(1) 便于整机装配、调试、维修。可由原理图把较复杂的电路分成若干个功能电路，每个功能电路为一个独立的单元部件，在整机装配前均可单独装配与调试。这样不仅适合大批量生产，也便于维修时更换单元部件，并及时排除故障。

(2) 零部件的安装布局要保证整机重心靠下并尽量落在底层的中心位置；彼此需要相互连接的部件应尽量靠近，避免过长和往返走线；易损零部件、元器件要安装在方便更换的地方，并固定以满足防振要求；印制板通过插座连接时，应装有长度不小于印制板 2/3 长度的导轨，插入后要有紧固措施。

(3) 印制板在机箱内的位置及固定连接方式，不仅要考虑散热和防振动，还应注意维修方便，可同时看到印刷板面(焊接面)和元件面，便于检查和测量。对于多块电路板，可采用总线结构，通过插接件互相连接引出箱体。对于大面积的单块电路板，可采用抽槽导轨固定，以便维修时翻起或拉出，同时看到两面。

2. 内部电路连接方式

大型电子设备整机内部连接往往比较复杂，不仅有印制电路板之间的连接、电路板与面板的连接，还有与设备机箱上元器件的连接。

(1) 插接式。该连接方式对于装配、维修都很方便，更换时不易接错线。它适用于信号小、引线多的场合。

(2) 压接式。该方式通过接线端子实现电路部件之间的连接，接触好、成本低，适用于大电流，在柜式产品中应用较广泛。

(3) 焊接式。该方式把导线端头装上焊片与部件相互连接，或把导线直接焊到部件上，这是一种廉价可靠的连接方式，但装配维修不方便，适合于连线少或便携式的电子产品中。焊线时要注意导线的固定，防止焊头折断。

另外，连接同一部件的导线应捆扎成把，捆绑线扎时，要使导线在连接端附近留有适当的松动量，保持自由状态，不能因拉得太紧而受力。线扎要固定在机箱内的支架上，不得在机箱内随意跨越交叉；当导线需要穿越底座上的过孔或其他金属孔时，孔内应装有绝缘套管；线扎沿着结构件的锐边转弯时，应加装保护套管或绝缘层。

在箱体装联阶段还要对装配的工艺和所实现的功能要求进行检测。在这一过程中，常出现的问题就是连接线的布设不合理，连接接口故障或因装联操作不当造成单元电路板上的元器件损坏等。

第 4 章　收音机电路原理与组装实训

电子产品的制作是电子工艺实训中一项很重要的内容，它综合了电子产品制造工艺知识的各个方面，如电子元器件认知、电子线路识读、焊接装配工艺、印刷电路的设计与制造工艺及整机组装调试与维修等。收音机是一种普及率很高的典型电子整机设备，是一个非常适合进行组装训练的电子产品。它的功能电路较多、元器件数量适中且种类较全，具有一定的代表性。学生通过对收音机整机制作可了解收音机的基本工作原理及电路图的识读方法；掌握收音机整机安装与调试的工艺知识、检修方法，进行动手能力的训练。

4.1　收音机接收原理

4.1.1　无线电信号的组成

1. 声波

声音是由物体的机械振动产生的。当物体发生机械振动(例如，我们说话时声带的振动或乐器被击打时产生的振动)时，周围的空气将被迫产生压缩与稀疏的振动，并以 340 m/s 的速度向四周传播，称为声波。人耳能听到的声音频率范围为 20 Hz～20 kHz，通常称做音频或称声频。声波在媒质传播中，由于媒质的阻尼作用，声音强度随距离增大而衰减，因此直接传播的距离有限。

2. 电磁波与无线电波

由物理学的电磁现象可知，在通入交变电流的导体周围会产生交变的磁场，交变的磁场周围又会感应出交变的电场。这种交变的磁场与交变的电场不断交替产生，并不断向周围空间传播，这就是电磁波。在实际运用中电磁波是由电磁振荡电路产生，通过天线传到空中去，即为无线电波。我们常见的可见光以及看不见的红外线、远红外线、紫外线、各种射线及无线电波都是频率不同的电磁波，无线电波只是电磁波中的一小部分。

无线电波的频率范围很宽，不同频率的无线电波的特性是不同的。无线电波按其频率或波长可划分为若干个波段，各波段的名称及频率范围见表 4-1。

一般常把分米波和米波合称为超短波，把波长小于 30 cm 的分米波和厘米波称为微波。

无线电波在传播的过程中，具有直射、反射、衍射和吸收等一系列波的共性。随着波段不同，无线电波传播的特性也有所不同。按无线电波的传播方式可分为地波——沿地球表面空间向外传播的无线电波；天波——靠大气电离层反射来传播的无线电波；空间波——在地球表面沿直线传播的无线电波，如图 4-1 所示。

表 4-1　无线电波波段的划分

波段名称	波长范围	波段名称	波长范围
超长波	1×10^4～1×10^6 m	甚低频(VLF)	3～30 kHz
长波	1×10^3～1×10^4 m	低频(LF)	30～300 kHz
中波	1×10^2～1×10^3 m	中频(MF)	300～1500 kHz
中短波	50～2×10^3 m	中高频(1F)	1500～6000 kHz
短波	10～50 m	高频(HF)	6～30 MHz
米波	1～10 m	甚高频(VHF)	30～300 MHz
分米波	10～100 cm	特高频(UHF)	300～3000 MHz
厘米波	1～10 cm	超高频(SHF)	3～30 GHz
毫米波	1～10 cm	极高频(EHF)	30～300 GHz
亚毫米波	1 mm 以下	超极高频(SEHF)	300 GHz 以上

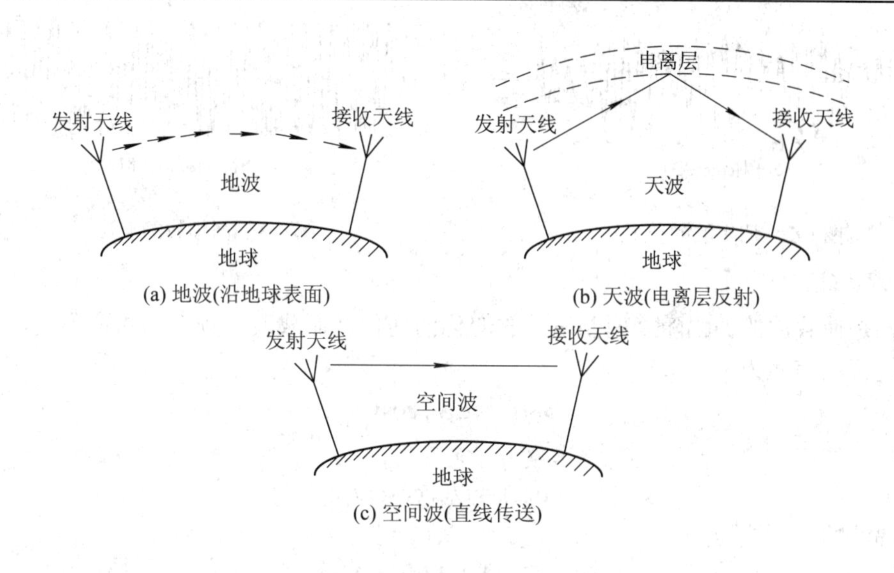

图 4-1　无线电波的传播方式

3. 无线电广播的发送

声波经电声器件转换成音频电信号(音频信号)，然而音频信号的频率很低，通常在 20～20000 Hz 的范围内，属于低频信号。低频无线电波如果直接向外发射，需要足够长的天线，而且能量损耗也很大。所以，实际上音频信号是不能直接由天线来发射的。无线电广播是利用高频的无线电波作为“运输工具”。首先把需要传送的音频信号“装载”到高频载波信号上，然后再由天线发送出去。无线电波是电磁波，可以光的速度将装载在无线电波上的声音信号传到世界任何地方。

4．调制

将音频信号加载到高频载波信号上的过程称为调制。正弦波高频载波信号有幅度、频率和相位三个主要参数，调制就是使高频载波信号的三个主要参数之一随音频信号的变化规律而变化的过程。调制有调幅、调频、调相、脉冲调制等几种方式，在无线电广播中，一般采用调幅制或调频制。如图 4-2、图 4-3 所示。

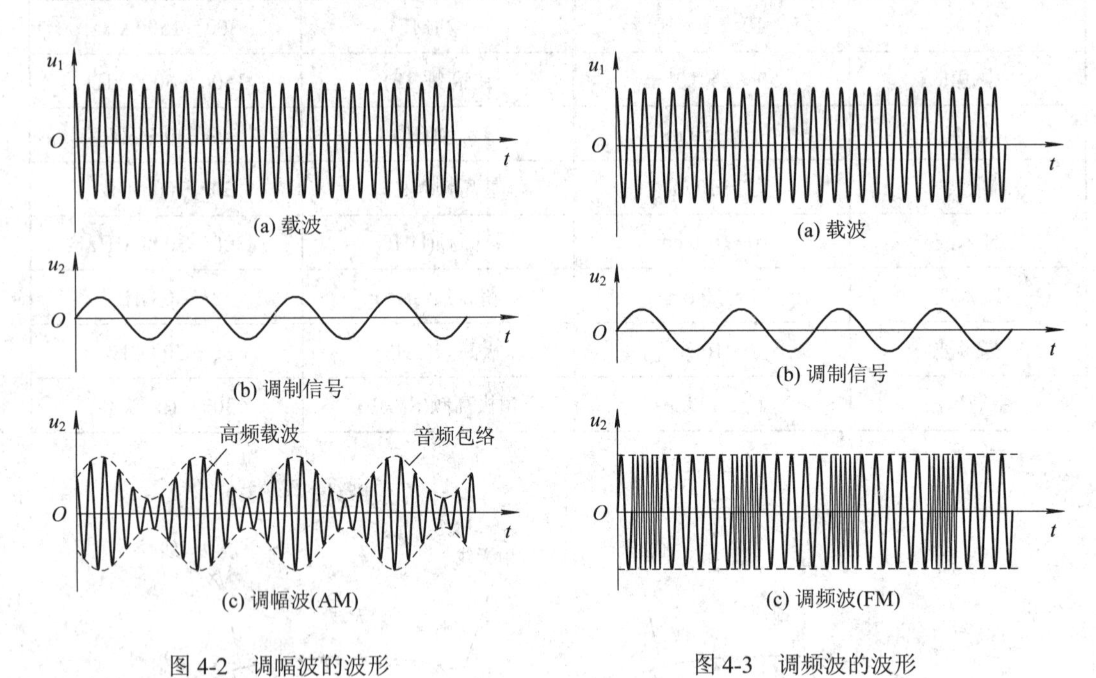

图 4-2　调幅波的波形　　　　图 4-3　调频波的波形

1) 调幅(幅度调制)

调幅是使载波的振幅随着调制信号的变化而变化，而载波的频率和相位不变。

设：调制信号为

$$u_{\Omega}(t) = U_{\Omega m}\cos\Omega t$$

载波信号为

$$u_c(t) = U_{cm}\cos\omega_c t$$

调幅波的表示式为

$$u_{AM}(t) = U_{cm}(1 + M_a\cos\Omega t)\cos\omega_c t$$

式中，

$M_a = \dfrac{\Delta U_c}{U_m} = \dfrac{U_{max} - U_{min}}{U_{max} + U_{min}}$ 称为调幅系数；

$U_{max}(U_{min})$表示调幅波包络最大值(最小值)。

调幅波保持着高频载波的频率特性，调幅波振幅的包络变化规律与调制信号的变化规律一致，一般用英文字母 AM 表示。

目前，调幅制无线电广播分为长波、中波和短波三个大波段。长波(LW)150～415 kHz；中波(MW)535～1605 kHz；短波(SW)1.5～26.1 MHz。我国无线电广播只有中波和短波两个波段。中波使用的频段的电磁波主要靠地波传播；短波使用的频段的电磁波主要靠天波传播。

2) 调频(频率调制)

调频是使载波的频率随着调制信号的变化而变化

设：调制信号为

$$u_{\Omega}(t) = U_{\Omega m}\cos\Omega t$$

载波信号为

$$u_{c}(t) = U_{cm}\cos\omega_{c}t$$

调频时载波电压振幅 U_{cm} 不变，而载波瞬时间频率则随调制信号规律变化，即为

$$\omega(t) = \omega_{c} + S_{f}u_{\Omega}(t) = \omega_{c} + \Delta\omega(t)$$

调频波的表示式为

$$u_{FM}(t) = U_{cm}\cos\left[\omega_{c}t + S_{f}\int_{0}^{t}U_{\Omega m}\cos\Omega t\,dt\right]$$

$$=U_{cm}\cos[\omega_{c}t + M_{f}\sin\Omega t]$$

式中，$M_{f}=\dfrac{S_{f}U_{\Omega m}}{\Omega}$ 为调频信号的最大相偏，亦称调频系数。

调制信号幅度最大时，调频波最密、频率最大；而当调制信号负的绝对值最大时，调频波最稀疏，频率最低。也就是说调频波频率变化的大小由调制信号的大小决定，变化的周期由调制信号的频率决定，幅度保持不变。调频波一般用英文字母 FM 表示。调幅和调频的优缺点比较见表 4-2。

表 4-2　调幅和调频的优缺点比较

	调幅(AM)	调频(FM)
优点	传播距离远，覆盖面大，电路相对简单	1. 传送音频频带较宽(100 Hz～5 kHz)，适宜高保真音乐广播； 2. 抗干扰性强，内设限幅器除去幅度干扰； 3. 应用范围广，用于多种信息传递； 4. 可实现立体声广播
缺点	1. 传送音频频带窄(200～2500 Hz)，缺乏高音； 2. 传播中易受干扰，噪声大	传播衰减大，覆盖范围小

调频制无线电广播多用超短波无线电波传送信号，频率约为 87～108 MHz，主要靠空间波传送信号。

5. 广播电台的调制(调幅)发射

无线电广播的基本过程如图 4-4 所示(两个不同的广播电台用不同高频载波信号发射)。在无线电广播的发射过程中，声音信号经传声器(MIC)转换为音频信号，并送入音频放大器，音频信号在音频放大器中得到放大，放大的音频信号作为调制信号被送入调制器。高频振荡器产生的等幅高频信号作为载波也被送入调制器。在调制器中，调制信号对载波进行幅

度(或频率)调制，形成调幅波(或调频波)，再送入高频功率放大器，经高频功率放大器放大后由发射天线向空间发射出去。

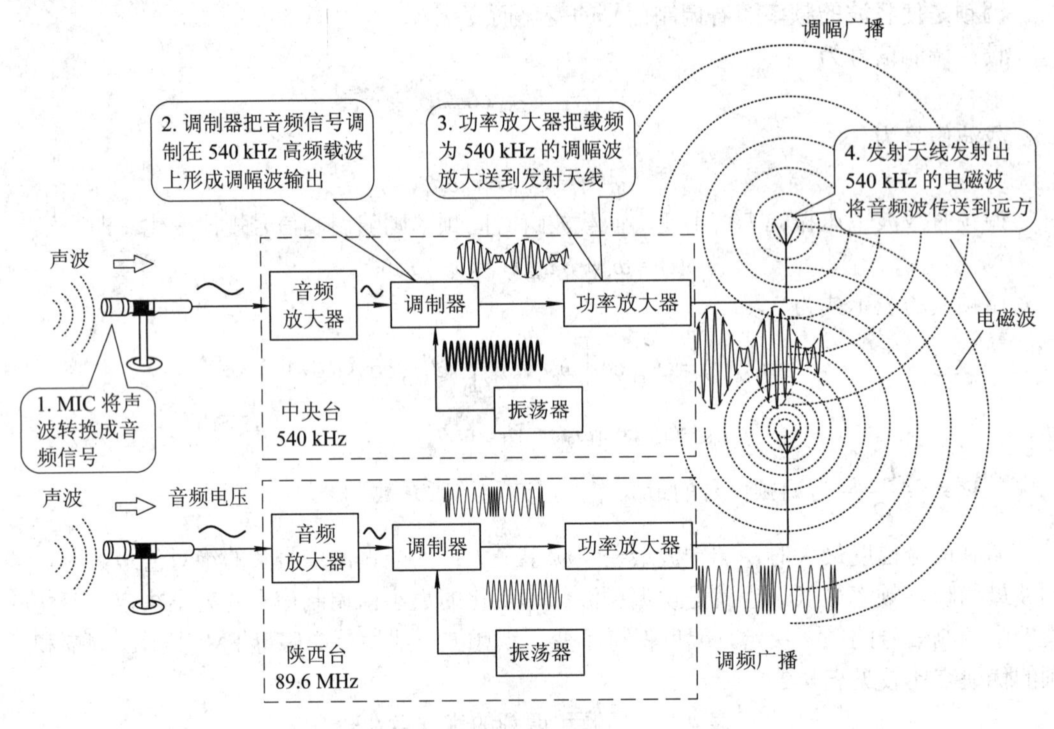

图 4-4　广播电台的调制(调幅)、调频发射示意图

6．无线电广播的接收

收音机是一种普及率很高的典型电子整机设备，其任务是将电台以电磁波形式发射的广播信号接收下来，并把它还原成原声音。为了完成这一任务，收音机必须具备以下四项基本功能：接收并选择电台信号，对电台信号进行解调，将音频信号加以放大，把音频信号还原成声音，收音机结构如图 4-5 所示。

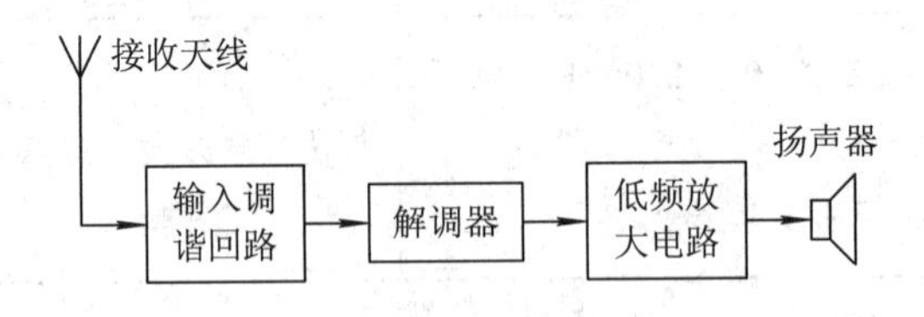

图 4-5　最简单的收音机结构框图

4.1.2　收音机的分类

收音机可以从不同的角度来分类：根据结构和使用器件的不同，可分为电子管收音机、晶体管收音机、集成电路收音机和晶体管与集成电路混装式收音机；根据接收原理和放大方式不同，可分为直接放大式收音机和超外差式收音机；根据接收的广播制式不同，可分为调幅收音机(AM)、调频收音机(FM)和调频/调幅(FM/AM)收音机；根据接收的

波段不同，可分为短波收音机、中波收音机、中短波收音机、全波段收音机；根据外形和体积不同，可分为微型收音机、袖珍式收音机、便携式收音机和台式收音机；根据使用电源不同，可分为交流收音机、直流收音机和交直流两用收音机；根据规格和档次不同，可分为特级、一级、二级、三级、四级收音机；根据用途和功能不同可分为普通、收扩、收录两用收音机和汽车收音机；根据声源不同，可分为单声道收音机和立体声收音机，等等。

1. 直接放大式收音机

所谓直接放大，即在解调之前不改变高频已调波载频的频率，这种收音机称为直接放大式收音机。

直接放大式收音机由接收天线、输入电路、高频放大器、检波器、低频电压放大器、低频功率放大器和扬声器等组成，如图 4-6 所示。由于直接放大式收音机的性能较差，已被性能优异的超外差式收音机取代。

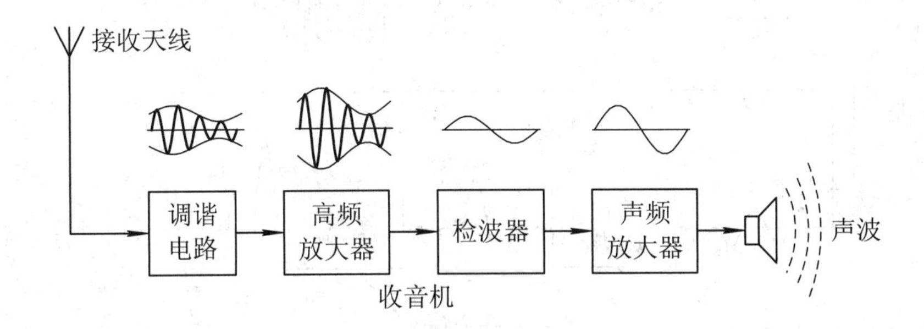

图 4-6　直接放大式收音机框图

2. 超外差式收音机

所谓超外差，即在解调之前，先由变频电路将接收信号的载波频率变换为频率固定且低于载波频率的中频(465 kHz)信号，然后再对中频信号进行放大、解调。

超外差式收音机是目前收音机的主流，它具有灵敏度高、选择性好的特点。其主要的工作方式是将接收到的高频信号变成中频信号，然后再进行中频放大，使每个电台信号都能得到相等的放大，由于中频放大电路可以设置为多级选频放大电路，大大提高了收音机的接收性能。其缺点为抗干扰能力较差。超外差式收音机工作原理框图如图 4-7 所示。

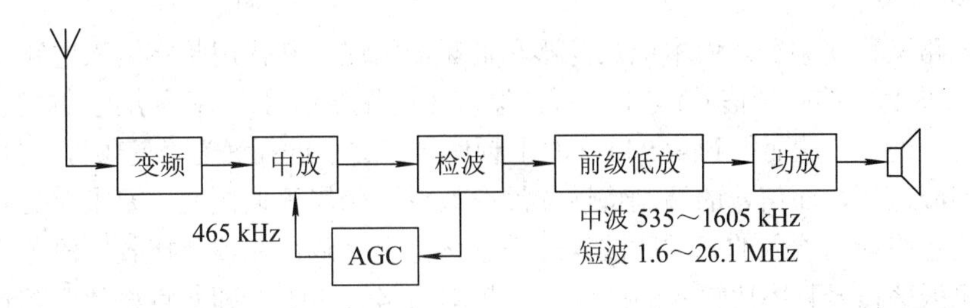

图 4-7　超外差式收音机工作原理框图

4.1.3 超外差式收音机的工作原理

1. 超外差式调幅收音机的工作框图

调幅广播频率范围：中波段为535～1605 kHz，短波段为1.6～26 MHz。接收调幅广播的超外差式收音机主要由：天线、输入电路、变频电路、中频放大电路、检波电路、音频放大电路及电源电路等部分组成，如图4-8所示。

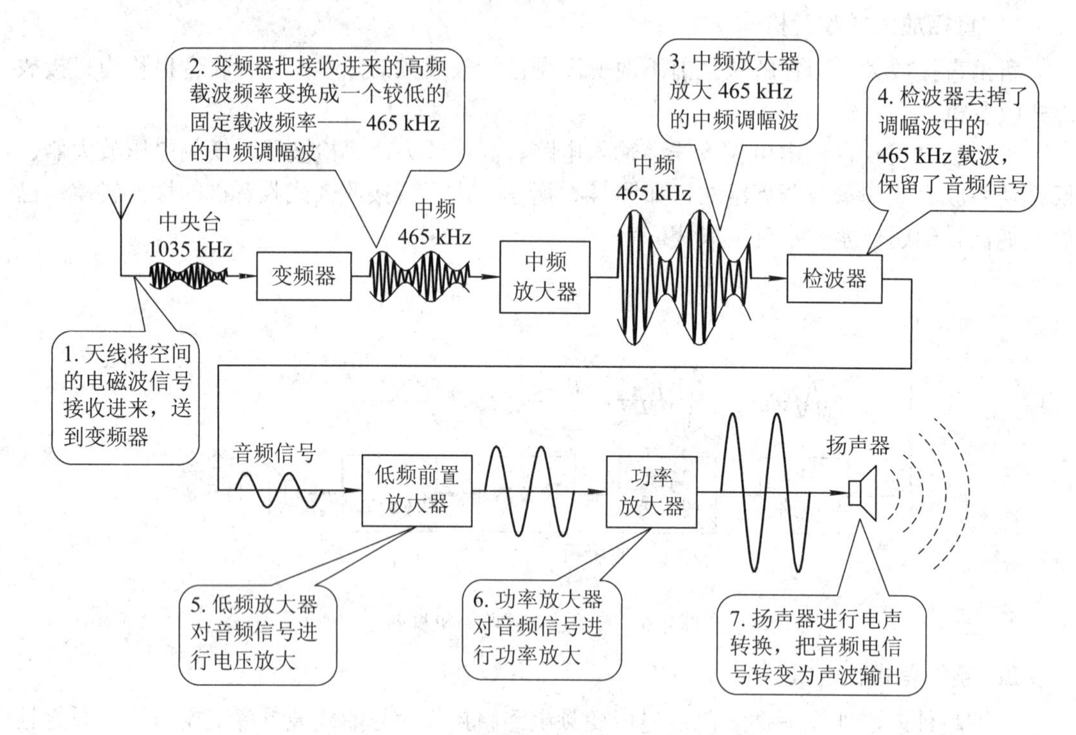

图4-8 超外差收音机图解分析框图

1) 输入电路

输入电路又称输入调谐回路或选频电路，作用是从天线接收到的各种高频信号中选择出所需要的电台信号并送到变频级，要求具有良好的选择性、频率覆盖要足够宽、电压传输系数要大而且稳定。输入电路是收音机的大门，它的灵敏度和选择性对整机的灵敏度和选择性都有重要影响。

2) 变频电路

变频电路又称变频器。由本机振荡器和混频器组成，其作用是将输入电路选择出来的信号(载波频率为f_s的高频信号)与本机振荡器产生的振荡信号(频率为$f_τ$的等幅高频信号)在混频器中进行混频，从而得到465 kHz的中频信号。这个过程称为“变频”，它只是将信号的载波频率降低了，而信号的调制特性并没有改变，仍属于调幅波。要求在变频过程中，中频信号的包络应与输入的高频载波信号的包络完全一致；在整个接收频段范围内，应始终保持本机振荡信号频率比输入的高频信号频率高 465 kHz，即有良好的跟踪特性；变频电路的工作稳定性要好，噪声系数小，增益适当。

3) 中频放大电路

中频放大电路又称中频放大器，其作用是将变频级送来的中频信号进行选频和放大，然后将放大了的中频信号送入检波器去检波。中频放大电路一般采用中频变压器耦合的多级放大器，要求增益要高(具有60～70 dB的增益)；选择性好(选择性应达到20～40 dB)；通频带要合适(频带宽度应在461.5～468.5 kHz之间)。

中频放大器是超外差式收音机的重要组成部分，直接影响着收音机的主要性能指标。质量好的中频放大器应有较高的增益及灵敏度，足够的通频带和阻带(使通频带以外的频率全部衰减)，以保证整机良好的灵敏度、选择性和频率响应特性。

4) 检波和自动增益控制电路

检波电路(检波器)的作用是从中频放大电路送来的调幅信号中解调出音频信号，并将解调出的音频信号送入音频放大电路。检波电路常利用二极管来实现。由于二极管的单向导电特性，中频放大电路输出的465 kHz的中频调幅信号，经过检波电路检波后，中频调幅信号的下半部分被消除，成为含有残余中频信号的低频脉动信号，再经低通滤波电路滤除残余的中频信号，即可取出音频信号和直流分量。音频信号通过音量控制电位器送往音频放大器，而与信号强弱成正比的直流分量，反馈至中放级实现自动增益控制(简称AGC)。收音机中设计AGC电路的目的是：接收弱信号时中频放大电路增益增高，而接收强信号时自动使增益降低，从而使检波前的放大增益随输入信号的强弱变化而自动调节，以保持输出的相对稳定。要求：检波电路效率高、滤波性能好。AGC电路控制范围大，工作稳定性高。

5) 音频放大电路

音频放大电路又称音频放大器，用来放大检波级送来的音频信号，它包括前置放大电路和功率放大电路。从检波器输出的音频信号幅度很小，一般约几十毫伏，不能直接推动扬声器。为了用扬声器还原声音，必须将音频信号的电压及功率加以放大。以放大音频信号为目的的电路称为音频放大电路或低频放大电路，在分立组件超外差式收音机中，音频放大电路一般由前置放大器和功率放大器两部分组成。前置放大器是音频信号电压放大器，一般由1、2级放大电路组成。要求应有足够的增益和频带宽度，同时要求其非线性失真和噪声要小。功率放大器是收音机的最后一级放大电路，一般采用甲乙类推挽功率放大器，用来对音频信号进行功率放大，以输出足够的功率推动扬声器放出声音。集成电路作为功率放大器具有体积小、功耗小、可靠性高、稳定性好、检修调试方便等优点，所以在现代收音机中被广泛采用。对于功率放大器要求其输出功率大、频率响应宽、效率高并非线性失真小。

2. 超外差式调频收音机的工作原理

调频广播国际标准波段：88～108 MHz中频频率为10.7 MHz。调频收音机和调幅收音机在电路结构上很相似，也都采用超外差式原理。根据结构和工作原理不同，超外差式调频收音机有单声道和双声道(立体声)两种，由输入电路、高频放大器、变频器、中频放大器、限幅器、鉴频器、低频放大器、功率放大器及自动频率控制(AFC)等电路组成。其中双声道收音机是在鉴频器后增加一立体声解码电路并对产生的两路音频信号分别进行左右声道音频放大。

调频收音机的原理框图及各点处的波形(单声道)如图 4-9 所示。

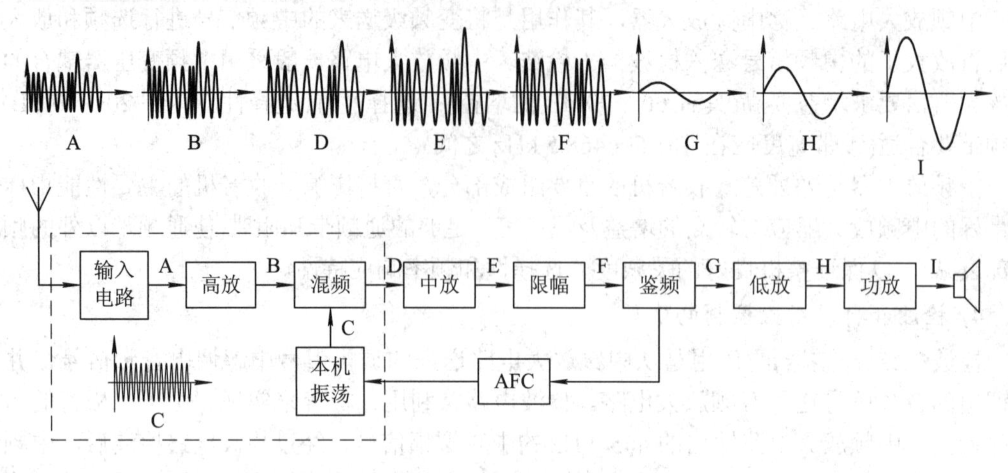

图 4-9　调频收音机原理框图及波形

从原理框图及波形图来看，经高频放大器放大的调频信号的调频频率没有改变，只是幅度增大了。变频级是利用晶体管的非线性作用，把高频放大器送来的调频信号和本机振荡电路产生的末调制的正弦波信号进行混频。混频的结果得到 10.7 MHz 的差频(中频)信号，即完成变频任务。在变频的过程中，只改变了信号的载频频率，原来调制信号(音频)的内容没有改变。10.7 MHz 的中频信号经中频放大器放大后送到限幅器。限幅器的作用是切除调频波上的幅度干扰和噪声，使中频信号变成一个等幅的调频波，然后送至鉴频器。鉴频器的功能是将频率变化的信号转变成电压变化的信号，即把调频信号解调成音频电压变化信号(相当于调幅收音机中的检波)。低频放大级和功率放大级与调幅收音机的功能完全相同。为了充分发挥出调频的优点，低频放大电路应尽可能做到频响宽、失真小、功率余量大，并配以优质的扬声器和放声箱，以得到高保真的放音效果。立体声收音机电路的输入电路、高频放大电路、变频、中放及鉴频电路与单声道收音机相同。所不同的是，立体声调频收音机接收处理的是立体声调频信号，所以需要设置立体声音频解码电路和两路音频放大系统。鉴频所得到的立体声复合信号经解码器分离出左、右两个声道的信号，分别送入两个音频放大电路进行放大，再推动两路扬声器实现立体声重放。

调频收音机的本机振荡频率很高，为了防止由电源电压及温度变化而引起的振荡频率漂移而造成失谐，电路中还设有自动频率控制(AFC)电路。

3．集成电路收音机

由于集成技术的迅速发展，晶体管调频收音机早已被集成电路调频收音机所取代，大规模集成电路可将调幅、调频收音机的绝大部分电路集成在一个芯片内，不但大大简化了电路，并且工作更加可靠。集成电路收音机是由集成电路配以适当的外围元器件构成。集成电路在音响设备方面的应用日益广泛，收音机电路的集成化已成为收音机发展的必然趋势。目前收音机的高频、中频、检波、鉴频及音频放大电路均已实现集成化，而且集成度越来越高。为了满足接收不同频率的需要，输入调谐电路一般需要使用分立元件或专用集成电路，其他功能电路均集成在一个芯片内。

CXA1191 集成电路是日本索尼公司研制的，具有功能齐全、集成化程度高等优势，从而在调频/调幅中短波收音机中广泛使用。图 4-10 所示为 CXA1191 的内部逻辑电路。从图中可以看到，在集成电路内有调频放大电路、调频/调幅混频、本机振荡、调频中频放大及鉴频、调幅中频放大及检波、音频放大电路等，几乎包含了调频/调幅收音机的所有电路。CXA1191 各引脚的功能见表 4-3。

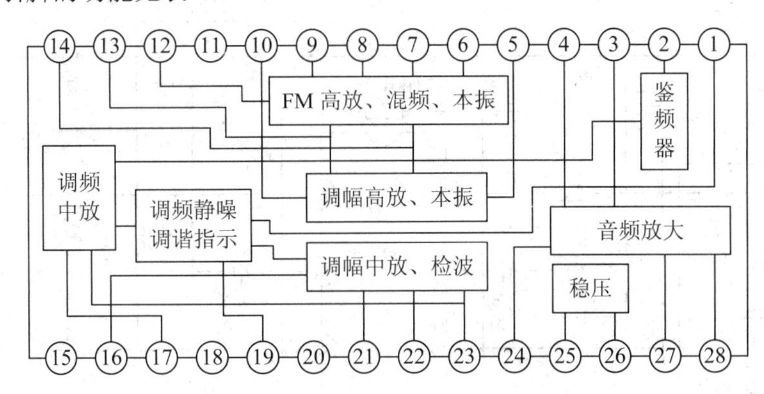

图 4-10　CXA1191 内部逻辑电路

表 4-3　CXA1191 引脚功能

引脚	功　　能	引脚	功　　能
1	调频静噪	15	FM/AM 波段选择
2	FM 鉴频器	16	AM 中频输入
3	负反馈	17	FM 中频输入
4	电子音量	18	空脚
5	AM 本振	19	调谐指示
6	AFC 自动频率控制	20	中频地
7	FM 本振	21	AGC 滤波
8	1.25 V 稳压输出	22	AFC 滤波
9	FM 高放	23	检波输出
10	AM 输入	24	音频输入
11	空脚	25	电源滤波
12	FM 输入	26	电源(电源正极)
13	高频地	27	音频输出
14	FM/AM 中频输出	28	地(电源负极)

利用 CXA1191 组装的调频/调幅收音机所需外围元件少、性能稳定、焊装调试方便，FM/AM 转换只需一个开关即可完成，其电路原理图如图 4-11 所示。

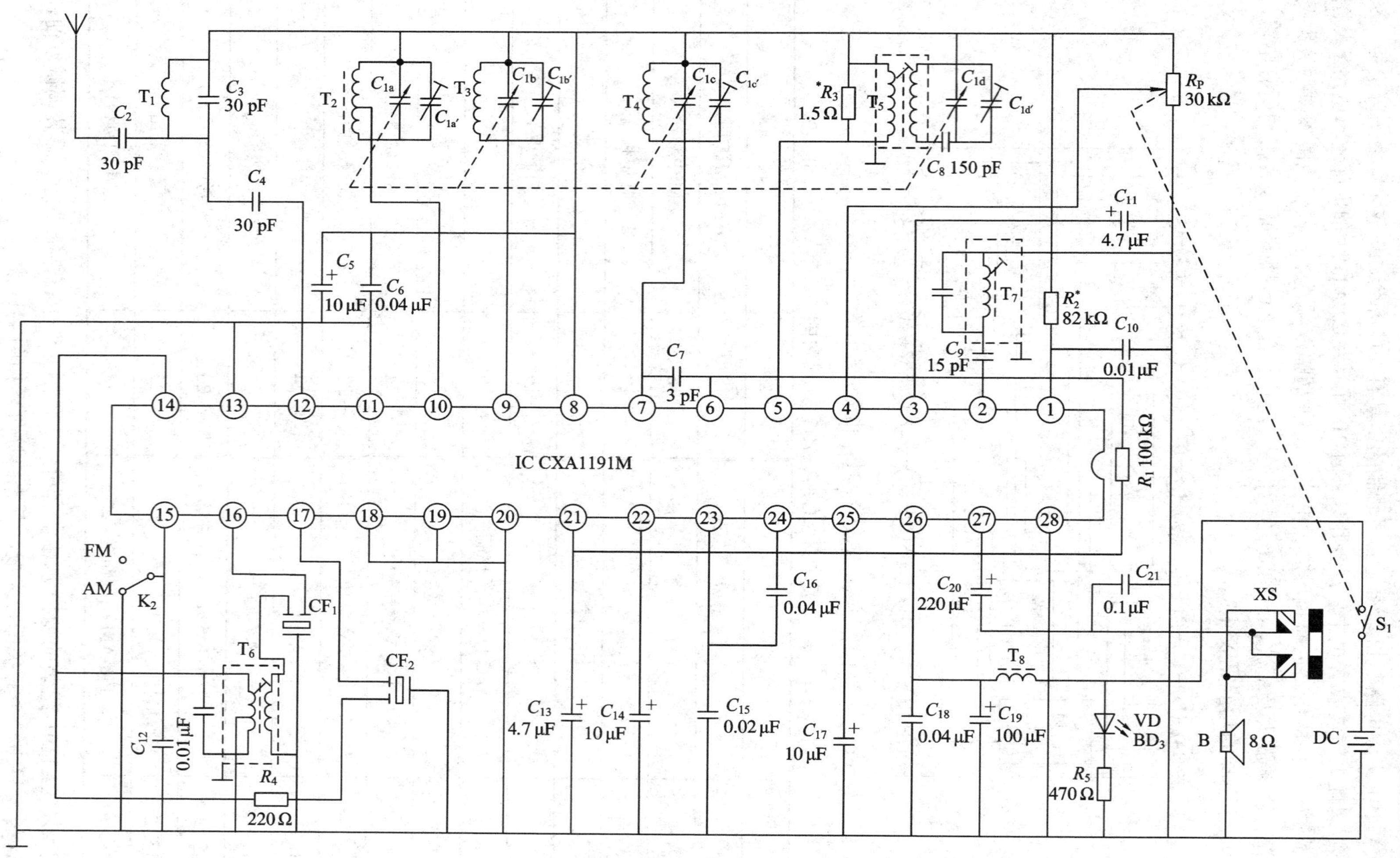

图 4-11　集成电路收音机电路原理图

4.2　收音机电路图的识读

4.2.1　电子技术文件简介

电子技术文件是根据国家标准制定的“工程语言”，是电子技术工作的重要依据。在专业制造领域，技术文件具有完备性、规范性、权威性和一致性，带有生产法规的效力。必须执行并实行严格的管理。在普通应用领域，如学生的电子设计、实验，业余电子科技活动，企业技术改造，单件、小批量生产等，电子技术文件与专业制造领域的技术文件差别较大，注重简洁、实用。总体上电子技术文件可分为设计文件和工艺文件两大类。

1．设计文件

设计文件是在产品研制过程中逐步形成的文字、图样及技术资料。它规定了产品的组织形式、结构尺寸、工作原理以及在制造、验收、使用和维修时必需的技术数据和说明。也是制定工艺文件、组织生产和产品使用维修的依据。

设计文件有多种分类方法：按表达的形式可分为图样、略图及文字和表格三种；按形成的过程可分为试制文件和生产文件两种；按绘制过程和使用特征可分为草图、原图、底图、复印图、电子图等。常用的设计文件有电路图、技术条件、技术说明书、使用说明书以及明细表等。

2．工艺文件

工艺文件是根据设计文件，结合企业生产大纲、生产设备、生产布局和职工技能等实际情况制定的指导工人操作和用于生产、工艺管理等的技术文件。它是企业进行生产准备、原材料供应、计划管理、生产调度、劳动力调配、工模具管理、产品经济核算和质量控制的主要依据。

工艺文件可分为工艺管理文件和工艺规程两大类。工艺管理文件是企业组织生产和控制工艺工作的技术文件，而工艺规程是产品或零件制造工艺过程和操作方法等的工艺文件。每个产品都有配套的工艺文件，它随产品的复杂程度和生产特点的不同而不同，常用的工艺文件包括工艺文件封面、工艺文件明细表、工艺流程图、导线及线扎加工表、装配工艺过程卡、工艺说明、外协件明细表、材料消耗明细表、工艺定额明细表和检验卡等。

4.2.2　电子电路图的分类

电子电路图是一种设计类技术文件，它可以帮助我们尽快弄清设备的工作原理，熟悉设备的基本结构，了解各种元器件的安装，以及测试仪表的连接等。电子电路图一般有电路原理图、装配图、接线图和方框图等。

1．原理图

原理图又称电原理图，是用国家标准规定的图形符号和文字符号绘制的表示设备电气工作原理的图样，包括整机原理图和单元原理图两种。由于它直接体现了电子电路的结构和工作原理，以及各元器件或单元电路之间的相互关系和连接方式，并给出了每个元件的基本参数和若干工作点的电压、电流值等数据，所以它是产品设计和性能分析的原始资料，也是绘制装配图和接线图的依据。在设计、分析电路时，通过识读图纸上所画的各种电路元器件符号、相互间连接方式，可了解电子电路的实际工作原理。另外还为检测和更换元器件、快速查找和检修电路故障提供了极大的方便。图 4-12 为六管中波段收音机电路原理图。

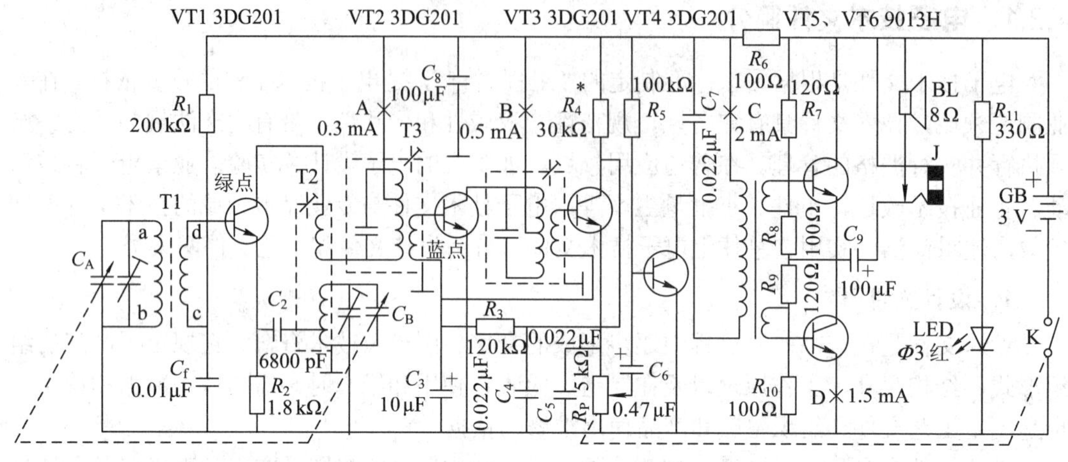

图 4-12　六管中波段收音机电路原理图

2. 装配图

装配图是按产品装配结构进行电路组装而采用的一种图纸。它反映电路各元器件实际安装、布置相互关系。装配图上的符号往往是电路元器件的实物外形图，如图 4-13 所示为按照元器件实物及连接方式而画出的实物装配图。组装时只需按图样把一些电路元器件连接起来就可完成电路的装配。装配图分为总装配图、结构装配图及印制电路板装配图等。许多电子产品的元器件都是安装在印制电路板上的，印制电路板组件配上外壳即可构成整机，因此只需印制电路板装配图即可。印制电路板装配图有两类，一是将印制导线按实际绘出，并在相应位置上画出元器件；另一类则是不画出印制导线，或是将电路板元器件面作为正面，画出其外形及位置，指导装配焊接。如图 4-14 所示。

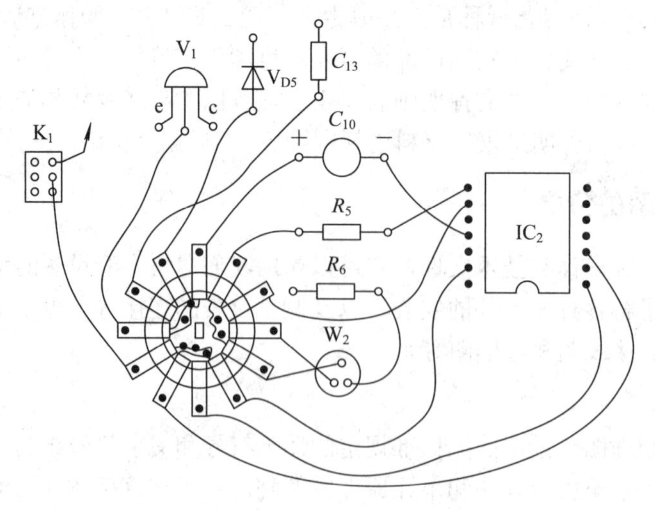

图 4-13　实物装配图

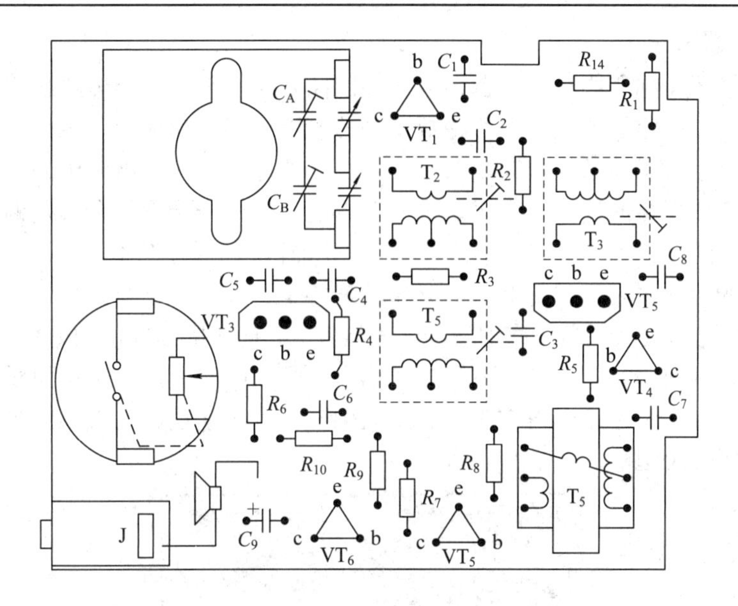

图 4-14　印制板装配图

3．方框图

方框图又称框图是一种用方框和连线来表示电路工作原理和构成概况的电路图。从本质上说，它也是一种原理图，不过在这种图纸中，除了方框和连线，几乎就没有别的符号。它和原理图主要的区别就在于原理图上详细地绘制了电路的全部元器件和它们的连接方式，而方框图只是简单地将电路按照功能划分为几个部分，将每一个部分绘成一个方框，在方框中加上简单的文字说明，方框间用连接(有时用带箭头的连线)说明各个方框之间的关系。所以方框图只能用来体现电路的大致工作原理，而原理图除了详细地表明电路的工作原理之外，还可作为采购元器件、制作电路的依据。如图 4-15 为某电视机的原理框图。

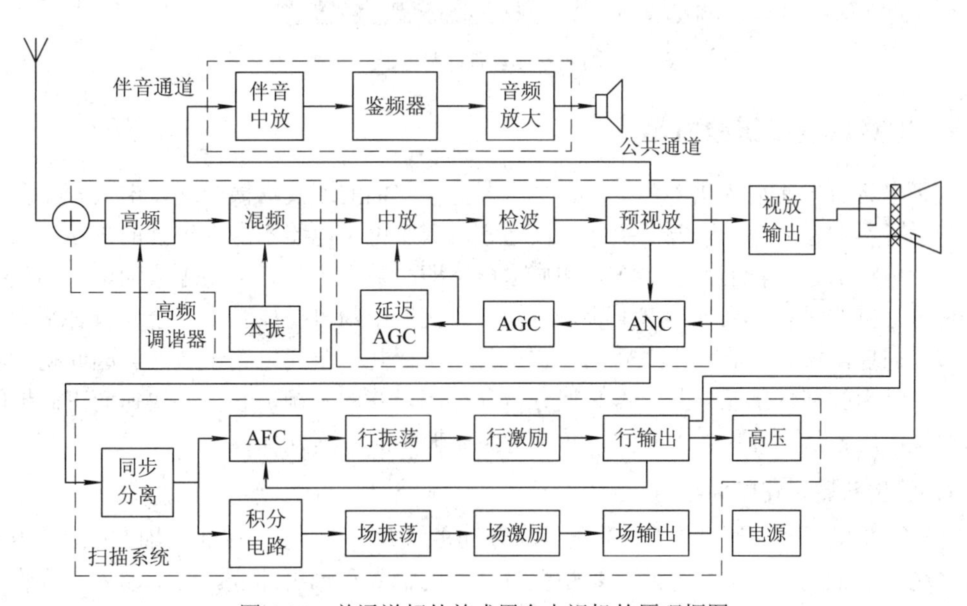

图 4-15　单通道超外差式黑白电视机的原理框图

4. 印制电路板图

印制电路板图又称印刷线路板图，它和装配图其实属于同一类电路图，是供装配实际电路使用的。印制电路板是在一块绝缘板上先覆制上一层金属箔，再将电路不需要的金属箔腐蚀掉，剩下的金属箔部分作为电路元器件之间的连接线，将电路中的元器件安装于这块绝缘板上，完成电路的连接。由于这种电路板的一面或两面覆的金属是铜箔，所以印制电路板又叫“覆铜板”。印制电路板图的元器件分布往往和原理图不大一样，这主要是因为印制电路板图的设计主要考虑元器件的分布和连接是否合理，以及元器件体积、散热、抗干扰、抗耦合等诸多因素。它与原理图画法差异较大，而实际上却能很好地实现电路功能，随着科技发展，现在印制电路板的制作技术已有了很大的发展，除了单面板、双面板外，还有多层板，已经大量运用于日常生活、工业生产、国防建设、航天事业等许多领域。如图 4-16 为印制电路板图。

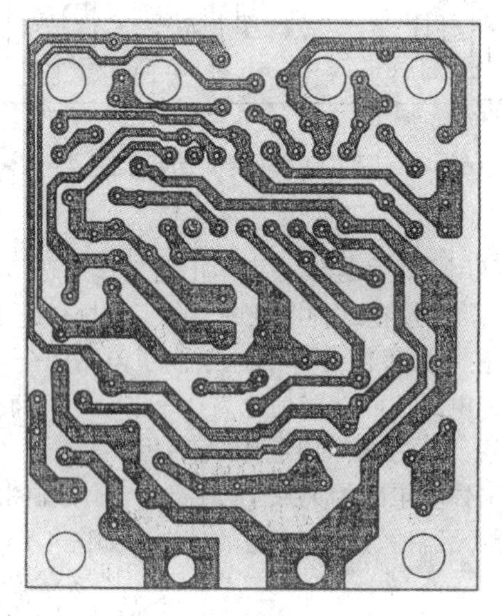

图 4-16　印制电路板图

4.2.3　电路原理图识读方法

一张电路图中通常有几十乃至几百个元器件，它们的连线纵横交叉，形式变化多端，许多初学者不知道从什么地方下手才能读懂它。其实电子电路本身有很强的规律性，不管多复杂的电路都是由若干个基本环节和典型电路即少数几个单元电路组成的。如同孩子们玩的积木，虽然只有十来种二三十块，可在孩子们手中却可搭成几十乃至几百种平面或立体模型。同理，再复杂的电路原理图，它也是由少数几个单元电路组成的。因此初学者只有先熟悉常用的基本单元电路，再掌握分析和分解电路的本领，看懂并快速而正确地阅读电路原理图应该是不难的。以下例举几种电路原理图的识读方法。

1. 找出头尾、化整为零

对于一张电子线路原理图，首先要找出电路的“头”和“尾”，在此基础上“割整为零”，弄清结构。所谓的“头”和“尾”是指整机电路的输入和输出部分。比如超外差式收音机电路的“头”是天线输入回路，一般画在电路原理图的左侧，而它的“尾”则是功率放大器及扬声器，通常画在图的最右侧。信号的流向是从“头”到“尾”，如图 4-17 所示。在分清“头”、“尾”的基础上，结合基本框图理清电路由哪几部分组成及它们之间的联系和性能。如收音机电路由框图可知整个电路分为高频电路、中频电路和音频电路三大部分。在每部分中又分为若干个单元电路，如中频电路分为一级中放和二级中放，音频电路分为前置放大电路和功率放大电路。电子电路的主要任务是对信号进行处理(如放大、变频、滤波等)，只是处理的方式及效果不同而已，因此读图时，应以所处理的信号流向为主线，沿信号的主要通路，以基本单元电路为依据，将整个电路分为若干具有独立功能的部分，并进行分析。具体步骤可归纳为：了解用途、找出头尾、分析通路、化整为零、统观整体。

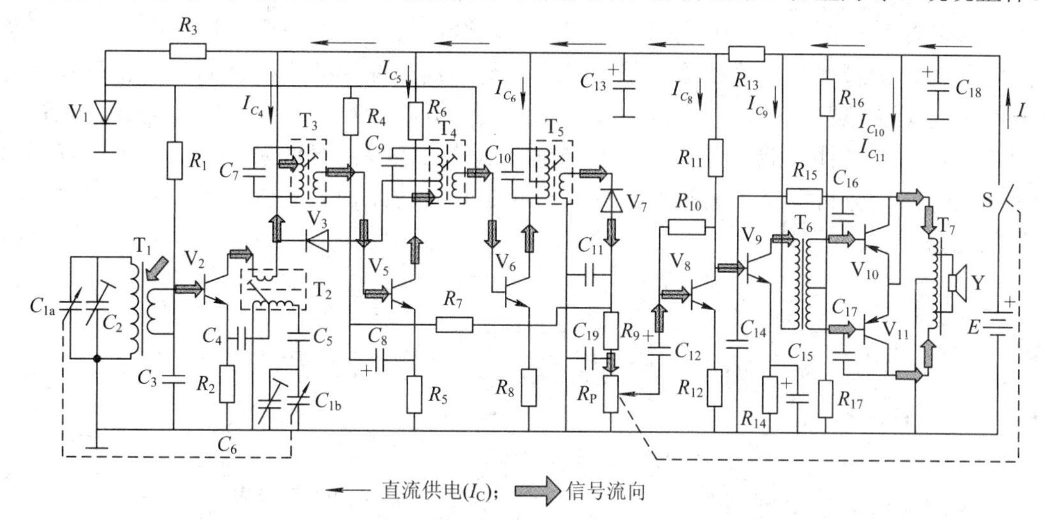

图 4-17　超外差式调幅收音机信号的传输流向及直流供电图

2．瞄准核心元器件、简化单元电路

每个单元电路往往以晶体管或集成电路为核心元器件，要以核心元器件为目标，去掉枝叶，保留骨干，对电路进行简化，以利阅读。例如要想知道一个振荡电路属于哪种类型的电路，可以将其滤波、退耦电路去除，并将某些阻容元器件进行合并，这样就可以得到振荡电路的“骨干”，将此“骨干”形式与振荡电路的标准形式相比较即可得知振荡电路的类型，如图 4-18 所示。有时我们还需要由简变繁进行扩展延伸，即在“骨干”形式的基础上再补上原有的一些电阻、电容和电感元器件，就可以知道单元电路之间的关系。

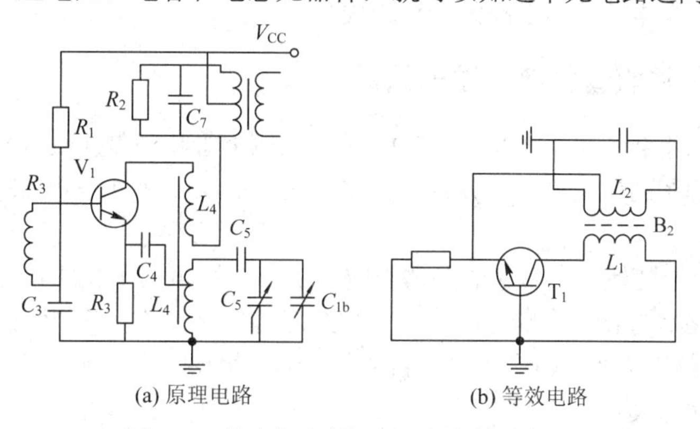

图 4-18　收音机变频级原理图与等效电路

3．运用等效电路、分析电路特性

等效变换是分析电路的一种方法。在分析一些复杂电路时，应重点关注整个电路(或电路的某一部分)的输入、输出关系，即电流和电压的变化关系。这样就可以用一个简单的电路代替复杂电路，使问题得到简化，这个简单电路就是复杂电路的等效电路。等效电路有直流等效电路和交流等效电路两种。在画直流等效电路时，可将电容器和反向偏置二极管视为开路，从电路中去掉；而电感器、正向偏置的二极管和小量值的滤波、退耦、限流、隔离电阻可视为短路，用导线代替。同时电阻的串、并联支路应尽量用一个等效电阻来代替。直流等效电路可以帮助我们了解电路的直流工作状态，并可计算出直流电压、电流等相关参数。绘制交流等效电路时，将交流耦合电容、旁路电容、退耦电容和电源及正向导通的二极管视为交流短路，用导线来代替；反向偏置处于截止的二极管可视为交流开路，将其从电路中去除。同时还要尽量省略对分析影响不大的电阻、电容、保护二极管等附属性元器件，能够合并的电感、电容尽量用等效元器件来代替。由此可以利用交流等效电路来分析电路的某些动态特性。如图 4-19 为超外差式收音机输入回路原理图及等效电路。

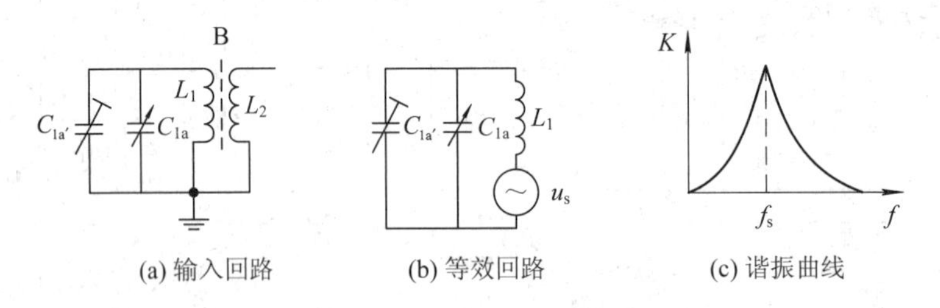

图 4-19　超外差式收音机输入回路原理图及等效电路

4．了解供电关系、分析各点电压

一般情况下，电子产品的电源为直流电源，因此有正、负极之分。分析直流电路时可以“公用端”即零电位端为基点来分析其他各点电压的大小，并从原理图中找出直流供电关系，以便进行电路分析，在图 4-17 中，用箭头指明了超外差式调幅收音机各级电路的直流供电情况。

在学习识读整机电路原理时，只要紧紧抓住信号流向、核心元器件、电路特性及供电关系，经过一段分析电路图的实践定会有所成效。

4.2.4　分立元器件收音机电路图的识读

本节将以实训组装的电子产品——SD925 中波段七管超外差式收音机为例，用上节介绍的电子线路原理图的识读方法，分析其工作原理，SD925 超外差式收音机电路原理图如图 4-20 所示。

(1) 了解用途。这是一个典型的晶体管收音机电路图，其工作原理是将接收到的高频信号通过输入电路后与收音机本身产生的一个振荡信号一起送入变频管内进行“混合”(混频)，混频后在变频级负载回路产生一个新的频率(465 kHz)，然后通过中放、检波、低放、功放后，推动扬声器发声。

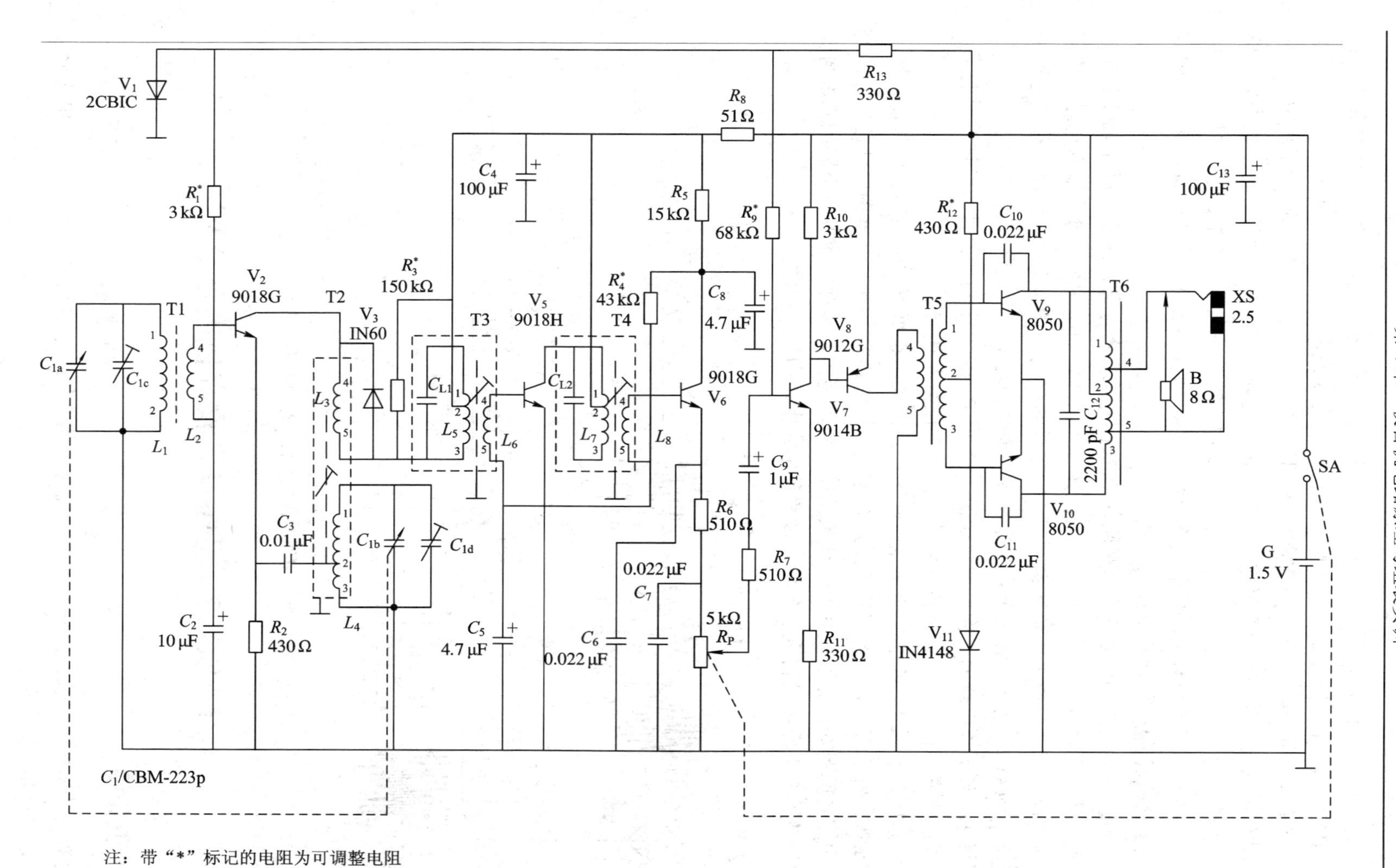

注：带"*"标记的电阻为可调整电阻

图 4-20　SD925 中波段七管超外差式收音机电路原理图

(2) 找出通路。指找出信号流向的通路。通常，头在左方、尾在右方。信号传输枢纽是有源器件，即晶体管核心器件。所以可按它们的连接关系来找，从左向右看过去，此电路的核心器件为 V_2(变频管)、V_5(中放管)、V_6(检波管)、V_7 与 V_8(低放管)、V_9 与 V_{10}(功放管)，因此信号流向是从 V_2 的基极输入、经过振荡变频后产生中频信号，再经过中放，然后由检波器把中频信号变成音频信号，最后经低放、功放后送至扬声器。通路找出后，电路主要组成部分可清楚地看出，整个电路分别以 V_2、V_6 为界分成三部分。即变频级、中放级(包括检波)和低放级(包括输出)。

(3) 化整为零。整个收音机的电路原理图按上面所述分为三大部分，每部分可细分成单元电路，从而可得到每部分的构成，分析其工作原理。如变频级可分为输入电路、调谐电路、振荡电路、混频放大电路和选频网络；中放级分为中频调谐放大电路、检波电路和自动增益控制(AGC)电路；低放级分为前置放大电路、功率放大电路和扬声器电路等。(后面我们将详细分析各电路的工作原理。)在细分过程中，如有个别元器件或原理难以明了，可放在以后研究，在此，只分析各部分及元器件的联系及作用。

(4) 统观整体。即将各部分的功能用框图表示出来，在框图中注明功能、传输特性、信号波形等，然后根据它们之间的关系进行连接，如图 4-21 所示。从框图中就可以分析出各单元电路之间是如何相互联系、配合来实现电路功能的，至此，收音机电路的基本情况就大致清楚了。下面我们将重点分析各级和各单元电路的工作原理。

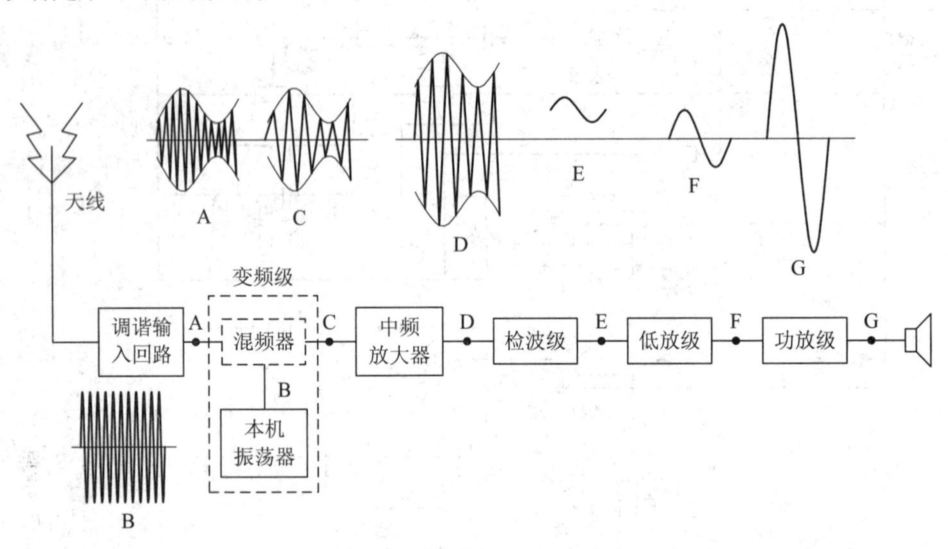

图 4-21　超外差式收音机原理框图及波形

4.3　SD925 超外差式收音机电路分析

4.3.1　变频级

变频级是超外差收音机的核心部分，相对于其他各级电路来说复杂一些。其电路分为输入调谐电路和变频电路。

1．输入调谐电路

电路作用：选出所要收听的电台广播。

元器件构成：电路由 T_1 的 L_1(初级线圈)、C_{1a}、C_{1c} 等元器件组成，C_{1a} 为双联可变电容的调谐联；C_{1c} 为其补偿电容(有关双联可变电容可参看图 2-67 的介绍)。T_1 为磁性天线(简称磁棒)，L_1、L_2 是套在磁棒上的线圈。

工作原理：C_{1a}、C_{1c}、L_1 组成串联谐振电路，如图 4-22 所示。当某一电台信号的频率与谐振电路的固有频率一致时，电路产生谐振，该频率的电台信号就会在 L_1 两端产生高电动势而被选出，而其他频率的信号被衰减。假设在接收频段内，有频率为 f_1、f_2、f_3、f_4 的 4 个电台信号都被磁棒所接收，则天线线圈 L_1 就产生相应的感应电动势 e_1、e_2、e_3、e_4，如图 4-23 所示。

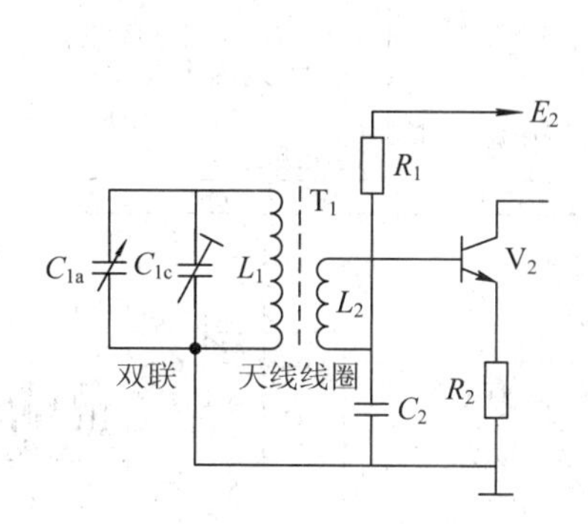

图 4-22　输入调谐电路

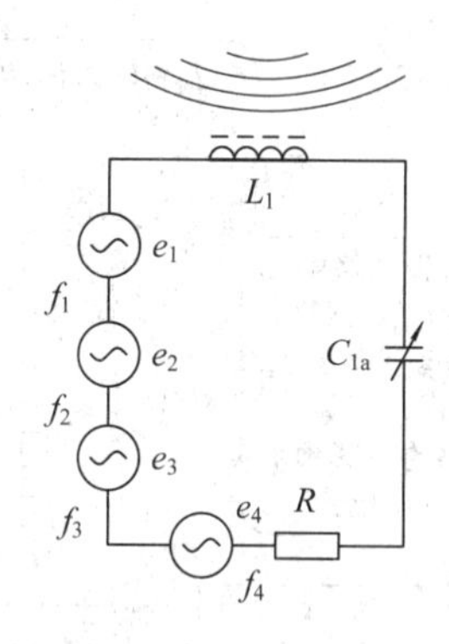

图 4-23　调谐电台

在输入电路中，L_1 是固定的，C_{1a} 是连续可变的，当旋转 C_{1a}(调整容量)时，输入电路的固有频率随 C_{1a} 的变化而变化。如果要收听频率为 f_2 的电台广播，只需旋转 C_{1a}，便可找到一个位置，使输入电路的固有频率与电台信号频率 f_2 相等，即输入电路调谐(谐振)在频率 f_2 上。这时，输入电路中 e_2 产生的电动势最大，而 e_1、e_3、e_4 因为失谐，电动势很小，从而选择出 f_2 为需收听电台信号。同理，旋转 C_{1a} 也可择出接收波段内的其他电台。选出的信号经 L_1 耦合给 L_2，加至变频管 V_2 的基极。

2．变频电路

电路作用：将不同电台的不相同的高频载波信号变换为 465 kHz 的载波中频信号，但只允许变换载波频率，不允许变换该频率承载的信号。

元器件构成：电路由 T_1 的次级线圈 L_2、V_2、R_1、R_2、C_2、C_3、C_{1b}、C_{1d}、V_3、T_2 的初次级线圈等元器件组成。其中 V_2 为变频管，是本电路的核心器件，兼有振荡、混频两种作用。V_2 的直流工作点由 R_1、R_2 决定，双联电容的振荡联(本振电容)C_{1b}、补偿电容 C_{1d} 和本振线圈 T_2 的次级(L_4)组成本机振荡电路，C_2 为高频旁路电容，C_3 为本振耦合电容。

工作原理：变频电路包含本机振荡电路、混频电路和选频电路三个单元电路。振荡线圈 T_2(红色)实际上是一个高频变压器(简称中振)，其次级线圈和 C_{1b}、C_{1d} 组成的本振回路决定了本机振荡频率。它是可调谐的 LC 振荡电路。从 L_4 的抽头取出本振信号 f_r，并通过 C_3 注入 V_2 管的发射极形成一个共基极放大电路。同时依靠 T_2 的 L_3、L_4 的正反馈作用，使振荡增强，当反馈信号增大到一定程度，T_2 工作在非线性区时，振荡幅度受到限制，达到平衡，从而产生稳定振幅的高频振荡信号。

输入回路送来的电台广播信号 f_c 经 C_{1a}、C_{1c}、L_1 谐振选频后，通过 L_1、L_2 耦合送入 V_2 的基极。同时，本机振荡信号 f_r 通过 C_3 注入 V_2 的发射极。f_c、f_r 两信号在 V_2 中混频、放大后在 V_2 的集电极将产生 f_c、f_r、f_r+f_c、f_r-f_c 等多种频率的信号，这些信号被送到中频选频电路从中选出。$f_r-f_c=465$ kHz 为所需中频信号。中频选频是由中频变压器 T_3 完成的，它利用了 LC 电路的选频特性，其中 T_3 初级线圈(L_3)和谐振电容(C_{L1})组成并联谐振电路，谐振频率为 465 kHz，将中频信号 465 kHz 选出，并送入中放电路进行放大。需要说明的是，V_2 变频管必须工作在非线性区内，否则，将无法产生差频信号，不能完成变频工作。输入电路与变频电路原理详解如图 4-24 所示。

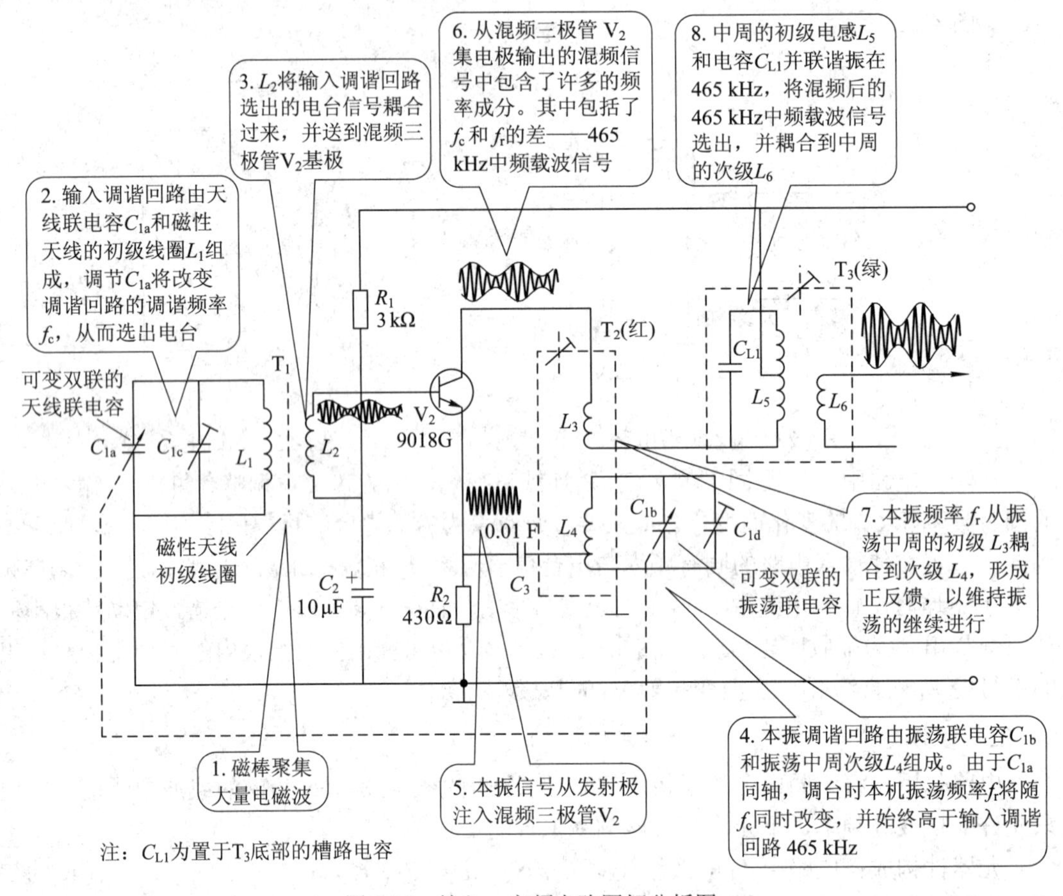

图 4-24　输入、变频电路图解分析图

4.3.2　中放级

中放级包括中频放大电路及检波电路，也是超外差式收音机极为重要的电路，收音机的整机灵敏度、选择性及自动增益控制的好坏主要在中放级。在 SD925 收音机电路中，中放级与检波级联系比较紧密，故一并进行分析。

1. 中频放大电路

电路作用：对变频电路送入的中频调幅信号进行放大和选频。

元器件构成：中放电路包含 T_3 的次级线圈(L_6)、V_5、C_5、R_4、T_4 等元器件。其中 V_5 为中频放大管，R_4 为 V_5 提供偏置，C_5 为旁路电容，T_4 是中频变压器，为中放负载，其初级线圈(L_7)和与之并联的电容(置于中周底部的槽路电容 C_{L2})组成 LC 调谐回路，只允许 465 kHz 中频信号通过。

工作原理：中频放大电路实际上是一个 LC 调谐放大器，如图 4-25(a)所示。中周 T_4 是中放管 V_5 的集电极负载。L_7 和 C_{L2} 组成并联谐振回路，调节 T_4 的磁帽可改变其电感量，使 LC 谐振频率准确地调整在 465 kHz 上，从而使放大器对 465 kHz 中频载波信号的放大倍数最大，同时抑制其他频率信号，进一步提高收音机的选择性。放大电路的通频带如图 4-26 所示。经过中放的中频信号由 T_4 的次级(L_8)耦合到检波管 V_6 的基极。中周 T_4 的另一个任务是阻抗变换，提高增益，其初级抽头的位置和次级圈数正是由阻抗匹配的要求来确定的。

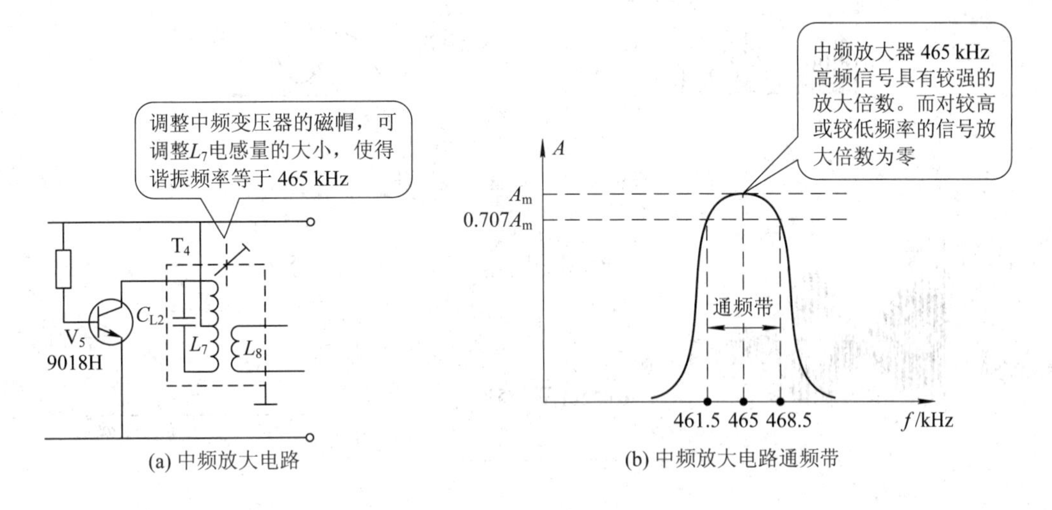

(a) 中频放大电路　　(b) 中频放大电路通频带

图 4-25　中频放大电路及通频带

2. 检波电路

电路作用：从调幅的中频信号中检出所需要的音频信号。

元器件构成：核心器件为 V_6 检波管，及电容 C_6、C_7、C_8，电阻 R_5、R_6 等元器件。

工作原理：检波器解调音频信号的过程可分两步，① 用 PN 结单向导电特性去除调幅波半周；② 利用滤波电容去掉中频 465 kHz 的成分而保留包络线。该包络线即为音频信号。如图 4-26 所示。

SD925 超外差式收音机采用了三极管 V_6 的发射结作检波，如图 4-27(a)所示为其检波电路。中频 465 kHz 调幅信号从 V_6 基极送入，从发射极取出。由于 V_6 的静态偏置为临界截止设置，使得调幅信号的负半周全部进入三极管截止区，发射极只有正半周的电信号输出，波形分析如图 4-27(b)所示。然后通过 R_6、C_6、C_7 组成的 Π 形滤波器将 465 kHz 的载波滤掉，就可获得音频信号。音频信号由 R_p 中心抽头、隔直耦合电容 C_9 送往音频放大器。由于三极管 V_6 具有放大作用，能够把检波与放大适当地结合起来，故使电路的功率损失大为减少，提高了整机增益。检波用三极管必须是高频管。

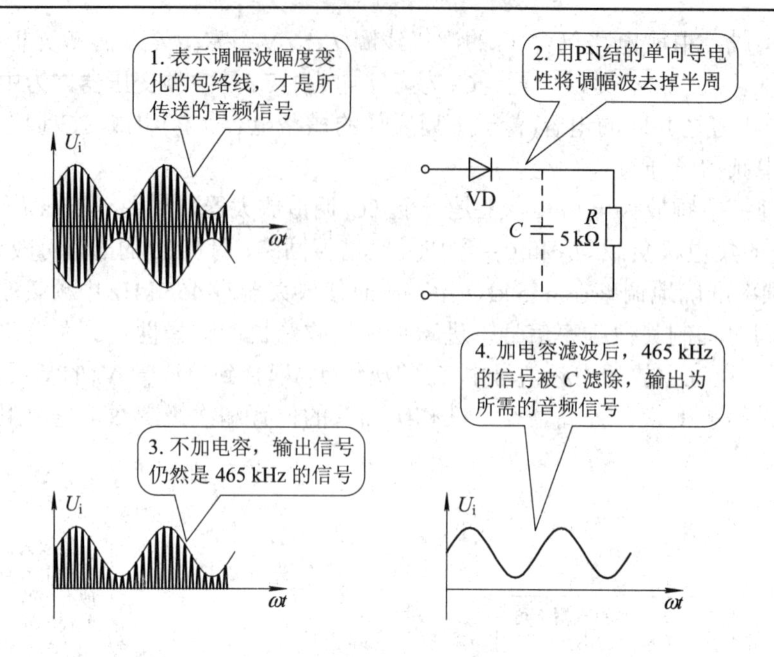

图 4-26　二极管检波原理

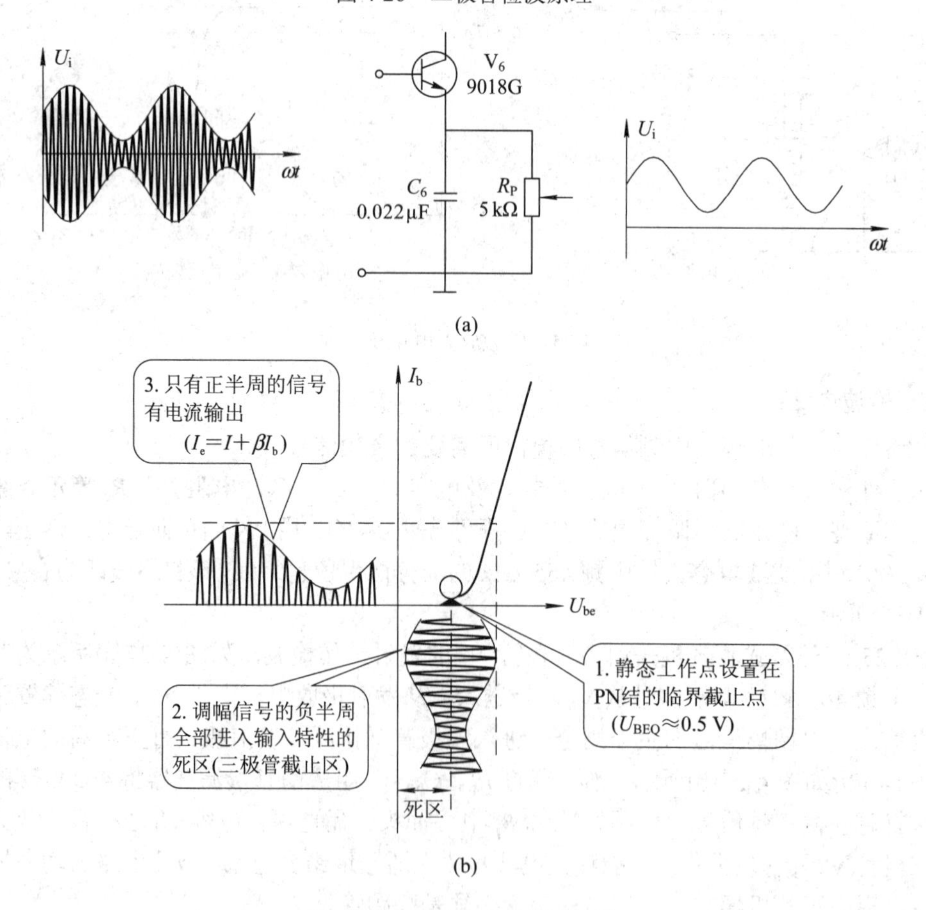

图 4-27　三极管 be 结构的检波

3. 自动增益控制(AGC)

电路作用：根据收到的广播电台信号的强弱，自动调节收音机中放电路的增益，从而保证输出音量的稳定。

元器件构成：AGC 电路是中放电路与检波电路中的部分元器件共同构成的，其中包括 V_5、V_6、R_5、R_4、C_8、C_5 等。

工作原理：参看电路原理图 4-20 的中放与检波电路。AGC 的过程是：中放管(V_5)、检波管(V_6)共用一个偏置电阻 R_4，当无信号或信号强度没有变化时，V_5、V_6 的基极电位，即 A 点电位没有变化。当外来信号增强时，A 点电位升高，V_6 集电极电流增大，因 R_5 为 V_6 的集电极电阻，故 V_6 的集电极电位即 C 点电位将降低。由于偏置电阻 R_4 的作用，B 点与 A 点的电位将随之降低，最终控制了 V_5 基极电位的升高，减小信号的放大倍数，达到了自动增益控制的目的。AGC 控制电路分析如图 4-28 所示，图中 C_5、R_4、C_8 组成的Π型滤波器，滤去 AGC 控制信号中的 465 kHz 高频及音频低频部分。AGC 控制过程如图 4-29 所示。

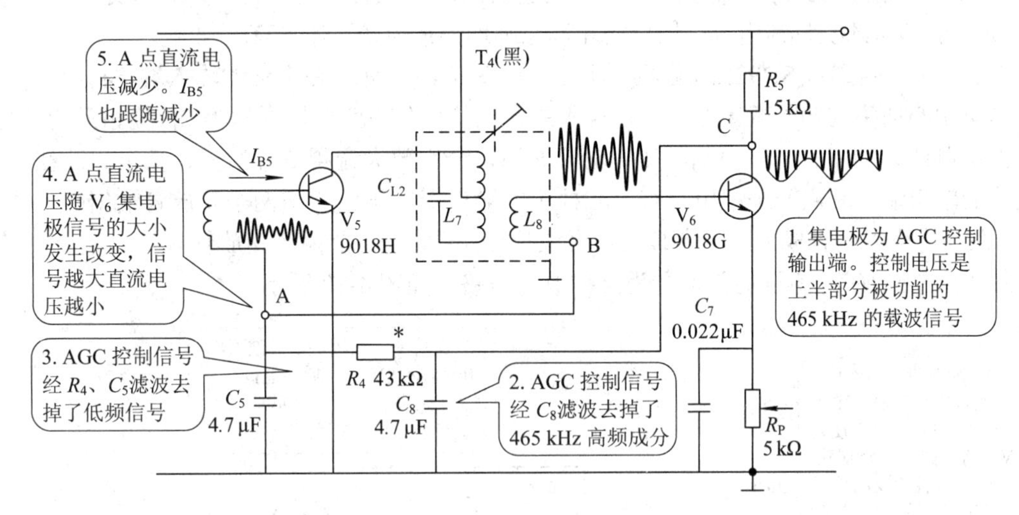

图 4-28　AGC 控制电路分析图

信号↑ ——→ I_{C6}↑ ——→ U_C↓ ——→ U_A↓ ——→ I_{B5}↓ ——→ A_V↓ ——→ 音量减小↓

(声音变大)　(V_6 集电极电流)　(C 点电压)　(A 点电压)　(V_5 基极电流)　(三极管放大倍数)

图 4-29　AGC 控制过程分析

4.3.3　低放级

低放级包括前置放大电路及音频功率放大电路，其作用是对音频信号进行功率放大，从而推动扬声器还原声音。要求该级输出功率大、频率响应宽、效率高，并且非线性失真小。

1. 前置放大电路

电路作用：将检波电路送来的音频信号进行电压放大，为功率放大电路提供足够幅度的信号电压。

元器件构成：电路由 V_7、V_8 两只前置放大管及 R_9、R_{10}、R_{11}、C_9、T_5 组成。其中 R_9

为 V_7 的偏置电阻；C_9 为输入耦合电容；T_5 是音频输入变压器，是 V_8 的负载。

工作原理：SD925 收音机的前置放大电路是由 V_7、V_8 构成的两级直接耦合电压放大器，参看电路原理图 4-20。它们的偏置是相互牵制的，并采用直流负反馈稳定其静态工作点。R_{10} 既是 V_7 的集电极电阻，也是 V_8 的基极偏置电阻，R_{11} 是 V_7 发射负反馈电阻，R_9 是级间负反馈电阻，也是 V_7 的基极偏置电阻，改变 R_9 可调整 V_7、V_8 的直流工作点。C_9 耦合来的音频信号，经 V_7、V_8 两只三极管组成的电压放大器进行音频电压放大后，送到输入变压器 T_5 的初级并耦合到功放级。通过 T_5 可改善阻抗匹配，从而提高前置放大器的工作效率，激励功率放大电路输出足够的功率。两级直接耦合电压放大电路有较高的增益设置。

2．音频功率放大电路

电路作用：把前置放大电路送来的音频信号进行功率放大，推动扬声器还原声音。

元器件构成：由 V_9、V_{10} 组成推挽放大电路；R_{12} 为其偏置电阻；T_6 为输出变压器；C_{10}、C_{11} 是 V_9、V_{10} 的负反馈电容，用以防止高频啸叫；B 为扬声器(8 Ω)。

工作原理：参看 SD925 收音机原理图，如图 4-20 所示。在电路的输入端，利用二次绕组具有中心抽头的输入变压器 T_5，将输入的音频信号分为两个幅度相等，相位相反的信号，分别控制两只功率管 V_9、V_{10}，使其轮流导通，分别放大音频信号的正、负半周。在功放电路的输出端，利用一个绕组具有中心抽头的输出变压器 T_6，将两个功放管输出的半周信号，在二次绕组中合成为一个完整的信号波形。由于此电路的两个功放管 V_5、V_6 轮流工作，犹如“一推一挽”，所以通常称之为推挽放大电路。如图 4-30 所示。

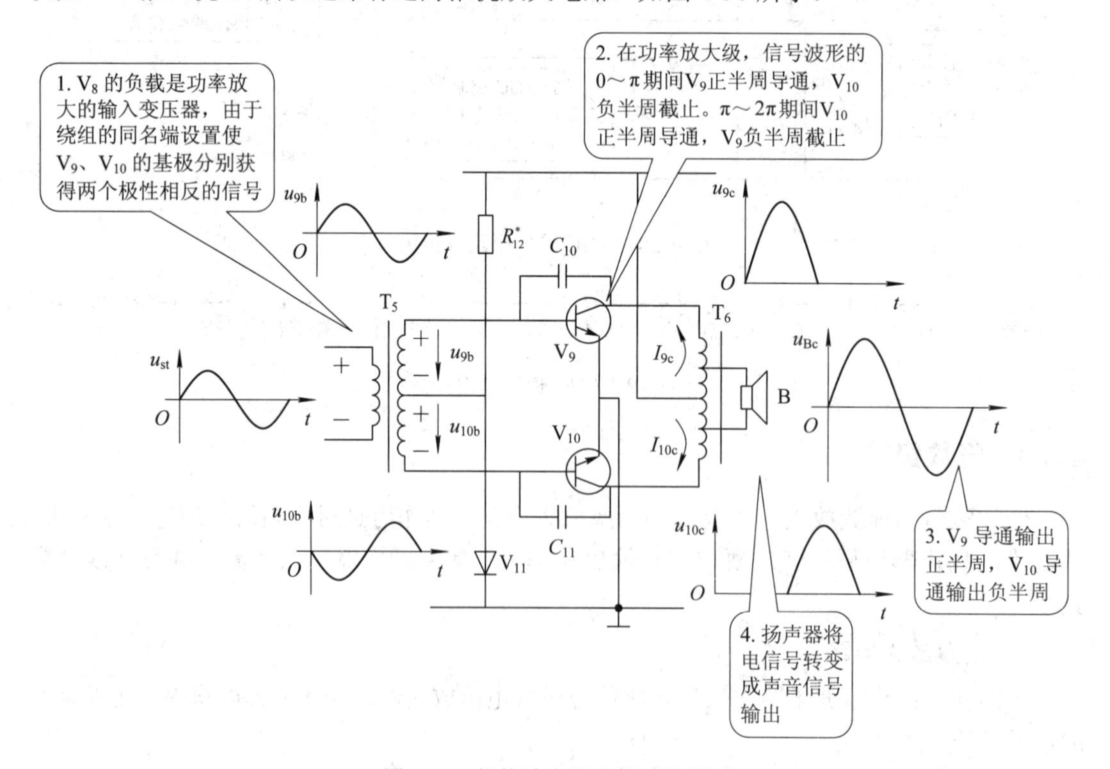

图 4-30　推挽放大器及波形分析图

4.3.4 电源退耦电路

电路作用：在由多级放大器组成的电路中，电源退耦电路是必须设置的公共服务电路。其作用是防止各级放大电路的交流信号通过电源内阻而产生正反馈，引起自激啸叫。

元器件构成：由退耦电阻 R_{13}、R_8 及退耦电容 C_4、C_{13} 组成。

工作原理：任何电源均有一定的内阻，电源的内阻 r 与电源电压 e 是串联在一起的。当使用干电池作为电源时，电池电阻 r 会随电压 e 减小而增大，各级放大器的交流信号电流都将通过电源的内阻而产生电压降。各级电路之间就会产生“交连”，即正反馈。如图 4-31 所示。高频信号的正反馈将产生高频自激啸叫；低频信号的正反馈将产生低频自激“嘟、嘟”的汽船声，使收音机不能正常工作。在收音机电路中增加退耦电容，即在电源正极与地之间加入电容，可使高频信号电流通过 C_4 入地而形成回路。C_{13} 可使低频信号电流入地而形成回路。R_8 是隔离电阻(也叫退耦电阻)，它安装在 C_4 与 C_{13} 之间，起隔离及阻尼作用，以使高频信号和低频信号各行其道，分别通过各自的退耦电容形成回路，不会相互串扰。

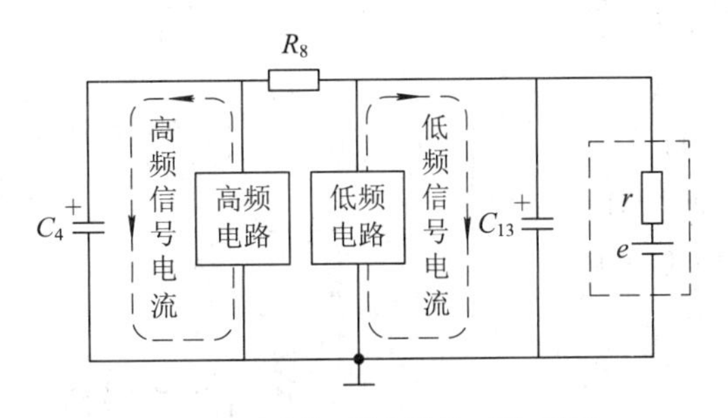

图 4-31　电源退耦电路的工作原理

4.4 SD925 超外差式收音机的组装

电子产品的装配是电子工艺实训中的一项重要训练内容，通过完成产品的焊接、整机组装，对学生进行电子组装工艺的综合能力训练。收音机的电路结构、产品大小、元器件种类非常适合工艺训练，故在本次实训中选用 SD925 中波段调幅超外差式收音机，该收音机采用贴片元器件与分立元器件混装工艺组装而成，同学们通过实践，了解现代电子产品的组装工艺，熟悉印制电路板表面贴装(SMT)生产方式，学会 SMT 手工贴装及分立元器件识别和安装方法，掌握电子产品——收音机整机装配技能。

4.4.1 装配前的准备

在动手组装收音机之前的准备，主要有以下几点：

(1) 手工锡焊实训。要经过手工焊接的基础训练，相关知识可参看第 1 章 1.3～1.5 节有关内容。掌握电子焊接的基本知识，包括元器件的整形、镀锡及拆焊等。

(2) 熟悉图纸及组装文件。要了解所组装产品的各类图纸及文件，熟悉组装的主要安装流程和工艺、图纸包括收音机电路原理图，图 4-20 所示为收音机电路原理图，图 4-32 为印制电路板装配图，收音机元器件清单见表 4-4，本次实训流程如图 4-33 所示。

表 4-4　收音机元器件清单

序号	名称型号	数量
1	小功率三极管： 9018G(2 只)　9018H(1 只) 9014B(1 只)　9012G(1 只) 8050(贴片 2 只)	7 只
2	二极管： 1N60(可用 2AP9 代)(1 只) 1N4148(贴片 1 只) 2CB1C(用 9018H 的 be 结)(1 只)	3 只
3	电阻(其中贴片 12 只)	13 只
4	电容器： ① 电解电容器(6 只) 1 μF(1 只)　4.7 μF(2 只) 10 μF(1 只)　100 μF(2 只) ② 贴片电容器(6 只) 0.022 μF(223)(4 只) 0.01 μF(103)(1 只) 2200 pF(222)(1 只)	12 只
5	223P 双联	1 只
6	短路线 8 mm	1 根
7	中周： T2 中振(74 号)红色(1 只) T3 中周(349C)绿色(1 只) T4 中周(125C)黑色(1 只)	3 只
8	电位器 WH15-K2-5 kΩ	1 只
9	变压器： T_5 输入变压器(兰或绿色)(1 只) T_6 输出变压器(红或黄色)(1 只)	2 只
10	磁棒 B5 × 13 × 55	1 根
11	磁棒线圈	1 只
12	外磁扬声器(喇叭) YD0.5-571-8 Ω 或 YD0.5-571-4Ω	1 只
13	插孔 CKK-2.5	1 只
14	商标	1 张
15	扁锦纶丝带	1 根
16	磁棒架	2 只
17	塑料导线： 正极线(红色)(1 根) 负极线(黑色)(1 根) 喇叭线　　(2 根)	4 根
18	螺钉： M1.5 × 6(电位盘)(1 颗) M2.5 × 4(固定双联)(2 颗) M2.5 × 5(调谐盘)(1 颗)	4 颗
19	电池正极片	1 只
20	负极弹簧	1 只
21	指针(红色)	1 根
22	喇叭纸圈	1 只
23	频率板(PVC)	1 块
24	面框(前盖)	1 块
25	后盖	1 块
26	调谐旋钮	1 只
27	电位器旋钮	1 只
28	印刷电路板	1 块
29	说明书	1 份

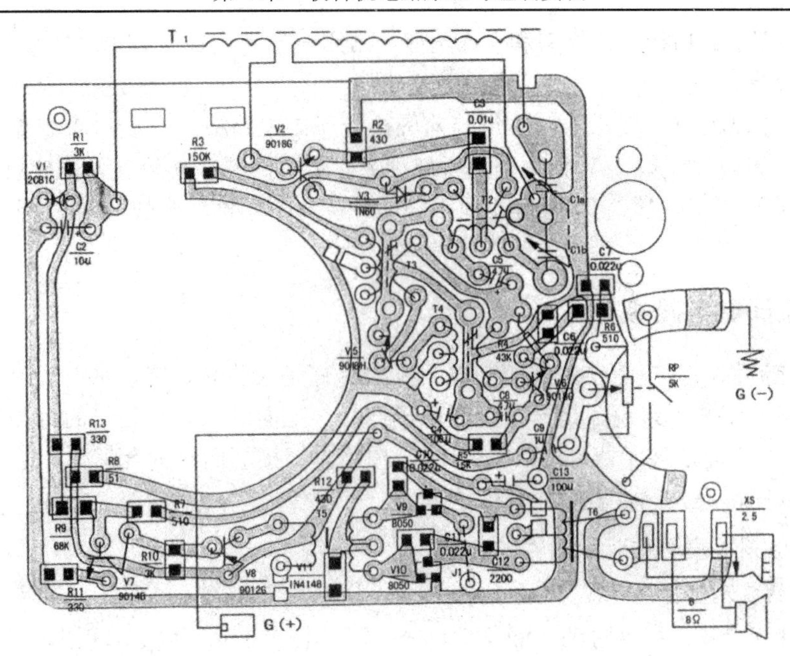

图 4-32　SD925 收音机印制电路板装配图

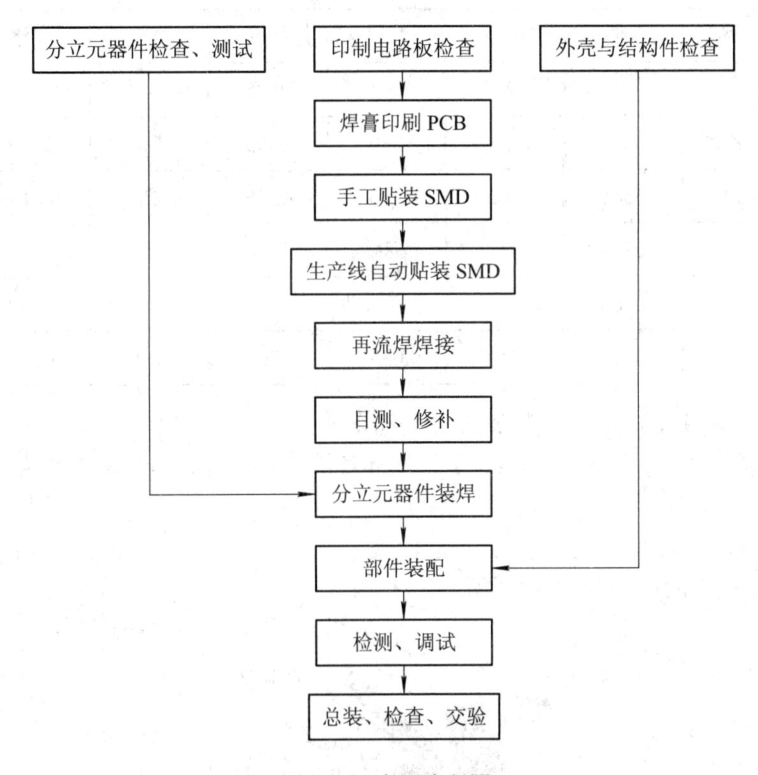

图 4-33　实训流程图

(3) 清点、检测元器件及套件。将所有元器件按照材料单逐个清点后，利用万用表进行测试，确保每个元器件合格。检测方法参见第 2 章 2.5 节相关内容。

(4) 准备工具与仪表。手工组装收音机等小型电子产品常用的工具有电烙铁(20～35 W)

及烙铁架、镊子、偏口钳、螺丝刀和台布一张，常用仪表为指针式万用表或数字式万用表、直流稳压电源等。

(5) 检查印制板与处理元器件。组装前应检查印制电路板，主要检查焊盘是否氧化、孔位正确否；印刷导线有无毛刺短路、断裂现象；定位凹槽、安装孔及固定孔是否齐全。将所有元器件端子的漆膜、氧化膜处理干净(如端子未氧化可省去此项)，然后进行整形处理。

4.4.2 焊接印制电路板

依据工艺流程，首先需要完成印制电路板上所有元器件的焊接。本次实习所组装的收音机，按照生产工艺上来说，是一个混装电子产品。上面既有手工焊接的直插分立式元器件(THC)，也有表面贴装元器件(SMC/SMD)。按照先焊接短而小的元器件，后组装大而高的元器件的顺序，应先进行表贴元器件的焊装。

1. 印制电路板表面贴装元器件的装贴

1) 手工贴装元器件

根据电路板设计，SD925 收音机上共有 21 个贴片元器件，如表 4-5 所示。

表 4-5 SD925 中贴片元器件

位号	规格	封装形式	位号	规格	封装形式	位号	规格	封装形式
电阻器件			R_8	51	0805	C_{10}、C_{11}	0.022 μ	0805
R_1、R_{10}	3K	0805	R_{11}、R_{13}	330	0805	C_{12}	2200	0805
R_2、R_{12}	430	0805	R_6	510	1206	C_3	0.01 μ	1206
R_3	150K	0805	R_9	68K	1206	二、三极管		
R_5	15K	0805	电容器件			V_{11}	1N4148	SOD-123
R_7	510	0805	C_6、C_7	0.033 μ	0805	V_9、V_{10}	0805	SOT-23

其中手工贴装 4 个，用设备贴装其余 17 个：

本书在第 6 章 6.3.3 节 SMC/SMD 手工制作方法进行了重点介绍，可作为实训指导。手工贴装工序如下：

(1) 手工锡膏印刷。

① 锡膏印刷机的准备如图 4-34 所示。

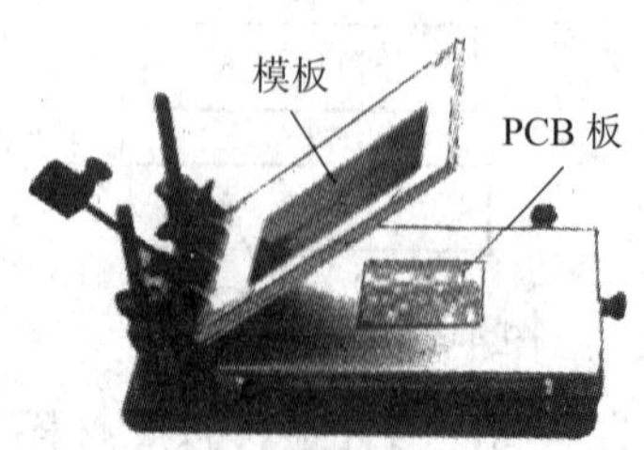

图 4-34 手工锡膏印制机

② 锡膏印刷的方法与步骤如图 4-35 所示。

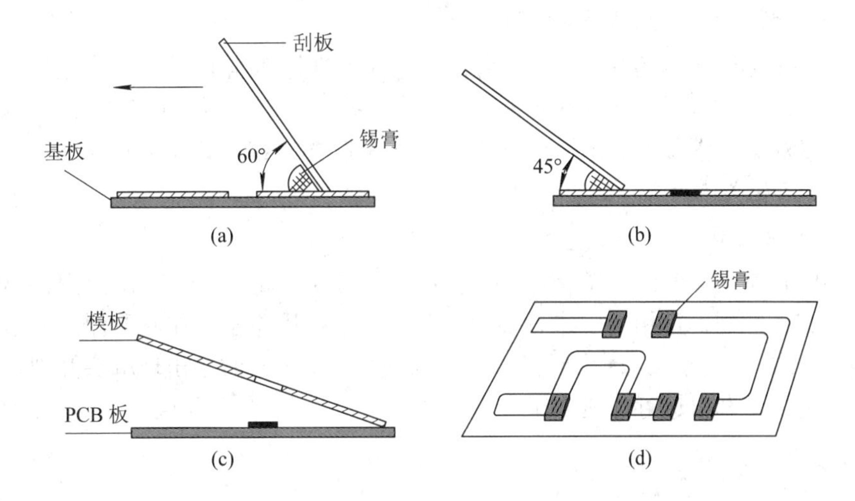

图 4-35　手工锡膏印刷示意图

(2) 贴装元器件。用真空吸笔或镊子手工将贴片元器件按要求粘贴到印制电路板对应的焊盘上，贴装方法如图 4-36(a)所示。手工贴装元器件位置如图 4-36(b)所示。

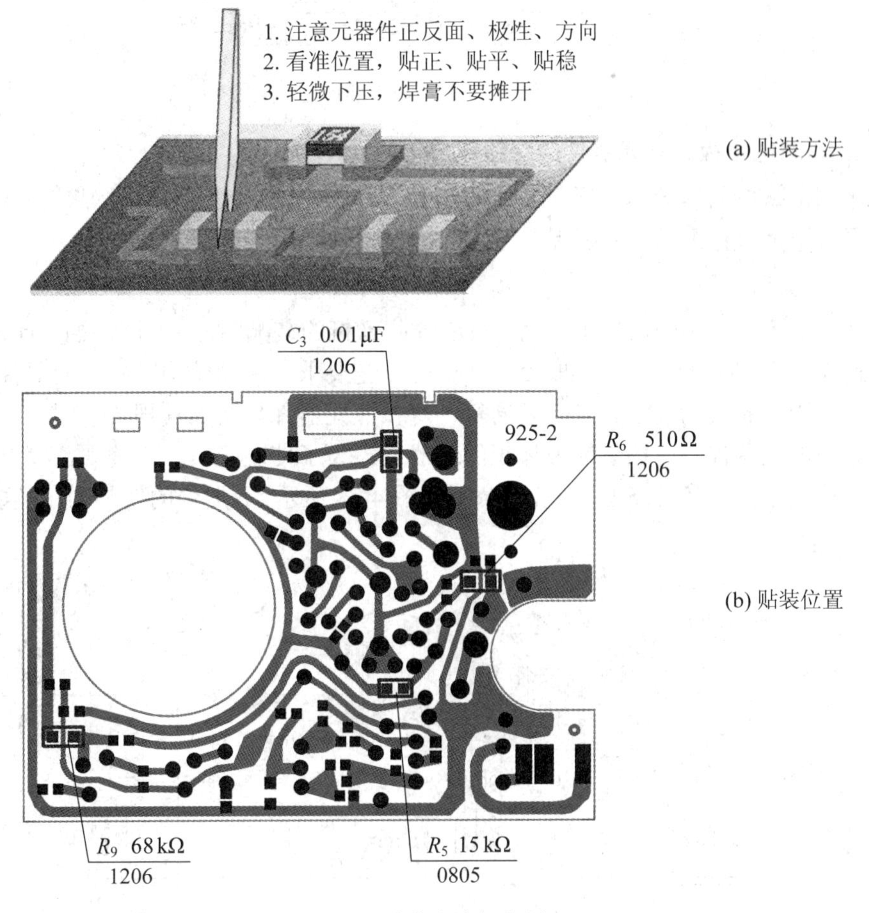

图 4-36　手工贴装方法与位置

2) 用自动贴片机贴装与焊接元器件

在完成手工锡膏印刷的基础上，可用自动贴片机进行其他 17 个元器件的贴装，贴片机为三星 CP45。贴装完成直接进入生产线下一个工序——再流焊接。再流焊机为 7 温区焊机，同学们应注意观察，掌握其基本操作方法。SMT 整体生产线及设备的相关知识，请参看本书第 6 章 6.4 节相关内容。

3) 检查贴装质量

完成了所有贴装、焊接工作后，应检查元器件贴装质量，察看有无元器件脱焊、虚焊、连焊现象。若有脱焊，可用手工进行补焊。补焊方法：用镊子夹住元器件，用烙铁进行纠正、补锡，如图 4-37 所示。因为元器件经过高温焊接后，有时会出现端头开裂现象，可用万用表对其阻值、容量进行在线测量。

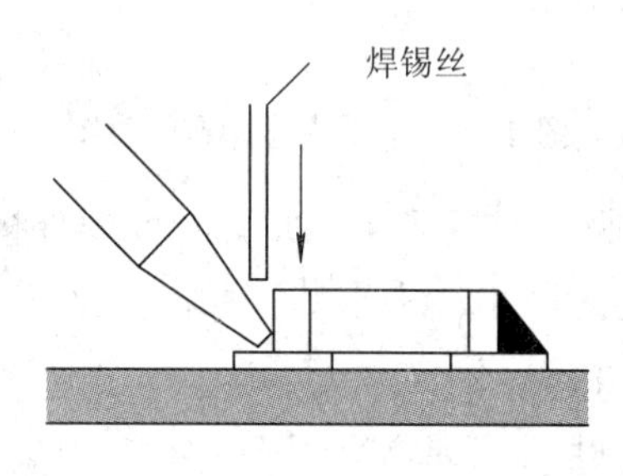

图 4-37　补焊

2. 印制电路板分立元器件的焊接

印制电路板的焊接是保证产品质量的关键，为避免焊接中出现虚焊、桥接等不合格焊点。焊接中力求仔细认真，要焊一个焊点，合格一个焊点。

1) 插装元器件

插件是手工焊接的第一步，按照 SD925 收音机的装配图，将元器件插在印制电路板上。收音机属于小型电子产品，一般没有严格的工艺要求，因其结构紧凑，元器件大都采用立式安装，距印制板的高度、安装方向等，均按照元器件焊接的常规要求即可。插件时可先插装矮小的元器件，再插装较大体积的元器件。为了使装配紧凑、美观，可以中周的高度作为其他元器件的参考高度，安装示意图如图 4-38 所示。元器件的安装顺序及要点如表 4-6 所示。

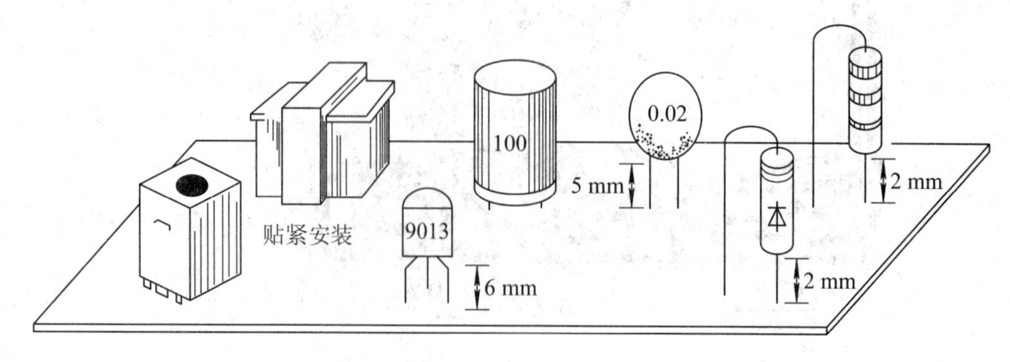

图 4-38　安装示意图

表 4-6　元器件的安装顺序及要点(分类安装)

序号	内　容	注 意 要 点
1	安装 T_2、T_3、T_4	中周；中周要求按到底；外壳固定支脚内弯90°，要求焊上，注意T_2、T_3、T_4各自位置不可装错
2	安装 T_5、T_6	引线固定；经辅导教师检查后可以先焊，注意T_5、T_6不可装错
3	安装全部三极管 V	EBC；注意型号、极性及安装高度、各自安装位置
4	安装 R_4、V_1、V_3	2；≤13；注意 V_1、V_3 型号和极性；R_4 色环、方向及安装高度
5	安装全部电解电容 C	标记向外；＋；－；极性；注意高度 <13

2) 手工焊接

元器件插装后可进行焊接，焊接前要对插入印制板上的元器件再次进行检查，确保元器件位置、极性正确后，方可实施焊接。需特别指出的，焊接时不要将所有元器件全部插装完后再进行焊接，因为焊接面密集的元器件引脚，将会影响元器件的检查及焊点的质量。正确的做法是：分类进行插装，插装一部分，检查一部分，焊接一部分，发现问题要及时纠正。

4.4.3　收音机整机组装

组装是焊装电子产品的最后一道工序，印制电路板与外界的连线，结构件、机械件及注塑件的安装固定都在组装中进行。

1. 磁棒架与双联的安装

将磁棒支架插入印制板支架固定孔，在焊接面用电烙铁融化支架伸出部分，并压紧固定。套入天线线圈的磁棒插入磁棒支架，按原理图焊好天线的初次级，如图 4-39 所示。注意：天线线圈的 4 个端头不得剪掉(短)。

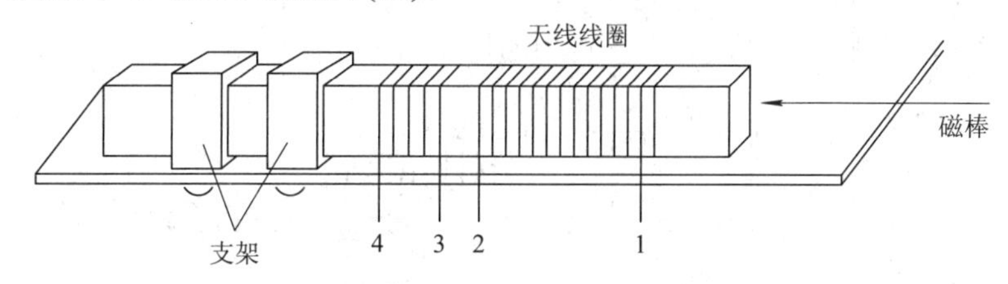

图 4-39　磁棒安装示意图

元件面上装入双联，用 2 只 2.5 × 5 螺钉固定，并将双联引脚伸出电路板部分，弯脚后焊牢。装调谐盘及安装指针，如图 4-40 所示，用螺钉紧固，注意指示方向。

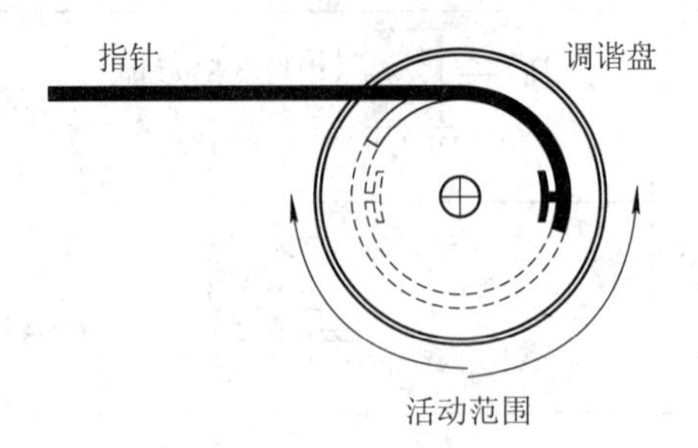

图 4-40　指针安装示意图

2．电位器、电池夹及喇叭的安装

将喇叭放入机壳指定位置，并将其压入卡住，视需要用烙铁热铆四只固定塑料片，按电路图接入喇叭线并焊牢。最后套入牛皮纸垫圈。

电池夹正极片与负极弹簧插入机壳对应位置，焊上电池引线(红线为正极、黑线为负极)并焊入印制板相应位置，如图 4-41 所示。

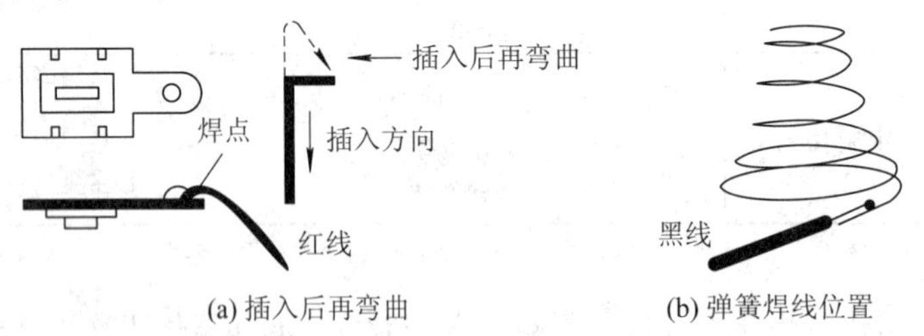

(a) 插入后再弯曲　(b) 弹簧焊线位置

图 4-41　电池极片、弹簧安装示意图

将电位器焊接在电路板指定位置，把电位器拨盘装在电位器上，用 M1.7 × 4 螺钉固定。注意：电位器在安装时要紧贴电路板的圆弧，不得有缝隙。

3．机壳总装

将组装完毕的机芯装入机壳，一定要到位，如图 4-42(a)所示。将频率板反面贴上双面胶，去掉保护纸，然后贴于机壳前框，注意要贴装到位，并撕去频率板上面的保护膜。最后盖上后盖既完成收音机的整机组装。图 4-42 为 SD925 收音机机芯安装示意图。

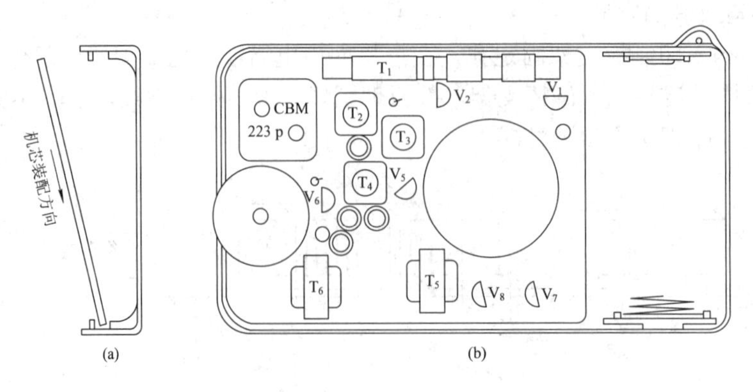

图 4-42　机芯安装示意图

4.4.4 收音机整机装配评价

收音机整机装配的评价如表 4-7 所示。

表 4-7　收音机整机装配评价表　　(满分 100 分)

项目	评分标准	标准分	得分
SMT 焊接	锡膏印刷定位准确、锡量均匀 手工贴装元器件无误，焊接无立片现象，自动贴装规范，整个过程中锡膏无人为刮蹭现象	20 分	
手工焊接	焊点光滑、无毛刺、无虚焊、无脏物 印制板焊盘无脱落、元器件无损坏，塑料件、机壳、塑料线无烫伤 直插式元器件引脚长度 1～20 cm 且剪切整齐，焊点进行清洁处理	30 分	
电路板装配	元器件引脚成形符合规范要求 元器件插装位置正确、无错插，装配形式符合要求、标称值可读 引线长度适宜、不松动、无错焊，所有焊点焊接良好、光滑、焊料适中，拨盘灵活、指针指示正确、磁棒架不松动	30 分	
整机总装	对所有元器件能准确识读、焊装无误 总装规范，一次成功、效果良好 元器件排列整齐、合理、美观	20 分	
合计		100 分	

第 5 章　整机检测技术与调试实训

收音机及各类电子整机产品经装配准备、部件装配、整机组装后，都需要进行调试，使产品达到设计文件所规定的技术指标及功能。电子产品的调试与检测是电子产品生产过程中不可缺少的一个重要环节，也是电子产品组装与调试实训课程需重点掌握的内容。通过本章学习及实践同学们应了解、掌握以下内容：

(1) 了解调试对象的各个部分和整机的电路工作原理和调试原理，掌握其性能指标和使用条件。

(2) 正确、合理地选择和使用测试仪器和仪表，学会整机检测方法和数据处理方法，并做好记录。

(3) 利用原理图、装配图及检测数据和波形，掌握查找和排除故障的基本技能。

(4) 学会如何合理地组织安排调试工序，了解安全操作规程，保证调试人员和调试产品的安全，避免触电和损坏仪器。

5.1　电子产品整机调试工作内容

由于电子产品是由许多元器件构成，其性能参数存在很大的离散性，加之产品设计的近似性以及生产组装过程中随机因素的影响，使电子产品组装后在性能指标上有较大差异，通常达不到设计规定的功能和性能指标，需要通过调试与检测使之达到预定的要求。另外，电子线路在研发、生产及使用过程中会出现各种电路故障，也需经过测试查出故障原因，加以排除。

5.1.1　调试的内容与步骤

电子产品的调试工作包括调整和测试两部分。

(1) 调整：主要是对电路参数的调整，即通过对整机内可调元器件(如可变电阻器、电位器、微调电容器、可调电感线圈等)的调整，使静态电流、动态特性等技术指标，达到设计要求。

(2) 测试：主要是对电路的各项技术指标用符合规定精度的测量仪器仪表进行测试与试验，并与设计的性能指标进行比较，判定电路有无故障，是否合格。

调整与测试是相互依赖又相互补充的，在实际工作中，两者是一项工作的两个方面，测试、调整、再测试、再调整，直到电路实现设计指标为止。特别是在科研工作和产品开发研制工作中始终离不开调试检测工作，产品技术方案确定之后，调试和检测就是决定性的因素。

1. 调试内容

调整、测试工作的主要内容有以下几点：

(1) 根据国家或企业颁布的标准，明确产品调试的具体内容，需达到的指标及功能要求。

(2) 正确合理地选择和使用各种测量仪器、工具及专用测试设备等。

(3) 按照调试工艺对各单元电路板、整机进行调整和测试。

(4) 对调试与检测数据进行分析、处理，并对电路出现的故障进行查找、排除。

(5) 根据调试记录的数据资料、写出调试工作报告、提出改进意见。

上述内容应体现在相应的工艺文件及表格中。

2. 调试工艺

调试工艺是指一整套适用于某电子产品调试的具体内容、步骤方法，其中包括测试仪器仪表、有关测试条件、注意事项与操作规程。制定调试方案，要求调试内容具体，切实可行，测试方案清晰明确(如工作特性、测试点、电路参数等)，选择合适的测试仪器仪表，为了便于寻找规律，测试数据尽可能表格化。不同的产品有不同的调试方案，但调试方案的原则方法是具有共性的，应重点注意以下几点：

(1) 在制定调试方案时要抓住调试的关键环节，在深刻理解该产品的工作原理及性能指标的基础上，着重找出电路中影响产品性能的关键元器件及部件，了解其性能参数及允许变动的范围，详细制定达到技术指标的调试方法、工艺文件，这样可确保调试重点，大大提高调试工作效率。

(2) 除了关键元器件外，还应着重考虑产品各单元电路调整及相互之间的配合，通过反复调试、摸清各单元电路的具体特点，掌握其变化规律，使整机各部件间相互影响较小，整机性能达到最佳。

(3) 调试工艺的一般步骤：先调试单元电路，后调试整机；先内后外；先调试结构，后调试电气；先调试电源，后调试电路；先调试静态指标，后调试动态指标；先调试独立部分，后调试相互影响的项目；先调试基本指标，后调试对质量影响较大的指标。

3. 调试程序

由于电子产品种类繁多、电路复杂、单元电路的种类及数量也不尽相同，所以调试程序也不一样，但对一般电子产品来说，调试程序大致如下：

1) 通电前检查

通电前的检查，主要是发现和纠正明显的安装、焊接错误，避免盲目通电可能造成的电路损坏。

(1) 用万用表测量电源的正、负极间的正、反向电阻，判断电路板是否存在短路、断路现象，电源线、开关是否接触可靠。

(2) 目测电路板上元器件的型号是否有误，用万用表测量引脚间有无短路、断路现象。有极性的元器件是否安装正确。

(3) 用万用表或目测检查电路板各焊点有无漏焊、桥接，导线有无接错、漏接及断线等。

2) 通电检查

(1) 电源检查：电源变换开关是否符合要求(交流 220 V 还是 110 V)，保险丝是否装入，电压正确否。

(2) 通电观察：接通电源后，电源指示灯是否亮，注意电路有无放电、打火、冒烟现象，有无异常气味，手摸电源变压器有无超温，另外，还需检查各种保险开关及控制系统是否起作用，若有故障，应断电进行检查。

3) 电源调试

电子产品中大都具有电源电路，应首先进行电源部分的调试，方可进行其他部分的调试。电源调试通常分为两个步骤：

(1) 电源空载调试：为了避免因电源故障或调整不当而引起电路板中元器件损坏，通常先在空载状态下对电源进行调试。调试时，根据电路设计要求，调试直流电压输出、测量电源各级电路的直流工作点和电压波形，检查工作状态是否正常、有无自激振荡等。

(2) 电源负载调试：在空载初调正常的情况下，加上额定负载，再测量各项性能指标，观察是否符合设计要求，调整电源电路中有关元器件(如调节取样电位器)，使输出电压等参数达到预定的设计值，并锁定调整元器件，使电源电路具有加载时所需的最佳功能状态。

4) 分级调试

电源电路工作正常后，便可进行其他功能电路的调试，根据经验，电路调试通常按单元电路的顺序进行。方法可归纳为：电路分块隔离，先直流后交流，先调整后固定等。

(1) 电路分块隔离。在比较复杂的电子产品中，整机电路通常可以分成若干个功能模块，独立完成某一特定的功能。而功能模块又可进一步分为几个具体电路。对于分立电路来说，可以某一两只三极管为核心进行电路划分；而以集成电路为核心器件的电路，则以该集成电路进行划分。调试电路时，可对各个功能电路分别加电，逐级调试，避免各级电路间信号的相互干扰。当电路工作不正常时，可缩小搜寻故障的范围。

(2) 先直流后交流。直流工作状态是一切电路的工作基础。在电路原理上，一般以晶体管各极和集成电路各引脚标准工作电压或电流，作为电路调试的参考依据。由于电子元器件的离散性，其测试的数据与标准的数据有一定偏差，但差值不应该很大(小于±10%)。直流工作状态调试完成之后，再进行交流通路的调试，即外加信号源进行动态调试，检查并调整有关的元器件，使电路实现具体设计功能。

(3) 先调整后固定。在进行上述调试时，需对某些元器件的参数做出调整。方法有以下两种：

① 选择法：在电路原理图中，需进行参数调整的元器件旁通常标注有“*”号，表示需要在调整后用合适元器件进行替换。由于反复替换很不方便，通常的做法是先接入可调元器件，待调试完成后，再替换上与其参数相同的固定元器件。

② 直接调整法：在电路中已经装有调整元器件，如电位器、微调电容及可调电感等。此法的优点是调整方便，但因可靠性较差，数值易发生变化，需根据电路工作状况随时进行调整。可调元器件调整完成后，应用胶或黏合漆将调整端固定。

5) 整机调整

单元电路及各部件调试完成后，连接所有电路、部件进行整机联调，检查各部分之间有无干扰或影响，以及结构对电路性能的影响等。整机联调后，可最后测试整机总电流与功耗。

5.1.2　静态测试与调整

晶体管、集成电路等有源器件都必须在一定的静态工作点上工作，即符合参数要求的工作电压、电流，才能表现出良好的动态特性。所谓静态是指没有外加输入信号时，电路的直流工作状态。调试电路的静态工作状态，就是调整和测试各级电路在静态工作的直流电压与电流。

1．静态测试

1) 测试单元电路静态工作总电流

在电源电压符合要求的前提下，通过测量分级电路静态工作总电流，可了解其电路的工作状态，若电流偏大，则说明电路有短路或元器件有漏电问题，若电流偏小，则电路有开路或元器件损坏现象。此时电流只可作为参考，在各电路工作点调试之后，还需再进行测试。

2) 三极管静态电压、电流测试

(1) 测量三极管的基极(b)、集电极(c)、发射极(e)对地电压，即 U_b、U_c、U_e，用以判断三极管是否在规定的状态(放大、饱和、截止)内工作。若其实际工作状态与规定不同，则应仔细分析测试数据，可对基极偏置电压进行适当调整。

(2) 测量三极管集电极静态电流，测量方法有如下两种：

① 直接测量法：将被测电路断开，把电流表或万用表串联在待测电路中进行电流测试，如图 5-1 所示。

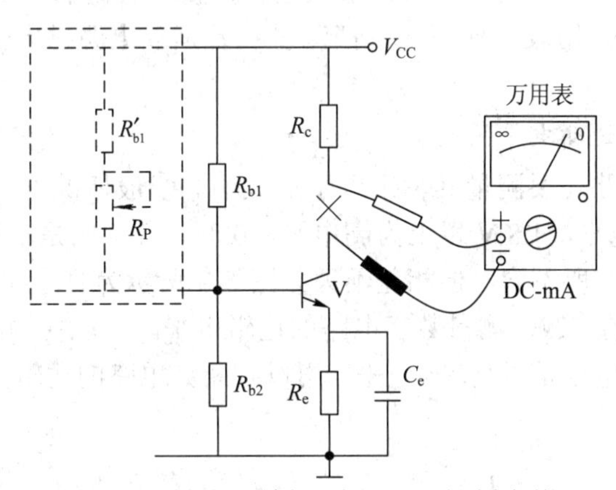

调试时，用一固定电阻 R'_{b1} 与一电位器 R_P 串联来代替 R_{b1}

图 5-1　直接测量法

② 间接测量法：通过测量三极管集电极电阻(R_c)或发射极电阻(R_e)两端的电压，然后根据欧姆定律 $I = U/R$ 换算成电流来间接测试电流，如图 5-2 所示。

第一种方法精度较高，可以直接读数，但被测电路需要断开测试，易造成元件或电路板损伤。第二种方法常用于实际工作中，简单方便，但精度不高，可作定性分析。在操作中一般不直接测 R_c 两端电压，而是测量 R_e 两端电压 U_e，由 $I_e = U_e/R_e$ 计算出 I_e，根据 $I_c \approx$

I_e关系得到I_c，其原因是由于R_e比R_c小很多，并入电压表后，电压表内阻对电路影响较小，这样可使测量精度提高。

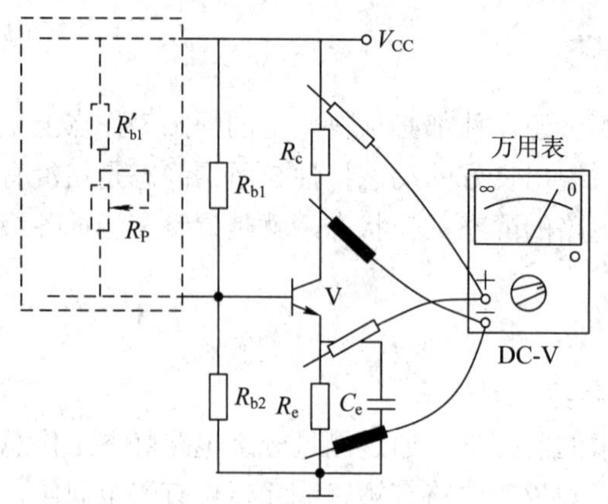

调试时，用一固定电阻R'_{b1}与一电位器R_P串联来代替R_{b1}

图 5-2　间接测量法

3) 集成电路静态工作点的测试

(1) 集成电路各引脚端子静态对地电压的测量：由于集成电路本身的结构特点，其晶体管、电阻、电容均封装在内部，无法像测量晶体管一样测量其工作点，因此只能测量其各脚对地电压值与正常值进行比较，用来判断其工作是否正常。如异常，在排除外围电路元器件故障的情况下，即可判断集成电路损坏。

(2) 集成电路静态工作电流的测量：对于一些静态工作点正常，但发热严重的集成电路，应对其工作电流进行测量，与正常值进行比较，看其功耗是否偏大。测量时可断开集成电路供电串入万用表，使用电流挡测量。若是双电源供电(即正负电源)，则可分别测量。

4) 数字电路静态逻辑电平的测试

对于数字集成电路还要测量其输出电平的大小。一般情况下，数字电路只有两种电平，0.8 V以下为低电平，1.8 V以上为高电平，0.8～1.8 V间是不稳定状态(不允许)，不同数字电路电平高低有所不同，但相差不大。图5-3所示为测量TTL与非门输出电平测试方法，RL为规定的负载。测量数字电路的逻辑电平时，应在输入端加入高(低)电平，然后测量各输出端的电压是否高(低)电平，用以判断其电路的逻辑关系正确否，确定集成电路好坏。

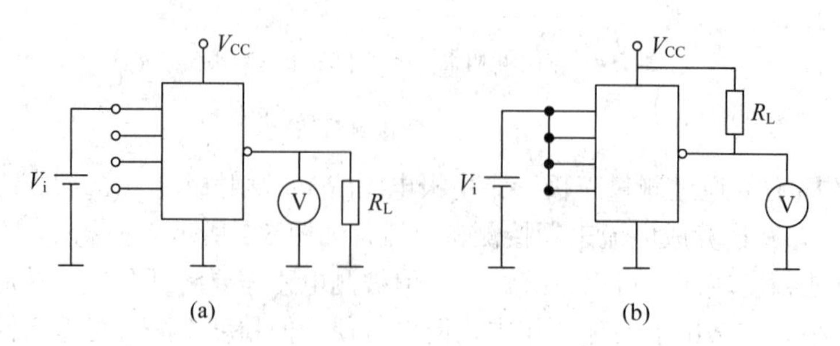

图 5-3　TTL 电路静态调整

2. 电路静态的调整

电路静态调整是在测试的基础上进行的。根据测试结果，经过分析需要对某些元器件的参数作出调整。

1) 三极管静态工作点的调整

调整三极管的静态工作点就是调整其偏置电阻，使它的集电极电流达到电路设计要求的数值。在电路原理图中，上偏电阻通常标注*号，表示需在调整中才能确定。依据前述方法在集电极回路中串入电流表，经调整偏置电阻的阻值，使集电极电流 I_c 达到图中要求的数值。方法参见图 5-1、5-2 虚线部分。调整一般应从最后一级开始，逐级往前进行，注意应在无信号输入时进行。各级调整完毕后，接通所有各级的集电极检测点，用电流表检测整机静态电流。

2) 模拟集成电路工作状态的调整

模拟集成电路繁多，调整方法不一，以使用最广泛的集成运放电路为例来说明此类电路的调整方法。如图 5-4 所示，除了一般直流电压调试外，使用中还需进行零位调整。R_P 为外接调零电位器，R_2 一般取 R_1 与 R_f 的并联值，若改变输入电阻 R_1、R_2，则需重新调零。

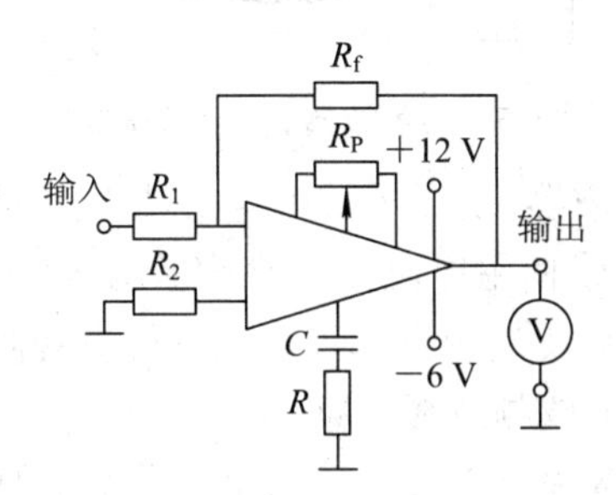

图 5-4　集成运放电路静态调整

对于电路静态的调整应注意以下几点：

(1) 熟悉电路的结构组成(框图)和工作原理(原理图)，了解电路的功能、性能指标要求。

(2) 分析电路的直流通路，熟悉电路中各元器件的作用，特别是电路中的可调元器件的作用和对电路参数的影响。

(3) 当发现测试结果有偏差时，要分析产生偏差的原因，找出纠正偏差最有效、最方便的调整方法，替换对电路其他参数影响最小的元器件并对电路静态工作点进行重新调整。

5.1.3　动态测试与调整

动态是指电路的输入端接入适当频率和幅度的信号后，电路各有关点的状态随着输入信号变化而变化的情况。动态测试与调整是保证电路各项参数、性能、指标的重要步骤。它以测试电路的信号波形和电路的频率特性为主，通过调整电路的交流通道元器件，使电路相关点的交流信号波形、幅度、频率及动态工作电压等参数达到设计要求。

1. 动态工作电压的测试

动态工作电压测试内容包括单元电路中三极管 b、c、e 极和集成电路各引脚端子对地的动态工作电压。其测试数据是判断电路工作正常与否的重要依据，如振荡电路，当电路起振时，测量 U_{be} 直流电压，万用表指针会出现反偏现象，利用这一点可判断振荡电路是否工作正常，是否起振。

2．波形的测试与调整

1) 波形的测试

波形的观测是电子产品调试工作的一项重要内容。电子电路对输入信号进行放大、变换和传输，必然会有波形产生。通过观察电路的输入、输出波形的情况可判断电路工作是否正常，是否满足技术指标要求。波形的测试也是电子产品维修中主要的方法和手段。如图 5-5 所示。

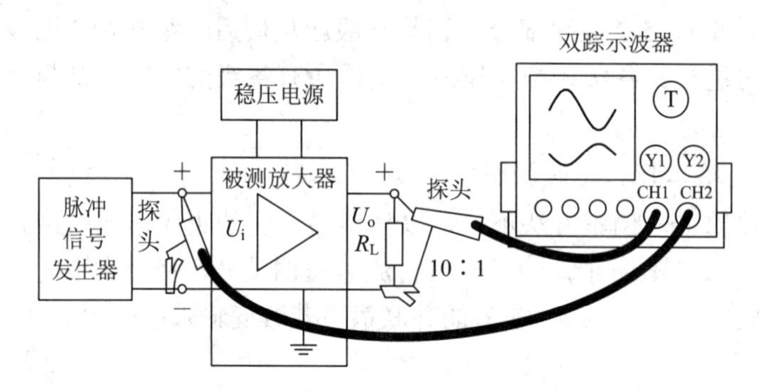

图 5-5　用示波器测试电路示意图

观察波形使用的仪器是示波器。通常观测的波形是电压波形，有时为了观察电流波形，也采用电阻变换成电压的方法或使用电流探头。波形测试主要是对电路相关点的电压或电流信号波形的幅度、周期、频率及是否失真等情况进行直观测试。测试时应注意以下几点：

(1) 示波器上限频率应高于被测波形的频率。

(2) 测试时最好使用衰减探头，以减小接入示波器对被测电路的影响。

(3) 探头的地端与被测电路的地端应有良好地连接。

2) 波形的调整

波形的调整是指通过对电路相关参数的调整，使电路相关点的波形符合设计要求。调整电路参数改善波形，首先应对电路的工作原理及电路结构有较全面地了解，对测试的波形进行正确分析，弄清引起电路波形变化的原因，找出纠正偏差最有效、最方便的调整元器件。例如可采用调整电路中的反馈深度或耦合电容、旁路电容等来解决输入波形幅度过小的问题。

3．频率特性的测试与调整

电子线路的频率特性，是指信号的幅度随频率变化的关系，即电路对不同的频率信号有不同的响应。频率特性的测试是电子产品调试中一项重要的测试技术，如收音机中频放大器的频率特性，反映出收音机选择性的好坏；电视机的图像质量优劣，取决于高频调谐器及中放通道的频率特性。

1) 频率特性的测试

频率特性的测试方法一般采用扫频法，是使用专用的频率特性测试仪(又称扫频仪)，直接测量并显示出被测电路的频率特性曲线的方法，如图 5-6 所示。在扫频仪上可观察到电路对各频率点的响应。扫频法简捷、快速、直观，而且不会漏掉被测频率特性的细节。

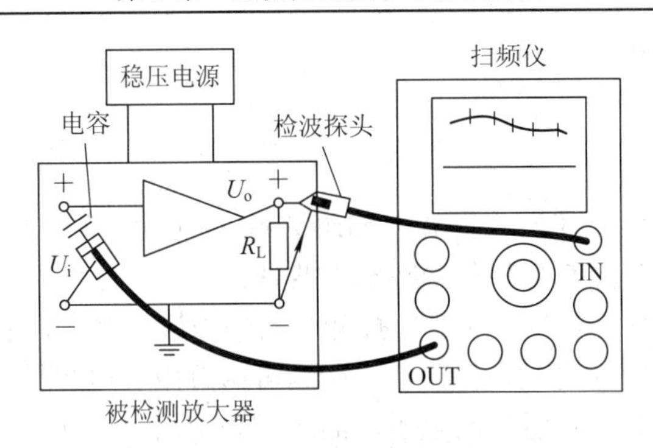

图 5-6　扫频法测量频率特性

2) 频率特性的调整

频率特性的调整是通过对电路参数的调整，使其频率特性曲线符合设计要求的过程。调整频率特性的方法，基本上与波形测试调整相似，需要正确分析、反复调整，根据电路的性能指标，重点调整影响频率特性的一些关键元器件(如电感、电容、中频变压器等)，调整时，应先粗调，然后反复细调，直至频率特性曲线达到规定要求。

5.1.4　故障检修

电子产品在制作过程中出现故障是不可避免的，故障检测和检修是调试工作的一部分。掌握一定的故障检修方法，可以较快地找出产生故障的原因，判断和确定产生故障的部位，大大缩短检修过程。故障检修工作主要靠实践，需要将相当的电路理论知识与丰富的实践经验相结合，这是实践教学应重点掌握的技能。

1. 引起故障的原因

电子产品的故障有两类：一类是初装好而未通电调试的故障，另一类是正常工作一段时间后出现的故障。故障通常是由元器件、线路及装配工艺等方面的因素引起的。常见的第一类故障有如下几种：

(1) 焊接故障：如漏焊、虚焊、错焊、桥接等。

(2) 装配故障：如接插件连接错误；装配不当造成元器件损伤、断线；机构安装位置有误造成错位、卡死。

(3) 元器件安装错误：如安装位置不合理，元器件极性装错，参数有误。

第二类故障有如下几种：

(1) 使用环境引起的故障：如空气潮湿导致元器件受潮、发霉、绝缘性降低甚至损坏。

(2) 元器件失效故障：元器件长期超负荷或偶发而失效(如集成电路损坏、晶体管击穿)，开关或接插件氧化造成接触不良。

(3) 电路失调故障：可调元件参数改变，调整端接触不良。

2. 查找和分析

电子产品出现故障之后，应进行初检，了解故障现象及故障发生的经过，做好记录。排除故障的关键是找出故障的部位和产生的原因。

查找故障是一项技术性很强的工作，要有科学的逻辑检查程序，要熟悉该产品的工作原理及整机结构。查找一般程序是：先外后内、先粗后细、先易后难，先按常见故障处理后按特殊、罕见现象分析。

3．故障查找方法

1) 观察法

观察法就是不依靠测量仪器，而凭人的感觉器官(如看、闻、听、摸)直接检查及查找某些故障。观察法又分为静态观察和动态观察两种。

(1) 静态观察：在不加电的情况下，打开产品外壳进行观察。查看有无断线、脱焊、短路、接触不良，检查绝缘情况、保险丝通断。可用万用表电阻挡检查各连线、接插件、变压器及元器件情况。对于新组装的电子产品应首先采用该方法，因为很多故障往往是由于工艺上的原因造成的，这种故障大多数可凭眼睛观察即可发现，盲目通电检查有时反而会扩大故障范围。

(2) 动态观察：打开产品外壳，接通电源进行观察，看电路有无打火、冒烟、放电现象；听有无异常声响；闻有无焦味、放电臭氧味；在安全的前提下手触晶体管、变压器、散热片等功率器件，检查温升是否过高，可通过轻轻敲击或扭动来判断虚焊、裂纹等故障。如遇上述问题，因立刻断电分析原因，确定部位。如一时观察不清，可反复几次，但每次时间不可过长，以免扩大故障。必要时，断开可疑部位再行试验，看故障可否消除。

2) 测量法

测量法是使用测量仪器测试电路的相关电参数，与产品技术文件提供的参数作比较，用以判断故障的一种方法。这是使用最广泛、最有效的方法。

根据测量的电参数特性，采用万用表作为检测工具，可方便、快捷地查找电路中各种故障，此法包括：电压检查法、电流检查法和电阻检查法。

(1) 电压检查法：对有关电路的各点电压进行测量，将测量值与已知值(或经验值)相比较来查找故障。此法适用于各种有源电路故障的检查，主要是测量电路中的直流电压，必要时也可测量有关点的交流电压、信号电平等。

(2) 电流检查法：通过测量电路或元器件中的电流有无及大小来判断故障的部位。电流法有直接测量和间接测量两种方法。直接测量是将万用表电流挡直接串接在欲检测回路。这种方法直观、准确，但需断开导线，脱焊元件端子等，因而不方便。间接测量是采用测量电压换算成电流的方法。此种方法快捷方便，但易产生较大误差。

(3) 电阻检查法：用万用表电阻挡测量元器件或电路两点间电阻来判断故障产生的原因。可分为在线测量和离线测量两种基本方法。在线测量是将元器件留在电路板上进行测量，需要考虑被测元器件受其他并串联电路的影响，测量结果应对照原理图进行分析。离线测量则需要将被测元器件从电路板上焊下来，操作麻烦但结果准确。电阻法可有效地检查电路的通、断状态，确定开关、接插件、导线的连接情况及电阻的变质、电容的短路、电感的断路等故障，非常有效便捷。对晶体管、集成电路及单元电路用电阻法一般不能直接判断有无故障，需要与原理图或特性手册提供的参数对比分析。采用电阻法测量时应注意，电路应在断电且电容放电的情况下进行测量，可将万用表的表笔交替测试，对比分析，电阻挡位选择要适当。

3) 替代法

替代法又称试换法，是利用性能良好的元器件、部件、插件来替代产品中可能产生故障的部分，用以确定产生故障的部位的一种方法。替代法是电路调试、检修中最常用、最有效的方法之一。在实际应用中，按替换对象不同，可分为以下三种方法：

(1) 元器件替换：根据电路故障现象与分析，怀疑某个元器件变质或损坏，可采用新的同型号或主要参数相近的元器件进行替换，若故障消失，说明故障就出在被替代部分。此种方法的主要缺点是，除了某些带插接件的元器件外(如集成电路、开关、继电器等)，一般元器件都需要拆焊，操作较麻烦且容易损伤周边元器件及电路板，因此，常作为其他检测方法均难以判别时才使用的方法。另外，对于一些电阻开路故障或电容容量减小失效故障，可采用并联一只新元器件试验的方法，以确定其好坏。

(2) 单元电路替换：当怀疑某一单元电路有故障时，可用另一台同型号或类型的正常电路进行替换，判定此单元电路是否正常。此法常用于现场维修简捷有效，但需要有现成电路备用板，检修成本较高。

(3) 部件替换：对一些机电一体化产品的构件，特别是较为复杂的由若干个独立功能件组成的系统，维修时主要采用的是部件替换法，先排除外围部件的故障，再进行主控制电路的维修。用于替换的部件与原部件必须型号、规格一致，或者主要性能、功能兼容，并且能正常工作。

替代法对于缩小检修范围和确定元器件的好坏行之有效，在进行元器件或部件替换过程中，要切断被维修产品的电源，严禁带电操作。此外，替代法常用于一些电路软故障的查找，即电路及元器件用电阻法测量各项参数正常，但加电后参数发生改变的故障。结合观察法对加电后异常的器件有选择地进行替换，常能收到事半功倍的效果。

4) 信号法

对于直流状态正常而信号传输、处理不正常的电路，可用示波器观察信号通道主要测试点的波形，用以查找、判断电路中各元器件是否损坏和变质，检测电路的动态特性是否正常。信号法在具体应用中，分为信号注入法和信号寻迹法两种形式。

(1) 信号注入法：从信号处理电路的各级输入端，输入已知的测试信号，然后利用示波器或指示仪表，包括产品本身的终端(如扬声器、显示器)，检测各级电路的输出波形和输出电压来判断电路的工作状态，从而找出电路故障。信号注入法的查找顺序一般是从后级往前级查找，其基本操作方法如图 5-7 所示。

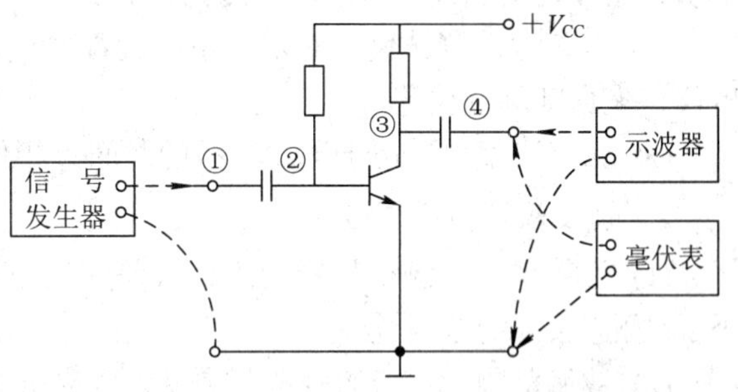

图 5-7　信号注入法的基本操作方法

(2) 信号寻迹法：针对信号产生和处理电路的信号流向寻找信号踪迹的检测方法，是信号注入法的逆方法。方法是从电路的输入端加入一符合要求的信号，然后通过检测仪器从前级向后级查找，若查到某一级信号中断，可判断故障出在该级。这种方法适用于各单元电路开环连接的情况，其缺点是需要各种信号源，还必须考虑各级电路之间的阻抗匹配问题。

在实际维修时(如电视机维修)，常利用人体感应信号作为注入信号源，通过扬声器有无声响及大小、显像管上有无杂波及杂波多少来判断故障的部位，此法常称为干扰法。

除了上述四种常用的检修方法外，在实践中还有一些非常实用的维修手段如：短路法、比较法、分割法、加热与冷却法等，所有的检修方法都需要基本理论基础和日常工作的积累，是长期经验的总结，需要通过实践来掌握。

5.2　调试与检测仪器仪表

电子产品在装配、调试和维修过程中，经常使用各种电子测量仪器仪表，对组装所用元器件进行筛选检测，安装后对整机进行调试、检测，确保其正常工作。因此，熟练地掌握各类仪器仪表的使用方法，了解其主要性能指标，才可安全、准确地测量出各种数据参数，使产品质量得到保证和提高。

5.2.1　仪器仪表概述

电子测量仪器仪表总体可分为专用仪器仪表和通用仪器仪表两大类。专用仪器仪表为一个或几个产品而设计，可检测该产品的一项或多项参数，如电视信号发生器、电冰箱性能测试仪等。通用仪器仪表为一项或多项电参数的测试而设计，可检测多种产品的电参数，如示波器、信号发生器等。下面重点介绍通用仪器仪表。

1. 通用仪器仪表的分类

(1) 信号发生器：用于产生各种测试信号，如音频、高频、低频、脉冲、函数、扫频等信号。

(2) 信号分析仪；用于观测、分析、记录各种信号，如示波器、波形分析仪、逻辑分析仪等。

(3) 元器件测试仪：对各种电子元器件的参数进行测量，如电感测试仪、电容测试仪、电桥、晶体管图示仪、集成电路测试仪等。

(4) 电路特性测试仪：对电子电路的性能进行测试，如扫频仪、阻抗测量仪、网络分析仪、失真度测试仪等。

(5) 频率测试仪：用于测试频率的时间、相位及周期，如频率计、相位计等。

2. 测试仪器选择原则

(1) 工作误差：测量仪器的工作误差应远小于被测量参数要求的误差。通常仪器误差小于被测参数要求的十分之一。

(2) 数值范围：仪器的测量范围灵敏度应覆盖被测量的数值范围。

(3) 阻抗匹配：仪器输入输出阻抗要符合被测电路的要求。

(4) 功率输出：仪器输出功率应大于被测电路的最大功率。

3. 调试仪器配置

1) 电子技术工作的最低配置

(1) 万用表：电子产品装配和维修过程中使用最多的仪表，分模拟指针表和数字表。可考虑各配一台，优势互补。

(2) 信号发生器：根据工作内容选择频率及档次。普通 1 Hz～1 MHz 低频函数信号发生器，可满足一般的测试要求。

(3) 示波器：信号检测常用仪器，属耐用测试仪器。普通 20～40 MHz 的双踪示波器可满足一般电路的测试要求。

(4) 可调稳压电源：为被测电路提供电流，一般选取双路 0～24 V 或 0～32 V 可调，电流 1～3 A，稳压稳流可自动转换。

2) 标准配置

除上述四种基本仪器外，根据具体测试内容需要，如再加上频率计、晶体管特性图示仪即可满足大部分电路测试工作，还可配置失真度仪、扫频仪、电平仪，可完成一些特殊的测试要求。图 5-8 所示为放大器增益测量所用仪器及接线图。

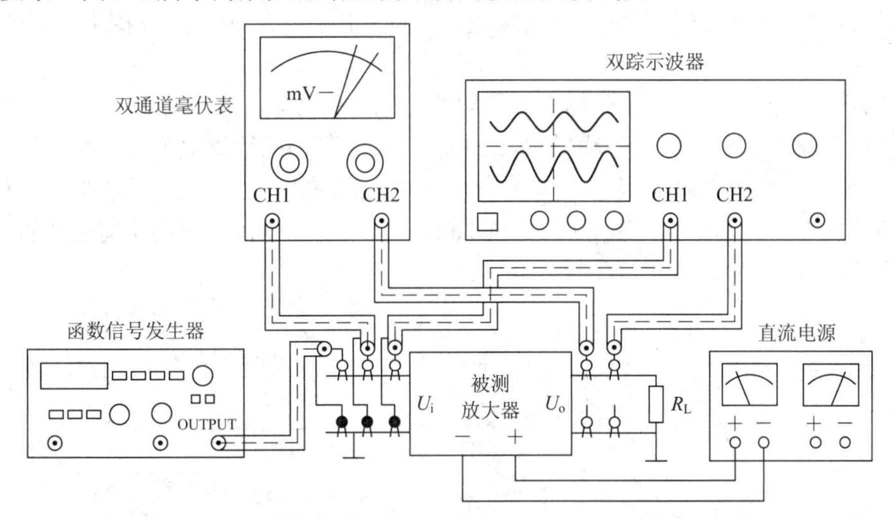

图 5-8　放大器增益测量所用仪器及接线图

4. 仪器的使用要求

(1) 正确选择仪器功能。一般检测仪器在使用时都有其功能和量程的要求，应保证正确的选择。另外，一些仪器常配有各种辅助配件如衰减器、滤波器、放大器及各类探头，应根据要求正确选用，确保测量的参数误差最小，波形不失真。

(2) 合理进行仪器连接。检测维修时常遇到被测电路与仪器的接线问题，接线不合理将直接影响仪器的测量精度。其接线的基本原则是：沿着信号传输方向，连线力求最短，如图 5-9 所示。

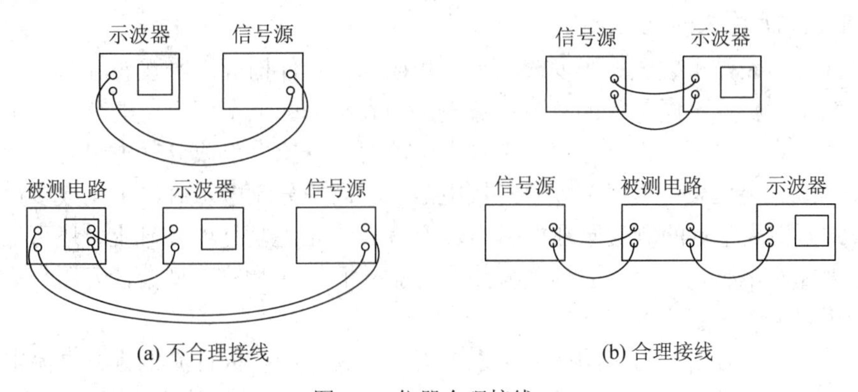

图 5-9　仪器合理接线

(3) 确保检测仪器精度。检测仪器因环境、使用时间均会不同程度的产生一些误差，为保证测量精度，应对有自校装置的仪器(如频率计、示波器)，每次使用前都要进行自校。没有自校功能的仪器，可用精度足够高的标准仪器进行定期校准。另外，对高精度的计量仪器应按产品要求定期到国家标准计量部门进行校准。

(4) 谨防干扰。检测仪器使用不当将会引入干扰，轻则影响测量精度，重则将无法进行测量。解决干扰的方法是要找到干扰源，找出连线不合理的地方。重点应从以下几点考虑：

① 良好接地。仪器之间、仪器与被测电路之间的接地连线要可靠，连接线要短而粗，多台测量仪器与被测电路要考虑一点式接地，如图 5-10 所示。测试笔及探头的屏蔽层一端要良好接地。

② 防止连线间相互干扰。仪器与被测电路之间的信号输入输出线要屏蔽并分开放置，信号线不可盘成闭合形状。电源线(尤其 220 V 交流电源线)应远离输入信号线。

③ 避免弱信号传输影响。从信号发生器输出的信号电平不可太低，需要低电平信号时，可在电路输入端采用测试电路衰减方式，如图 5-11 所示，一些特殊情况不得已传输弱信号，也应要求传输线粗、短、直，有屏蔽层且接地。

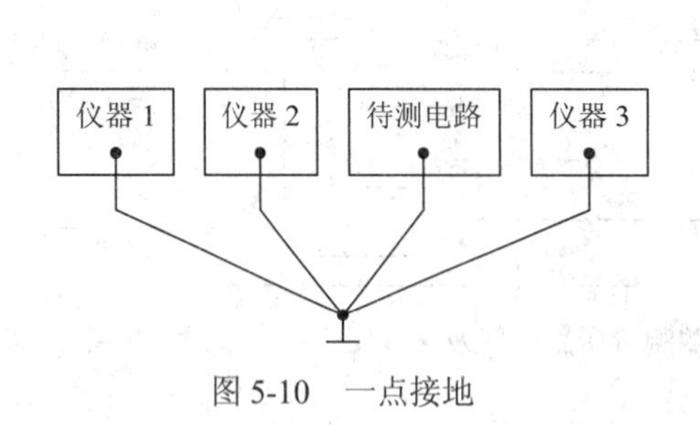

图 5-10　一点接地

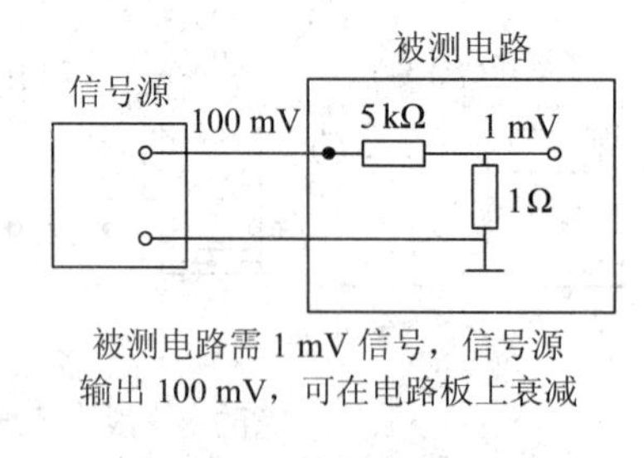

被测电路需 1 mV 信号，信号源输出 100 mV，可在电路板上衰减

图 5-11　防止传输干扰

5.2.2　万用表

万用表又称多用表，是电子产品装配和维修中使用最广泛的一种仪表，具有使用简单、测试范围广、携带方便等特点。万用表主要分指针式和数字式两大类，其型号繁多、功能和特点各异，主要用来测量电阻、电流、电压等，有些万用表还可测量电容、电感、电平、晶体管直流放大系数等，因此，正确掌握万用表的使用是十分必要的。

1. 指针式万用表的使用

指针式万用表是由磁电式微安表头加上相应的元器件构成。当表头并联上不同阻值的分流电阻时，即构成不同量程的直流电流表；当表头串联上不同阻值的分压电阻时，可构成不同量程的直流电压表；当在表头上加上整流器、分流电阻或分压电阻时，就构成多量程的交流电流、电压表；若表头配以外接电池、不同的分流电阻时，可构成多量程的欧姆表。指针式万用表基本的测量原理如图 5-12 所示。在上述功能的基础上，还可加上不同的元器件，增加测电感、电容、晶体管参数等功能。下面以 MF47 型指针万用表为例介绍万用表的使用。

MF47 型指针万用表为多功能磁电系整流式仪表，可测量直流电流、直流电压、交流电压、电阻等。它有 26 个基本量程和 6 个附加量程，该仪表的外形如图 5-13 所示。

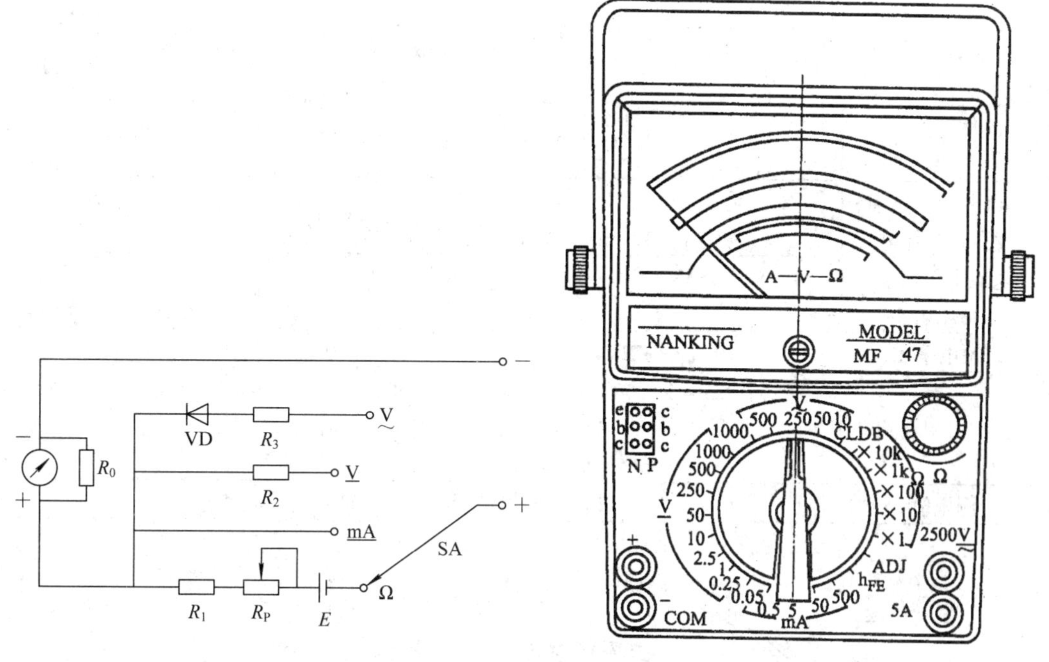

图 5-12　指针式万用表基本的测量原理　　　　图 5-13　MF47 型万用表外形图

1) MF47 型指针式万用表主要技术性能及面板功能

MF47 型指针式万用表的测量项目、量程及精度表示方法如表 5-1 所示，其面板结构及功能如图 5-14 所示。

表 5-1　MF47 型万用表的测量项目、量程及精度表示方法

<table>
<tr><th colspan="2">量限范围</th><th>灵敏度及
电压降</th><th>精度</th><th>误差表示方法</th></tr>
<tr><td rowspan="2">直流电流
DCA</td><td>0–0.05 mA–0.5 mA
–5 mA–50 mA–500 mA</td><td rowspan="2">0.25 V</td><td>2.5</td><td rowspan="6">以示值的
百分数计算</td></tr>
<tr><td>10 A</td><td>5</td></tr>
<tr><td rowspan="2">直流电压
DCV</td><td>0–0.25 V–1 V–2.5 V
–10 V–50 V</td><td>20 kΩ</td><td rowspan="2">2.5</td></tr>
<tr><td>250 V–500 V–1000 V
2500 V</td><td rowspan="2">9 kΩ</td></tr>
<tr><td>交流电压
ACV</td><td>0–10 V–50 V–250 V
500 V–1000 V–2500 V</td><td>5</td></tr>
<tr><td>直流电阻 Ω</td><td>R × 1/R × 10/R × 100
R × 1k/R × 10k/R × 100k</td><td>中心值 16.5</td><td>10</td></tr>
<tr><td>通路蜂鸣</td><td colspan="4">R × 3(参考值)低于 10 Ω 时蜂鸣器工作</td></tr>
<tr><td>电容测量
C(μf)</td><td colspan="4">C × 0.1　C × 1　C × 10　C × 100
C × 1 k　C × 10 k</td></tr>
<tr><td>L1 检测(mA)</td><td colspan="4">100 mA–10 mA–1 mA–100 μA</td></tr>
<tr><td rowspan="2">LV 检测(V)</td><td colspan="2">R × 1–R × 1k</td><td colspan="2">0–1.5 V</td></tr>
<tr><td colspan="2">R × 10k</td><td colspan="2">0–10.5 V</td></tr>
</table>

续表

量限范围		灵敏度及电压降	精度	误差表示方法
晶体管直流放大倍数 hFE	R × 10hFE		0～1000	
红外遥控器发射信号检测	垂直角度±15° 距离 1—30 cm	红色发光管指示(点亮)		
电池电量测量 BATT	1.2 V、1.5 V、2 V、3 V、3.6 V	RL = 8 Ω–12 Ω		
音频电平 dB	–10 dB～+22 dB	0 dB = 1 mW/600 Ω		
标准电阻箱 Ω	0.025 – 0.5 – 5 – 50 – 500 – 5k – 20k – 50k – 200k – 1M – 2.25M – 4.5M – 9M – 22.5M		±1.5%	
测电笔	红色发光管指示(点亮、200 V 交流检测)			

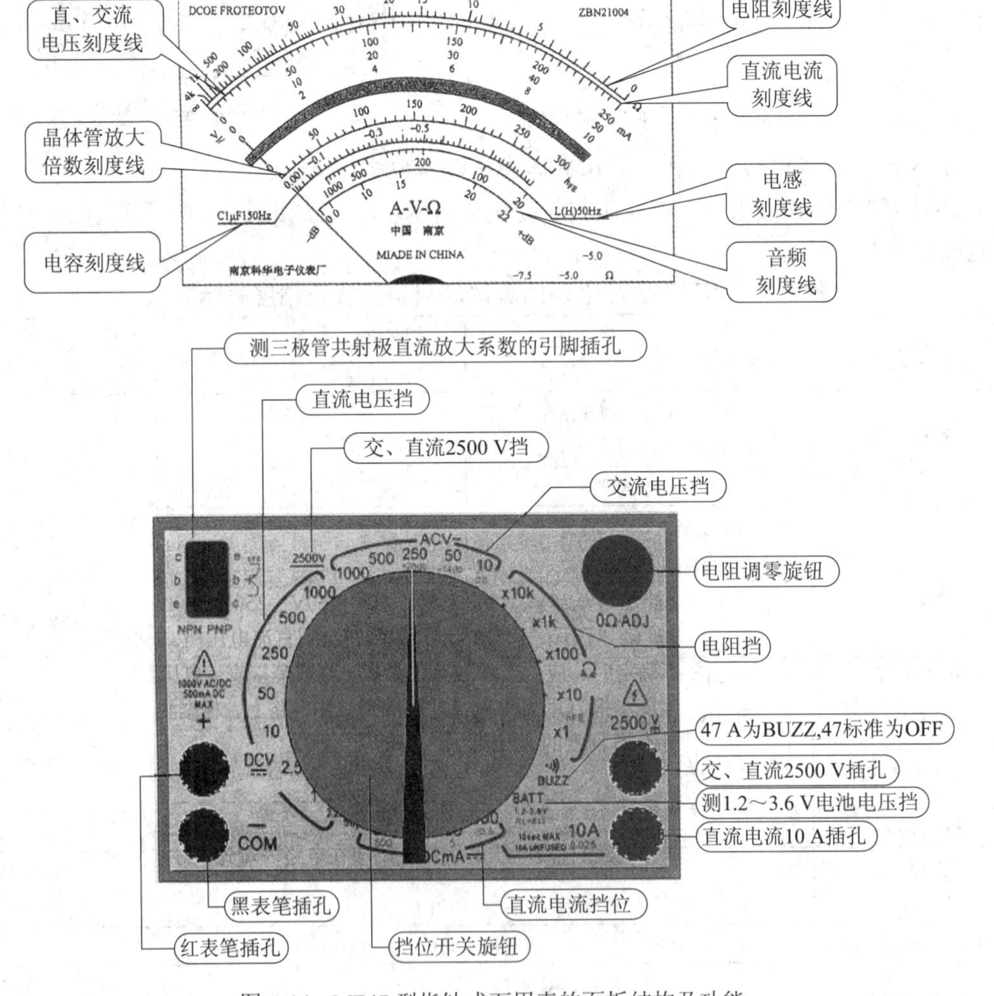

图 5-14　MF47 型指针式万用表的面板结构及功能

2) 使用方法

(1) 测量前准备。

① 装好电池，水平放置万用表，检查指针是否指在零位上，如不指在零位，可用螺丝刀旋转表头下方的“机械”调零旋钮，使指针指向零位。

② 将测试笔红、黑插头分别插入“+”、“−”插座中，如测量交、直流 2500 V 或直流 5 A 时，红插头则应分别插到标有“2500 $\overset{\text{V}}{\sim}$”或“5 A”的插座中。

③ 根据测试内容，正确选用万用表上的测量项目的量程开关。测量电流、电压时，如能估算出被测量的量级，则可选择与其对应的量程。如不知被测量值的数量级，应从最大量程开始选择，当指针偏转太小而无法精确读数时，再将量程减小，一般以指针偏转角不小于最大刻度的 30%为合理量程。

(2) 万用表作电流表使用。

① 将万用表串接在被测电路中，应注意电流流向，即红表笔为电流流入端，黑为流出端，指针正向偏转，正确的接法如图 5-15 所示。

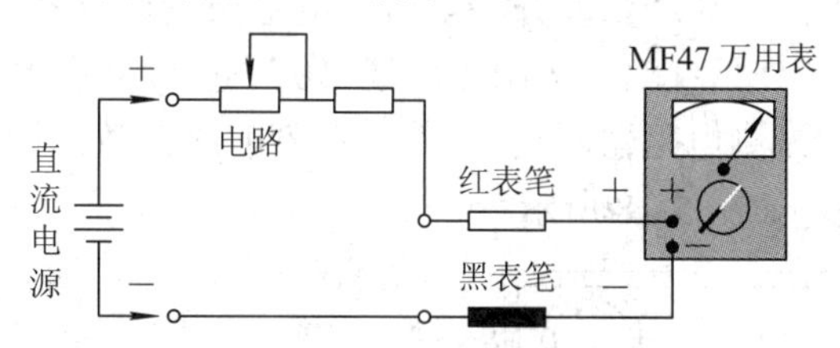

图 5-15　测量直流电流接法示意图

② 测量 0.05～500 mA 时，转动量程开关至所需电流挡，测量 5 A 电流时，量程开关可放在 500 mA 挡，测试笔(红)应插到“5 A”插座中。

③ 直流电流 mA 的测量与交直流电压测量所使用的刻度线均为标有“$\overset{\text{V}}{\sim}$”的第二条刻度线，读数方法为：先根据量程开关的数值确定满量程，再选择相应的数标进行读数，如图 5-16 所示。

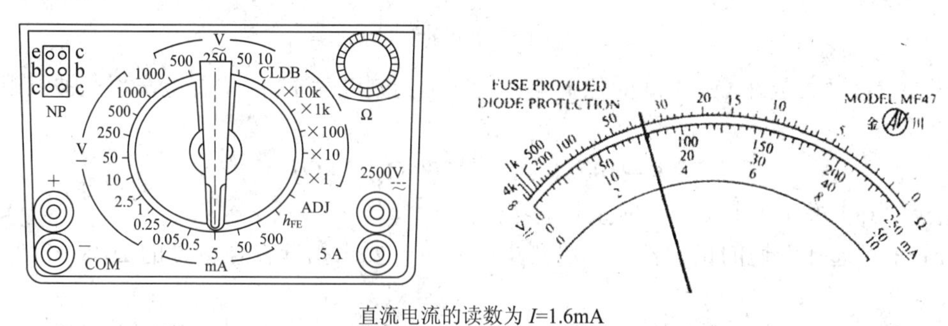

直流电流的读数为 I=1.6mA

图 5-16　直流电流的测量

注意：在测量大电流时，不可在测量过程中转动量程开关，以免产生电弧，烧坏开关触点。

(3) 万用表作电压表使用。

① 将万用表并接在被测电路上，测直流电压时应注意被测点电压的极性。红表笔接高电位，黑表笔接低电位，正确接法如图 5-17 所示。测交流电压时，可不必考虑极性问题。

测量数值的读法同电流测量读法相似。

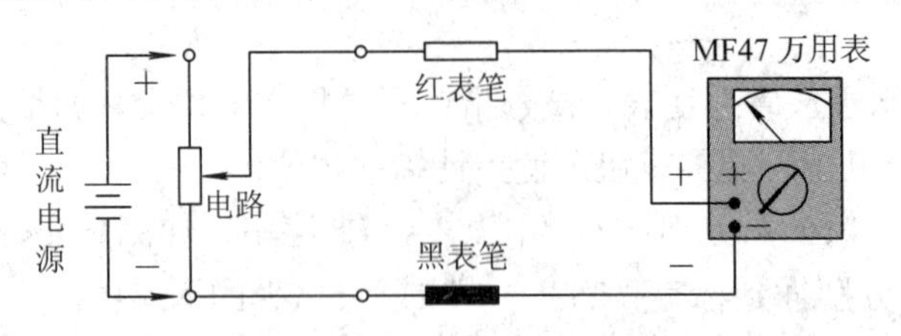

图 5-17　测量直流电压接法示意图

② 测量交流 10～1000 V 或直流 0.25～1000 V 时，转动量程开关至所需电压挡。测量交、直流 2500 V 时，量程开关应置于交、直流 1000 V 位置上，红表笔插入 2500 $\overset{V}{\sim}$ 插座中。

③ 交、直流电压的读数同直流电流的读法相似，即刻度线为第二条标“$\overset{V}{\sim}$”的刻度线，测量交流 10 V 电压时，读数应看交流 10 V 刻度线(红色)。

(4) 万用表作欧姆表使用。

① 测量前，装入电池，转动量程开关至所需电阻挡进行调零。即将两表笔直接短接，调整“欧姆调零”旋钮，使指针对准欧姆刻度线“0”位上。

② 将两只表笔接到被测电阻器两端。按第一条刻度线读数，并乘以量程所指示的倍率，即为被测电阻器的阻值，如图 5-18 所示。

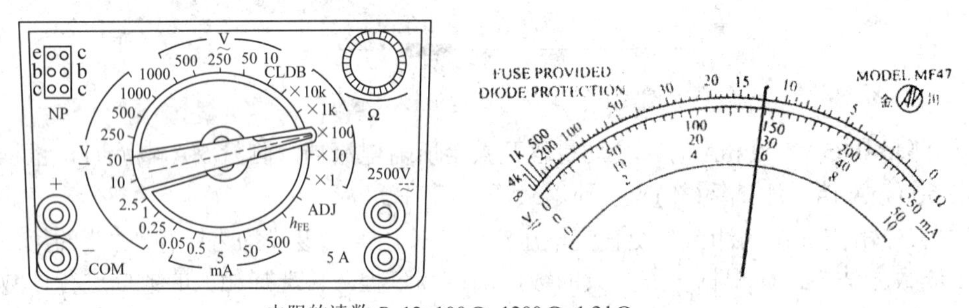

电阻的读数 R=12×100 Ω=1200 Ω=1.2 kΩ

图 5-18　电阻的测量

例如量程开关放在 Ω × 100 的位置上，表针指到刻度盘 12 的位置上，那么被测电阻 R 的阻值为

$$R = 100\ \Omega \times 12 = 1200\ \Omega(1.2\ \text{k}\Omega)$$

注意：(a) 每换一个量程，应重新调零。

(b) 正确选择合适的量程挡，一般测量电阻时，要求指针在全刻度的 20%～80%的范围内。

(c) 在线测量电路中的电阻时，应先切断电源，如电路中有电容，则应先行放电，防止烧毁电表。

(d) 不要用手触及元器件实体两端，以免人体电阻与被测电阻(或电路)并联，产生误差。

(5) 万用表其他功能的使用。

① 通路蜂鸣器的检测：首先将万用表量程开关转至 BUZZ 挡，两只表笔短接进行调零，此时表内蜂鸣器发出的 1 kHz 的长鸣声，即用此鸣叫声对电路进行测量。若被测电路阻值低于 10 Ω 左右时，蜂鸣器发生鸣叫，不必观察表盘即可了解电路通断情况。蜂鸣器音量与

被测线路电阻成反比，表盘指示值约为 $R \times 3$(参考值)。

② 音频电平测量：转动量程开关至交流电压挡，以 AC 10 V 为基准刻度，如指示值大于音频刻度线 ±22 dB 时，可在 50 V 以上各量程测量，并按表上对应的各量程增加值进行修正。如信号中带有直流电压成分，可在“+”插孔中串接 0.1 μ 的隔直电容。此功能主要是用来测量在一定负荷阻抗上，放大器的增益与线路输送的损耗，测量单位为 dB。

③ 电容器测量：将量程开关旋转至被测电容器容量大约范围的挡位(见表 5-2)，用“欧姆调零”旋钮进行调零。使用 C(μF)刻度线，被测电容接在表笔两端，表针摆动的最大指示值即为该电容器的容量。表针回落后的数值为该电容器的品质因数(损耗电阻)值。注：重复测量时应将电容器放电后再进行测量，否则误差增大；有极性的电容器应正确接入(红笔接电容“–”极、黑笔接“+”极)。

表 5-2　万用表电容挡位对应测量范围

电容挡位 C	C × 0.1	C × 1	C × 10	C × 100	C × 1 k	C × 10 k
测量范围	1000 pF～1 μF	0.01 pF～10 μF	0.1 pF～100 μF	1 pF～1000 μF	10 pF～10 000 μF	100 pF～100 000 μF

④ 电感测量：使用 L(H)刻度线。首先准备 10 V/50 Hz 标准电压源一只，将量程开关转至交流 10 V 挡，需测电感串接于任一测试笔而后接入标准电压源输出端，此时表盘 L(H)刻度值即为被测电感值。

⑤ 晶体管放大倍数测量：转动量程开关至 $R \times 10\ h_{FE}$ 处，同欧姆挡相同方法进行调零，将 NPN 或 PNP 型晶体管插入对应晶体管测试座的 N 或 P 孔内，表针指示值即为该管直流放大倍数。如指针偏转大于 1000 时应检查管脚是否插错，晶体管是否损坏。

⑥ 电池电量测量：使用 BATT 刻度线，可测量 1.2～3.6 V 各类电池(不包括纽扣电池)电量，负载电阻 $R_L = 8 \sim 12\ \Omega$。绿色区域表示电量充足，“？”区域表示电池尚可使用，红色区域为电量不足。纽扣电池及小容量电池，可用直流 2.5 V 挡($R_L = 50\ k\Omega$)进行测量。

2．数字万用表的使用

数字万用表是以数字的方式直接显示测量数值的大小，十分方便读数。它与指针式万用表相比，具有读数直观清晰、测量精度高、分辨力强、抗干扰能力强、测量范围宽、测试功能齐全等优点，其测量原理如图 5-19 所示。数字万用表显示的最高位不能显示 0～9 的所有数字，即称作“半位”，写成‘1/2’位。如：某数字万用表最大显示值为±1999，满量程计数值为 2000，这说明该表有 3 个整数位，而分数位的分子是 1，分母是 2，所以称之为 3(1/2)位，读做“三位半”，其最高位只能显示 1。下面以 DT-890 型数字万用表为例，介绍其使用方法及注意事项。

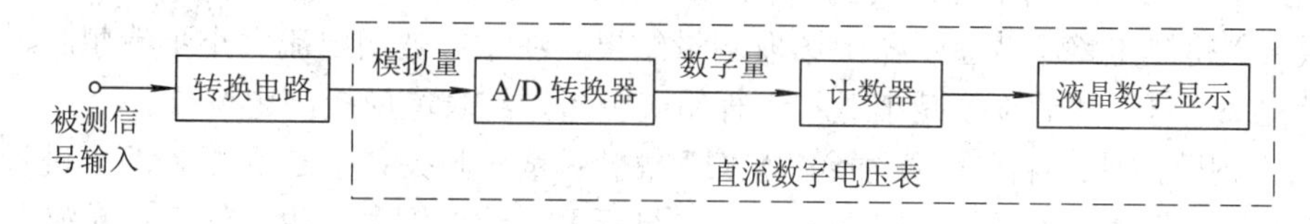

图 5-19　数字式万用表的测量原理

1) 面板功能

DT-890 型数字万用表的面板结构如图 5-20 所示。

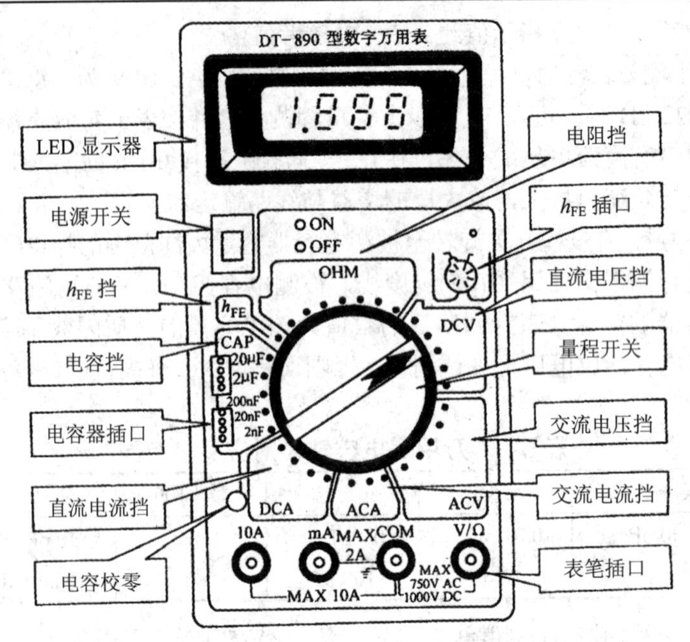

图 5-20　DT-890 型数字万用表的面板图

(1) 电源开关键：当“POWER”键被按下时，万用表电源即被接通、“POWER”键处于弹起状态时，万用表电源即被关闭。

(2) 功能量程选择开关：主要完成测量功能和量程的选择。

(3) 表笔插孔：万用表共有 4 个表笔插孔，分别为“V/Ω”、“COM”、“A”、“20 A”，并在插孔间标注最大允许值。测试时，黑表笔插于“COM”孔不变，红表笔根据测试内容选择其余三个插孔。

(4) h_{FE} 插座：用于测量晶体管的 h_{FE} 参数，为四芯插座，标有 B、C、E 字样，其中两个 E 孔为内部连通。

(5) 液晶显示器：最大显示值为 1999，该万用表可自动调零和显示极性，低电压(小于 7 V)显示，最高位数字兼作超量程指示。万用表工作 15 min 左右，可进入休眠状态。

2) 使用方法

(1) 交直流电压的测量：将红表笔插入“V/Ω”插孔；将量程开关拨到“DCV”或“ACV”区域内适当的量程挡；测试笔并联到待测电源或电路负载上，从显示器上读取的数值即为测量结果。注意：所测电压最大值不得超过允许值，交流电压的频率在 45～500 Hz。

(2) 交直流电流的测量。将红表笔插入“A”插孔(电流小于 200 mA)或插入“20 A”插孔(电流大于 200 mA)；量程开关置于“DCA”或“ACA”区域内恰当的量程挡；将测试表笔串联接入待测电路，从显示器上读取测量结果。注意：被测电流大小不清楚时，应先用最大量程来测量，然后逐渐减小量程进行精确测量，红表笔应接高电位端。

(3) 电阻的测量：将红表笔插入“V/Ω”插孔；量程开关置于 Ω 量程，即可进行电阻的测量，测量时将测试笔并接在待测电阻上，显示器上读取测量结果。注意：精确测量电阻时应选用低阻挡(如 20 Ω)、可将两表笔短接测出引线电阻，并根据此值修正测量结果。测量阻值大于 1 MΩ 的电阻时，要几秒钟后方能稳定，属正常现象。

(4) 二极管的测量：将红表笔插入“V/Ω”插孔；量程开关拨到二极管挡，即可进行二极管的测量。测量时，红表笔接二极管正极、黑表笔接二极管负极，即为正偏。注意：数字万用表的红表笔接内部电源正极、黑表笔接其负极，这与指针式万用表相反；测量时，两表笔开路电压为 2.8 V(典型值)、测试电流为 1 ± 0.5 mA。当正向接入时，锗管应显示正向压降 0.150～0.300 V，硅管应显示 0.550～0.700 V，若显示超量程符号，表示二极管内部断路，显示全零表示二极管内部短路。

(5) 晶体管的测管：将量程开关拨到“h_{FE}”位置，确定待测晶体管是 NPN 型还是 PNP 型，正确将基极(B)、发射极(E)、集电极(C)对应插入四脚测试座，显示器上即显示出被测晶体管的 h_{FE} 近似值。

(6) 电容的测量：将量程开关拨至“CX”内适当挡位；所测电容插入“CX”插孔内，直接在显示器上进行读数。注意：电解电容进行测量时，插入插座可不需考虑极性；测量大容量电容时，需一定时间读数方能稳定，属正常现象。

5.2.3 示波器

示波器是一种用荧光屏显示电信号随时间变化波形图像的电子测量仪器，是典型的时域测量仪器。它可直接测量被测信号的电压、频率、周期、时间、相位、调幅系数等参数，亦可间接观测电路的有关参数及元器件的伏安特性，还可与传感器结合测量各种非电量。因此在科学研究、航空航天、工农业生产、医疗卫生、地质勘探等方面，示波器都获得了广泛应用。

根据用途、结构及性能，示波器一般分为通用示波器、多束示波器(或称多线示波器)、取样示波器、记忆与存储示波器、特殊示波器等。下面以 YB4320 双踪四线示波器为例来介绍示波器的使用方法。

1. YB4320 示波器的面板结构

YB4320 示波器的面板结构如图 5-21 所示，各控制件的功能见表 5-3。

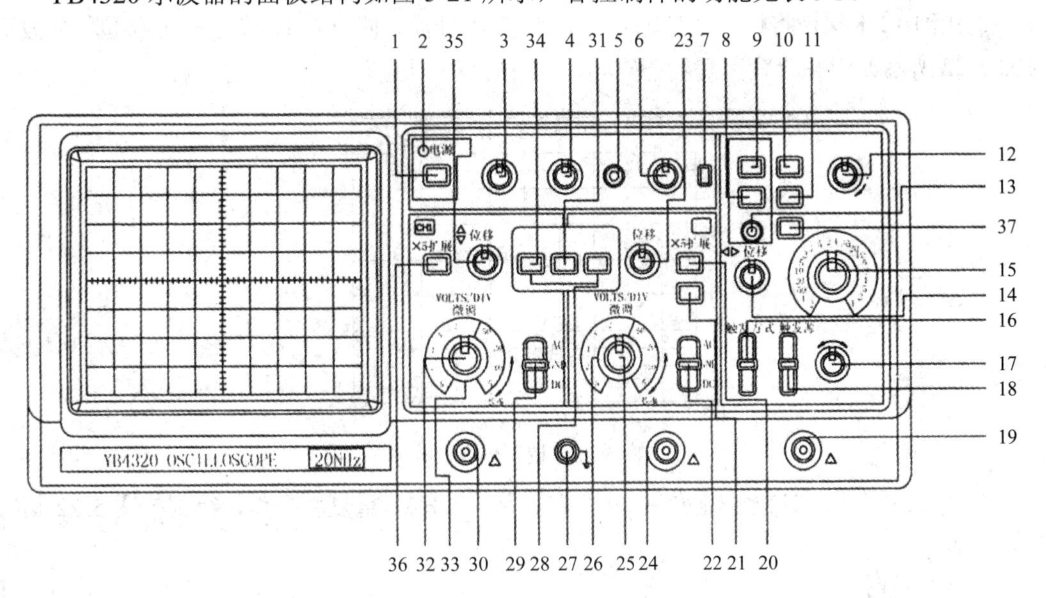

图 5-21　YB4320 示波器的面板结构

表 5-3　YB4320 示波器的面板控制件功能

序号	功　能	序号	功　能	序号	功　能
1	电源开关	14	水平位移	27	接地柱
2	电源指示灯	15	扫描速度选择开关	28	通道 2 选择
3	亮度旋钮	16	触发方式选择	29	通道 1 耦合选择开关
4	聚集旋钮	17	触发电平旋钮	30	通道 1 输入端
5	光迹旋转旋钮	18	触发源选择开关	31	叠加
6	刻度照明旋钮	19	外触发输入端	32	通道 1 垂直微调旋钮
7	校准信号	20	通道 2 × 5 扩展	33	通道 1 衰减器转换开关
8	交替扩展	21	通道 2 极性开关	34	通道 1 选择
9	扫描时间扩展控制键	22	通道 2 耦合选择开关	35	通道 1 垂直位移
10	触发极性选择	23	通道 2 垂直位移	36	通道 1 × 5 扩展
11	X-Y 控制键	24	通道 2 输入端	37	交替触发
12	扫描微调控制键	25	通道 2 垂直微调旋钮		
13	光迹分离控制键	26	通道 2 衰减器转换开关		

2．YB4320 示波器的使用方法

(1) 检查电源。检查示波器的电源是否符合技术指标要求。

(2) 仪器校准。

① 亮度、聚集、移位旋钮居中，扫描速度置 0.5 ms/DIV 且微调为校正位置，垂直灵敏度置 10 mV/DIV 且微调为校正位置，触发源置内且垂直方式为 CH1，耦合方式置于“AC”，触发方式置“峰值自动”或“自动”。

② 通电预热，调节亮度、聚集，使光迹清晰并与水平刻度平行(不宜太亮，以免示波管老化)。

③ 用 10∶1 探极将校正信号输入至 CH1 输入插座，调节 CH1 移位与 X 移位，使波形与图 5-22 所示波形相符合。

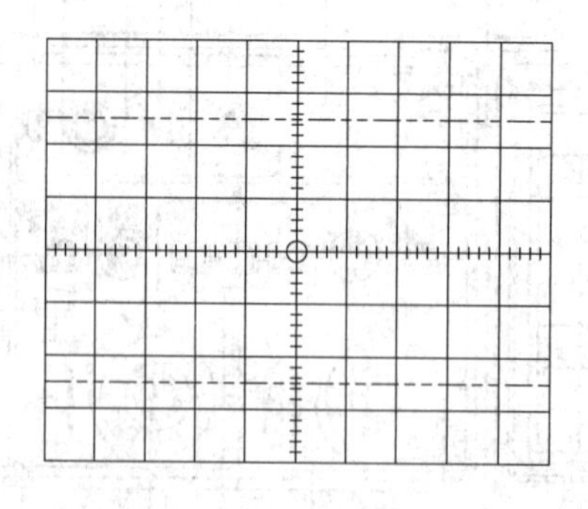

图 5-22　校正信号波形

④ 将探极换至 CH2 输入插座，垂直方式置于 CH2，重复③操作，得到与图 5-22 相符合的波形。

(3) 信号连接。

① 探极操作。为减小仪器对被测电路的影响，一般使用 10∶1 探极，衰减比为 1∶1 的探极用于观察小信号，探极上的接地和被测电路地应采用最短连接。在频率较低、测量要求不高的情况下，可用前面板上接地端和被测电路地连接，以方便测试。

② 探极调整。由于示波器输入特性的差异，在使用 10∶1 探极测试以前，必须对探极进行检查和补偿调节。校准时如发现方波前后出现不平坦现象，则应调节探头补偿电容。

(4) 对被测信号和有关参量测试。

3．测量方法举例

1) 幅度的测量方法

幅度的测量方法包括峰-峰值($V_{P\text{-}P}$)的测量、最大值的测量(V_{MAX})、有效值的测量(V)，其中峰-峰值的测量结果是基础，后几种测量都是由该值推算出来的。

(1) 正弦波的测量。正弦波的测量是最基本的测量。按正常的操作步骤使用示波器显示稳定的、大小适合的波形后，就可以进行测量了。

峰-峰值($V_{P\text{-}P}$)的含义是波形的最高电压与最低电压之差，因此应调整示波器使之容易读数，方法是调节 X 轴和 Y 轴的位移，使正弦波的下端置于某条水平刻度线上，波形的某个上端位于垂直中轴线上，就可以读数了，如图 5-23 所示。

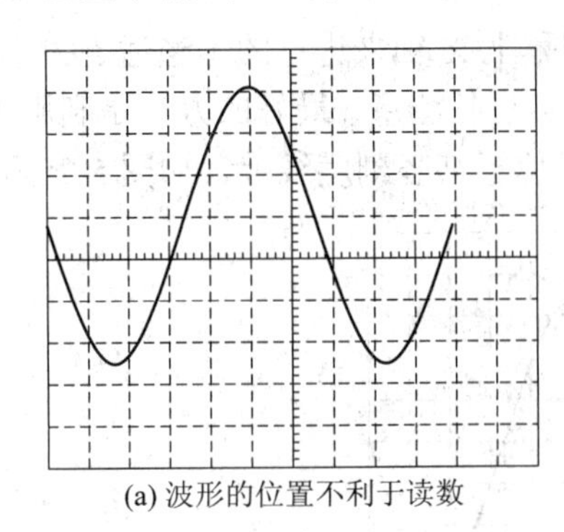

(a) 波形的位置不利于读数

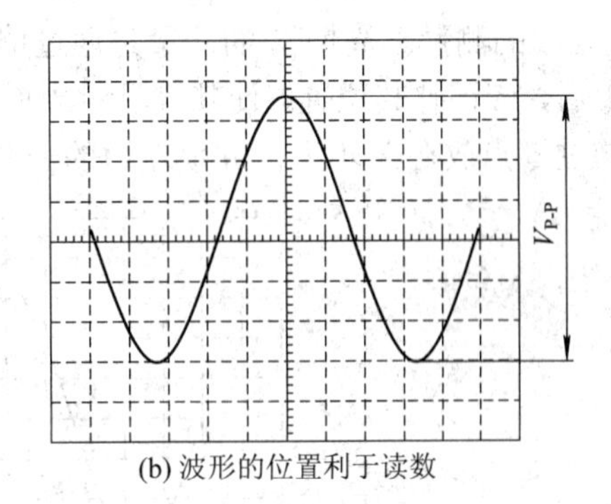

(b) 波形的位置利于读数

图 5-23　示波器上正弦波峰-峰值幅度的读数方法

图 5-23(b)中，可以很容易读出，波形的峰-峰值占了 6.3 格(DIV)，如果 Y 轴增益旋钮被拨到 2 V/DIV，并且微调已拨到校准，则正弦波的峰-峰值 $V_{P\text{-}P}=6.3(\text{DIV})\times 2(\text{V/DIV})=12.6(\text{V})$。

测出了峰-峰值，就可以计算出最大值和有效值了。对于正弦波，这 3 个值有以下关系

$$V_{MAX}=\frac{1}{2}V_{P-P}$$

$$V=\frac{1}{\sqrt{2}}V_{MAX}\approx 0.707V_{MAX}$$

由此可计算出，

$$V_{MAX}=6.3\text{ V},\quad V\approx 4.45\text{ V}$$

(2) 矩形波的测量。矩形波幅度的测量与正弦波相似，通过合适的方法找到其最大值与最小值之间的差值，就是峰-峰值($V_{P\text{-}P}$)，如图 5-24 所示。

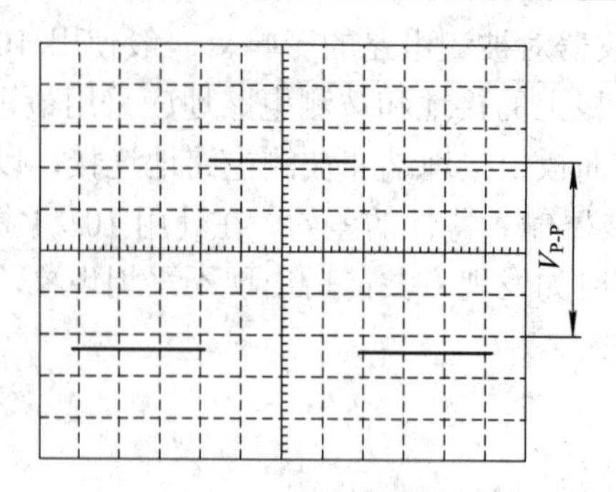

图 5-24　矩形波幅度的测量

提示： 示波器是通过扫描的方式进行显示，因此矩形波的上升沿和下降沿由于速度太快，往往显示不出来，但高电平与低电平仍能清晰地看到。

矩形波的峰-峰值占 4.6 格(DIV)，若 Y 轴增益旋钮被拨到 2 V/DIV，则矩形波的峰-峰值

$$V_{P\text{-}P} = 4.6(\text{DIV}) \times 2(\text{V/DIV}) = 9.2\ \text{V}，V_{MAX} = 4.6\ \text{V}$$

2) 周期和频率的测量方法

(1) 正弦波的测量。周期 T 的测量是通过屏幕上 X 轴来进行的。当适当大小的波形出现在屏幕上后，应调整其位置，使其容易对周期 T 进行测量，最好的办法是利用其过零点，将正弦波的过零点放在 X 轴上，并使左边的一个位于某竖刻度线上，如图 5-25 所示。

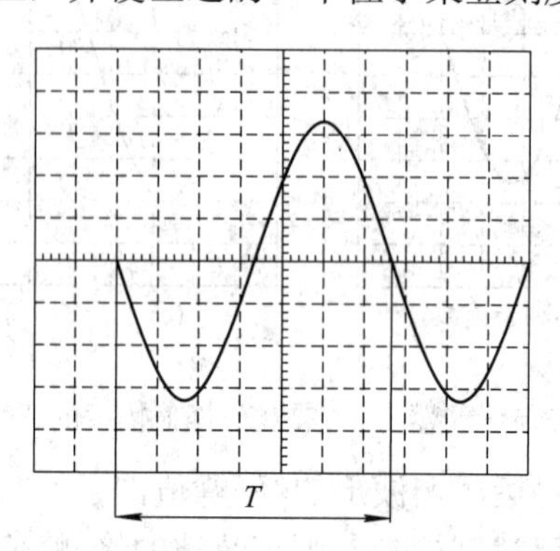

图 5-25　正弦波周期的测量

图中所示正弦波周期占了 6.5 格(DIV)，如果扫描旋钮已被拨到的刻度为 5 ms/DIV，可以推算出其周期 $T = 6.5(\text{DIV}) \times 5(\text{ms/DIV}) = 32.5(\text{ms})$。同时，根据周期与频率的关系

$$f = \frac{1}{T}$$

可推算出，正弦波的频率

$$f = \frac{1}{32.5\times10^{-3}(\text{s})} \approx 30.77(\text{Hz})$$

为了使周期的测量更为准确，可以用如图 5-26 所示的多个周期的波形来进行测量。

(2) 矩形波的测量。矩形波周期的测量与正弦波相似，但由于矩形波的上升沿或下降沿在屏幕上往往看不清，因此一般要将它的上平顶或下平顶移到中间的水平线上，再进行

测量，如图 5-27 所示。

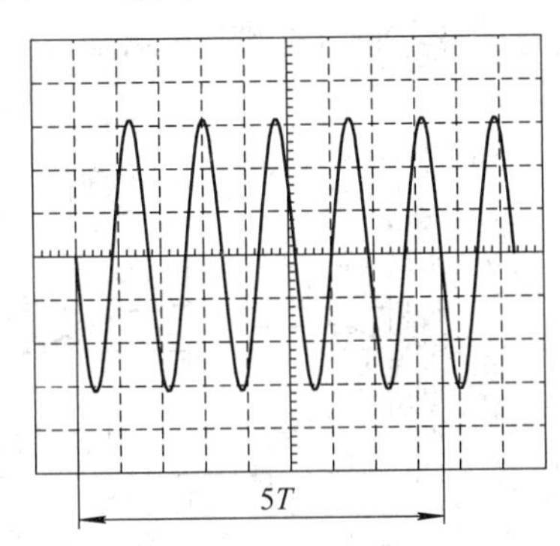

图 5-26　用多个波形进行周期测量

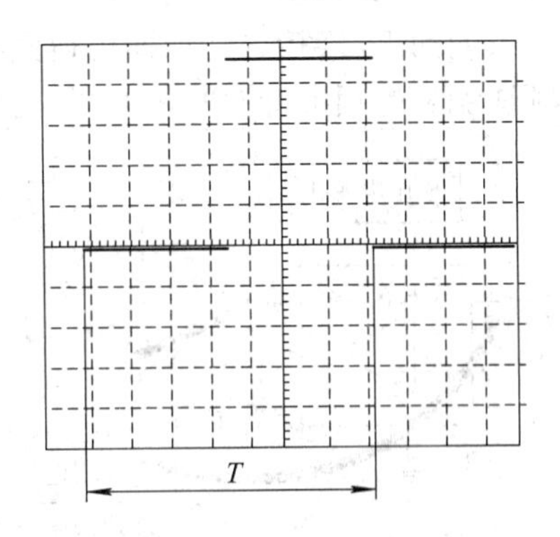

图 5-27　矩形波周期的测量

图中一个周期占用了 7.25 格(DIV)，如果扫描旋钮已被拨到的刻度为 2 ms/DIV，可以推算出其周期

$$T=7.25(\text{DIV})\times 2(\text{ms/DIV})=14.5(\text{ms})，频率 f\approx 68.97\ \text{Hz}$$

3) 上升时间和下降时间的测量方法

在数字电路中，脉冲信号的上升时间 t_r 和下降时间 t_f 十分重要。上升时间和下降时间的定义是：以低电平为 0，高电平为 100%，上升时间是电平由 10%上升到 90%时所花费的时间，而下降时间则是电平由 90%下降到 10%时的时间。

测量上升时间和下降时间时，应将信号波形展开使上升沿呈现出来并达到一个有利于测量的形状，再进行测量，如图 5-28 所示。

图中波形的上升时间占了 1.78 格(DIV)，如果扫描旋钮已拨到的刻度为 20 μs/DIV，可以推算出上升时间 $t_r=1.78(\text{DIV})\times 20(\mu\text{s/DIV})=35.6(\mu\text{s})$。

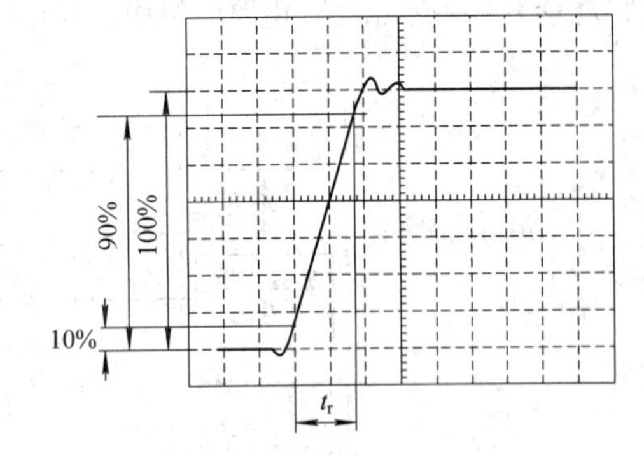

图 5-28　脉冲上升时间的测量

提示：脉冲信号在上升沿的两头往往会有“冒头”，称为“过冲”，在测量时，不应将过冲的最高电压作为 100%高电平。

5.2.4　频率特性测试仪

频率特性测试仪又称扫频仪，是常用的电子测量仪器之一，可直观显示被测电路的频率特性曲线，用于测定无线电设备(如宽带放大器，雷达接收机的中频放大器、高频放大器，电视机的公共通道、伴音通道、视频通道及滤波器等有源和无源四端网络等)的频率特性。若配用驻波电桥，还可以测量器件的驻波特性。与传统的点频测试法相比，具有快速、直观、准确、方便的优点。

1. 基本工作原理

一个被测电路的频率特性可以用“点频法”绘出，即给被测电路输入某一频率为 f 的信号，测出其输出电压 u_o，这样在 u–f 坐标上得到一个点，改变输入频率，则可由 u–f 坐标上得到一系列的点，连接这些点即可得到被测电路的 u–f 特性曲线，其测量方法如图 5-29 所示。点频法测量的频率特性曲线如图 5-30 所示。

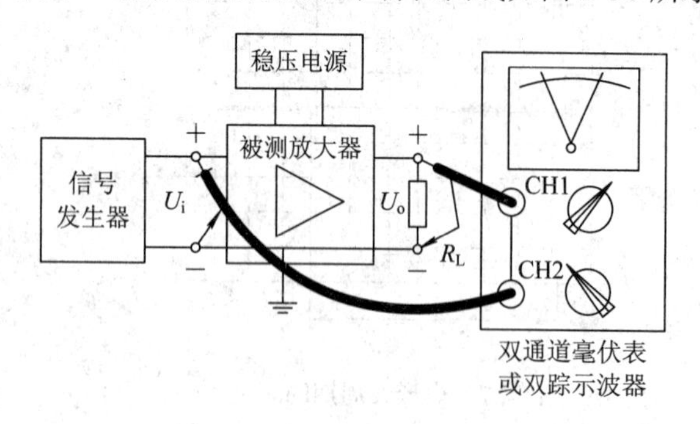

图 5-29　点频法测量频率特性

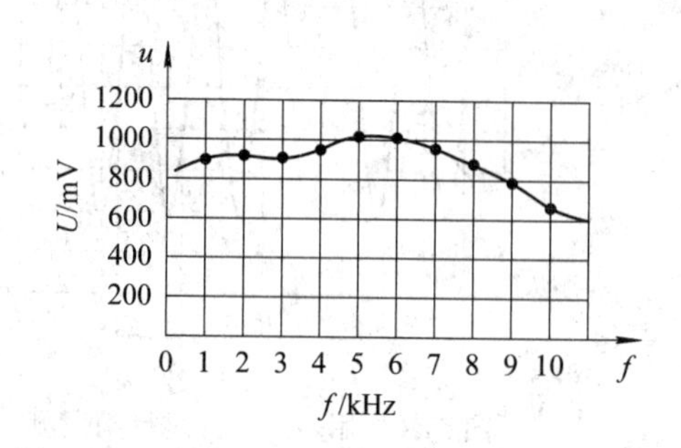

图 5-30　点频法测量的频率特性曲线

扫频仪是运用“扫频法”来测量电路的频率特性，绘出曲线，原理上和“点频法”相似，但频率的改变不是用手工，而是由扫频信号发生器完成的。它输送给被测电路的信号频率能在一定的范围内周期性地从低端到高端连续地变化(即扫频)。所以扫频仪能得到被测电路动态频率连续的频率特性曲线。扫频仪的电路组成是在示波器的基础上，主要加上扫频信号发生器、频标电路而组成，其原理示意图如图 5-31 所示。

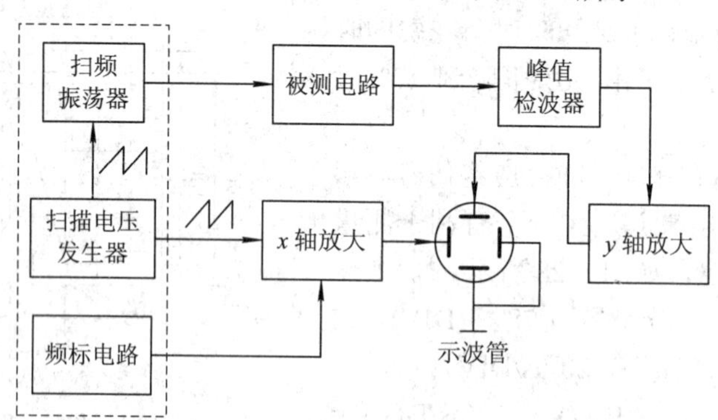

图 5-31　扫频仪原理示意图

一台频率特性测试仪主要由三大部分构成：一是扫频信号发生器，产生一个幅度不变、频率在所需范围内重复不变的扫频信号；二是频标系统，产生频率标志，用以测读频率；三是显示部分，显示频率特性曲线。

1) 扫频信号发生器

扫频信号发生器是频率特性测试仪的关键部分。扫描电压发生器产生一个周期性的锯齿波扫描电压，这个电压同时输送给扫频振荡器和 x 轴放大电路。扫频振荡器为压控正弦波振荡器，其振荡频率受扫描电压的调制，若扫描电压变化一次，振荡频率则从低到高连续变化一次，完成一次扫频，输出等幅的扫频信号。扫频信号加到被测电路，在频率从低频到高频变化时，由于被测电路对不同频率信号的增益不同，其输出电压 U_o 的幅度变化将与频率相对应形成包络线，这个包络线在经过峰值检波器检波后，就是被测电路的频率特性。

将检波后的信号 u_o 送到 y 轴进行放大，使光迹随频率特性幅度的变化而作垂直偏转。

另外送给 x 轴放大电路的锯齿波扫描电压，使光迹偏转形成水平基线；由于水平扫描和扫频信号都受扫描电压的控制，所以光迹的水平偏转与扫频信号频率的变化是对应的，即水平基线表示的就是频率 f。这样，在屏幕上显示的即是被测电路的频率特性曲线 u_o–f。

2) 频标系统

用扫频仪调试被测电路时，除了必须显示被测电路频率特性曲线外，还必须准确指出该特性曲线上的任何一点所对应的频率值。这项工作是由频率标记系统(简称频标系统)所产生的频标信号来完成的。由于频率范围太宽而且频率分布不为线性，故频率不能用水平格表示，而是直接用代表频率标志的点标记在曲线上。频标电路有 1 MHz 和 10 MHz 的两个标准频率振荡器，并由此产生 1 MHz(或 10 MHz)整数倍的谐波分量，当扫描信号的频率等于任意谐波分量时，就产生相应的频标，所以在一个扫频周期内会有一系列的频标，相邻的两个频标(1 MHz 或 10 MHz)形成频率标尺，并由此标尺可读出曲线上某点的频率。

3) 显示部分

显示部分包括扫描信号发生器、垂直放大器和示波管等。扫描信号是从电源变压器的次级绕组取出 50 Hz 交流电压，将其送至示波管水平偏转板，作为进行水平扫描的信号。同时送到扫频振荡器进行调制，保证扫描信号与扫频信号同步。

垂直放大器是将检波后的信号 u_o 进行放大，送到垂直偏转板上，屏幕上将显示被测电路的频率特性曲线。检波后的信号 u_o 为低频信号，根据需要选择 1∶1、1∶10、1∶100 三个档级的任一档级的衰减，再经过电位器调节其增益。低频信号 u_o 和频标信号放大后经钳位器送到垂直偏转板，波形在显示器上垂直方向的位置由钳位电位器控制。

2. JSS-10 数字频率特性测试仪

JSS-10 数字频率特性测试仪采用集中扫频信号发生器与数字标记频标系统作为主机(简称集中信号源)是收音机、收录机生产调试的专用设备，用于调试收音机的中频特性、频率覆盖和统调，也可用于频段内其他有源或无源器件或网络的频率特性(频率特性)的测试。一台集中扫频仪可带 10～20 个工位显示器，便于生产测试及统一教学，是超外差收音机组装后进行调试的主要设备。

1) 设备的组成

JSS-10 数字频率特性测试系统主要由集中信号源(主机)、功率分配器、工位衰减器、工位显示器及同轴电缆组成，安装可根据不同需求分为独立工位型和综合工位型两种方式。如图 5-32 所示。

独立工位系统：主机产生的五路扫频信号及同步频标信号，经功率分配器分别送至各工位显示器，主机产生的锯齿波信号送至各显示器的“x”通道。每个工位可完成一个单元频段所需的测试工作，即调试一项技术指标，现收音机调试实训大都采用此种方法。

综合工位系统：主机产生的五路扫频信号及同步频标信号，分别送至各工位的工位切换器，由工位切换器选择所需测试的信号，同样主机产生的锯齿波信号送至各显示器的“x”通道。每个工位可完成所需要的五组调试工作，此系统虽然复杂，但使用却较方便。

(1) 集中信号源。JSS-10 型数字频率特性测试仪中的标记集中信号源由五种插盒组成。五种插盒分别产生收音机调试所用不同频率范围的扫频信号(射频、频标)，提供调幅中频、调频中频、中波(MW)、短波(SW)、调频(FM)等测试信号，如图 5-33 所示。

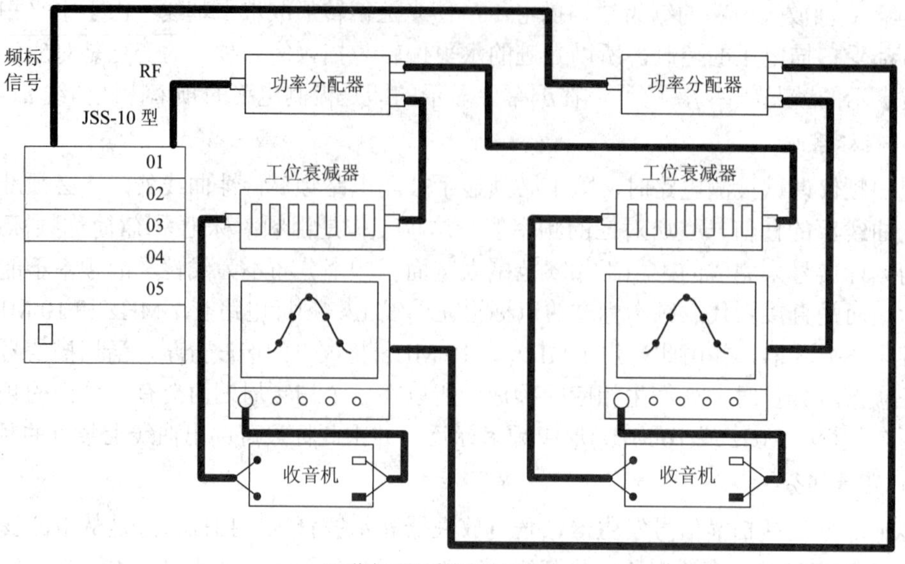

(a) 独立工位系统安装示意图

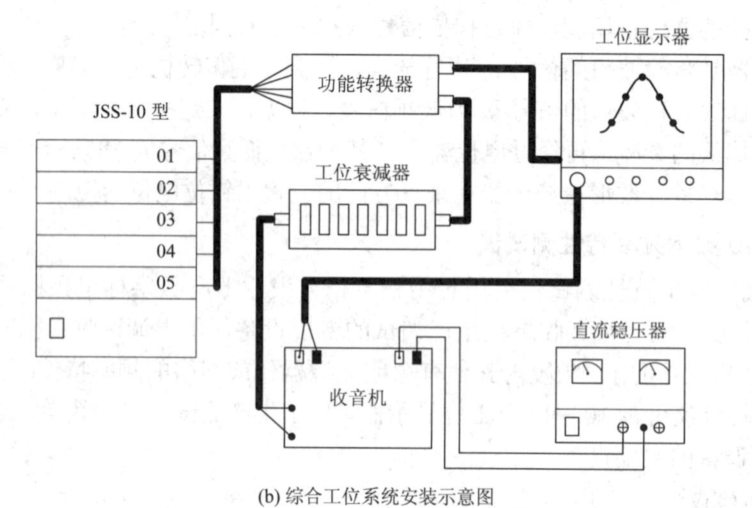

(b) 综合工位系统安装示意图

图 5-32　JSS-10 频率特性测试系统安装示意图

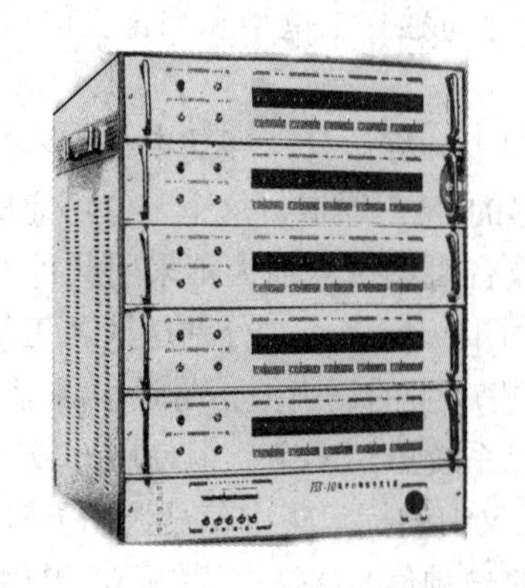

	扫频范围
JSS-01 调幅中频	400 MHz～500 kHz
JSS-02 调频中频	10.2 MHz～11.2 MHz
JSS-03 中波(MW)	400 kHz～1800 kHz
JSS-04 短波(SW)	1.5 MHz～30 MHz
JSS-05 调频(FM)	73 MHz～113 MHz

图 5-33　JSS-10 型集中信号源

五组扫频信号(射频、频标)及主机产生的锯齿波信号一起送至显示器(每个工位配一个衰减器和显示器)，组成整个测试系统。集中信号源的主要特点是：在较宽频带范围内，任意设置并读取精度较高的频率标记，在改变被测件而使频率测试点改变时，可很方便地重新设置所要求的频标。

(2) 显示器。JSS-10 数字频率特性测试仪采用 9 英寸显像管作为专用示波器，具有体积小、屏幕大、亮度高、灵敏度高和频标亮点清晰等优点，如图 5-34 所示。其原理框图如图 5-35 所示。

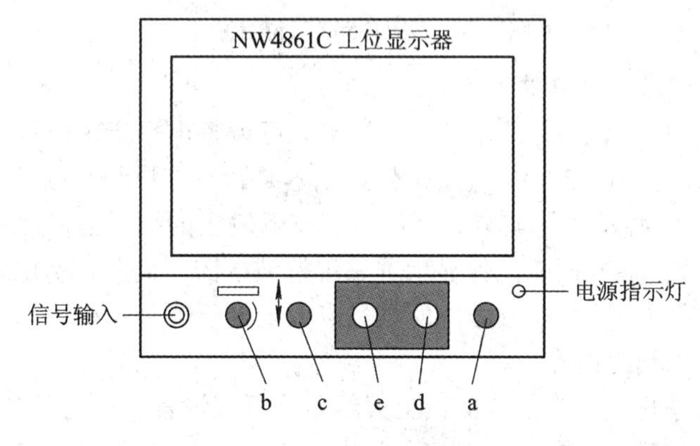

图 5-34　显示器面板图

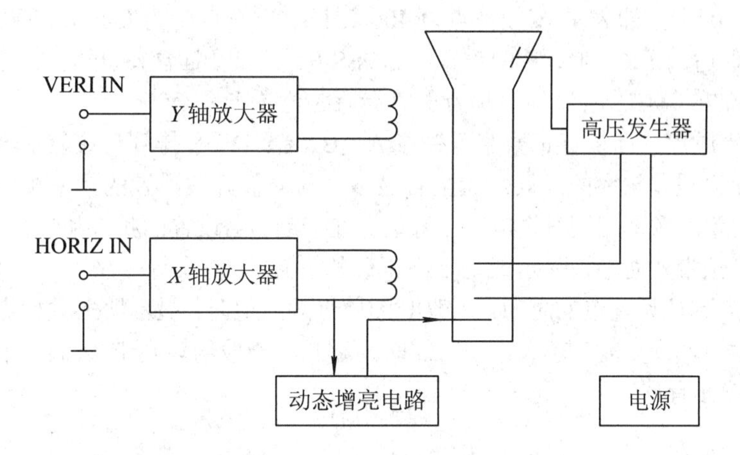

图 5-35　显示器原理框图

面板主要旋钮及使用：

a. 电源、辉度旋钮：该旋钮为一只带开关的电位器，兼电源开关和辉度调节两种作用，向外拔电源打开，右旋时可调节亮度从暗到亮。

b. *Y* 轴增益信号衰减量(垂直幅度)调节旋钮：用来调节 *Y* 轴信号输入量，使显示图形适中。右旋的极端顶点是定标位置。旋钮外拔拉出时 *Y* 轴增益乘 10 倍。

c. *Y* 轴位移旋钮：用来调节图形的上下位置。

d. *X* 轴增益调节旋钮：用来 *X* 轴输入信号的衰减量的调节，即水平幅度。

e. *X* 轴位移旋钮：用来调节图形的左右位置。

(3) 工位衰减器。扫频信号衰减开关，如图 5-36 所示，可根据信号强弱及测试的需要来选择扫频信号的输出幅度大小。特性为：输出阻抗 75 Ω，衰减量由 1 dB，2 dB，3 dB，6 dB，10 dB 及两个 20 dB 任意组合，以 1 dB 步进，总衰减量为 70 dB。

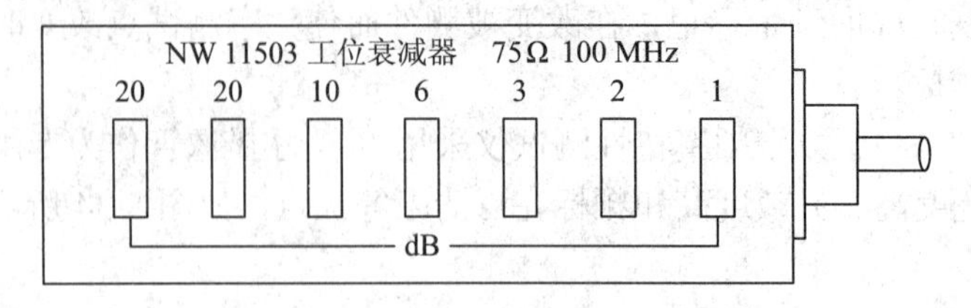

图 5-36　NW11503 工位衰减器

2) 集中信号源的设置及调节

(1) 电平输出。观察电平指示灯亮否，如不亮可调整电平指示电位器，使电平指示灯刚好稳定亮(电平输出幅值 0.5 V)，观察工位显示器是否有扫描线及频标点。

(2) 扫频范围及中心频率的调节。将工位衰减器输出的扫频信号接入被测电路，其输出信号送至显示器垂直输入插座，使显示屏呈现检波框图。调节扫宽电位器，使五个频标点处于屏幕上，调节中心频率电位器，使频标点大至处于屏幕中央。

(3) 频率标记(频标)的设置。

① 频标点：频率标记是由插盒面板上五组数字开关设置，从左至右分别为 A、B、C、D、E。每个标记频率有 4 位数字，频率单位以 MHz 或 kHz 表示。如 JSS-01(第一个插盒)，开关 A 置为：0400，即表示 A 频标点为 400 kHz；开关 B 置为 0465，即表示 B 频标点为 465 kHz。同理适用于 C、D、E 的设置。如 JSS-02(第二个插盒)，开关 A 置为 0755，表示 A 频标点为 10.755 MHz。(调频中频为小数点后 3 位)。

② 频标点顺序：面板标记数字开关按 A、B、C、D、E 排列，在显示器上五个亮点或脉冲表示的标记是按频率的高低从左至右显示，与面板开关设置的频率顺序无关。当两组或几组开关设置的频率相同时，频标点将重叠在一起。当设置的频率超过扫频宽度范围时，频标点将跑出频带外而不被显示或处于不正确的位置。

③ 频标点到达设置点的时间：当改变频标点频率值时，显示器上频标点到达设置频率需要一定的时间，改变数值越大，则所需时间越长，一般约为几十秒(调节中心频率或扫宽时间)。频标点亦有移动稳定过程。

5.3　SD925 超外差式收音机的调试

收音机组装完成后，只要元器件焊接正确，装入电池，简单调谐就可收到电台广播。但因为电路分布参数的存在(分布电容与分布电感)，可调元器件参数的随机性，以及各放大电路中晶体管放大倍数上的差异，使各级电路的参数无法达到设计指标，从而影响收音机的收听质量。要保证收音机各项性能指标达到技术要求，收音机组装或维修后应当按照调试工艺规程进行调试。调试包括各级静态工作点的调整，各级中频变压器(中周)的调整，频率范围的调整和同步跟踪(统调)等内容。相关调试的理论知识参看第 4 章 4.3 节及本章第 5.1、5.2 节内容。

5.3.1　超外差式收音机的技术要求

1．收音机的整机原理

超外差式中波调幅收音机的整机框图及各部分工作功能如图 5-37 所示。

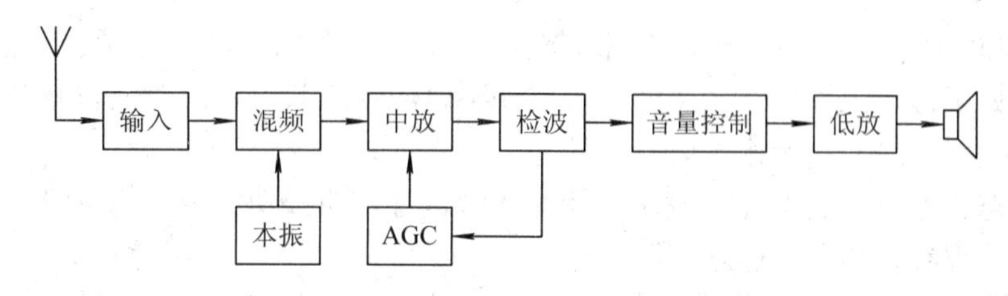

图 5-37　调幅收音机整机框图

2．主要技术指标

超外差式收音机的主要技术要求如下：

(1) 灵敏度要高。灵敏度是指收音机接收微弱信号的能力。指标：≤2 mV/m、20 dBS/N。

(2) 选择性要好。选择性是收音机从天线接收到的各种频率电波中选出某一频率的电台信号而抑制其他频率信号的能力。指标：≥20 dB ± 9 kHz。

(3) 频率范围要宽。频率范围是说明收音机所能接收到电台信号的频率范围，中波广播的频率范围指标：535～1605 kHz。

(4) 中频频率特性要准。收音机中频调整要正确，同步频率跟踪(三点统调)要准确，每一频率的电台信号都能正常接收。中频频率技术指标：465 kHz。

(5) 不失真输出功率要大。指收音机在一定的失真度以内的输出功率要达到规定值，即失真度到 10%时的输出值。指标：≥180 mW，10%失真度。

(6) 电源消耗要小。表示在电源接通后，特别是空载无电台信号的情况下，整机输出电流要尽可能小。指标：无信号<20 mA。

5.3.2　各级电路工作点的调试

1．加电前直观检查

对于新组装好的收音机，在通电调试前应做好直观检查工作，这是电路安装调试的重要程序。重点应检查以下几个方面：

(1) 检查印制电路板上的表面贴装元器件有无连焊、虚焊、错焊，V_9、V_{10}、V_{11} 极性是否正确。

(2) 检查手工焊接的分立元器件的焊接质量是否合格，焊点应圆滑光亮、无堆积、无毛刺、无虚焊、无连焊。用万用表 $R\times10$ 挡测量电源正负极间电阻值，检查有无短路现象。正常电阻值应在几百欧姆。

(3) 检查分立元器件中有极性元件(如电解电容、变压器、晶体管等)引脚顺序有无错误，天线线圈初次级是否接错，中周和振荡线圈的前后次序是否正确。

(4) 检查坚固件(如磁棒支架、双联电容、扬声器、电池夹簧等)是否固定好，调节旋钮是否安装牢固、旋钮灵活。

(5) 检查外接连线是否正确，特别是耳机插座与喇叭的连线，装入电池前必须检查电源引线焊点的位置、正负极性是否正确。

若在直观检查中发现上述问题，应分析原因，及时解决。

2．静态工作点的调整

静态工作点调整是在收音机没有外来输入信号的情况下，调整各级晶体管的偏置电阻，以使晶体管处于最佳工作状态。因此，静态调整时应将双联电容短路或将其动片全部旋入或旋出，以确保电路处于无输入信号的状态。

各级静态工作点的调整，一般从后往前逐级进行，即按功放级、低放级、中放级、变频级的顺序，逐级检测调整静态电流。

实训组装的 SD925 超外差式收音机，在印制电路板设计时，为了测试各级电流及检修方便，在收音机印制电路板上，预留有多处电流测试缺口，这些缺口均在晶体管的集电极电路上，测试完毕后，须用焊锡将缺口连通，如图 5-38 所示。

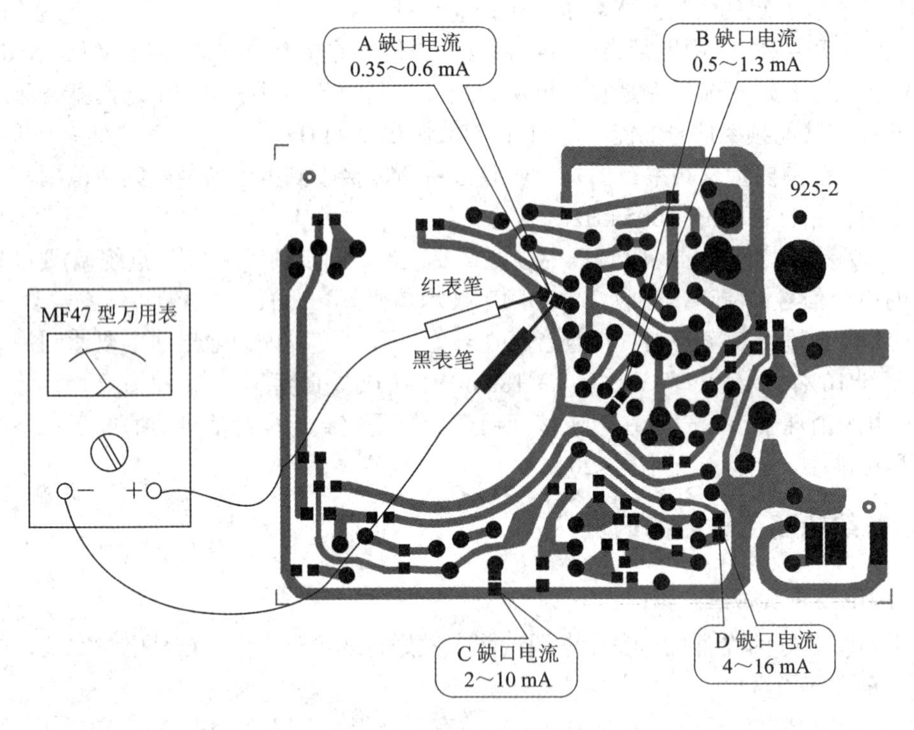

图 5-38　各级电流测试点

1) 变频级电流的调整

变频管 V_2 集电极电流的大小对变频级性能的好坏有直接影响。无论 V_2 作为变频器还是混频器，都要求晶体管工作在非线性区，故集电极电流不能调得太大，否则变频增益会下降或消失，表现为调谐时出现啸叫。若集电极电流过小，会使本机振荡电压下降，造成变频增益下降或本振电路停振，使收音机无法收听。

变频级的静态电流应在 0.35～0.6 mA，若达不到该值则需进行调整。具体方法：参考电路图中给出的 R_1^*/3 kΩ 电阻值，在印制电路对应的焊盘接入一个 $R_P = 10$ kΩ 的电位器(可串接一个 $R' = 1\ \text{k}\Omega$ 的保护电阻)。万用表调至直流电流 0.5 mA 挡，串接在变频管 V_2 的集电极电流测试缺口处(A 缺口)。调试原理如图 5-39 所示。表笔极性不要接反，调整电位器使电流值达到 0.35～0.6 mA，然后拆下电位器，测出电位器与保护电阻的串联阻值，并按此值换上固定电阻。

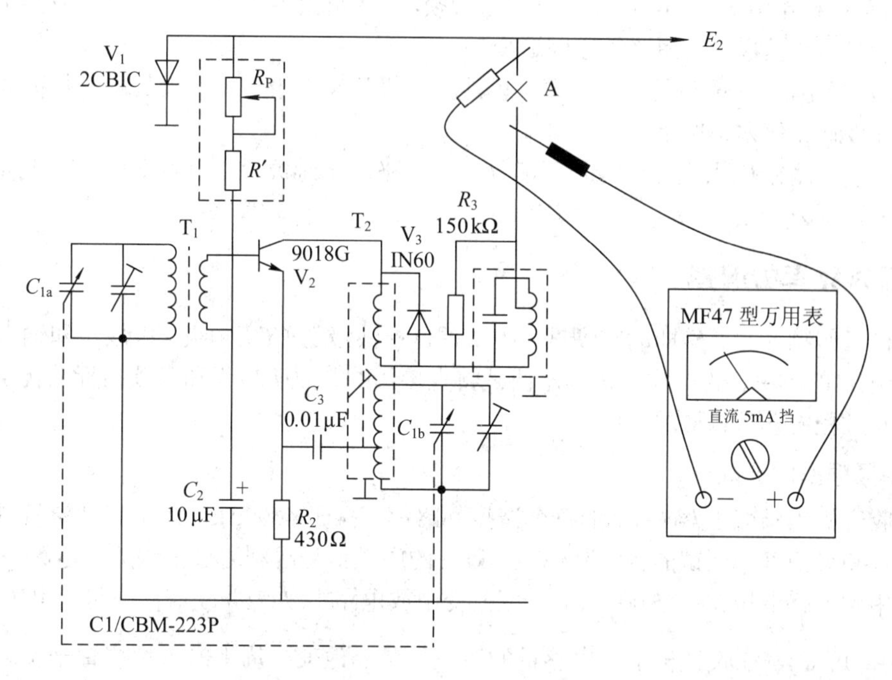

图 5-39　变频管 V_2 集电极电流测试原理

2) 中频放大及检波电路的调试

T_3、V_5、T_4、V_6 组成中放与检波电路，因中放带有自动增益电路(由 V_6、R_4、C_5、V_5 组成)，要求在受到控制时的增益有较大的变化，同时，该级输入信号较弱，故选取 V_5 的集电极电流可小一些。但不可太小，否则增益太小，影响整机性能，通常将中放管 V_5 集电极静态电流调整在 0.5～1.3 mA 之间为宜。

调整方法与变频级类似。静态电流可直接在印制电路板相应的缺口处(B 缺口)测得，调整电路图中给出的参考阻值 R_4^*/43 K 偏置电阻，使中放管 V_5 的集电极电流达到上述要求。同时 R_4 也作为检波管 V_6 的偏置电阻，完成中频信号检波。

3) 低频放大级电流的调试

低频放大级要求有较大的推动功率，并要求这一级与功率放大级配合时失真较小，故本级低频放大管 V_8 集电极电流一般为 2～10 mA。调试方法同前述变频级相似，调整上偏置电阻 R_9^*/68 K 在印制电路板对应缺口处(C 缺口)串入万用表，使电流值为 2～10 mA 为宜。

4) 功率放大级的调整

功率放大级要求有较大的功率输出，因此，该级采用推挽放大电路。为减小失真，提高输出功率，在无信号时仍使功放管有一定电流，也就是集电极静态工作电流。此电流不能过小，否则会发生交越失真；也不可过大，过大会使整机损耗加大，推挽放大效率下降，故电流为 4～16 mA 为宜。该级调整电阻为 R_{12}^{*}/430 Ω，调整方法同上，在电路板缺口(D 缺口)处串入万用表进行调试。

在调整各级静态工作点时，可能出现下列异常情况：

(1) 若集电极电流 I_C 为 0，可能是该三极管损坏，集电极无电压，发射极没有接地，上偏置电阻断路，或基极对地短路等原因造成的。

(2) 集电极电流 I_C 偏小且调不上去，可能是三极管集电极与发射极装反，基极旁路电容漏电或三极管 β 值太小所至。

(3) 集电极电流 I_C 太大，可能是下偏置电阻开路，发射极旁路电容击穿，三极管击穿或 β 值太大等原因造成的。

5.3.3　工作频率的调整

收音机工作频率的调整即动态调试，主要调试检波级之前(变频级、中放级和输入调谐电路)各级电路的频率特性。收音机动态调试将直接影响其收听效果和各项指标的优劣，是收音机组装过程中非常重要的工序。

1．中频频率的调试

只有收音机中频变压器(中周)的每个谐振回路都谐振于 465 kHz，才能保证整机具有良好的选择性和灵敏度。调试的目的是使 465 kHz 的中频信号顺利通过中频放大电路。

要使中频电路谐振在 465 kHz 上，可改变中放电路中 LC 并联谐振回路的电感量(由 $f=\dfrac{1}{2\pi\sqrt{LC}}$ 可知)，在收音机中，电感量的改变，是靠改变中周上的磁帽位置来实现的，如图 5-40 所示。

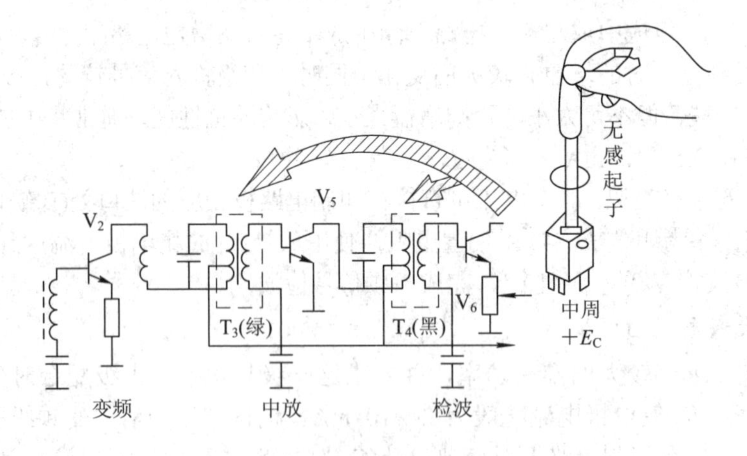

图 5-40　中周调整示意图

1) 使用 JSS-10 数字频率特性测试仪调试

(1) 调试前准备。

① 焊接调试引线。在组装完成并经过静态调试的收音机电路板的天线输入端和检波输出端焊接两条检测线，其接入点如图 5-41(a)，焊接处如图 5-41(b)所示。

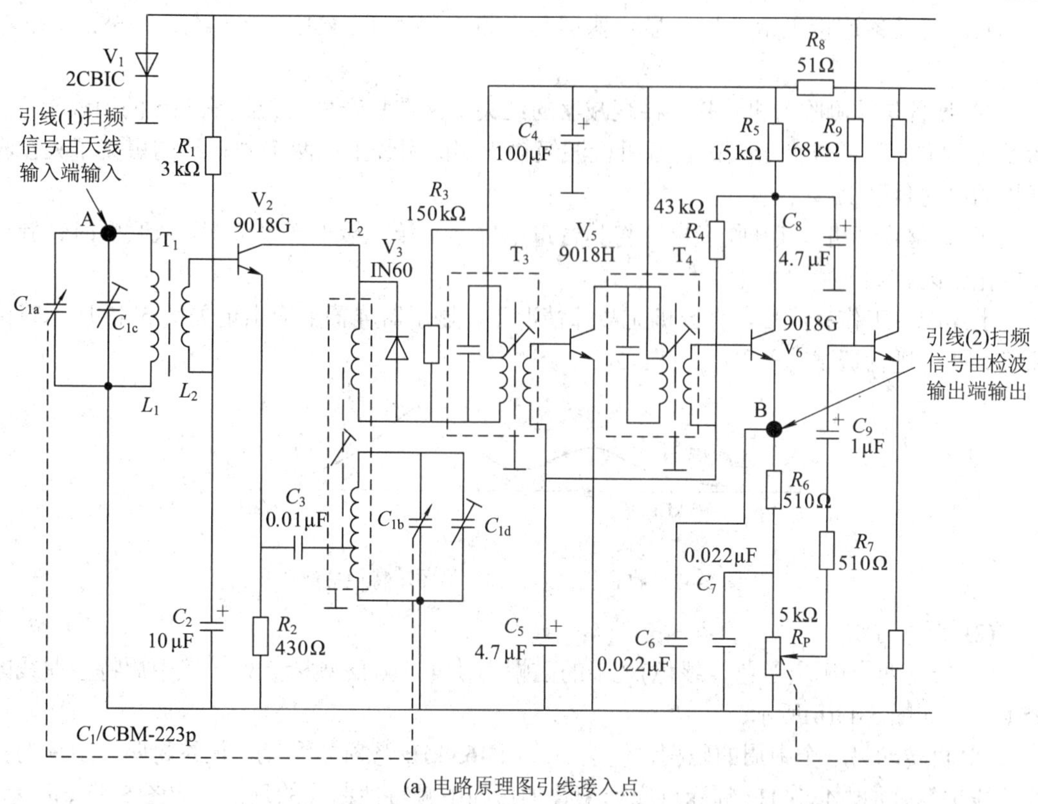

(a) 电路原理图引线接入点

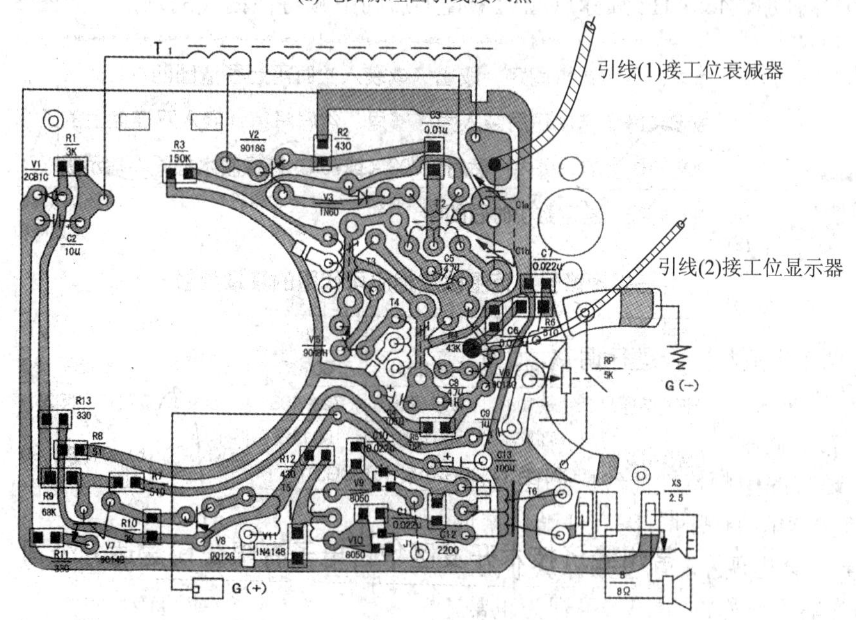

(b) 装配图引线焊接处

图 5-41　调试引线接入示意图

② 调整设备。选择 JSS-01 插盒，即调幅中频(扫频范围 400～500 kHz)，参看图 5-33。调整数字开关设置频标点 A：00 kHz、B：461.5 kHz、C：465 kHz、D：468.5 kHz、E：

00 kHz。若设备连接正常，打开显示器屏幕上将出现 461.5 kHz、465 kHz、468.5 kHz 三个亮点。

③ 设备与被测收音机连接。将衰减器的红夹子夹在收音机的天线输入端的引线上；显示器 Y 轴同轴线的红夹子夹在收音机检波级输出端的引线上；两个同轴线的黑夹子夹在收音机的电池负极上。

④ 调整收音机。打开收音机并将其音量电位器旋转于最小音量位置，双联顺时针旋至高端无台区。

上述准备工作完成后，收音机无故障情况下，显示器屏幕上应出现如图 5-42 所示特性曲线，即可进行调试。

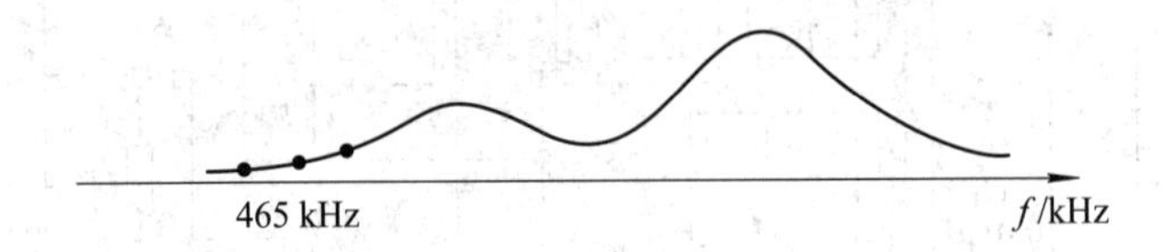

图 5-42 收音机接入扫频信号图示特性曲线

(2) 调试方法。

① 转动两个中周(黑色、绿色)之一的磁帽，使 465 kHz 频标点处于该中周特性曲线的峰值上。如图 5.43(b)所示。

② 再转动另一个中周的磁帽，使该曲线向 465 kHz 频标点移动，最终将两个中周的特性曲线进行叠加，465 kHz 频标点应处于叠加后的中频特性曲线的顶点。如图 5-43(c)所示。

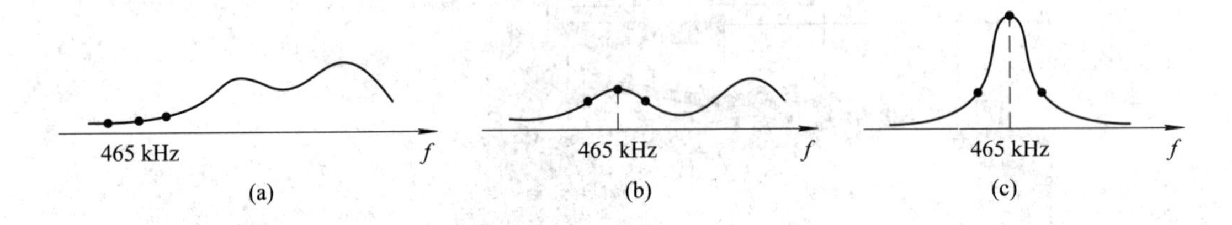

图 5-43 调试过程中频特性曲线示意图

③ 两个中周相配合进行调整，使曲线的幅值尽可能高。

(3) 常见问题。

① 理想的中频特性曲线应如图 5-44 所示，但在实际调试时，因高低端频率增益的差异，会出现左右两个频标点不在一个高度(左右不对称)的情况，可视为正常，略去不计。

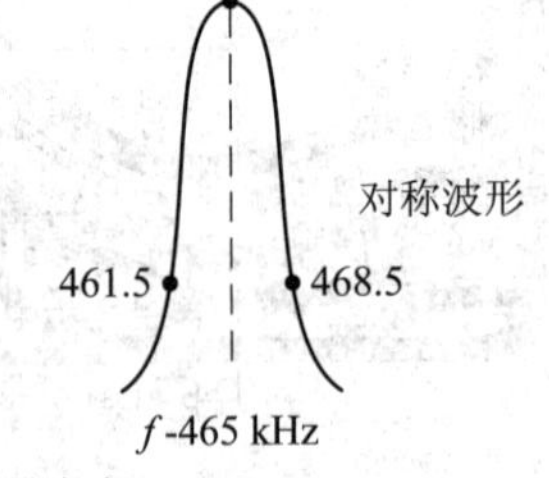

图 5-44 超外差式收音机中频特性曲线

② 在调试中常出现曲线超出屏幕范围或出现削顶失真，应随时调整衰减器的衰减量，另外，也可旋转显示器上的 Y 轴增益旋钮或关断收音机音量开关，进行信号强弱调整。

③ 如果显示器上的曲线为一水平直线，表明无 Y 轴信号，可能由以下三种原因造成。i．两个红夹子夹反了；ii．显示器及衰减器没有调整好或有故障；iii．收音机中放有问题，信号不通。可自行分析解决。

2) 不用仪表的调整

让被调收音机接收中波段低端一个信号不太强的电台，用无感起子按 T_3、T_4 的顺序逐个缓慢旋动中周磁帽，每只都旋到扬声器发声最响为止。当顺向旋进时声音没有增大的迹象，则应改为反向旋出。如果信号太强不易分辨音量的变化，可转动收音机改变磁性天线的方向。另外，也可采用样机调整中频，具体做法是，准备一台调整准确的收音机作为样机，用导线将样机和被调机的地线相连，并打开样机在低端接收某一电台。再从样机的检波输入端引出一根短导线，串联一只 0.01～0.047 μF 的电容，分别接入被调机的各中放管、变频管的基极，反复调整各中周，使被调机声音最响，完成中频的调整。

中频调好后，可在磁帽上滴几滴白蜡加以固定。中周磁帽易破碎，调整时要小心，不可用力过猛，所用无感起子大小要合适。若中周的磁帽与尼龙骨架结合较紧，可用电烙铁在中周外壳适度加热，让尼龙骨架变软，从而使磁帽转动灵活。

2．频率范围的调试

调整频率范围也称调覆盖或对刻度，调试的电路为本机振荡电路。AM 中波广播的频率范围为 535～1605 kHz，收音机能否收到该频段的电台，且各电台的频率是否与收音机的频率刻度相对应，关键取决于频率范围的调试。需说明，本机振荡信号与电台信号在混频时能否产生 465 kHz 的差频(中频)信号，不取决于输入回路的谐振频率。因此，调整频率范围的实质就是校正本振频率与中频(465 kHz)的差值能否落在 535～1605 kHz 之内。

1) 使用 JSS-10 型频率特性测试仪调试

(1) 设备及准备。参照调中频的要求进行设备及调试前的各项准备。设备调整选择 JSS-03 插盒，即调幅中波(MW)扫频范围(400～1800 kHz)参看图 5-33，调整数字开关设置频标点 A：535 kHz、B：600 kHz、C：1000 kHz、D：1500 kHz、E：1605 kHz。若连接无误，打开显示器屏幕上将出现上述五个亮点，如图 5-45 所示。

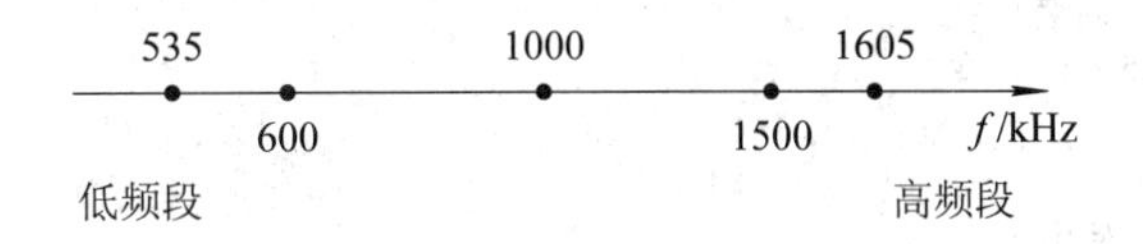

图 5-45　频率范围调试频标显示

(2) 连接及顺序。收音机被测电路与设备的连接方式及调整方法参看调中频的准备工作，频率范围的调试一般按照先调低端，后调高端的顺序进行。

(3) 方法及步骤：调试的目的是双联电容从全部旋入到全部旋出，所接收的频率范围恰好是整个中波波段，即 535～1605 kHz。

① 低端调整：将收音机双联电容逆时针全部旋入(电容值最大)，显示器屏幕应出现如图 5-46 所示特性曲线。调节振荡线圈 T_2(红色)的磁帽，使 535 kHz 频标点置于谐振曲线的峰值上，如图 5-47 所示。此时频率盘对应刻度为 535 kHz。

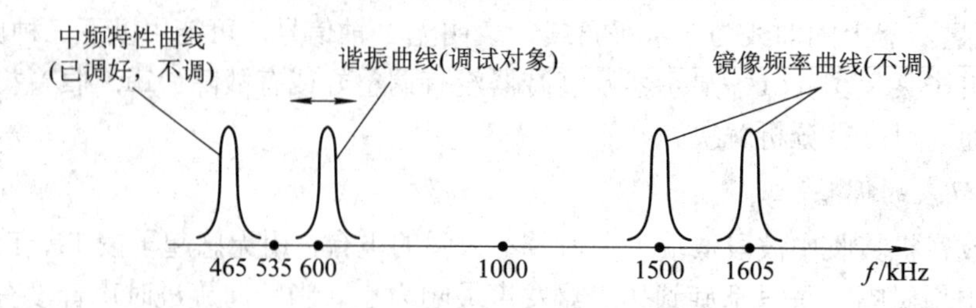

谐振曲线(调谐曲线)即随着双联电容转动而在显示器横轴(f)移动的曲线，曲线峰值所对应的频率为收音机输入回路的谐振频率，调试完成后应与机壳面板频率盘指示对应。

图 5-46　低端调试频率特性曲线

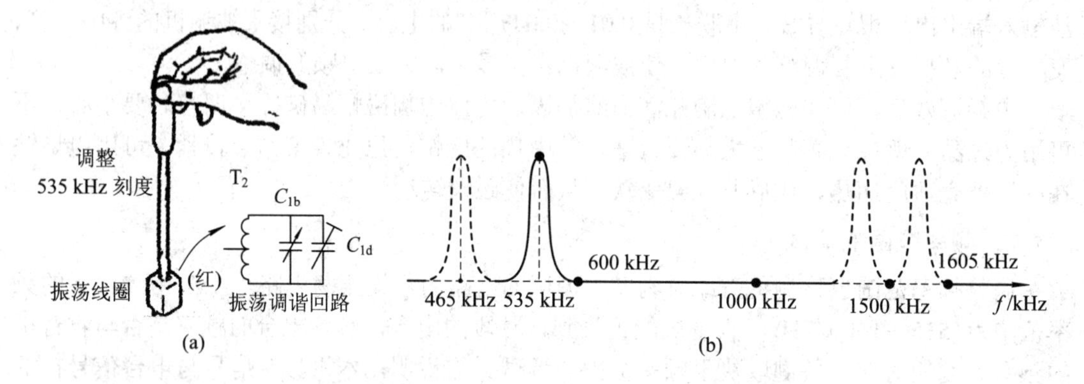

图 5-47　低端调试方法示意图

② 高端调整：将收音机双联电容顺时针全部旋出(电容值最小)，调节补偿电容 C_{1d}(附于双联电容后面外侧)，使 1605 kHz 标记点置于谐振曲线的峰值上，如图 5-48 所示。此时频率盘对应刻度为 1605 kHz。

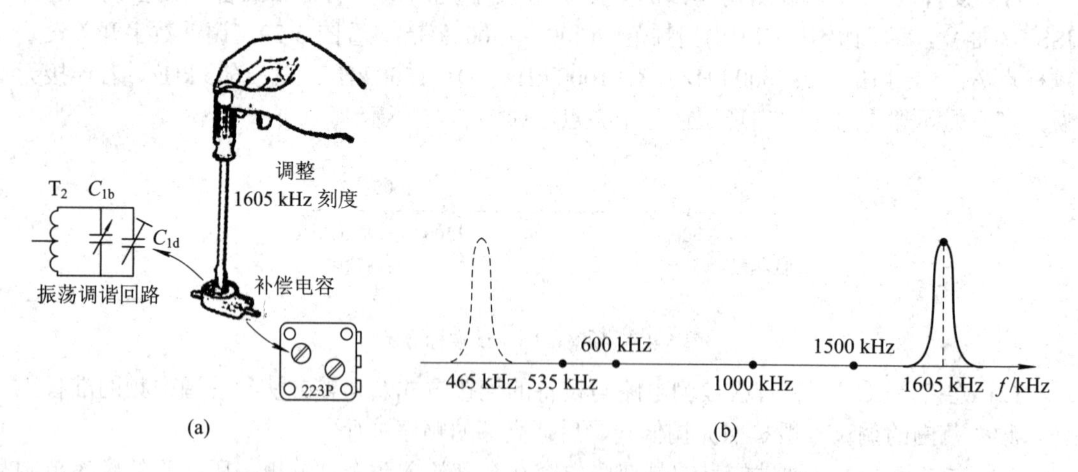

图 5-48　高端调试方法示意图

③ 反复调整。在调整高端时将会影响低端的调试结果，同样调整低端时也会影响高端的调试结果。故需①、②步骤反复调整 3、4 次，使得旋转双联电容时谐振曲线峰值移动范围能覆盖从第 1 频标点到第 5 频标点。即谐振曲线的峰值在双联电容全部旋入时应在 535 kHz 频标点上；在双联电容全部旋出时应在 1605 kHz 频标点上。

(4) 说明及注意事项。

① 用频率特性分析仪进行频率覆盖范围的调试，主要是围绕显示器上的谐振曲线进行的，即随双联电容转动而移动的曲线。中频特性曲线为一已调好且不动的曲线(参看图 5-48(b))不可在此过程中再调试中周。

② 低端调试时出现的镜像频率曲线，是交叉调制造成的(参看图 5-47(b))，在调试过程中不作调整。

③ 若在调试过程中转动双联电容却找不到谐振曲线，说明收音机高频部分有故障，应先排除故障再作调试。

④ 如果图形幅值偏大(或偏小)，应按动工位衰减器选择开关，以获得幅度较大且不失真的曲线。

2) 不用仪器进行调整

在无信号源的情况下，如果知道当地能收到广播信号高低端电台的频率，如低端 540 kHz 的中央台，高端 1323 kHz 的陕西台。可先把刻度盘拨到 540 kHz 的位置(定片旋出约 5°)，用无感起子旋转 T_2 的磁帽，找到该电台并使声音最大。再把刻度盘拨到 1323 kHz 的位置，调整补偿电容器 C_{1d}，调到收到该电台且声音最大。高端调好后会影响低端，需反复调整几次。另外，可采用样机调整频率范围，方法是：先将样机在低端收到一个电台，并将被调机的调谐指针调至与样机相同的频率刻度位置，调节振荡线圈的磁帽，直至被调机接收到与样机相同的电台。然后再将样机在高端选择一电台，被调机的调谐指针也调至相应的频率刻度位置，调节本振电路中的微调补偿电容 C_{1d}，使被调机收到与样机相同的电台。反复调整，最终调好频率覆盖范围，并用白蜡对磁帽加以固定。

3．三点统调

超外差收音机的本机振荡频率与接收信号频率应保持相差 465 kHz，即同步跟踪调整。但在实际电路中，要在整个波段内保持同步很难做到，通常取 600 kHz、1000 kHz、1500 kHz 三个频率点上同步，这就是三点统调。

从原理阐述中可知，无论是接收电路，还是本振电路，都是 LC 谐振电路，且满足 $f=\dfrac{1}{2\pi\sqrt{LC}}$。$f$ 与 C 不成线性变化，因此，要使收音机在全波段满足超外差要求，即 $f_{本振}-f_{信号}=f_{中振}$，必须通过调整电感和电容来修正曲线，如图 5-49 所示。这样，本振频率就能始终跟踪电台信号频率变化，产生稳定的中频信号，使收音机达到最佳的收听效果。

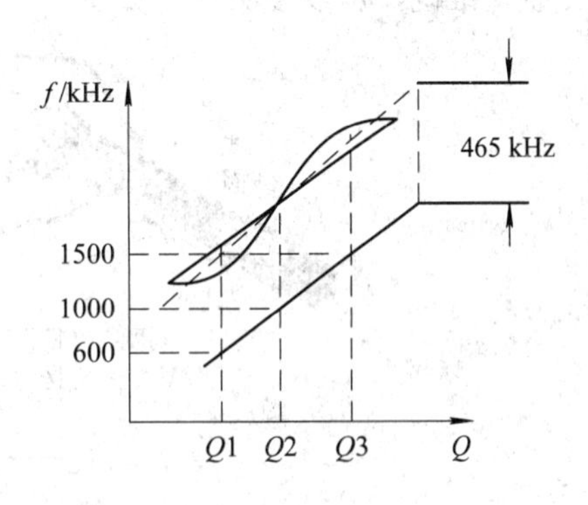

图 5-49　电感和电容修正曲线

由于振荡回路在调整频率范围时已调好，且使用的双联电容为差容双联电容，所以，可利用振荡回路与输入回路的关系，用调整输入回路的电感 T_1(磁棒线圈)和微调电容 C_{1c} 来获得三点统调。因 1000 kHz 在调整 600 kHz、1500 kHz 同步后可满足同步关系，见图 5-49。故通常只调 600 kHz、1500 kHz 两点，而将 1000 kHz 作为检验点。

1) 使用频率特性测试仪调试

准备工作与连接方法同调覆盖范围相同。调试方法如下：

① 调低端(600 kHz 频标点跟踪)。转动双联电容，使谐振曲线峰值位于 600 kHz 频标点上。调整天线线圈在磁棒上的位置，使曲线幅度最大且杂波最小，如图 5-50 所示。

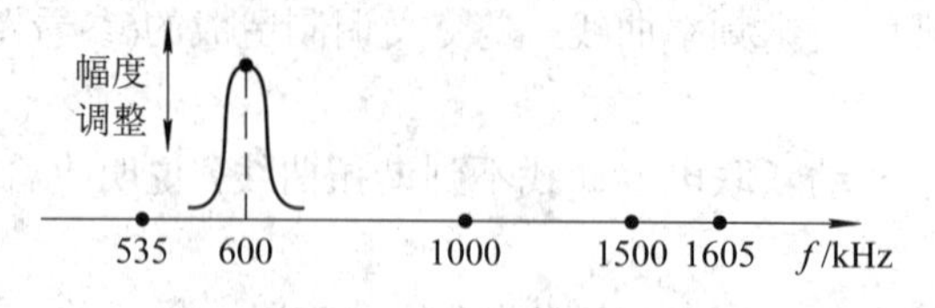

图 5-50 调低端方法

② 调高端(1500 kHz 频标点跟踪)。转动双联电容，使谐振曲线峰值位于 1500 kHz 频标点上。用无感起子转动双联电容背面内侧的输入补偿电容 C_{1c}，使曲线幅值最大且杂波最小，如图 5-51 所示。

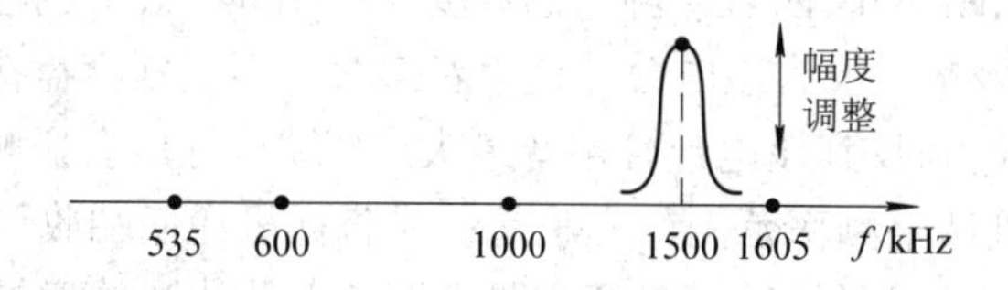

图 5-51 调高端方法

③ 反复①、②步骤，使得谐振曲线幅度在整个频段内，幅值较大且保持高低端尽量一致。这样即完成中波段的统调工作，最后可用白蜡将线圈固定在磁棒上。另外，统调完成后，需按前述方法对频率范围进行校对。

2) 利用电台信号调试

先将收音机调到 540 kHz(中央台)上，用无感起子调整磁棒与天线线圈相对位置，使声音最大。然后将收音机调到 1323 kHz(陕西台)上，用无感起子调整补偿电容 C_{1c} 使音量最大。为使统调准确，应反复数次，如图 5-52 所示。

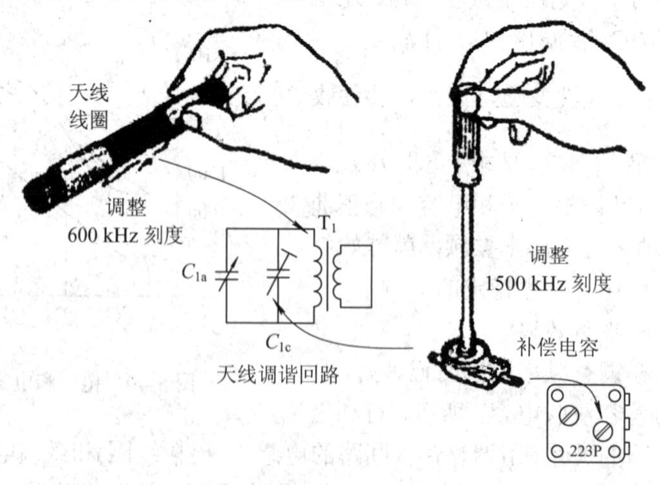

图 5-52 用电台信号进行统调示意图

上述频率覆盖范围与三点统调的调试方法可用四字进行概括，即低感高容。

5.3.4　组装常见故障检修

收音机组装过程中产生故障的原因很多，情况也错综复杂。常见的组装错误有：元器件错装，特别是三极管、二极管、电解电容等管脚焊错；中周、输入输出变压器反装；电阻装错；三极管、电位器烫坏；电位器、扬声器、电源线等外接线错误；假焊、虚焊、焊锡短接等。造成的故障现象有：收音机无声、收台灵敏度低、声音失真、收音噪声大、啸叫等。一种故障可能是一种原因，也可能是多种原因造成的。学会正确的检修方法，分析故障产生的原因，学习维修技巧，是电子产品装调实训应掌握的基本技能。相关检修知识参看本章 5.1.4 节内容。

1. 整机工作状况检测及维修

检修是一项耐心细致的工作，碰到收音机出现故障后应冷静有序地进行检查，先看安装是否正确，元器件插装有无差错、缺焊、搭接。在组装无误的情况下，可通电检查。收音机整机正常工作的前提是：整机静态工作电流应在正常范围内(实训的 SD925 收音机静态总电流约 15 mA)，各级应满足电路图提供的三极管集电极电流值，若不正常应逐级进行检查。静态电流故障检测见表 5-4。

表 5-4　各级电流故障检测

故障现象	电流正常值	检查点
变频级无电流	0.35～0.6 mA	1. T_1 次级线圈开路 2. V_2 装接有误或损坏 3. T_2 次级线圈开路 4. R_1、R_2 阻值或装接有误
中放级无电流	0.5～1.3 mA	1. V_5 装接有误或损坏 2. R_4、R_5 阻值或装接有误 3. T_3(绿)次级线圈开路 4. C_5 短路
中放级电流大	0.5～1.3 mA	1. R_4 阻值过小或损坏 2. V_6 装接有误或损坏 3. R_P 电位器损坏 4. R_6 损坏或装接有误
低放级无电流	2～10 mA	1. T_5 初级线圈开路 2. V_7、V_8 装接有误或损坏 3. R_9 未焊好、R_{11} 开路
低放级电流大	2～10 mA	1. R_9 阻值太小 2. V_7、V_8 装接有误或损坏 3. R_{10}、R_{11} 阻值或装接有误 4. C_9 损坏
功放级无电流	4～16 mA	1. T_5 次级线圈开路 2. T_6 内部线圈开路或损坏 3. R_{12} 装接或阻值有误 4. V_9、V_{10} 装接有误或损坏
功放级电流大	4～16 mA	1. V_{11} 损坏或接反 2. R_{12} 阻值小 3. V_9、V_{10} 损坏

2. 无电台声、有“沙沙”声的检修

故障现象：收不到电台广播，扬声器只有“沙沙”声。

故障范围及原因：收音机低放部分基本正常，故障为低频耦合电容 C_9 之前的检波电路、中放电路、变频级和输入回路。原因是信号通道有断处。

检修方法：将音量电位器调至最大，用镊子触碰 V_7 的基极，扬声器有“嚓嚓”声，而碰电位器的滑动端时，若无“喀喀”声，则表明 C_9 断路或电位器的滑动端与地短路，若有声，则再触碰电位器的热端(信号进入端)来判断电位器的好坏。如此依次往前分别触碰各级三极管的基极，直至找到信号中断处，确定故障范围。

应当指出，如果采用上述方法，直至 V_2 基极、仍有较响的“喀喀”声，则说明 V_2 及后各电路工作状态基本正常。但仍不能收到电台广播，则故障很可能是本机振荡电路停振造成的。用频率特性测试仪观察，应无谐振曲线。引起停振的原因有：振荡线圈 T_2(红)受潮、初级或次级断路或短路、初次级间短路；交连电容 C_3 短路或断路；补偿电容 C_{1d} 短路；双联电容的振荡联 C_{1b} 碰片等。

组装中常出现类似的故障有：高频部分元器件焊接不良、错装，中振(T_2)严重失调或焊脚处焊锡短路等。再有是调试过程中用力过大，使 T_2 磁帽过深伤及线圈(需更换解决)。

3. 灵敏度低、收台少的检修

故障现象：只能收到本地强信号电台，而远地电台信号较弱或声音小。

故障范围及原因：高、中频电路(从输入调谐回路至检波电路)存在故障，使高、中频电路的增益降低。

检修方法：在电源电压正常的情况下，引起灵敏度低的主要原因有：V_6 检波管性能变坏，检波效率下降；两个中周失调或受潮，Q 值下降；中放管 V_5 性能变坏，集电极电流减小；中频旁路电容 C_5、C_8 断路，使中频增益下降，槽路电容(在中周内)C_L 漏电、失效，使中周调节时反应不灵；天线线圈断股，损耗增大，Q 值降低。

另外，本机振荡弱也会引起此类故障，原因有：交连电容 C_3 漏电，造成频率低端停振或容量过大造成频率高端自激；振荡线圈 T_2(红)Q 值低；C_6 虚焊易造成“汽船”声。

组装过程中主要是由中周失调(包括磁帽破碎)、元器件错装、统调不当、旁路电容焊接时损坏或虚焊以及 T_3(绿)与 T_4(黑)装反等原因造成的。

4. 声音小或失真的检修

故障现象：能收到电台广播，但音量较小或声音沙哑，断断续续含混不清。

故障范围及原因：低频放大电路故障，增益降低、电路或扬声器损坏。

检修方法：对于声音较小的故障，可重点检查低频放大电路及扬声器。声音失真主要是由于低频放大电路的工作点过低或功放电路不对称所至，也可能是 AGC 电路失控造成的。检修时可采用代替法，用一只好的扬声器一试。检查低频放大电路时，应用信号注入法压缩故障范围，然后用电压法等找出故障元件。如果怀疑失真是由 AGC 电路失控造成的，可适当转动收音机方向，使输入信号减小，看是否能改善音质，若不能改变，可重点检查 V_6、R_4、C_5、V_5 组成的自动增益控制电路(AGC)。

组装过程中易产生的故障有：V_9、V_{10} 性能不佳，不配对；T_5、T_6 反装、V_7、V_8 错装。C_{10}、C_{11} 虚焊易产生啸叫声。

5.3.5 收音机整机调试评价

收音机整机调试的评价标准如表 5-5 所示，满分 100 分。

表 5-5　收音机整机调试评价表

项目	评分标准	标准分	得分
静态调试	各级三极管集极电流符合电路图要求 调试过程正确、规范	30 分	
动态调试	中频特性曲线标准，465 kHz 频标点位于曲线顶点 覆盖范围满足指标要求：535～1605 kHz，刻度指示正确，调试过程规范，无元器件损坏	30 分	
统调	低端、高端调试元器件正确，低、高电台音量均衡，无明显方向性，用频率特性仪检验 600 kHz、1500 kHz 幅值较大且一致 灵敏度符合指标要求，能收到五个及以上电台广播	30 分	
收音评价	广播声音洪亮、清晰，电位器开到约 1/2 处时，仍有较大的信噪比，广播声音大小受方向影响甚微	10 分	
合计		100 分	

第 6 章 表面安装技术与工艺

电子产品的集成化及微型化是现代电子技术发展的重要标志之一。各种高性能、高可靠、高集成、微型化的电子产品正以日新月异的速度面世，影响着我们的生活，促进了科学技术的发展。

安装技术是实现电子产品微型化和集成化的关键技术。表面安装技术正是当代电路安装技术的主流，经过 20～30 年的高速发展，现已成为完全成熟的新一代电路安装技术。目前世界上已有 80%以上的电子产品采用了表面安装技术，有效地实现了电子产品“轻、薄、短、小”，多功能、高可靠、优质、低成本的目标。

6.1 表面安装技术概述

表面安装技术，英文为“Surface Mount Technology”，简称 SMT，是一门包括电子组件、装配设备、焊接方法和装配辅助材料等内容的系统性综合技术。它不同于传统的印制电路板通孔基板插装元器件组装电路的方式，而是将表面安装器件(Surface Mounted Devices，SMD)以及其他适合于表面贴装的电子元件(Surface Mounted Component，SMC)直接贴、焊到印制电路板(Printed Circuit Board，PCB)或其他基板表面的规定位置上的一种电子装联技术。它的主要特征是所安装元器件均为适合表面贴装的无引线或短引线的电子元器件(SMC/SMD)，安装后的元器件主件与焊点均处于印制电路板的同侧。图 6-1 所示为表面安装技术(SMT)与通孔插装技术(Through Hole Mounting Technology，THT)的工艺特点。

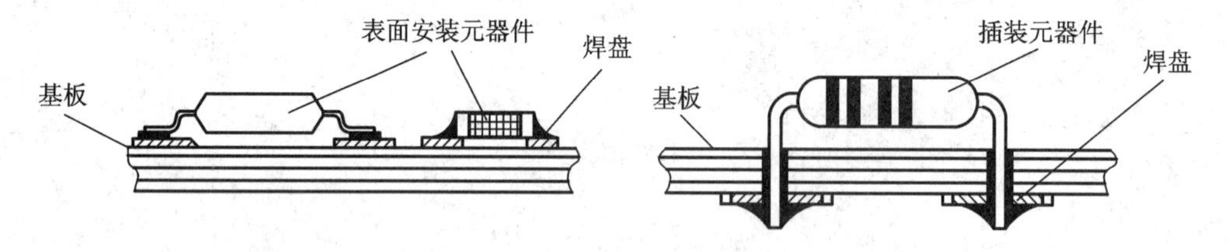

图 6-1　表面安装技术(SMT)与通孔插装技术(THT)的工艺特点

6.1.1 表面安装技术的发展

1. SMT 发展简述

SMT 技术自 20 世纪 60 年代问世以来，经过 40 年的发展，已进入完全成熟的阶段，是当代电子产品组装技术的主流，而且正继续向纵深发展。美国是世界上最早应用 SMT 的国家，1966 年，美国 RCA 公司研制成功片式薄膜电阻，并用于微膜组件上，在军事装备领域发挥了 SMT 高组装密度和高可靠性方面的优势。20 世纪 70 年代，日本从美国引进 SMT 技术并将其应用在民用消费类电子产品领域，并投入巨资大力加强基础材料、基础技术和推广方面的开发研究，仅用四年时间使 SMT 在计算机和通信设备中的应用量增加了近 30%，超过了美国。20 世纪 80 年代中期以来，SMT 进入高速发展阶段。进入 90 年代，采用通孔组装技术的电子产品以年 11%的速度下降，而采用 SMT 技术的电子产品则以 8%的速度递增。80 年代中期我国电子行业开始引进、消化、吸收 SMT 技术，用于彩电调谐器、录像机、摄像机等生产中。经过 20 多年持续增长，尤其是 2000 年到 2008 年间的超高速增长，我国已成为世界 SMT 第一产业大国。近年来我国 SMT 产业进入调整转型期，将由 SMT 产业大国走向 SMT 产业强国。我国 SMT 的发展前景非常广阔。

2．SMT 技术的发展动态

表面安装技术总的发展趋势是：元器件越来越小，安装密度越来越高，安装检测生产线智能化、自动化程度越来越高，且安装产品也越来越复杂、技术难度增大。当前，SMT 正向以下四个方面发展：

(1) 电子元器件体积进一步小型化。在大批量生产的微型电子整机产品中，0201 系列元件(外形尺寸 0.6 mm × 0.3 mm)、窄引脚间距达到 0.3 mm 的新型封装的大规模集成电路已经大量采用。由于元器件体积的进一步小型化，对 SMT 表面组装工艺水平，SMT 设备的定位贴装系统等提出了更高的精度与稳定性要求。

(2) 进一步提高 SMT 产品的可靠性。面对微小型 SMT 元器件大量采用和无铅焊接技术的应用，在极限工作温度和恶劣环境条件下，消除因元器件材料的线膨胀系数不匹配而产生的应力，避免这种应力导致电路板开裂或内部断线以及元器件焊接被破坏等故障，已成为不得不考虑的问题。

(3) 新型生产设备的研制。在 SMT 电子产品的大批量生产过程中，焊锡膏印制机、贴片机和再流焊设备是不可缺少的。近年来，各种生产设备正朝着高密度、高速度、高精度和多功能方向发展，高分辨率的激光定位、光学视觉识别系统，智能化质量控制等先进技术得到推广应用。

(4) 柔性 PCB 的表面安装技术。随着电子产品组装中柔性 PCB 的广泛应用，在柔性 PCB 上安装元器件技术已被世界攻克，其难点在于柔性 PCB 如何实现刚性固定的准确定位要求。

3. 电子产品组装技术及工艺的发展

表面安装随着技术及工艺的日渐成熟，电子产品的组装与生产发生了革命性地变革，是近代先进制造业发展最快的现代工艺技术。电子产品组装技术按发展时间及工艺特点可分为五个阶段，如表 6-1 所示。

由表中可看出，电子产品组装技术是伴随电子元器件与印制电路板制造工艺而发展的。第二代与第三代组装技术均采用通孔插装(THT)，需在印制板上钻孔，对元器件引脚进行折弯、校直处理后将引脚插入孔中，然后在电路板的引脚伸出面上进行焊接。其工序繁杂，且电路板面积较大，难以实现双面安装。第四代则发生了根本性变革，采用表面安装技术(SMT)，从元器件到安装方式，从印制电路板设计到连接方法都以全新面貌出现，其安装工艺不受引脚间距限制，而且贴片元器件(SMC/SMD)外形规整，可直接紧贴在电路印制板上，实现双面贴装，无引脚焊接。这大大提高了电子产品的组装密度，有效减小了电路板的体积，并且电路装配更易于实现自动化，提高生产效率。第五代是微组装技术(MPT)，这种组装技术是表面安装技术的进一步发展，目前处于技术发展和局部领域应用的阶段，代表着当前电子产品组装技术发展的方向。

表 6-1　电子产品组装技术及工艺发展阶段

	第一代	第二代	第三代	第四代	第五代
年代	20 世纪 50—60 年代	20 世纪 60—70 年代	20 世纪 70—80 年代	20 世纪 80—90 年代	20 世纪 90 年代
技术缩写		THT		SMT	MPT
代表元器件	长引线大型元器件，电子管	晶体管，轴向引线小型化元器件	单、双列直插 IC，轴向引线元器件编带	SMC、SMD 片式封装 VSI，VLSI	VLSIC，ULSIC
安装基板	接线板铆接端子	单双面 PCB	单双面及多层 PCB	高质量 SMD	陶瓷硅片
安装方法	手工安装	手工、半自动插装	自动插装	自动贴片机	自动安装
焊接技术	扎线，配线，手工焊接	手工焊、浸焊	波峰焊、手工焊、浸焊	波峰焊、再流焊	倒装焊
代表产品	电子管收音机	黑白电视机	彩色电视机	录像机，电子照相机	集成电路

6.1.2　表面安装技术的特点

SMT 工艺技术的特点可以通过其与传统通孔插装技术的差别比较体现。从工艺技术上分析。SMT 与 THT 的根据区别是“贴”和“插”。二者的差别还体现在印制电路板、电子元器件、组件形态、焊点形态和组装工艺方法等方面。

表面安装技术和通孔插装技术相比，具有以下优越性：

(1) 安装密度高。SMT 片式元器件其几何尺寸和占用空间比传统通孔插装元器件小得多，并可在印制电路板两面贴装，有效利用了印制板的面积，减轻了产品重量。一般面积可减小 60%～70%，甚至达到 90%，重量减较 60%～90%。在印制电路板上采用双面贴时，组装密度可达 5.5～20 个焊点/cm^2。

(2) 可靠性高。片式元器件小而轻，故抗振动能力强。由于采用自动化生产，贴装精度、可靠性高，不良焊点小于 10%。用 SMT 组装的电子产品平均无故障工作时间可达 2.5×10^5 小时。

(3) 高频特性好。由于 SMT 元器件无引线或短引线的特点，自然减小了电路的分布参数，降低了寄生电容的影响，降低了射频干扰，提高了电路的高频特性。其电路最高频率达 3 GHz，而 THT 电路仅为 500 MHz。

(4) 信号传输速度高。因连线短、延迟小，可实现信号高速传输，电路时钟频率达 16 MHz 以上。对于电子设备超高频、超高速运行具有重大意义。

(5) 降低生产成本。当前除了少数片状化困难或封装精度特别高的品种外，绝大多数 SMT 元器件的封装成本已低于同类型 THT 元器件，并因体积小、重量轻，减少了包装、运输和储存费用。另外，减少了印制板的尺寸；频率特性好，减少了电路调试费用等。这将大幅降低电子产品的生产成本。

(6) 利于自动化生产。由于 SMT 片式元器件外形尺寸的标准化、系列化及焊接条件的一致性，使 SMT 的自动化生产程度很高，大大提高了产品的成品率和生产效率，实现了生产全线自动化。

6.1.3　表面安装技术的组成

SMT 是一项复杂的系统工程，它的基本组成包括：表面安装元器件，表面安装电路板及电路板设计、表面安装工艺、检测技术、表面安装设备、专用材料(焊锡膏及贴片胶)、表面安装质量控制和生产管理等多方面内容，如图 6-2 所示。其技术范畴涉及诸多学科，是一项综合性工程科学技术。

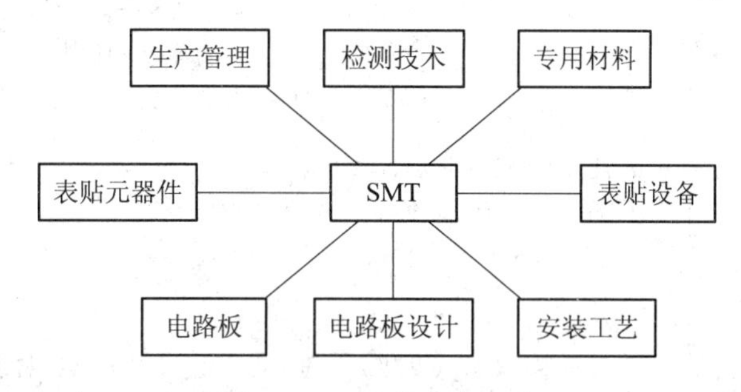

图 6-2　SMT 的基本组成

1. SMT 的主要内容

(1) 表面安装元器件。

设计：包括结构尺寸、端子形式、耐焊接热等设计内容。

制造：各种元器件的制造技术。

包装：有编带式包装、棒式包装、散装等形式。

(2) 电路基板。

包括单(多)层 PCB，陶瓷、瓷釉金属板等。

(3) 组装设计。

包括电设计、热设计、元器件布局、基板电路图布线设计等。

(4) 组装工艺方法。

材料：包括黏接剂、焊料、焊剂、清洗剂。

技术：包括涂敷技术、贴装技术、焊接技术、清洗技术、检测技术。

设备：包括涂敷设备、贴装机、焊接机、清洗机、测试设备等。

(5) 组装系统控制和管理：组装生产线或系统组成、控制与管理等。

2. SMT 工艺技术

SMT 工艺技术的主要内容可分为组装材料选择、组装工艺设计、组装技术和组装设备，如图 6-3 所示。

SMT工艺技术涉及化工与材料技术(如各种焊锡膏、焊剂、清洗剂)、涂敷技术(如焊锡膏印刷)、精密机械加工技术(如丝网制作)、自动控制技术(如设备及生产线控制)、焊接技术、测试和检验技术、组装设备应用技术等诸多技术。

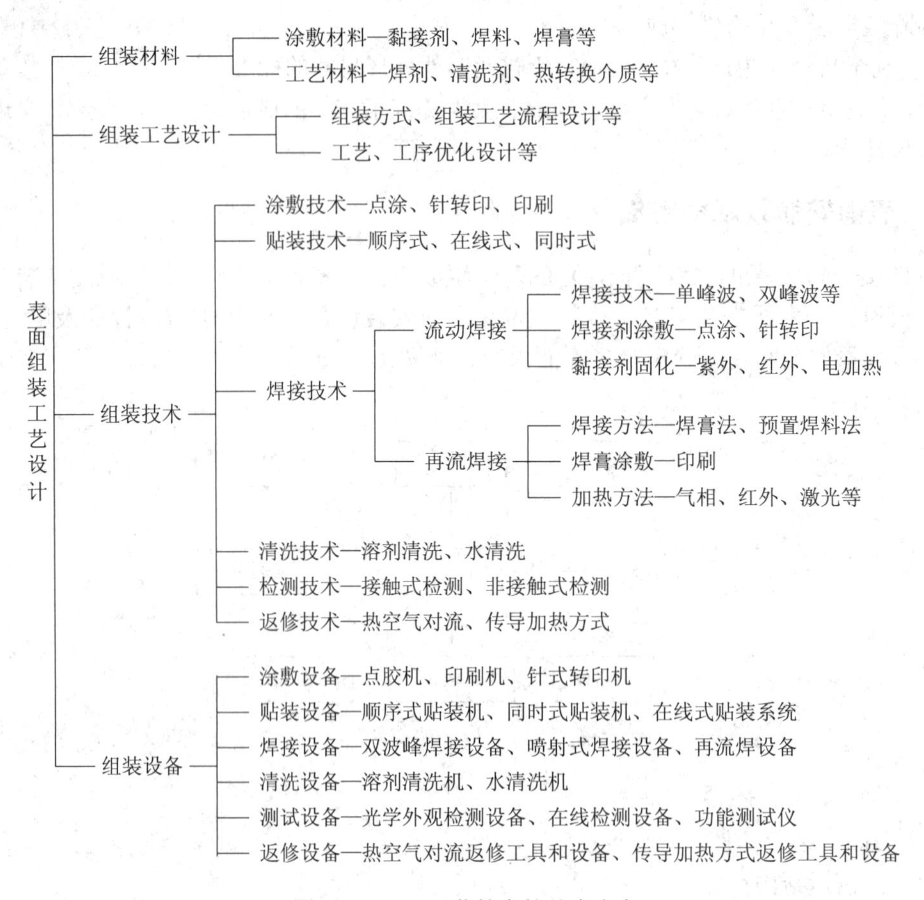

图6-3　SMT工艺技术的基本内容

3. SMT工艺技术要求

随着SMT的快速发展和普及，其工艺技术日趋成熟，并开始规范化。美、日等国均针对SMT工艺技术制定了相应的标准。我国也制定了《表面安装工艺通用技术要求》、《印制板安装件装联技术要求》、《电子元器件表面安装要求》等电子行业标准，其中《表面安装工艺通用技术要求》中对SMT生产线和组装工艺流程分类、元器件和基板及工艺材料的基本要求、各生产工序的基本要求、储存和生产环境及静电防护的基本要求等内容进行了规范。

SMT工艺设计和管理中可以上述标准为指导来规范一些技术要求。由于SMT发展速度很快，其工艺技术将不断更新，所以，在实际应用中要注意上述标准引用的适用性问题。

6.2　表面安装元器件

表面安装电子器件(SMD)是表面安装技术的重要组成部分之一。习惯上人们把表面安装无源元件如片式电阻、电容、电感称为SMC；而将有源器件如小外形晶体管(SOT封装)

及四方扁平组件(QFP 封装)称为 SMD。这里的 SMD 是 SMC(表面安装元件)和 SMD(表面安装器件)的总称。在功能上都与 THT 元器件相同。

6.2.1　表面安装元器件分类

表面安装元器件基本上都是片状结构。按结构形状分类，可分为薄片矩形、圆柱形、扁平异形等；按功能分类，可分为无源元件(SMC)、有源器件(SMD)和机电组件三大类。详细分类如表 6-2 所示。

表 6-2　表面安装元器件的分类

类　别	封装形式	种　　类
表面安装无源元件(SMC)	矩形片式	厚膜和薄膜电阻器、热敏电阻、压敏电阻、单层或多层陶瓷电容器、钽电解电容器、片式电感器、磁珠、石英晶体等
	圆柱形	碳膜电阻器、金属膜电阻器、陶瓷电容器、热敏电容器等
	异形	微调电位器、铝电解电容器、微调电容器、线绕电感器、晶体振荡器、变压器等
	复合片式	电阻网络、电容网络、滤波器等
表面安装有源器件(SMD)	圆柱形	二极管
	陶瓷组件(扁平)	无引脚陶瓷芯片载体(LCCC)、陶瓷芯片载体(CBGA)
	塑料组件(扁平)	SOT、SOP、SOJ、PLCC、QFP、BGA、CSP 等
机电组件	异形	继电器、开关、连接器、延迟器、薄型微电机等

表面安装元器件最重要的特点是小型化和标准化。国际上已经有统一标准，对 SMT 元器件的外形尺寸、结构与电极形状等都作出了规定，这对于 SMT 技术的发展具有重要的意义。

6.2.2　表面安装无源元件(SMC)

SMC 包括片式电阻器、片式电容器和片式电感器等，常见实物外形如图 6-4 所示。

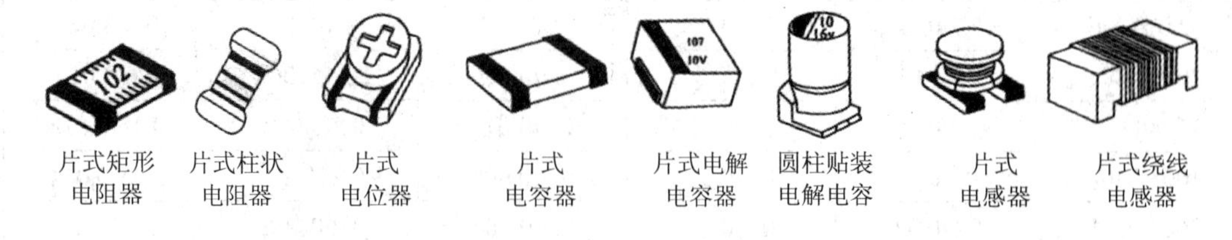

图 6-4　常见 SMC 实物外形

1. 表面安装电阻器

1) 矩形片式电阻器

(1) 各种规格的矩形片式电阻器外形、结构分别如图 6-5 所示。

表面安装电阻器按制造工艺可分为厚膜型(RN 型)和薄膜型(RK 型)。常用为 RN 型。其工艺为：在一个高纯度氧化铝(Al_2O_3，96%)基板平面上网印二氧化钌(RuO_2)电阻浆来制作电阻膜，改变电阻浆成分或配比，可得到不同的电阻值，然后再刷玻璃浆覆盖电阻膜并烧结成釉保护层，最后用银(Ag)或银钯(Ag-Pd)合金印制、烧结做成焊端。

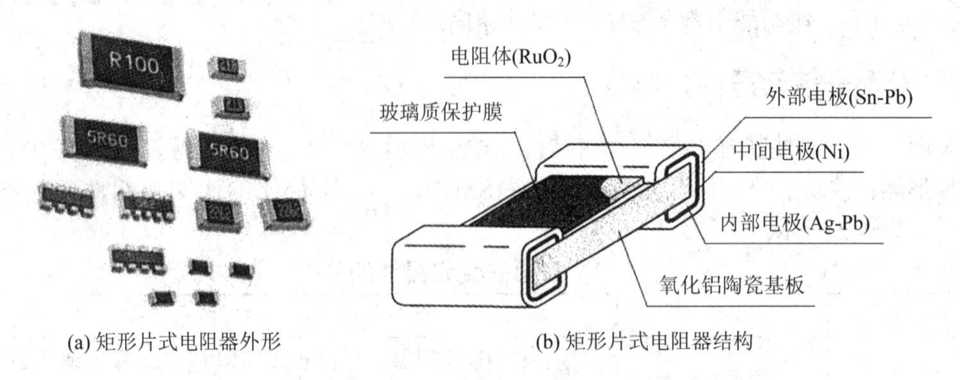

(a) 矩形片式电阻器外形　(b) 矩形片式电阻器结构

图 6-5　矩形片式电阻器外形结构图

(2) 矩形片式电阻器外形尺寸如图 6-6 所示。

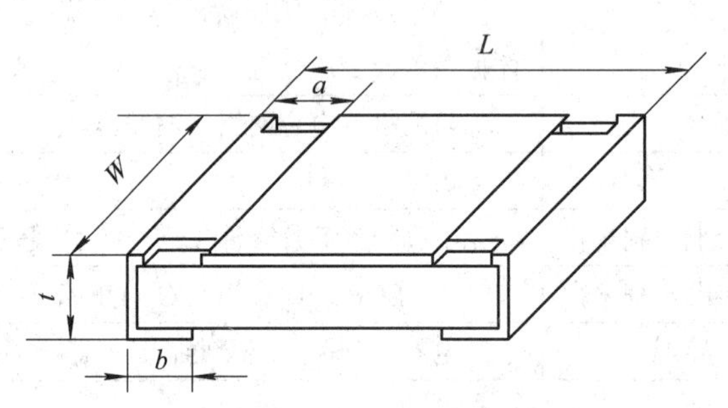

图 6-6　矩形片式电阻器的外形尺寸示意图

片式电阻常以外形尺寸的长宽命名，以标识其大小，以英制(in)(1 in = 25.4 mm)及公制(SI)(mm)为单位。如外形尺寸为 0.12 in × 0.06 in，记为 1206；SI 尺寸为 3.2 mm × 1.6 mm 记为 3216。片式电阻器尺寸如表 6-3 所示。

表 6-3　典型 SMC 系列的外形尺寸　mm/in

公制/英制型号	*L*	*W*	*a*	*b*	*t*
3216/1206	3.2/0.12	1.6/0.06	0.5/0.02	0.5/0.02	0.6/0.024
2012/0805	2.0/0.08	1.25/0.05	0.4/0.016	0.4/0.06	0.6/0.016
1608/0603	1.6/0.06	0.8/0.03	0.3/0.012	0.3/0.012	0.45/0.018
1005/0402	1.0/0.04	0.5/0.02	0.2/0.008	0.25/0.01	0.35/0.014
0603/0201	0.6/0.02	0.3/0.01	0.2/0.005	0.2/0.006	0.25/0.01

片式电阻器的功率大小与外形尺寸相关，其对应关系如表 6-4 所示。

表 6-4　片式电阻器的功率与外形尺寸

型　　号	0402	0805	1206
功率/W	1/16	1/8	1/4

(3) 标称数值。

三位数字标注法的含义如图 6-7 所示，其标注示例如图 6-8 所示。

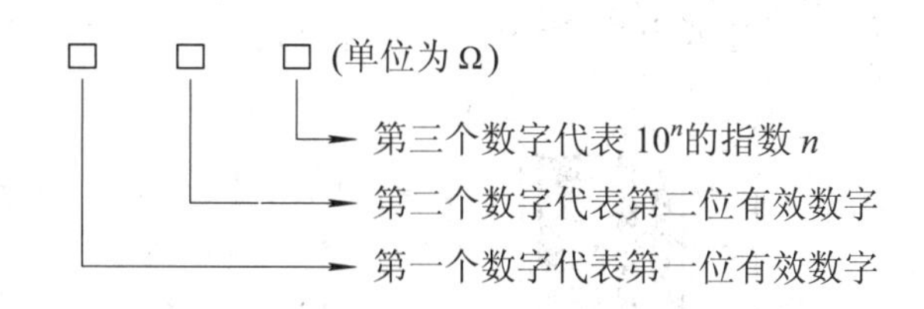

图 6-7　片式电阻标注的含义

标注	电阻值
1 2 3	12×10^3=12 kΩ
0 1 0	1×10^0=1 Ω
1 0 0	10×10^0=10 Ω

图 6-8　片式电阻三位数字标注示例

1005、0603 系列 SMC 元件的表面积太小，难以用手工焊接，所以元件表面不印刷它的标称数值。3216、2012、1608 等系列的数值一般用印在元件表面上的三位数字表示，如图 6-9 所示。

片式电阻的精度，按 IEC 标准“电阻器和电容器的优选值及公差”的规定，电阻值允许偏差为±10%，称为 E12 系列；偏差为±5%，称为 E24 系列；偏差为±1%，称为 E96 系列。

2) 圆柱形电阻器

(1) 圆柱形电阻器外形、结构如图 6-9 所示。

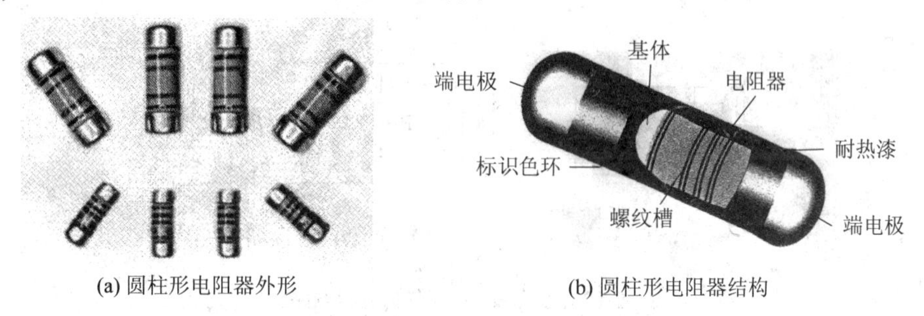

(a) 圆柱形电阻器外形　(b) 圆柱形电阻器结构

图 6-9　圆柱形电阻器的外形、结构

圆柱形(MELF)电阻器的外形为圆柱形密封结构，两端压有金属帽电极，电阻值采用色码标示法标注于电阻器的圆柱体表面。圆柱形电阻的材料及制造工艺与普通电阻器相似，只是外形尺寸小得多，其特点为包装使用方便、装配密度高、噪声电平和三次谐波失真较低等。目前，MELF 电阻器主要有炭膜型(ERD)、高性能金属膜(ERO)型和跨接用 0 Ω 电阻器三种。

(2) 圆柱形电阻器的尺寸、功率。

图 6-10 所示是 MELF 电阻器的外形尺寸示意图，以 ERD-21TL 为例，L = 2.0(+0.1, −0.05) mm，D = 1.25(±0.05) mm，T = 0.3(+0.1) mm。

目前常用的圆柱形电阻器额定功率有 1/10 W、1/8 W、1/4 W 3 种，对应的尺寸(直径 × 长)分别是 ϕ1.25 mm × 2.0 mm、 ϕ1.5 mm × 3.5 mm、 ϕ2.2 mm × 5.9 mm。

(3) 标称数值。

圆柱形电阻器用三位、四位或五位色环表示阻值的大小，如图 6-11 所示。

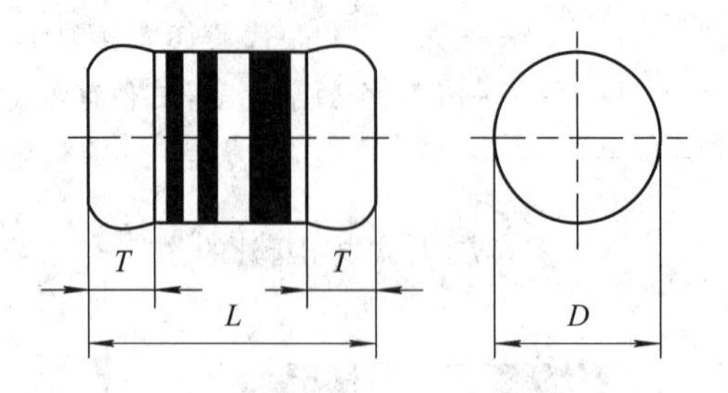

图 6.10　MELF 电阻器的外形尺寸示意图

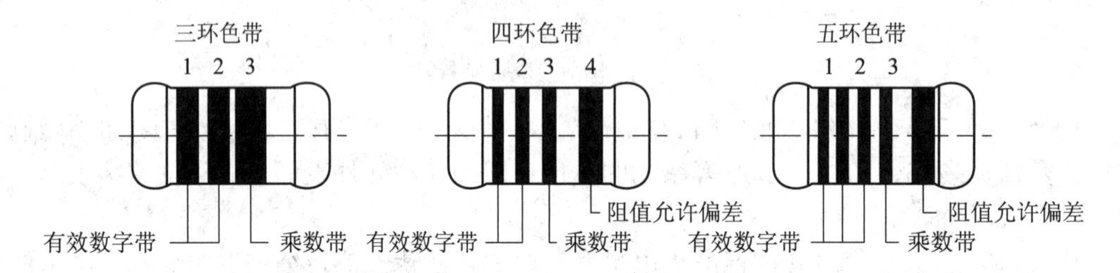

图 6-11　圆柱形电阻器的色环标识

3) 表面安装电阻排(电阻网络)

将多个片状矩形电阻按不同的方式连接组成一个组合元件，如图 6-12 所示。

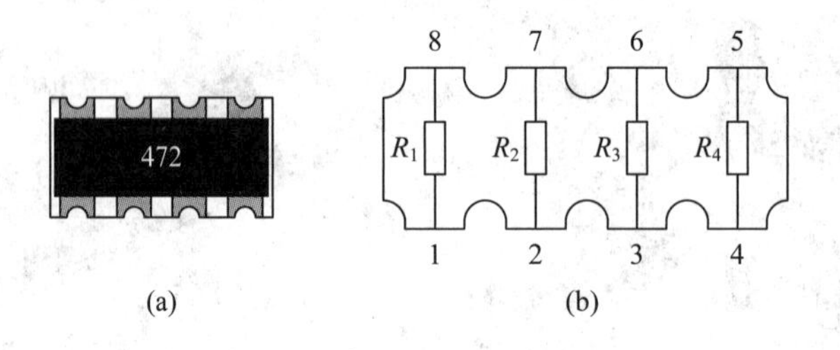

图 6-12　表面安装电阻排(电阻网络)

目前，最常用的表面安装电阻网络内部电路如图 6-13 所示，其中 $R_1 = R_2 = R_3 = R_4$。

电阻网络封装结构采用小外形集成电路的封装形式。根据用途不同，电阻网络有多种电路形式，芯片阵列型电阻网络的常见电路形式有三种，如图 6-13 所示。

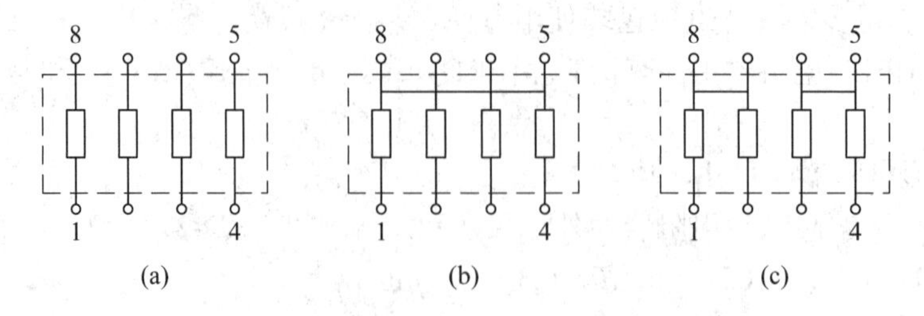

图 6-13　芯片阵列型电阻网络的常见电路形式

2．表面安装电容器

表面安装电容器简称片式电容器。其各种类形的片式电容器外形，如图 6-14 所示。适用于表面安装的电容器目前已发展到数百种型号，但使用较多的主要有两种：陶瓷系列(瓷介)电容器和钽电解电容器，其中瓷介电容器约占 80%，其次是钽和铝电解电容器。有机薄膜和云母电容器使用较少。

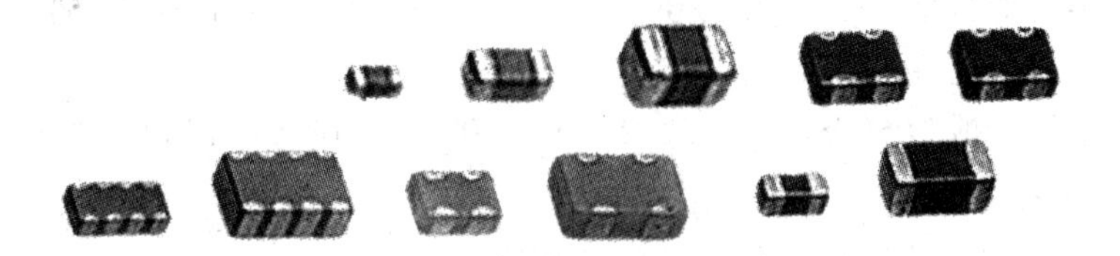

图 6-14　矩形片式电容器的外形

1) *多层式瓷介电容器*

多层片式瓷介电容器简称 MCC(Multilayer Ceramic Capacity)，其外形结构如图 6-15 所示。

MCC 通常为无引线矩形结构。它是将白金、钯或银的浆料(作为内部电极)印制在生坯陶瓷膜上，经叠层烧结后，再涂覆外电极。内电极一般采用交替层叠的形式，根据电容量的需要，少则二三层，多则数十层。然后以并联的方式与两端面的外电极连接，分成左右两个外电极端。外电极结构与片式电阻器相同，也采用三层结构。

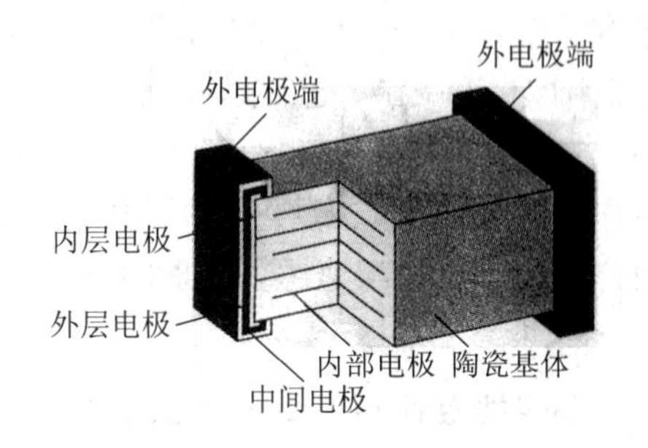

图 6-15　多层片式瓷介电容器的外形结构

矩形片式电容器的命名方法有很多种，比较常见的有两种：

(1) 国内矩形片式电容器。

CC3225	CH	331	K	101	WT
代号	温度系数	容量	误差	耐压	包装

(2) 美国 Presidio 公司系列。

CC1210	NOP	151	J	2T
代号	温度系数	容量	误差	耐压

代号中的字母表示矩形片式陶瓷电容器，后 4 位数字为外形的长和宽，其形状、尺寸和矩形片式电阻器基本相同。目前常用片式电容器的外形尺寸如表 6-5 所示。

表 6-5　片式电容器的外形尺寸　mm

电容型号	尺　寸			
	长 L	宽 W	高 H_{max}	端头宽度 T
CC0805	1.8～2.2	1.0～1.4	1.3	0.3～0.6
CC1206	3.0～3.4	1.4～1.8	1.5	0.4～0.7
CC1210	3.0～3.4	2.3～2.7	1.7	0.4～0.7
CC1812	4.2～4.8	3.0～3.4	1.7	0.4～0.7
CC1825	4.2～4.8	6.0～6.8	1.7	0.4～0.7

温度系数由电容器所用介质决定，常用介质材料有：NOP、X7R、Z6U、NOP，线性特性受温度影响很小，电气性能较稳定，一般用于要求较高的电路中。

容量的标称与普通电容的标称方法相同，如 331 表示 330 pF，2p2 表示 2.2 pF。

误差部分字母的含义：C 为±0.25 pF，D 为±0.5 pF，F 为±1%，J 为±5%，K 为±10%，M 为±20%。

电容器的耐压一般为 50 V、100 V、200 V、300 V、500 V、1000 V 等几种。

2) 片式钽电解电容器

片式钽电解电容器简称钽电容，单位体积容量大，一般在 0.1～470 μF 范围。钽电容的外形都是片状矩形，如图 6-16 所示，按封装形式的不同，分为裸片型、模塑封装型和端帽型三种。片式钽电容目前尚无统一的标注标准，如端帽型，其尺寸范围为：宽 1.27～3.81 mm、长 2.54～7.239 mm、高 1.27～2.794 mm；电容量为 0.1～100 μF、直流工作电压 4～25 V。钽电容由于其电解质响应速度快，因此在需要高速运算处理的大规模集成电路中应用广泛。

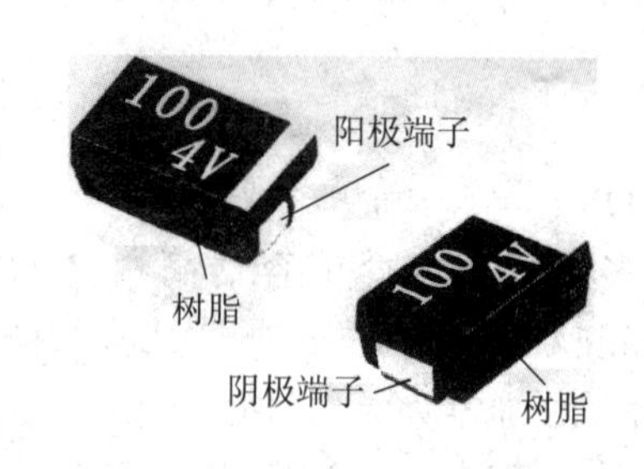

图 6-16　片式钽电解电容器的外形结构

3) 铝电解电容器

铝电解电容器主要应用于各类消费的电子类产品中，价格低廉。按外形和封装材料的不同可分为矩形铝电解电容器(树脂封装)和圆柱形铝电解电容器(金属封装)两类。铝电解电容器的容量和额定工作电压的范围比较大。一般采用异形结构，如图 6-17 所示。由于采用非固体介质作为电解材料，因此在再流焊工艺中，应严格控制焊接温度。

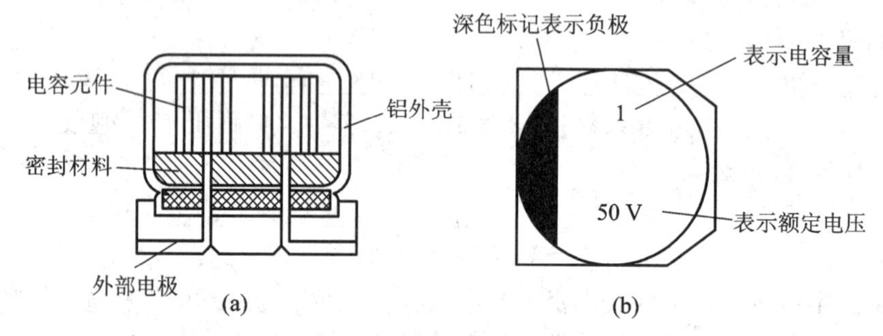

图 6-17　铝电解电容器

4) 片式有机薄膜电容器

片式有机薄膜电容器是以聚酯(PET)、聚丙烯(DD)薄膜作为电介质的一类电容器，结构外形如图 6-18 所示。

图 6-18　片式有机薄膜电容器

5) 片式云母电容器

片式云母电容器是采用天然云母作为电介质的一类电容器，结构如图 6-19 所示，它是将银浆料印制在云母片上，再经叠层、热压而成。其耐热性好，损耗低且精度高，适合高频电路。

片式有机薄膜电容器与片式云母电容器其外形与片式电阻器相似，性能参数因不同型号及不同厂家而异，安装及焊接与表面安装电阻相同。

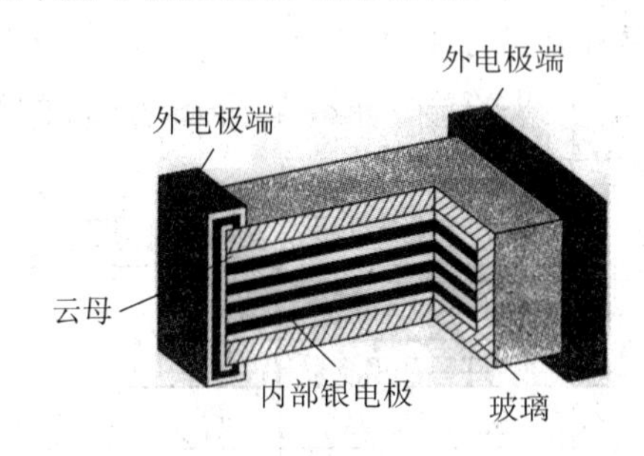

图 6-19　片式云母电容器

3. 表面安装电感器

片式电感器的种类较多，按形状可分为矩形和圆柱形；按磁路可分为开路形和闭路形；按电感量可分为固定型和可调型；按结构的制造工艺分为绕线型、多层型和卷绕型。同分立式电感器一样，在电路中起扼流、退耦、滤波、调谐、延迟、补偿等作用。

1) 绕线型片式电感器

绕线型片式电感器的电感量范围宽、*Q* 值高、工艺简单，是目前使用最多的一种电感器。其结构与传统插装式电感器相似，采用细导线(线圈)缠绕在高性能、小尺寸的磁芯上，再外加电极，然后，在外表面涂敷环氧树脂后用模塑壳体封装而成。结构如图 6-20 所示。

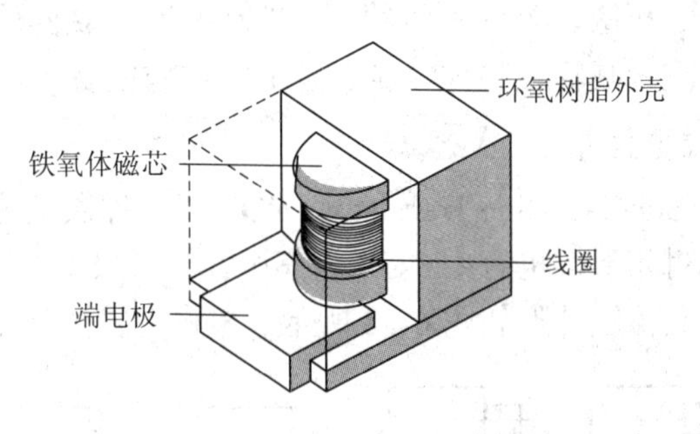

图 6-20　绕线型片式电感器的结构

2) 多层型片式电感器

多层型片式电感器也是目前使用较多的一种电感器，它具有可靠性高，抗干扰能力强，体积小等诸多优点，适合高密度安装使用。广泛应用于音响、汽车电子、通信等电路，其结构如图 6-21 所示。

这种电感器的结构与多层瓷介电容器的结构十分相似，是由铁氧体浆料和导电浆料交替印制叠层后，经高温烧结形成，具有闭合磁路的整体特点，最后用模塑壳体封装。

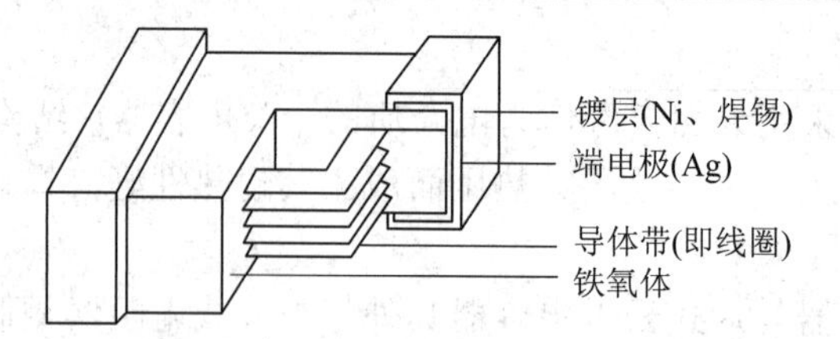

图 6-21　多层型片式电感器的结构

3) 几种常用片式电感器外形尺寸及性能

片式电感器的品种很多，尺寸各异。国外某些公司生产的线绕型片式电感器的型号、外形尺寸及主要性能参数如表 6-6 所示。

表 6-6　片式电感器型号、外形尺寸及主要性能

厂家	型号	尺寸(长 × 宽 × 高) /mm × mm × mm	L/μH	Q	磁路结构
TOKO	43CSCROL	4.5 × 3.5 × 3.0	1～410	50	
Murata	LQNSN	5.0 × 4.0 × 3.15	10～330	50	
TDK	N L322522	3.2 × 2.5 × 2.2	0.12～100	20～30	开磁路
	NL453232	4.5 × 3.2 × 3.2	1.0～100	30～50	开磁路
	NFL453232	4.5 × 3.2 × 3.2	1.0～1000	30～50	闭磁路
Siemens	*	4.8 × 4.0 × 3.5	0.1～470	50	闭磁路
Coiecraft	*	2.5 × 2.0 × 1.9	0.1～1	30～50	闭磁路
Pieonics	*	4.0 × 3.2 × 3.2	0.01～1000	20～50	闭磁路

6.2.3　表面安装有源器件(SMD)

表面安装有源器件主要有半导体晶体二极管、三极管、场效应管、各种集成电路及特种半导体器件，如光敏、压敏、磁敏等器件。与普通插装分立器件相比主要是封装上的区别，他们的尺寸缩小、重量减轻、整体性能以及引脚结构更易于表面安装操作。

1. 塑封晶体管分立器件外形

小外形塑封晶体管(Small Outline Transistor，SOT)，又称微型片式晶体管，主要用于混合式集成电路。有单只封闭形，也有由 2、3 只三极管、二极管组成的简单复合电路。

典型表面安装分立晶体管外形如图 6-22 所示。电极引脚数为 2～6 个。

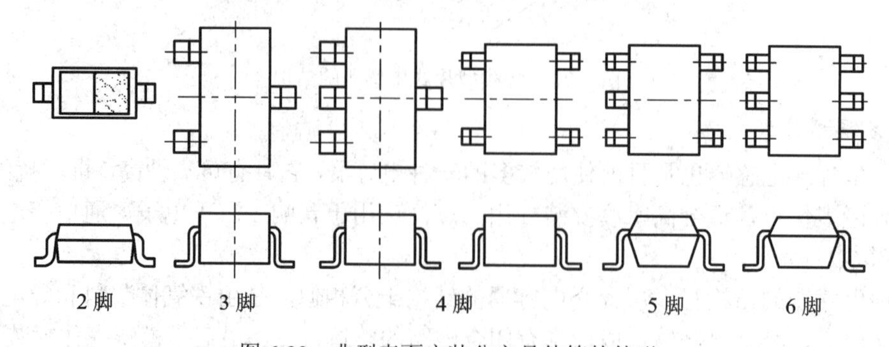

图 6-22　典型表面安装分立晶体管的外形

二极管类器件一般采用 2 端或 3 端 SOT 封装，小功率晶体管一般采用 3 端或 4 端 SOT 封装，4～6 端 SOT 封装器件内大多封装了 2 只晶体管或场效应管。

2. 表面安装二极管

表面安装二极管常用的封装形式有：无引线柱形玻璃封装，矩形片式和 SOT-23 型等三种，如图 6-23 所示。

(a) 圆柱形无端子封装

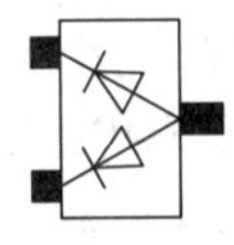
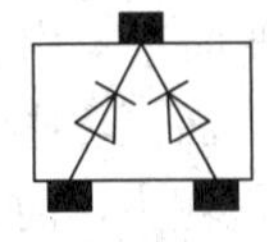

(b) SOT-23 形片状封装

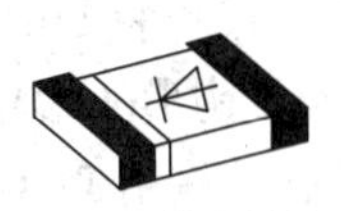

(c) 矩形薄片封装

图 6-23　常用表面安装二极管

1) 圆柱形玻璃封装二极管

这种封装结构是将二极管芯片装入有内部电极的玻璃管内，两端装上金属帽的正负电极。目前常用的尺寸有 ϕ1.5 mm × 3.5 mm 和 ϕ2.7 mm × 5.2 mm 两种，功耗在 350～1000 mW 之间，常用于稳压、开关和通用二极管，采用塑料编带包装。

2) 片式塑封二极管

片式塑料封装二极管一般做成矩形片状，额定电流 150 mA～1 A，耐压 50～400 V，外形尺寸为 3.8 mm × 1.5 mm × 1.1 mm。

3) SOT 封装二极管

有三条翼型短引线，多用于封装复合二极管，也用于高速开关二极管和高压二极管。

3. 表面安装三极管

表面安装三极管采用带有翼形短引线的塑料封装。主要封装形式有 SOT-23，一般用于封装小功能三极管、场效应管、二极管和带电阻网络的复合三极管，功耗为 150～300 mW。实物外形如图 6-24 所示。

(a) SOT-143

(b) SOT-252

(c) SOT-89

(d) SOT-23

图 6-24　常用表面安装三极管实物图

SOT-89 适用于较高功率的场合，它的发射极、基极和集电极是从封装的一侧引出，封装底面有金属散热片与集电极相连，晶体管芯片贴接在较大的铜片上，以利于散热。它的功耗为 300 mW～2 W。

SOT-143 有 4 条翼形短端子，端子中宽大一点的是集电极。这类封装常见于高频晶体管与双栅场效应晶体管。

SOT-252 一般用于封装大功率器件，如达林顿晶体管、高反压晶体管，功耗为 2～50 W。

表面安装晶体管封装类型及产品种类繁多，各厂商产品的电极引出方式略有差别，在选用时应查阅手册资料。但产品的极性排列和引脚间距基本相同，具有互换性。为了便于自动化安装设备拾取，表贴晶体管一般采用盘状纸带包装。

4．表面安装集成电路

表面安装集成电路有多种封装形式，常见的有：SOP 型、PLCC 型、QFP 型、BGA 型、CSP 型、MCM 型等几种。

1) 小外形封装(Small Outline Package，SOP)

由双列直插式封装 DIP 演变而来，引脚在封装体两侧，其引脚数为 8～56 条。引脚形状有翼形(L 形)、钩形(J 形)两种。L 形引脚称 SOP，J 形引脚称为 SOJ。SOP 焊装及检测较方便，但其缺点是占用 PCB 面积较大，而 SOJ 更益于提高装配密度，外形如图 6-25 所示。

SOP 常用的引线间距有 1.27 mm、1.0 mm 和 0.76 mm。用于线性电路、逻辑电路、随机存储器。

2) 塑料有引线封装(Plastic Leaded Chip Carrier，PLCC)

PLCC 的形状有正方形和长方形两种，引线在封装体四周且向下弯曲成“J”形。如图 6-26 所示。引线间距常见有 1.27 mm，引线数 18～84 条。这种封装大多用于可编程存储器、专用集成电路(ASIC)、门阵列电路。芯片可装于专用插座上。

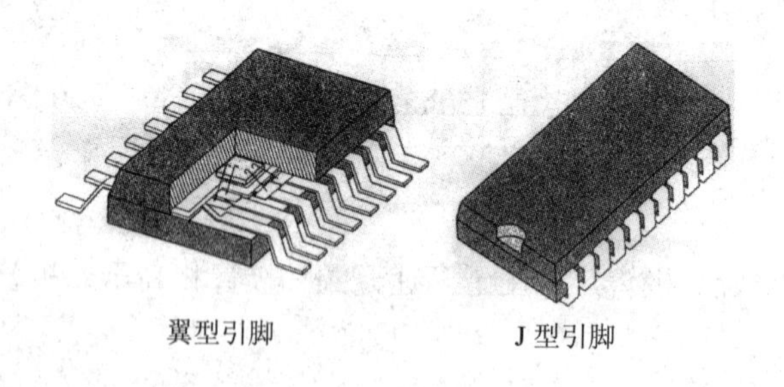

图 6-25　小外形封装集成电路(SOP)

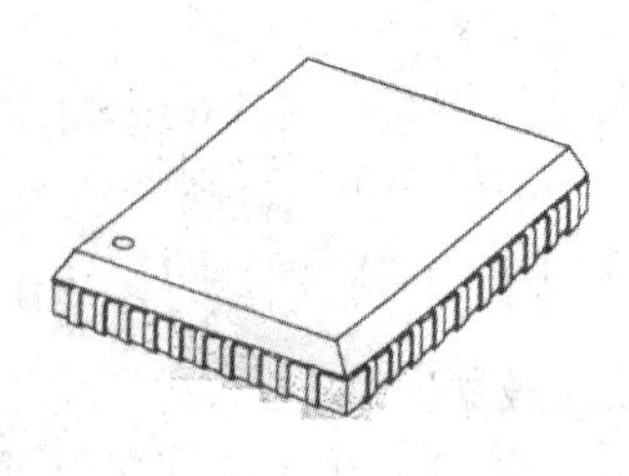

图 6-26　PLCC 封装

3) 方形扁平封装(Quad Flat Package，QFP)

QFP 是一种塑料多引脚(以翼形结构为主)专为小引线间距表面安装集成电路而研制的。如图 6-27 所示。其封装有正方形和长方形两种，引线间距有 1.27 mm、1.016 mm、0.8 mm、0.65 mm、0.5 mm、0.4 mm 等数种；外形尺寸从 5 mm × 5mm 到 44 mm × 44 mm，引线数 32～567 条，常见的是 44～160 条。

最新推出的薄形 QFP (称 TQFP)引线间距小至 0.254 mm，厚度仅为 1.2 mm。另外，美国器件多采用四角凸出设计，以增强对其引脚的保护。

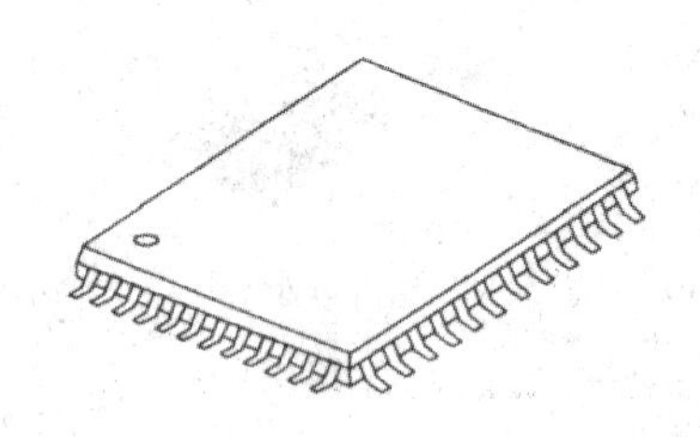

图 6-27　QFP 封装

4) 球栅阵列封装(Ball Grid Array，BGA)与针栅阵列封装(Pin Grid Array，PGA)

BAG、PGA 是近年来发展起来的一种新型封装技术。PGA 封装是 BGA 封装的前身，它是随着大规模集成电路，特别是 CPU 的集成度迅速增加而出现的。BGA 与 PGA 封装使集成电路的引线从封装主体的四侧扩展到封装主体的底面，引脚成球形阵列。因此有效地解决了 QFP 的引线间距缩小到极限的问题。由于其引脚端子更短，组装密度更高，且端间距较大，则电气性能更优，特别适合高频电路。其结构如图 6-28 所示。在基板(塑料、陶瓷)的背面按阵列方式制造出球形触点或针孔形触点代替引线，基板正面装配芯片。

BGA 显著特点是减小了封装尺寸，扩大了电路功能。如同尺寸(20 mm × 20 mm)同引脚间距(0.5 mm)的集成电路，QFP 封装的器件 I/O 数为 156 个，而用 BGA 封装的器件 I/O 数可达 1521 个。近年来，被称为“芯片尺寸封装”(简称 CSP 或 μBGA)进一步缩小了集成电路的封装尺寸，其封装尺寸仅为芯片的 1～1.2 倍，已用于智能手机。

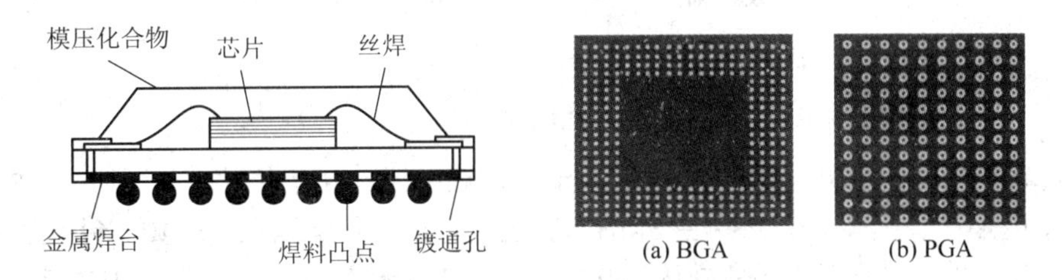

图 6-28　BGA 结构及触点阵列

但是，BGA 封装的集成电路焊接后检查和维修比较困难，必须使用 X 射线透视或 X 射线分层检测，才能确保焊接连接的可靠性，设备费用较大。另外，BGA 芯片易吸湿，使用前应烘干处理。

6.3　表面安装技术与工艺

表面安装技术(SMT)是将无引线或短引线的元器件(SMC/SMD)直接贴装在印制电路板表面的一种安装技术。电子装配正朝着多功能、小型化、高可靠性方向发展，实现电子产品“轻、薄、短、小”已成为一种必然。表面安装技术打破了传统的通孔直插安装方式，使电子产品的装配发生了根本的、革命性的变革，已广泛应用于计算机、通信、军事和工业生产等领域。

6.3.1　表面安装印制电路基板与材料

1. 表贴印制板(SMB)特点

由于 SMC/SMD 安装方式的要求，表贴印制电路基板(Surface mounting printed circuit board，SMB)在设计规范和检测方法与普通 PCB 基板有很大差异，其主要特点如下：

(1) SMB 布线的高密度。由于 SMD 集成电路的引脚间距由 1.27 到 0.305 mm(现已达到 0.1 mm)的不断缩小，SMB 已发展到五级布线密度，即在 2.54 mm 中心距焊盘允许通过四条布线(线宽和线间距均为 0.1 mm)，并向五根线方向发展。

(2) 过孔小孔径。除 THT 与 SMT 混装电路板外。在单一 SMB 的大多数金属化孔不再用来插装元器件，而用来实现各层电路的贯穿连接，因而孔径不断变小，现直径大部分采用 ϕ0.6 mm～ ϕ0.3 mm，逐渐向 0.1 mm 发展。同时 SMB 特有的盲孔和埋孔也越来越小。孔径与 SMB 布线密度相关，孔径越小其制造难度越高，如图 6-29 所示。

因 SMB 一般采用多层板，孔径减小，板厚一般并不能减小，所以 SMB 的板厚与孔径之比一般在 5 以上(一般 THT 用 PCB 板在 3 以下)最高可达 21。

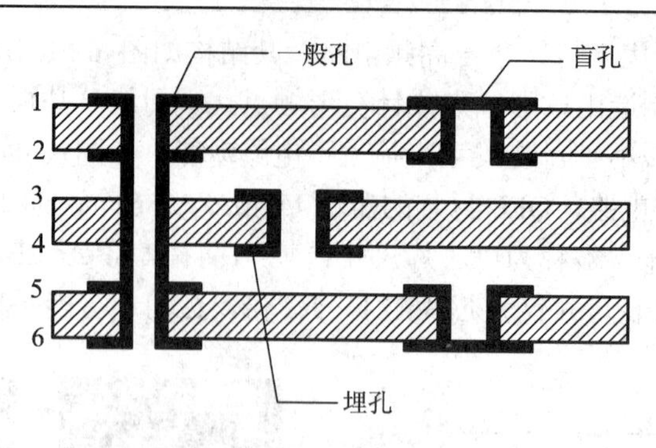

图 6-29　SMB 的盲孔与埋孔

(3) 多层数、高性能。SMB 不仅适用于单、双面板，且在多层板上得到广泛的应用。现今大型电子计算机大多采用多层 SMB，有些甚至达到百层以上。SMB 多用于高频、高速信号传输电路，电路工作频率高达 100 MHz～1 GHz 甚至更高。这对 SMB 材料的高频特性提出了更高的要求。

(4) 较高的平整度和稳定性。SMB 对基板的要求远高于普通 PCB 板，因采用表贴工艺，即使微小的翘曲，也会造成自动贴装设备定位精度偏差，从而使片状元器件产生焊接缺陷而失效。表面凸凹不平也会产生焊接不良。因此，SMB 在焊前的翘曲度要求小于 0.3%。对基板本身的热膨胀系数(CTE)也是 SMB 选材必须考虑的重要因素之一，基板本身热膨胀系数如果超过一定限制将会使元器件及焊点受热应力产生变形而损坏。

2. SMB 设计具体要求

根据 SMB 的特点，在进行 SMB 设计时除了遵循普通 PCB 设计原则和规范外，还有其特殊要求。

1) 元器件焊盘设计

SMB 的焊盘不仅决定焊点的强度，也直接影响元器连接的可靠性及焊接工艺，故对 SMB 焊盘设计有严格要求。图 6-30 所示为片式元器件焊接后理想的焊接形态，其中 $B = b_1 + T + b_2$、式中 b_1 取值范围为 0.05～0.3 mm，b_2 取值范围为 0.25～1.3 mm。

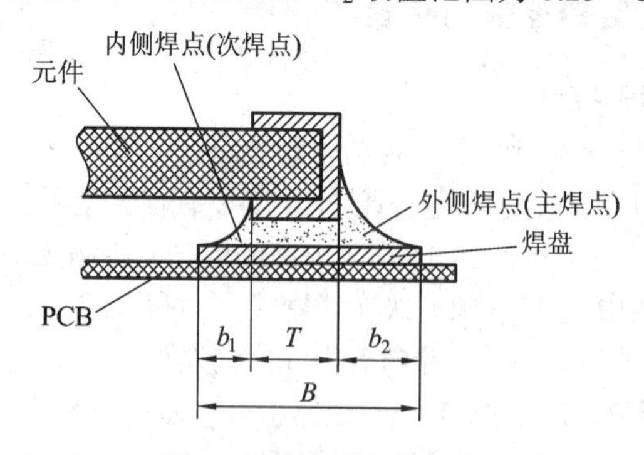

图 6-30　理想的焊接形态

(1) 矩形片式元器件焊盘。矩形片式元器件焊盘结构示意图如图 6-31 所示，焊盘与元器件各尺寸间的关系如图 6-32 所示。

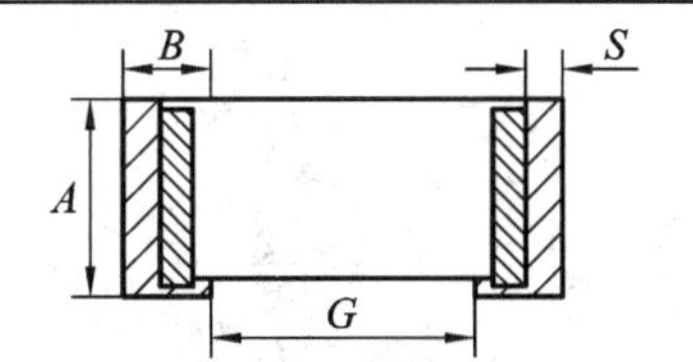

A—焊盘宽度；
B—焊盘的长度；
G—焊盘间距；
S—焊盘剩余尺寸

图 6-31　矩形片式元器件焊盘结构示意图

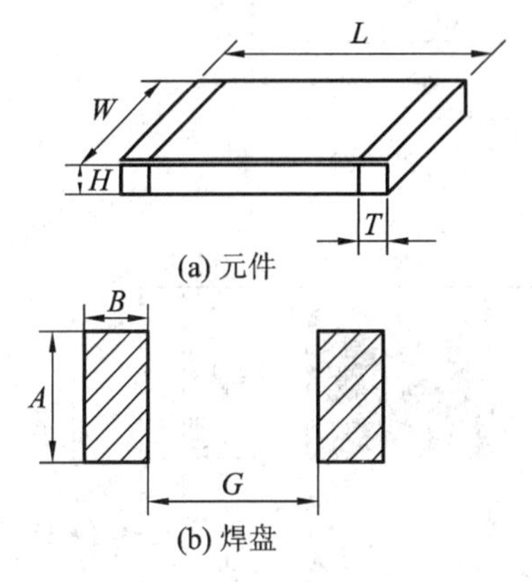

焊盘宽度 $A=W_{\max}-K$；
电阻器焊盘的长度 $B=H_{\max}+T_{\max}+K$；
电容器焊盘的长度 $B=H_{\max}+T_{\max}-K$；
焊盘间距 $G=L_{\max}-2T_{\max}-K$；
式中，L—元件长度 mm；
W—元件宽度 mm；
T—元件焊端宽度 mm；
H—元件高度 mm；
K—常数，一般取 0.25 mm

图 6-32　矩形片式元器件焊盘尺寸

长度 B 的设计有下列三种情况：① 高可靠性设计，要求焊盘尺寸偏大，焊接后元器件端头与焊盘搭接后的剩余尺寸 b_2 需焊后形成弯月面；② 用于工业级产品时，焊盘尺寸适中，有较高的焊接强度；③ 用于一般消费类产品时，焊盘尺寸偏小，在良好的工艺条件下可保证足够的焊接强度，此设计利于整机小型化。对于焊盘宽度 A 也同 B 的设计相似，高可靠性场合 $A=1.1\times$元器件宽度(W)，工业级 $A=1.0\times W$，消费类产品 $A=(0.9\sim1.0)\times W$。焊盘间距 G 应适当小于元器件两端焊头间的距离，确保元器件端头与焊盘有恰当的搭接尺寸。

(2) 圆柱状元器件焊盘。在 SMB 设计中，圆柱状元器件的焊盘图形设计与焊接工艺密切相关，如图 6-33 所示。当采用波峰焊时，其焊盘图形可参照片状元器件的焊盘设计原则来设计；当采用再流焊时，为防止柱状元器件的滚动，焊盘上需开一缺口，以利于元器件定位。

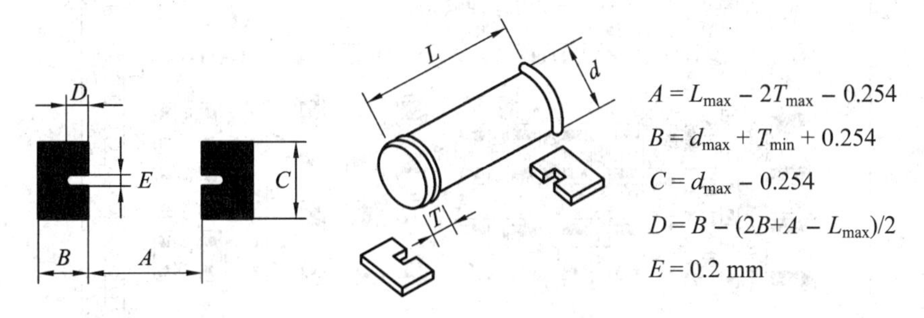

图 6-33　圆柱状元器件的焊盘尺寸

(3) 小外形封装晶体管焊盘。

① 焊盘间的中心距与器件引线的中心距相等；

② 焊盘的图形与器件引线的焊接相似，但在长度方向上应扩展 0.3 mm，在宽度方向上应减小 0.2 mm。若用波峰焊，则长、宽方向均应扩展 0.3 m。SOT 焊盘图形如图 6-34 所示。

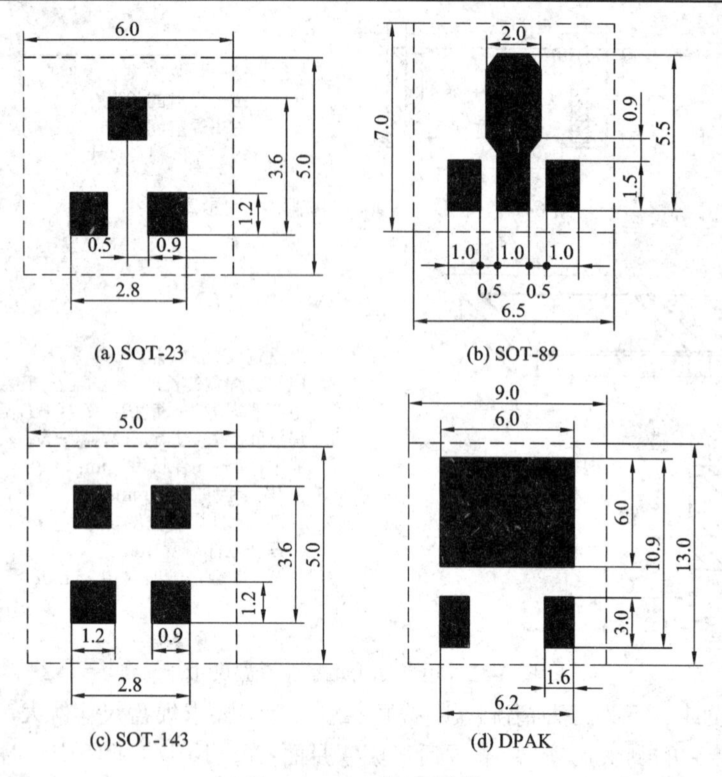

图 6-34　SOT 焊盘图形

2) 元器件布局的设计

(1) 元器件排向：同类元器件尽可能同方向排列，以利于贴装、焊接和检测。如图 6-35 所示，是一较规范的 SMB 排列。在采用波峰焊工艺进行焊接时，为了防止遮蔽效应，片式元件应垂直于焊接运行方向，使元器件的两焊点同时焊接，如图 6-36(a)所示。另外，元器件排列不当也会造成焊接遮蔽效应，如图 6-36(b)所示。

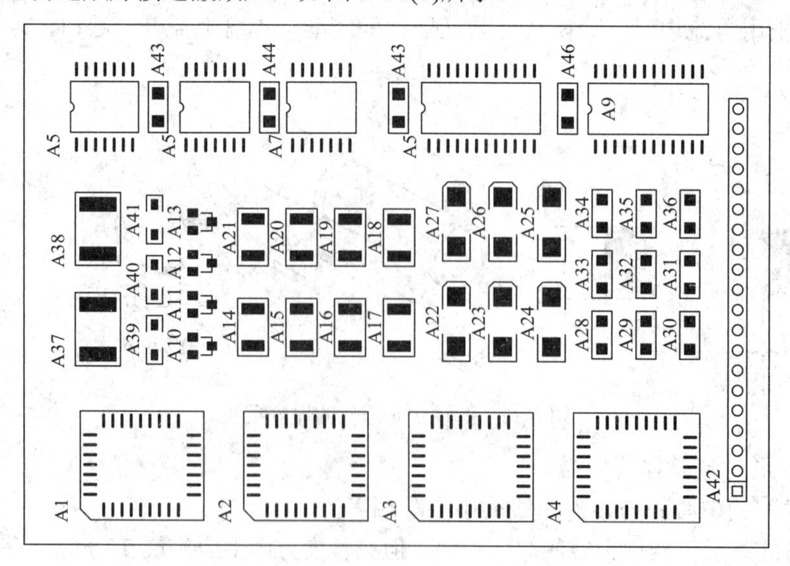

图 6-35　SMB 元器件排向

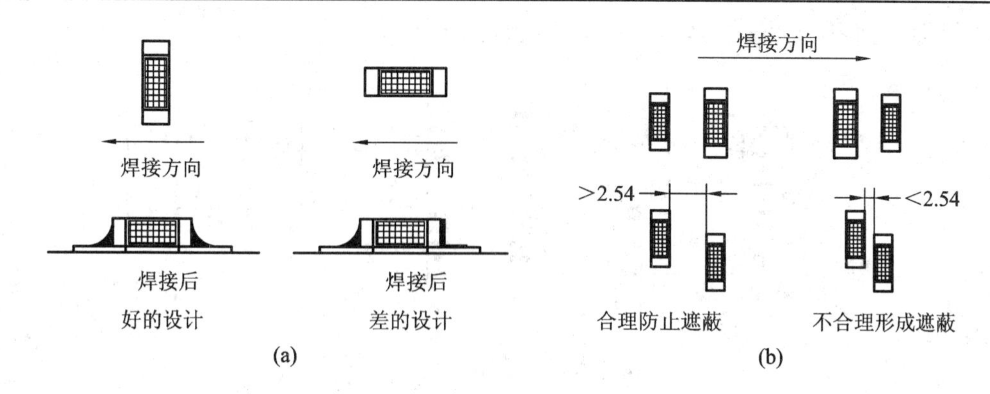

图 6-36　遮蔽效应及防止

(2) 元器件间距：SMB 上各元器件之间应保持一定距离，否则会增加安装、焊接和测试的难度，如图 6-37 所示为常用元器件的安装间距。

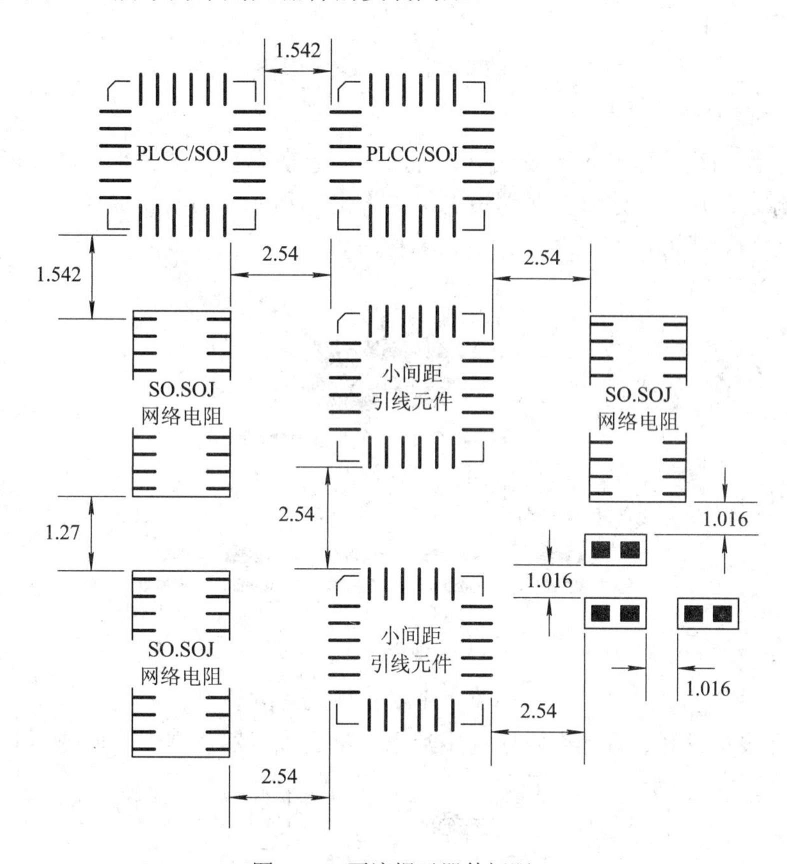

图 6-37　再流焊元器件间距

(3) 过孔与测试点设计：过孔与焊盘间距离应在 0.635 mm 以上，并可用阻焊剂掩盖(过孔兼作测试点除外)。过孔一般不应设计在元器件下面。如图 6-38(a)所示。

SMB 电气节点应提供测试点，覆盖所有 I/O、电源地和返回信号。测试点(TP)原则上应设计在 SMB 同面上，直径为 0.9～1.0 mm(与测试针配套)不可涂覆任何绝缘层。相邻测试点之间的中心距应大于 1.27 mm，与元器件焊盘间距应大于 1.016 mm，如图 6-38(b)所示。

与各类引线的过孔应大于 2.54 mm。如图 6-38(c)所示。

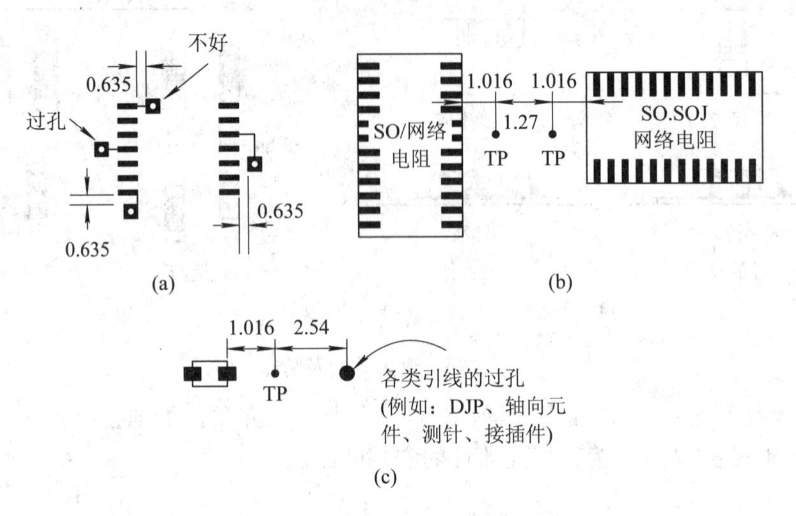

图 6-38　测试点设计示意图

3) 印制导线与焊盘连接

焊盘与线路的连接可有多种方式，设计时应注意在焊盘间隙较小时，连接不得在两焊盘相对的间隙之间进行，建议在两端引出。如图 6-39 所示。为防止导体热效应影响焊接质量，焊盘与印制导线连接部宽度一般不大于 0.3 mm。

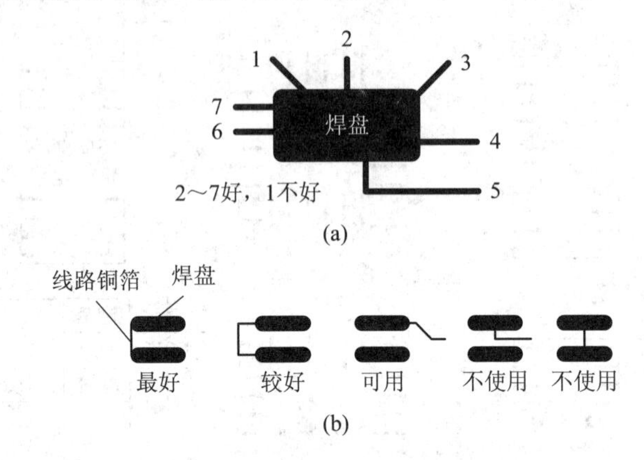

图 6-39　线路与焊盘的连接

在焊盘上设计过孔、焊料会从过孔中流出，易造成元器件虚焊，如图 6-40 所示。

图 6-40　导通孔设计

3．表面安装材料

1) 焊锡膏

焊锡膏(Soldering Paste)又称焊膏、锡膏。它是由合金粉末、糊状焊剂和一些添加剂混合而成的，具有一定黏性和良好触变特性的浆料或膏状体，是 SMT 工艺中的焊接材料，广泛用于再流焊中。常温下，由于焊锡膏具有一定的黏性，可将电子元器件粘贴在 SMB 的焊盘位置上。当焊锡膏加热到一定温度时，其中的合金粉末融化，在焊剂作用下，液体焊料浸润元器件端头与 SMB 焊盘，冷却后元器件端头与焊盘被焊料互联在一起，助焊剂在其过程中挥发，最后形成电气与机械相连接的焊点。表 6-7 列出了焊锡膏的组成和功能。

表 6-7　焊锡膏的组成和功能

<table>
<tr><th colspan="2">组　成</th><th>使用的主要材料</th><th>功　能</th></tr>
<tr><td colspan="2">合金焊料粉</td><td>Sn-Pb　Sn-Pb-Ag 等</td><td>元器件和电路的机械和电气连接</td></tr>
<tr><td rowspan="5">焊剂</td><td>焊剂</td><td>松香，合成树脂</td><td>净化金属表面，提高焊料润湿性</td></tr>
<tr><td>黏接剂</td><td>松香，松香脂，聚丁烯</td><td>提供贴装元器件所需黏性</td></tr>
<tr><td>活化剂</td><td>硬脂酸，盐酸，联氨，三乙醇胺</td><td>净化金属表面</td></tr>
<tr><td>溶剂</td><td>甘油，乙二醇</td><td>调节焊锡膏特性</td></tr>
<tr><td>触变剂</td><td></td><td>防止分散，防止塌边</td></tr>
</table>

(1) SMT 工艺对焊锡膏的要求：

① 具有良好的印制性，即印刷时有优良的脱膜性，印刷后不坍塌、不漫流并且具有一定的黏度；

② 具有良好的润湿性，热熔时不飞溅，不外流，不形成或少形成焊料球(锡珠)；

③ 具有良好的焊接强度，热熔后焊点牢固，无空白点；

④ 具有良好的活性，焊剂中固体含量低，焊后残余物易清洗；

⑤ 良好的保存稳定性，焊锡膏制备后应能在常温或冷藏条件下保存 3～6 个月性能不变。

(2) 焊锡膏使用应注意的问题：

① 通常应保存在 5～10℃的低温环境下，超期使用不能用于正式产品；

② 使用前两小时可从冰箱取出，达到室温后即可使用，使用前应对焊锡膏进行搅拌，取出焊锡后，应及时盖好容器盖，避免助焊剂挥发；

③ 表面变硬或助焊剂析出的焊锡膏，须进行特殊处理，否则不可使用，焊锡膏黏度大而不能通过印刷模板的网孔或定量滴涂分配器，应使用专用稀释剂对焊锡膏进行稀释并充分搅拌后方可使用；

④ 印好焊锡膏的电路板要及时贴装元器件，尽可能在 4 小时内完成再流焊；

⑤ 焊锡膏不能准确地涂覆到焊盘时，需擦洗掉已涂覆的焊锡膏再重新涂覆，擦洗时免清洗焊锡膏不得使用酒精；

⑥ 免清洗焊锡膏原则上不允许回收使用，如果印刷涂敷间隔超过一小时，必须把焊锡膏从模板上取下并存放到单独容器内，不可将回收的焊锡膏放回原容器。

2) 贴装胶(黏合剂)

贴装胶主要用来黏合元器件与印制电路板，起到粘接、定位或密封的作用，避免在焊接时引起元器件偏移、脱落。表面安装的焊接方式主要有波峰焊接和再流焊接两种。对于波峰焊接，由于焊接时元器件位于印制电路板的下方，因此必须使用黏合剂来固定；对于再流焊接，由于漏印在印制电路板上的焊锡膏可以黏住元器件，所以不需要使用黏合剂。

(1) 贴片胶的分类：

① 按贴片胶的黏接材料分：环氧树脂贴片胶、丙烯酸树脂贴片胶及其他聚合物贴片胶。

② 按固化方式分：热固化型贴片胶、光固化型贴片胶、光热双固化及超声波固化胶。

③ 按涂布方式分：针式转移用贴片胶、压力注射用贴片胶及模板漏印用贴片胶。

(2) 表面组装对贴片胶的要求：常温使用寿命要长，合适的黏度、触变特性好、快速固化(温度<150℃、时间≤20 min)、粘接强度适当(剪切强度 6～10 MPa)、耐高温(焊接温度 240～270℃)、化学稳定及绝缘性好(电阻率≥10^{13} Ω/cm)。

(3) 常用贴片胶。

① 环氧树脂贴片胶：主要由环氧树脂、固化剂、填料及其他添加剂组成，固化方式以热固化为主。

环氧树脂属热固型、高黏度贴片胶，可以做成液态、膏状、薄膜和粉剂等多种形式，是 SMT 中最常用的一种贴片胶。

② 丙烯酸类贴片胶：主要由丙烯酸类树脂、光固化剂和填料组成，属光固化型贴片胶。

丙烯酸类树脂也属热固型黏合剂，其特点是性能稳定，固化时间短且充分，工艺条件容易控制，常温避光存放时间可达一年，但粘接强度和电气性能不及环氧树脂高。也是 SMT 中常用的另一大类贴片胶。

(4) 贴片胶的使用应注意的问题：

① 贴片胶在 5℃以下的冰箱内低温密封保存。

② 使用时将贴片胶从冰箱取出后要在室温条件下平衡一段时间，然后打开容器，以防胶结霜吸潮。

③ 使用前要对贴片胶进行充分地搅拌，搅匀后再使用。如发现结块或黏度有明显变化，说明贴片胶已失效。

④ 贴片胶用量应适当，用量少会使粘接强度不够，波峰焊时易丢失元器件；用量过多会使贴片胶流到焊盘上，妨碍正常焊接。

3) 清洗剂

电路板经过焊接后，表面会留有各种残留活化物，为防止由于污渍腐蚀而引起的电路失效，必须进行清洗，将残留污物去除。目前常用的清洗剂有两类：CFC-113(三氯三氟乙烷)和甲基氯仿。在实际使用时，往往还需加入乙醇脂、丙烯酸酯等稳定剂，以改善清洗剂性能。

清洗剂应具有的特点：

(1) 脱脂效率高，对油脂、松香及其他树脂有较强的溶解能力。

(2) 表面张力小，具有较好的润湿性。

(3) 对金属材料不腐蚀，对高分子材料不溶解、不溶胀，不会损害元器件和标记。

(4) 易挥发，在室温下即能从印制板上除去。

(5) 不燃、不爆、低毒性，利于安全操作，不会对人体造成危害。

(6) 残留量低，清洗剂本身不污染印制板。

(7) 稳定性好，在清洗过程中不会发生化学反应或物理作用，并具有储存稳定性。

4. 印刷模板

印刷模板又称漏板、钢板，其作用是用于定量分配焊膏，它由铸铝框架、丝网、金属模板组成，如图 6-41 所示。

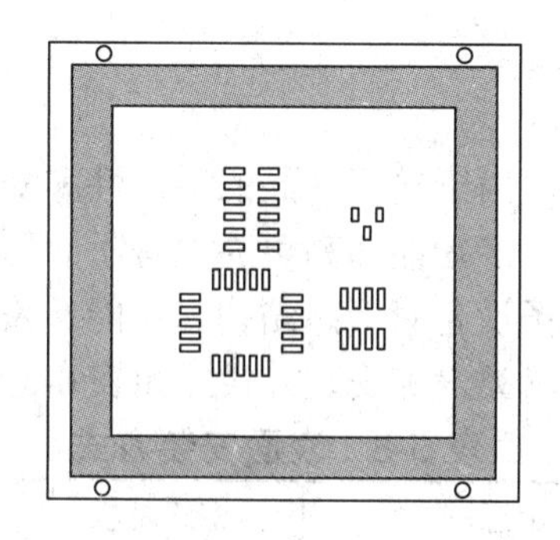

图 6-41　模板示意图

金属模板的制作方法：

(1) 化学蚀刻法：采用化学腐蚀的方式，其特点是一次成型，速度较快，价格较便宜。缺点：易形成沙漏形状(蚀刻不够)或开口尺寸变大(过度蚀刻)。工艺流程如图 6-42 所示。

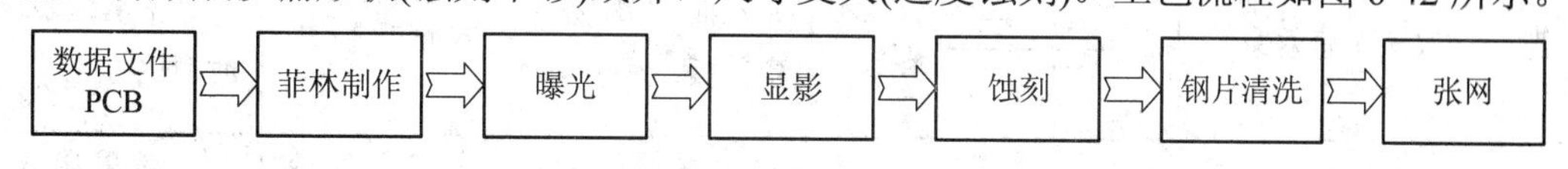

图 6-42　化学蚀刻法工艺流程

(2) 激光切割法：采用专用激光机进行切割，其特点是数据制作精度高、客观因素影响较小，梯形开口利于脱模，可做精密切割，价格适中。缺点是逐个切割，制作速度较慢。工艺流程如图 6-43 所示。

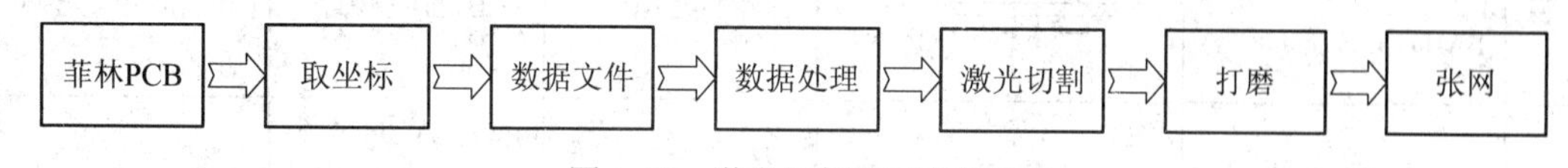

图 6-43　激光切割法工艺流程

(3) 电铸成型法：采用金属电铸来成型网板，其特点是孔壁光滑，特别适合超细间距模板制作。缺点是工艺较难控制，制作过程有污染；制作周期长且价格太高。工艺流程如图 6-44 所示。

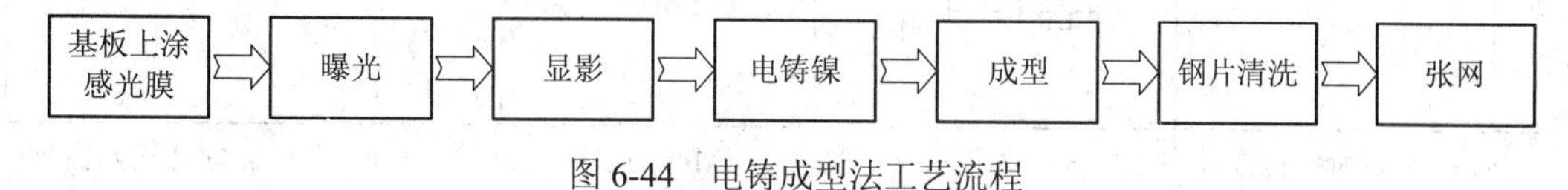

图 6-44　电铸成型法工艺流程

不同模板制造方法形成的开口形状比较如图 6-45 所示。

图 6-45　不同模板制造方法形成的开口形状比较

在表面安装技术中，焊膏的印刷质量直接影响表面组装板的加工质量。在焊膏印刷中，金属模板的加工质量又直接影响焊膏的印刷质量，模板厚度与开口尺寸决定了焊膏的印刷量。

6.3.2 表面安装工艺

1. SMT 的贴装类型

表面安装技术发展迅速，但由于电子产品的多样性和复杂性，在不同的应用领域和环境，对表面安装组件的高密度、多功能和高可靠性有不同的要求，只有采用不同的安装方式才能满足这些要求。根据电子设备对形态结构、功能、安装特点和印制电路板类型的不同要求，将表面安装工艺分为三类六种安装方式，如表 6-8 所示。

表 6-8　表面安装方式

安装方式		示意图	电路基板	焊接方式	特征
表面安装	单面表面安装	A B	单面 SMB 陶瓷基板	单面再流焊	工艺简单，适用于小型、薄型简单电路
	双面表面安装	A B	双面 SMB 陶瓷基板	双面再流焊	高密度组装、薄型化
单面混装	SMD 和 THC 都在 A 面	A B	双面 SMB	先 A 面再流焊，后 B 面波峰焊	一般采用先贴后插，工艺简单
	THC 在 A 面，SMD 在 B 面	A B	单面 SMB	B 面波峰焊	SMB 成本低，工艺简单，先贴后插
双面混装	THC 在 A 面，A、B 两面都有 SMD	A B	双面 SMB	先 A 面再流焊，后 B 面波峰焊	适合高密度组装
	A、B 两面都有 SMD 和 THC	A B	双面 SMB	先 A 面再流焊，后 B 面波峰焊，B 面插装件后附加焊	工艺复杂，很少采用

注：A 面为元件面、主面；B 面为焊接面、辅面。SMD 为表贴元器件、THC 为直插分立式元器件。

2. SMT 技术的工艺流程

在目前的实际应用中，表面安装技术(SMT)有两种最基本的工艺流程，一类是锡膏—再流焊工艺，另一类是贴片—波峰焊工艺。但在实际生产中，将两种基本工艺流程进行混合与重复，则可演变成多种工艺流程供电子产品组装之用。

1) 锡膏—再流焊工艺

该工艺为纯表面安装工艺，其特点是简单、快捷，有利于产品体积的减少。纯表面安装有单面安装和双面安装。

(1) 单面表面安装工艺流程如图 6-46 所示。

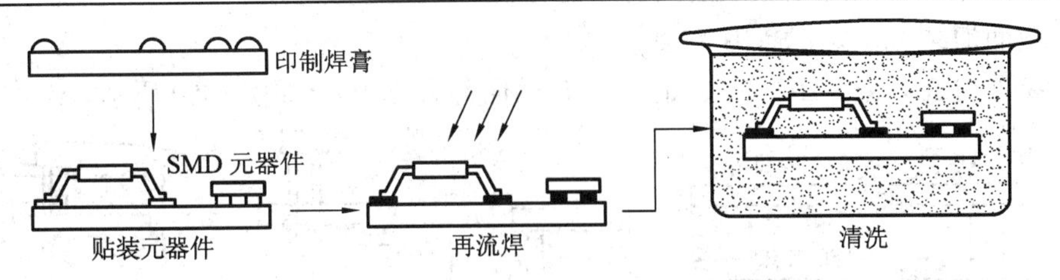

图 6-46　锡膏—再流焊工艺流程图

施加焊膏→贴装元器件→再流焊→清洗

(2) 双面表面安装工艺流程如图 6-47 所示。

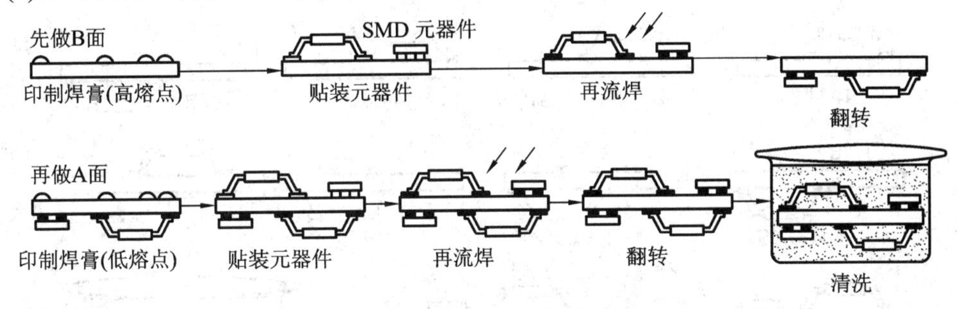

图 6-47　双面均采用锡膏—再流焊工艺流程图

B 面施加焊膏(高熔点)→贴装元器件→再流焊→(翻转 SMB)

A 面施加焊膏(低熔点)→贴装元器件→再流焊→清洗

2) 贴片—波峰焊工艺

该工艺流程的特点是利用了双面板的空间，电子产品的体积进一步减小，且使用价格低廉的通孔元件。但设备要求增多，波峰焊过程中缺陷较多，难以实现高密度组装，多用于消费类电子产品的组装。该工艺常用于表面安装和插件安装的混装工艺，分为单面混装和双面混装。

(1) 单面混装(SMD 在 SMB 单侧)。

① 双面 SMB，且 SMD 与 THC 在 SMB 同面，如图 6-48 所示。

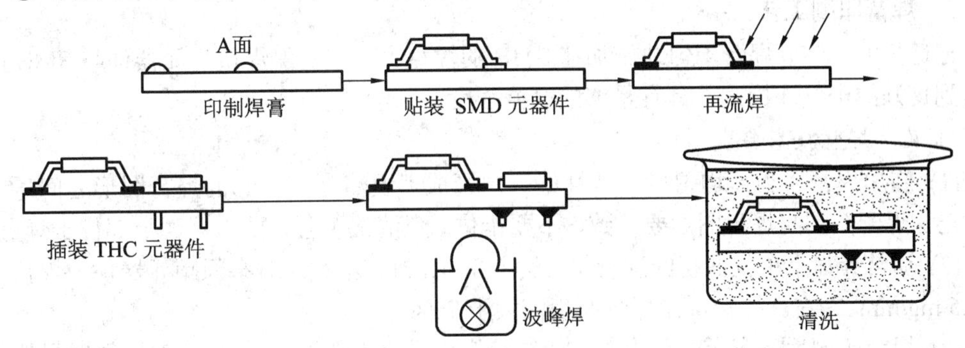

图 6-48　单面混装工艺流程图

A 面施加焊膏→贴装 SMD→再流焊→A 面插装 THC→B 面波峰焊→清洗

② 单面 SMB，且 SMD 和 THC 分别在 SMB 的两面，如图 6-49 所示。

B 面涂敷黏接剂→贴装 SMD→胶固化 $\xrightarrow{\text{翻转 SMB}}$ A 面插装 THC→B 面波峰焊→清洗

(2) 双面混装(SMD 在 SMB 双侧)。

① 双面 SMB，且 THC 在 A 面，A、B 两面都有 SMD，如图 6-50 所示。

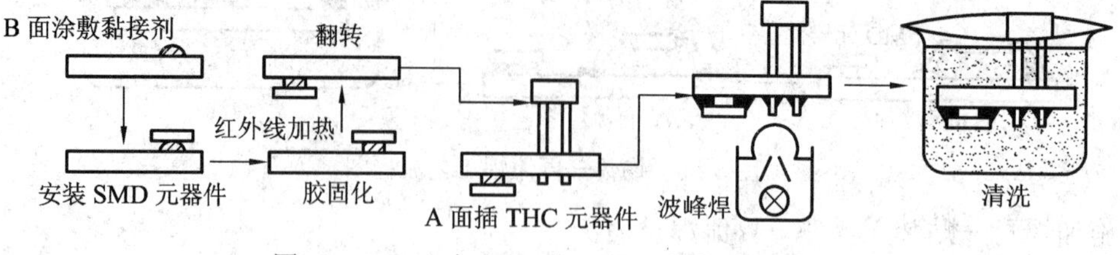

图 6-49　SMD 与 THC 在 SMB 两面工艺流程图

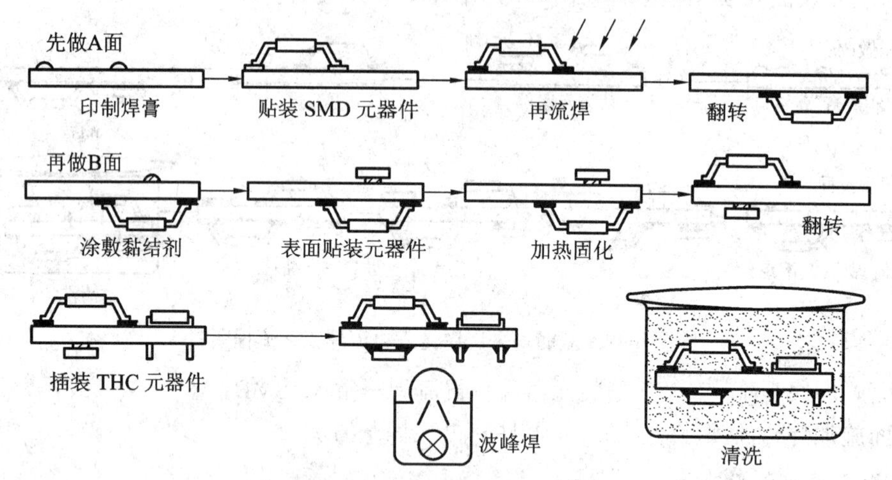

图 6-50　混合安装工艺流程图

A 面施加焊膏→贴装 SMD→再流焊 $\xrightarrow{\text{翻转 SMB}}$ B 面涂敷黏接剂→贴装 SMD→胶固化 $\xrightarrow{\text{翻转 SMB}}$ A 面插装 THC→B 面波峰焊→清洗

② 双面 SMB，且 A、B 两面都有 SMD 和 THC。

安装工艺流程同①类似。只是在完成 B 面波峰焊后，补插 B 面 THC，此工艺运用较少，不再累述。

3．焊膏印刷工艺

把适量的 Sn-Pb 焊膏均匀地施加在 SMB 的焊盘上，以确保焊接后元器件与 SMB 的焊盘达到良好的电气连接，并具有足够的机械强度。

1) *施加焊膏技术要求*

(1) 施加焊膏适当、均匀、一致性好。焊膏成形要清晰，相邻的焊膏图形之间尽量不要粘连。焊膏图形与焊盘图形要一致，不要错位。免清洗工艺，要求焊膏全部位于焊盘上。

(2) 通常焊盘上单位面积的焊膏量应为 0.8 mg/mm^2 左右，对窄间距元器件，焊膏量应为 0.5 mg/mm^2 左右。焊膏覆盖焊盘面积应大于 75%。

(3) 焊膏印刷后，应无严重塌落，边缘整齐，错位不大于 0.2 mm；对窄间距元器件焊盘，错位不大于 0.1 mm。印制板表面不允许被焊膏污染。

2) *施加焊膏方法*

(1) 滴涂法：即注射法，采用点焊膏机(如同医用注射器)将焊膏注到 SMB 上。通过选择注射孔的形状、大小及注射压力来调节焊膏的形状和用量。焊膏滴涂法分为手动和自动两种，常用于小批量生产、产品研发、科技制作等，也常用于产品维修，更换元器件。

(2) 丝网印刷：采用丝网漏印的方法涂布焊膏。丝网是 80～200 目的不锈钢金属网，通过涂感光膜形成图形漏孔，制成丝印网板，用于元器件焊盘间距较大，组装密度不高的中小批量生产中。

(3) 金属模板印刷：与丝网印刷类似，不同之处在于使用了金属模板。模板的制作采用化学蚀刻、激光切割等方法。由于模板上的孔是由设计 SMB 时生成的孔图文件制作而来，因此，模板上的孔与 SMB 焊盘是对应关系。金属模板印刷用于大批量生产，组装密度大及有多引线窄间距器件的产品。金属模板印刷的质量好，使用寿命长，是目前 SMT 生产中主要的焊膏涂布方法，生产设备有手动、半自动和自动等规格的焊膏印刷机。

4．贴片胶涂敷工艺

当片式元器件与插装元件混装时，一般采用波峰焊工艺，需通过点胶或印刷工艺把贴片胶涂敷在 SMB 的相应位置上，再进行贴装元器件，其目的是用贴片胶将元器件暂时固定在 SMB 的焊接位置上，防止元器件在传递、焊接等工序中掉落。

1) 涂敷贴片胶的技术要求

(1) 涂敷光固型贴片胶时，元器件下面的贴片胶至少应有一半处于被照射状态；涂敷热固型贴片胶时，贴片胶滴可完全被元器件覆盖，如图 6-51 所示。

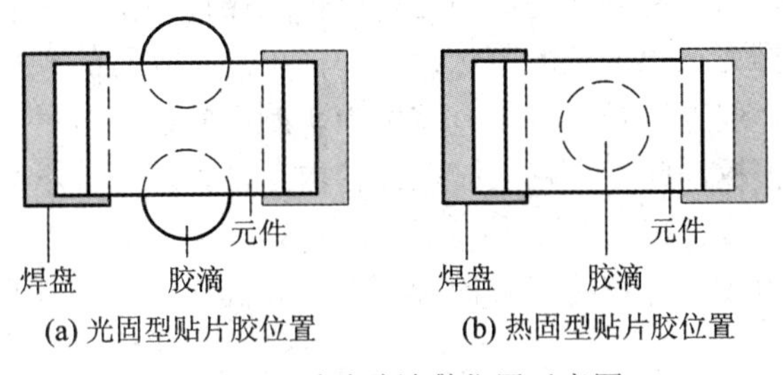

(a) 光固型贴片胶位置　(b) 热固型贴片胶位置

图 6-51　贴片胶涂敷位置示意图

(2) 小型贴装元器件可涂一个胶滴，大尺寸贴装器件可涂敷多个胶滴。

(3) 胶滴量及其高度取决于元器件的类型。胶滴的高度应达到元器件贴装后胶滴能充分接触到元器件底部。胶滴量的大小视贴装元器件的尺寸与重量而定，以保证足够的黏接强度。

(4) 涂敷贴片须保证焊点的可焊性及完整性，不可污染元器件端头和 SMB 焊盘。

2) 涂敷贴片胶的方法

(1) 针式转印法。采用针矩阵模具，在贴片胶供料槽中蘸取适量的贴片胶(胶黏度为 70～90 Pa · s，蘸取深度为 1.2～2 mm)，然后转移到 SMB 的点胶位置上同时进行多点涂敷。此法优点是效率较高，投资少，多用于单一品种批量生产中；缺点为胶量不易控制，针矩阵模具需随 SMB 改动而重新制作，供料槽中的胶易受到污染且易挥发影响粘接质量。这种方法目前已不常用。

(2) 印刷法。通过丝网或模板将贴片胶印刷到 SMB 上。其优点是成本低、效率高，一次印刷即可完成所有胶点的涂敷，特别适用于元器件密度不高、生产批量较大的情况。模板的造价比针矩阵模具便宜、制作快捷、涂敷精度更高。印刷法的关键是，电路板在印刷机上必须准确定位，保证贴片胶涂敷到指定位置，避免贴片胶污染焊接面。此方法的主要缺点是贴片胶暴露在空气中，对外环境要求较高；胶点高度不理想，只适合平面印刷。

(3) 压力注射法。压力注射法或称分配器滴涂法，是目前最常用的涂敷方法，它是将装有贴片胶的注射针管安装在点胶机上，在计算机程序控制下自动将贴片胶分配到 SMB 指定的位置。如图 6-52(a)所示。贴片胶由压缩空气从容器中挤出，胶量由针管的大小，加压时间和压力控制。图 6-52(b)是把贴片胶直接涂敷到贴装头吸附的元器件下面，再把元器件贴装到电路板指定的位置。

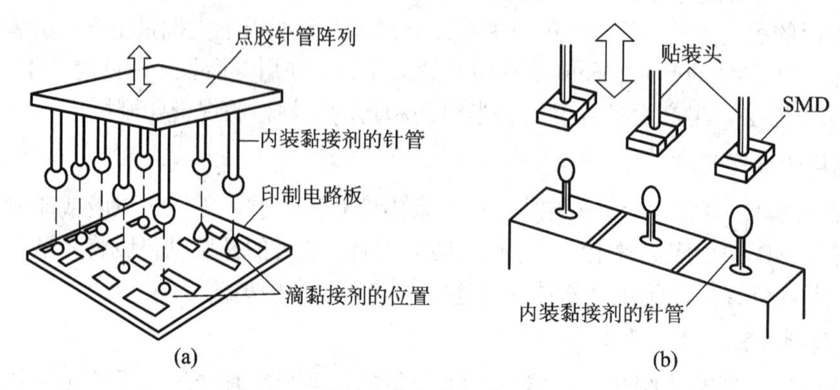

图 6-52　自动点胶机的工作原理示意图

压力注射法可以使用设备自动完成，也可以手工操作。手工注射贴片胶，是把贴片胶装入注射器，靠手的推力把一定量的胶从针管中挤出，有经验的操作者可以准确地掌握涂敷到电路板上的胶量，取得较好的效果。常用于研制产品或小批量生产中。这种方法灵活方便、易调整、无需模板。此外，贴片胶在针管内，密封性好，不易污染。压力注射法的主要缺点是点胶机投资费用较大。目前，广泛采用 SMT 自动贴片机来实现自动点胶，即把贴片机的贴装头换成内装贴片胶的点胶针管，在计算机程序的控制下把胶高速逐点涂到印制板指定位置。

3) 滴涂贴片胶工艺流程

在元器件混装的电路板生产中，涂敷贴片胶是重要的工序之一。由于生产设备不同，施加贴片胶的工艺流程也不尽相同，工艺人员应按实际情况制订自己企业的工艺流程。如图 6-53 所示为滴涂贴片胶前后工序关系。

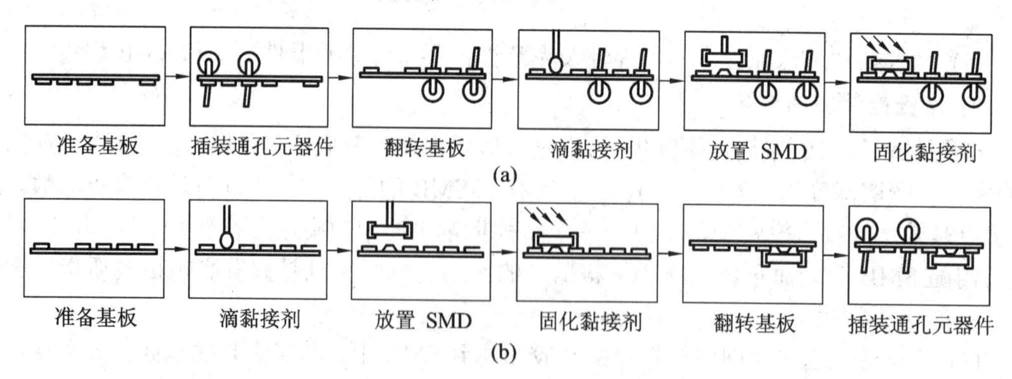

图 6-53　混合装配结构生产过程中的贴片胶涂敷工序

其中，图 6-53(a)是先插装 THC，后贴装 SMD；图 6-53(b)是先贴装 SMD，后插装 THC。

在这两个方案中，后者更适用于自动生产线进行大批量生产。

5．贴片工艺

印制电路板在完成焊膏印刷或滴涂贴片胶后，用贴片机(贴装机)或人工的方法，将贴片元器件(SMC/SMD)准确地贴放到 SMB 表面相应位置上的过程，叫做贴片(贴装)工序。在电子产品生产制造企业里，主要采用自动贴片机进行贴装元器件。在维修或小批量的试制生产中，也可采用手工方式贴装。

1) 对贴片质量的要求

要保证贴片质量，应考虑三个要素：贴装元器件的正确性、贴装位置的准确性和贴装压力(贴片高度)的适度性。

(1) 贴装元器件规范。元器件的类型、型号、标称值及极性等特征标记要符合产品装配图和明细表的要求。不可贴错位置。

(2) 贴装位置的要求。由于再流焊时，贴装元器件在熔融的锡膏作用下具有自定位效应，如图 6-54 所示。因此，允许贴片元器件贴装位置有一定偏差。但如果其中一端焊端没有搭接到焊盘或没能接触到焊膏，再流焊后将产生移位或“立碑”情况。如图 6-55 所示。

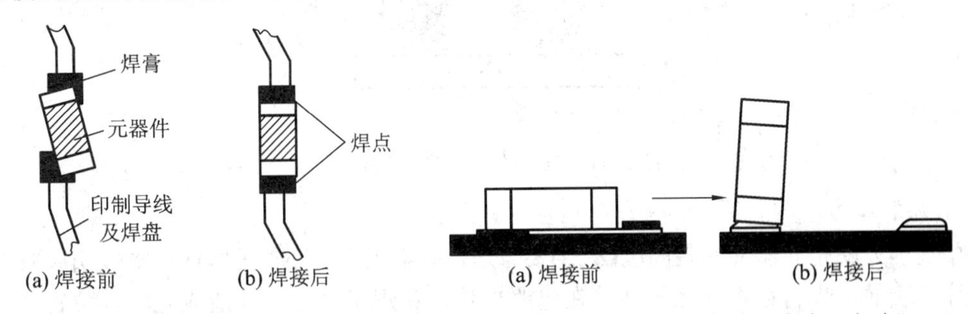

图 6-54　自动调位示意图　　图 6-55　元器件偏离焊盘而产生“立碑”

2) 几种常用贴片元器件的贴装

(1) 矩形元器件：图 6-56 中列举了几种矩形元器件的贴装类型。图(a)贴片元器件的焊端居中位于焊盘上，贴装优良；图(b)贴装发生横向位移，焊端宽度的 3/4 以上在焊盘上，即 D_1≥焊端宽度的 75%；图(c)贴装发生纵向位移，焊端与焊盘应交叠，即 $D_2>0$；图(d)贴装发生旋转偏移，焊端应置于焊盘上、且 D_3≥焊端宽度的 75%；图(e)贴装产生偏移，一端焊端脱离焊盘，为不合格贴装。

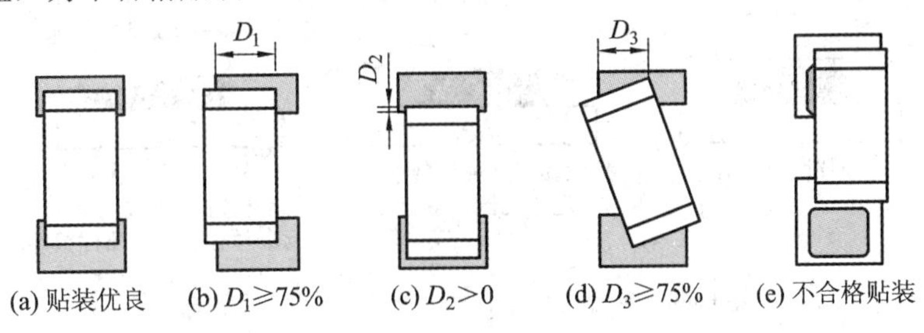

图 6-56　矩形元器件贴装偏差

(2) 小外形晶体管(SOT)：允许有旋转偏差，但引脚必须全部在焊盘上，如图 6-57 所示。

(3) 小外形集成电路(SOIC)：允许有平移或旋转偏差，但引脚宽度的 3/4 应在焊盘上。

如图 6-58 所示。

图 6-57　小外形晶体管贴装偏差

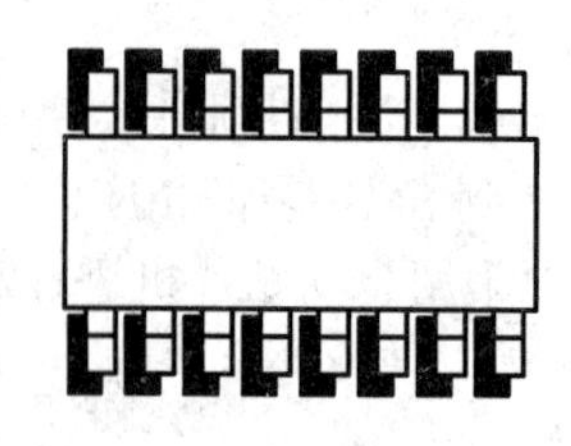

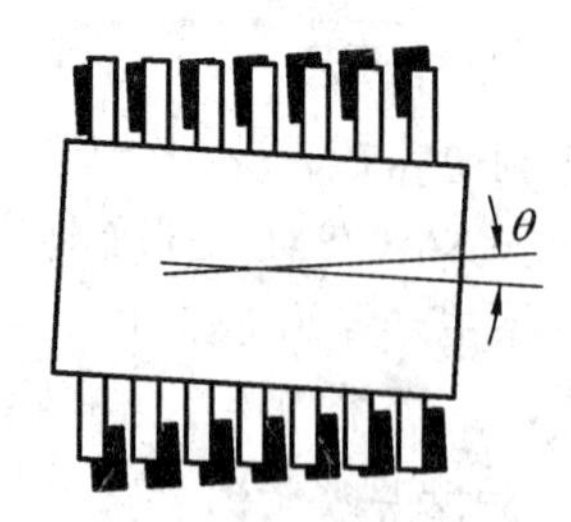

图 6-58　SOIC 集成电路贴装偏差

(4) 四边扁平封装器件和超小型器件：允许的贴装偏差范围要保证引脚宽度的 3/4 在焊盘上，允许有旋转偏差，但引脚长度的 3/4 在焊盘上。

(5) BGA 封装器件：焊球中心与焊盘中心的最大偏移量应小于焊球半径。如图 6-59 所示。

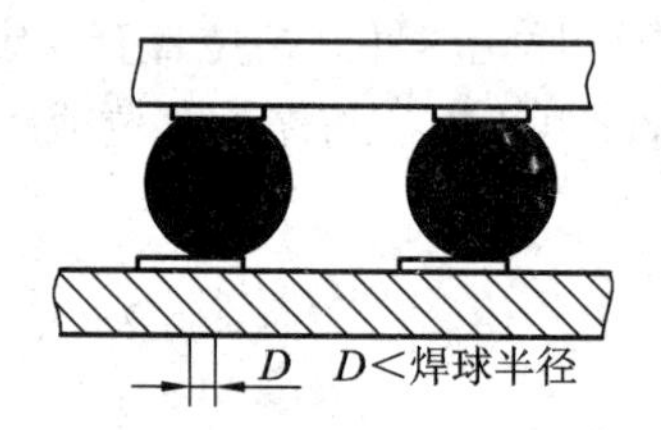

图 6-59　BGA 集成电路贴装偏差

3) 贴装压力

贴装压力就是元器件贴装高度(Z 轴)要合适，如果压力过小，元器件焊端或引脚就会浮放在焊膏表面，焊膏粘不住元器件，在电路板传送和焊接过程中易造成元器件位置移动；如果压力过大，使焊膏挤出量过多，再流焊时易产生桥接，同时也就会由于滑动造成贴片位置偏移，严重会损坏元器件，如图 6-60 所示。

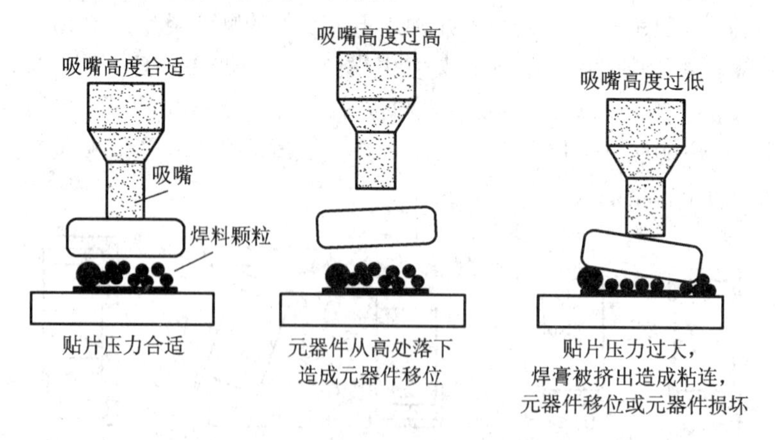

图 6-60　元器件贴装高度对贴片的影响示意图

4) 基本工艺流程

表面贴装工艺的基本工艺过程如图 6-61 所示。

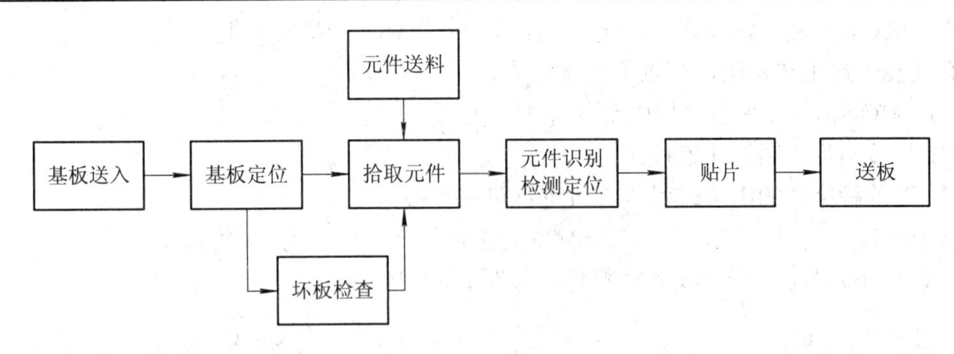

图 6-61　表面贴装工艺的基本工艺过程

6. 焊接工艺

焊接是 SMT 工艺技术中主要的核心工艺。在一块表面上安装组件上少则有几十个，多则有成千上万个焊点，一个焊点不良会导致整个产品失效，所以焊接质量是决定表面贴装产品质量的关键。目前广泛采用波峰焊和再流焊。

1) SMT 的焊接技术

在 SMT 焊接工艺中，一般情况下，波峰焊用于混合组装(即有 THC，也有 SMC/SMD)方式，再流焊用于全表面组装方式。

波峰焊与再流焊之间的基本区别在于热源与焊料的供给方式不同。在波峰焊中，焊料波峰有两个作用：一是供热，二是提供焊料。而在再流焊中，热流是由再流焊机自身的加热系统提供的，焊料是由专用的设备预先涂覆的。波峰焊是通孔插装技术中使用的传统焊接工艺技术，根据波峰形状不同有单波峰焊、双波峰焊等形式之分。再流焊是专用于表面贴装方式的现代焊接技术，根据提供热源方式的不同，再流焊有传导、对流、激光、气相等加热方式。表 6-9 比较了 SMT 各种焊接方法及特性。

表 6-9　SMT 焊接方法及特性

焊接方法		初始投资	操作费用	生产量	温度稳定性	适应性				
						温度曲线	双面装配	工装适应性	温度敏感元器件	焊接误差率
再流焊接	传导	低	低	中高	好	极好	不能	差	影响小	很低
	对流	高	高	高	好	缓慢	不能	好	有损坏危险	很低
	对外	低	低	中	取决于吸收	尚可	能	好	要求屏蔽	注①
	激光	高	中	低	要求精确控制	要求试验	能	很好	极好	低
	气相	中	高	中高	极好	注②	能	很好	有损坏危险	中等
波峰焊接		高	高	高	好	难建立	注③	不好	有损坏危险	高

注：① 焊接时适当固定和夹紧 PCB 后，焊接误差率低。② 停顿时改变温度容易，不停顿时改变温度困难。③ 一面插装普通元件，SMC 装在另一面。

由于 SMT 的微型化和高密度化，电路板上元器件之间的间隔很小，因此，其焊接工艺与通孔插装焊接工艺相比，有以下几个特点：

(1) SMC/SMD 在焊接过程中受热冲击较大；

(2) 焊接易形成微细化连接；

(3) 对各种类型的电极或引线都可进行可靠焊接；

(4) SMB 上的焊盘图形与 SMC/SMD 的接合强度和可靠性要求较高。

SMC/SMD 的电极或引线的理想焊接如图 6-62 所示。

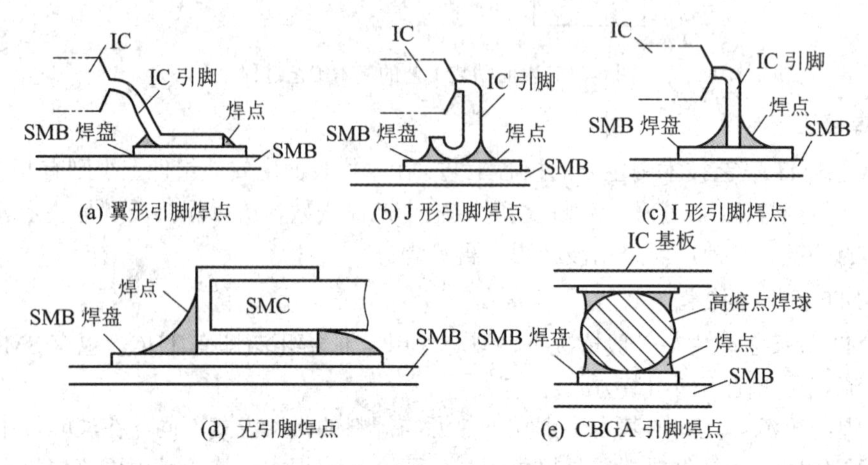

图 6-62　SMT 元器件的电极或引线理想焊接点示意图

SMT 与 THT 相比，对焊接技术提出了更高的要求。只要根据不同的情况选择正确的焊接技术、方法和设备，严格控制焊接工艺，SMT 的可靠性甚至高于 THT 的可靠性。

2) 双波峰焊工艺

本书曾在第 3 章第 2 节介绍过波峰焊工艺，其工作原理不再赘述，以下重点介绍用于 SMT 焊接的双波焊工艺。

波峰焊可分为单波峰焊和双波峰焊。单波峰焊用于 SMT 时，容易出现遮蔽和气压效应等较严重的质量问题，存在漏焊、桥接和焊缝不充实等缺陷。因此，在 SMT 焊接工艺中广泛采用双波峰焊，主要工艺有助焊剂涂敷、SMB 预热，双波峰焊接，传输及控制系统。图 6-63 为双波峰焊机内部结构示意图。

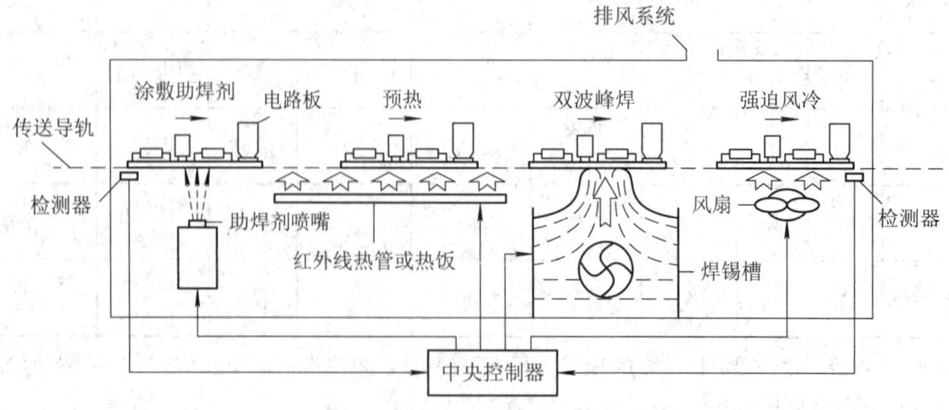

图 6-63　波峰焊机的内部结构示意图

在双波峰焊接时，SMB 先接触第一个波峰，焊料由窄喷嘴喷出，波峰较窄、流速湍急，对组件有较高的垂直压力。使焊料对尺寸小、贴装密度高的电路板上贴片元器件焊端有较好的渗透性，可驱除气体、克服遮蔽。但经过此法焊接后容易使元器件焊端留下过量的焊料，SMB 须进行第二次波峰焊。第二个波峰是一个平滑的波峰，流动速度较慢，提供了焊料流速为零的出口区，可形成充实的焊缝，同时也可有效地去除元器件焊端上过量的焊料，消除拉尖和桥接，形成良好的焊点，确保 SMB 组件焊接的可靠性，如图 6-64 所示。

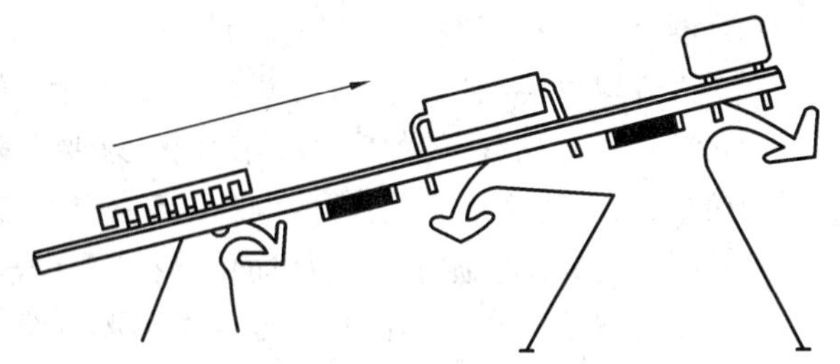

图 6-64 波峰焊中的双焊波工作示意图

3) 再流焊工艺

(1) 工艺流程。再流焊，也称回流焊，是英文 Re-flow Soldering 的直译，是通过重新熔化预先分配到 SMB 焊盘上的膏状焊料，实现表面组装元器件焊端或引脚与印制板焊盘之间机械与电气连接。由于再流焊工艺有“再流动”及“自定位效应”的特点，所以对贴装精度要求较宽松，易实现焊接的高度自动化与高速度。

再流焊是 SMT 的主要焊接方式，如图 6-65 所示，其操作方法简单、效率高、质量好、一致性好。再流焊技术的一般工艺流程如图 6-66 所示。

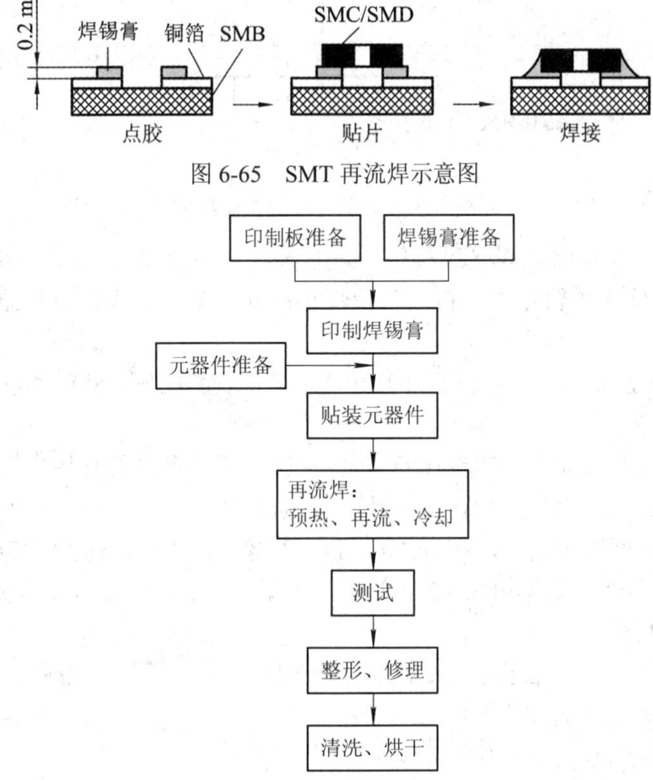

图 6-65 SMT 再流焊示意图

图 6-66 再流焊技术的一般工艺流程

(2) 再流焊工艺技术特点：

① 元器件不直接浸渍在熔化的焊料中，故元器件所受到的热冲击小。

② 再流焊仅在需要的部位上即元器件端头和焊盘施加焊料，大大节约了焊料的使用。

③ 再流焊可控制焊料的施加量，避免桥接等缺陷的产生。

④ 当元器件贴放位置有一定偏差时，只要焊料施放位置正确，再流焊可在熔融焊料表面张力的作用下将微小偏差自动纠正，产生自定位效应，将元器件拉回到正确位置上。

⑤ 可采用局部热源加热，从而可以在同一块基板上采用不同的焊接工艺。

⑥ 使用规范焊膏，确保其组分，不会因焊膏混入杂质影响焊点质量。

(3) 再流焊焊接温度曲线，控制与调整再流焊设备内焊接对象在加热过程中的时间—温度参数关系(简称为焊接温度曲线)，它是决定再流焊效果与质量的关键。主要实现的方式有两种：一是沿着传送系统的运行方向，让 SMB 匀速通过隧道式再流焊机各个温区，在每个温区得到预先设定的温度，这样一个加热周期运行结束即在 SMB 上形成了一个加热曲线；另一种是把 SMB 置于台式再流焊炉内，炉内温度随预先设定的加热曲线变化，完成焊接。温度曲线主要反映电路板组件的受热状态，再流焊的理想焊接温度曲线如图 6-67 所示。

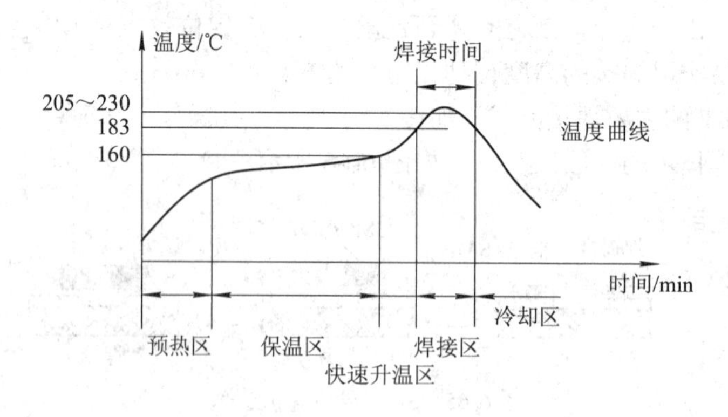

图 6-67　再流焊的理想焊接温度曲线

(4) 焊接过程。在再流焊焊接过程中，焊膏需经过以下几个阶段：溶剂挥发，焊剂清除焊件表面的氧化物，焊膏熔融，再流动及焊锡冷却、凝固。由再流焊温度曲线可知焊接分四个阶段完成。

① 预热区：焊接对象由室温逐步加热至 150℃左右的区域，SMB 和元器件预热，焊膏中的溶剂、水分被挥发。

② 保温区：温度维持在 150～160℃，焊膏中的活性剂开始作用，清除元器件焊端、焊盘、焊料中的氧化物，时间约 60～120 秒。

③ 焊接区：温度逐步上升，超过焊膏熔点 30%～40%，焊料中锡(Sn-Pb)开始熔化，呈现再流动状态，元器件端头和 SMB 上的焊盘润湿、扩散、浸流形成焊接点，大部分焊料润湿时间约 60～90 秒。

④ 冷却区：焊接对象迅速降温，焊锡开始凝固，形成焊点，完成焊接。

(5) 设置再流焊温度曲线依据。

① 焊膏加热熔融过程温度变化曲线，即焊料熔点；

② SMB 上元器件的密度、大小及是否有 BGA、CSD 等特殊 IC，是单面还是双面贴

装器件；

③ SMB 的材料、厚度，是否是单面、双面或多层板，尺寸大小等；

④ 再流焊机的特性参数，如：加热区的长度、加热源材料、加热方式及传送 SMB 板的速度等。

(6) 工艺要求：

① 合理的温度加热曲线。减少焊接不良、虚焊、元件翘立(“立碑”现象)、锡珠飞溅等焊接缺陷。

② SMB 电路板在设计时要确定再流焊的焊接方向，一般情况下，主要元器件的长轴方向应与电路板再流焊时的运行方向垂直。

③ 在焊过程中，应避免传送带振动。

6.3.3　SMT 小批量加工制作与焊拆技艺

SMT 技术现已大量应用于日常电子产品。通常，电子产品生产企业大都采用专用 SMT 整体生产线进行表面安装组件的生产。但在小批量研制、电子产品制作竞赛、电子产品返修或局部维修等时候，经常需手工贴装 SMT 元器件。手工贴片焊接的方式是其他焊接方式无法取代的，是自动化、智能化焊接方式的基础。因此学习掌握 SMT 手工焊接的基本方法是非常必要的。

1.　SMT 小批量加工制作方法

1) 手工焊膏印刷

(1) 手工贴片之前，需要先在电路板的焊接部位涂抹助焊剂，进行去氧化处理，可以用刷子将助焊剂直接刷涂在焊盘上。

(2) 采用简易印刷工装设备进行手工焊膏印刷，如图 6-68 所示为手动焊膏印刷机的外观结构。这种印刷机从上板、定位、印刷、取板到清洗都需手工完成。

图 6-68　手动焊膏印刷机的外观结构

手动焊膏印刷机在定位调校方式上采用边定位或孔定位的调校方式，可实现前后、左右、上下手动微调，达到定位精度。

采用手工印刷焊膏操作步骤及注意事项：

(1) 焊膏应搅拌均匀，将适当焊膏放在模板漏孔一端。

(2) 用刮板从焊膏的前面向后均匀地刮动，刮刀角度以 45°～60° 为宜。刮完后将多余的焊膏放回模板前端，如图 6-69 所示。

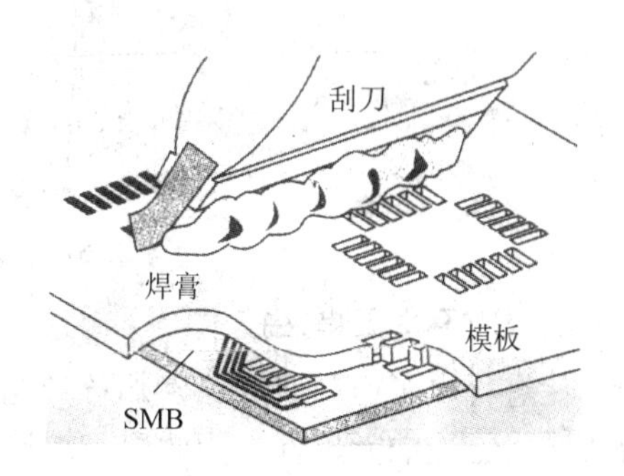

图 6-69　锡膏印刷

(3) 抬起模板，将印好焊膏的 SMB 取下，再放入第二块 SMB。

(4) 检查印刷效果，调校定位精度，改变刮板角度、压力和印刷速度，直到满意为止。

(5) 印刷时，需经常检查印刷质量，发现焊膏图形沾污(连条)，或模板漏孔堵塞时，随时用无水乙醇棉纱擦洗模板底面。

(6) 如果印刷双面板，印刷第二面时需要加工专门的印刷工装，先印元器件小且少的一面，待第一面贴装与焊接完成，再加工另一面。

2) 手工贴装元器件

手工贴装片状元器件的工具有：不锈钢镊子、真空吸笔、元器件支架、3～5 倍台式放大镜或立体显微镜、防静电工作台、防静电手腕等。

操作方法：

(1) 贴装 SMC 片状元器件：用镊子夹持元器件，也可用真空吸笔吸起元器件，把元器件焊端对齐两端焊盘，居中贴放在焊膏上，用镊子或吸笔头轻轻按压，释放镊子或真空吸笔堵孔，使焊端浸入焊膏，如图 6-70 所示。

(2) 贴装 SMD 及 IC 器件：用镊子夹持或吸笔吸取器件，器件第 1 脚或前端标志对准印制板上的定位标志，对齐两端或四边焊盘，居中贴放在焊膏上，轻轻按压器件顶面，使器件引脚不小于 1/2 厚度浸入焊膏中。贴装引脚间距在 0.65 mm 以下的窄间距元器件时，应在 3～20 倍显微镜下操作。

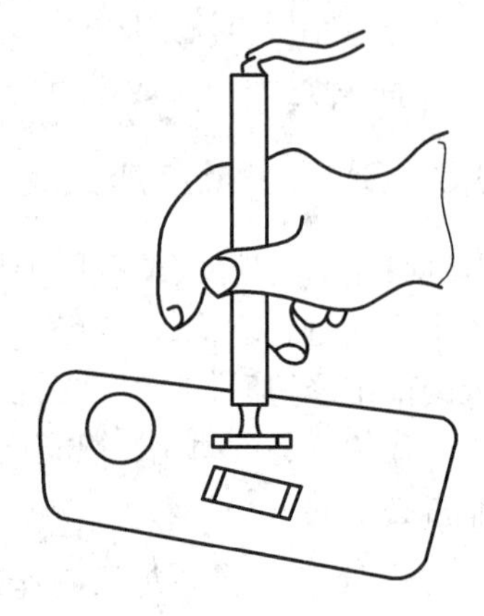

图 6-70　真空吸笔贴装示意图

3) 台式再流焊机焊接

对于小批量手工贴装完成的表面贴装组件，可采用台式红外再流焊机进行焊接。图 6-71 所示是台式红外热风再流焊机的图片，其内部有一个加热炉体，能够焊接面积约 400 mm × 400 mm 的 SMB。炉内的红外加热器及热风扇受电脑预先设定的加热程序控制，温度随时间变化，历经预热、再流和冷却等过程，完成焊接。

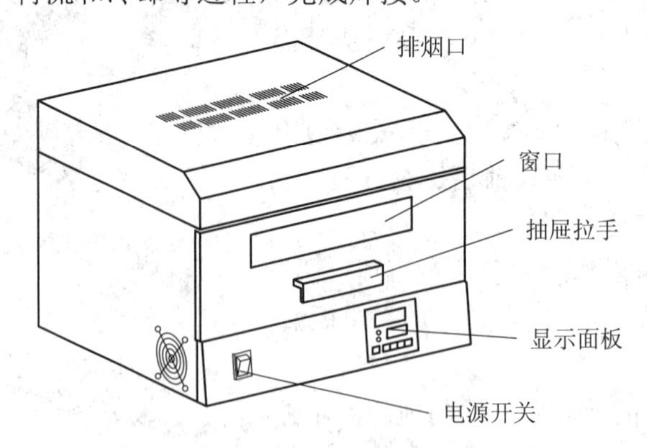

图 6-71　台式红外热风再流焊机

2. SMT 手工焊接技术

在进行电子产品研发、参加各类竞赛活动中，经常碰到检修印制电路板，更换性能失效或连接错误的元器件，因此手工焊接表面安装元器件是要熟练掌握的技能。

1) 片状元器件的焊接

使用小于 20 W 且烙铁头是尖细锥状的电烙铁或恒温烙铁(温度小于 390℃)，电烙铁的金属外壳应接地。焊接时应注意经常擦拭烙铁头，焊接时间应控制在 3 秒以内，焊锡融化即可抬起电烙铁。焊接完成需用放大镜检查焊点。

焊接电阻、电容、二极管等两端元器件时，应先在一个焊盘上镀锡，然后，右手持烙铁压在镀锡的焊盘上，保护焊锡处于熔融状态，左手用镊子夹着元器件推置焊盘上，将其焊好，然后焊接另一端，最后修补焊点、焊接过程如图 6-72 所示。

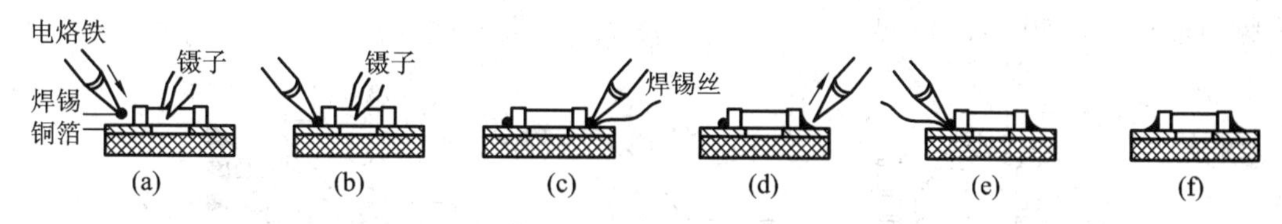

图 6-72　贴片元器件手工焊接示意图

另一种焊接方法是：先在焊盘上涂敷助焊剂，并在两焊盘间的基板上点一滴不干胶，用镊子将元器件置于预定的位置上，先焊一端，再焊另一端。焊接钽电解电容时，应先焊正极，后焊接负极，以免损坏器件。

2) L 型引脚的集成电路的焊接

L 型引脚的集成电路在脚间距较大的情况下一般可采用单引脚分别焊接的方式，若引脚间距过小通常采用拉焊技术，即一排引脚一起拖拉焊接。不同的焊法使用的烙铁头的形状也不相同。

(1) 单引脚分别焊接。

第一步：将芯片置于焊盘上并使每个管脚与焊点对中；

第二步：用超细烙铁头将芯片对角的两个管脚焊牢；

第三步：给其余管脚均匀涂上助焊剂；

第四步：对其余管脚进行逐个焊接。

对管脚进行焊接的方法有以下两种：

方法一：将焊锡丝沿管脚根部放置，然后用扁铲形烙铁头延管脚根部向外移动，待焊锡熔化并在引脚润湿后使烙铁头脱离芯片，如图 6-73 所示。

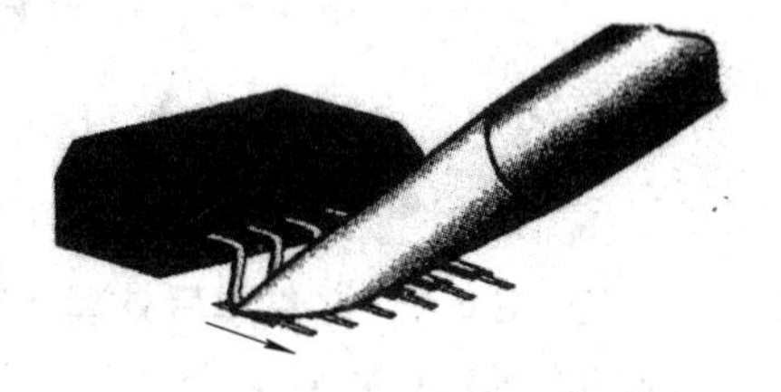

图 6-73　L 型引脚 IC 的手工焊接

方法二：将焊锡丝沿管脚根部放置，用烙铁头接触每一个管脚的顶端进行逐个管脚焊接，如图 6-74 所示。

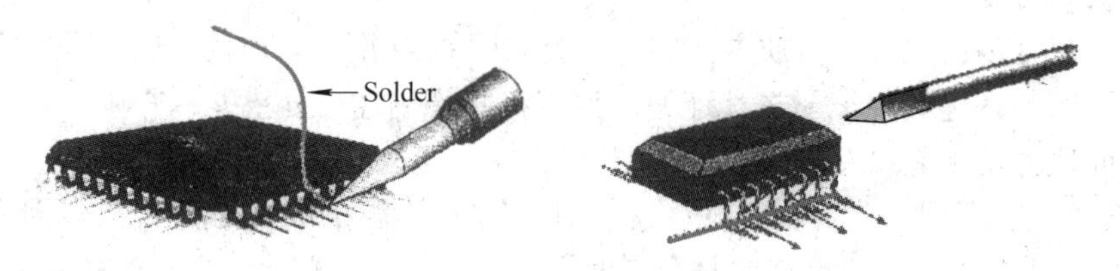

图 6-74　手工 IC 逐脚焊接

(2) 拖焊(拉焊)。

第一步：将 QFP 封装的芯片置于预定的位置上，用少量焊锡焊住芯片上 *a*、*b*、*c* 三个管脚，如图 6-75(a)所示，将芯片准确固定；

第二步：用腐蚀性小，无残渣的免清洗助剂涂覆芯片所有管脚；

第三步：给电烙铁的斜面和顶部上锡(锡量要适中)；

第四步：将烙铁头接触焊盘及管脚根部，烙铁头与芯片成 45° 夹角，把电烙铁沿管脚排列方向快速拖动进行连续焊接，如图 6-75(b)所示。

第五步：焊接时，如果管脚之间发生焊锡粘连现象，可施加助焊剂，用烙铁头轻轻沿管脚向外刮抹，如图 6-75(c)所示。

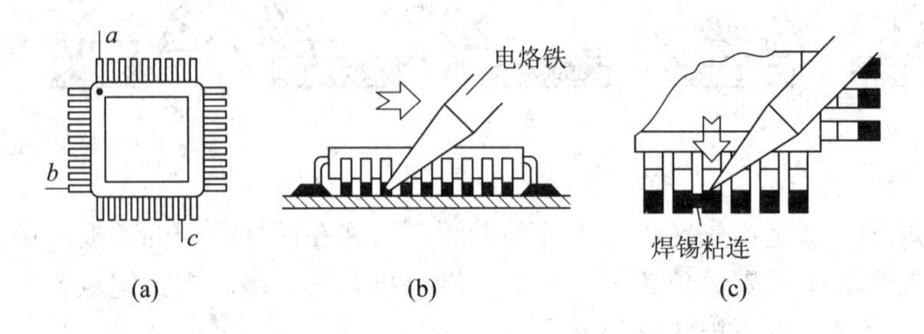

图 6-75　焊接 QFP 芯片的手法

3) J 型引脚的集成电路的焊接

第一步：将芯片放置焊盘上并使每个管脚对中定位；

第二步：用细烙铁头将芯片对角的两个管脚焊牢；

第三步：将焊锡丝沿芯片管脚根部放置，然后用烙铁头在每个焊盘上加热进行逐个焊接，如图 6-76 所示。

图 6-76　J 型引脚元件单个引脚焊接

3. SMT 元器件焊后处理及质量要求

1) 焊接后的处理

对表面安装的元器件进行焊接以后，要及时对焊件进行清理与检查，对于焊点较密的印制电路板，可用放大镜。

连焊是较容易出现的焊接质量问题，检查如图 6-77 所示。对此，应在焊接完成后及时进行处理，即使在电气性能要求其连通，也应将其堆锡连焊处挑开，否则，会因应力不一样而导致元器件出现裂纹并失效。

对 SMT 元器件进行焊接时，应注意控制加锡量，图 6-77 中连焊现象多因为锡量过多所至。锡量过多的焊点，可用烙铁与金属编织带或多芯导线配合，去除引脚上多余的焊锡。也可用吸锡器吸去多余的焊锡。应注意加热时间控制在 2、3 秒左右，以免因元器件过热而损坏。

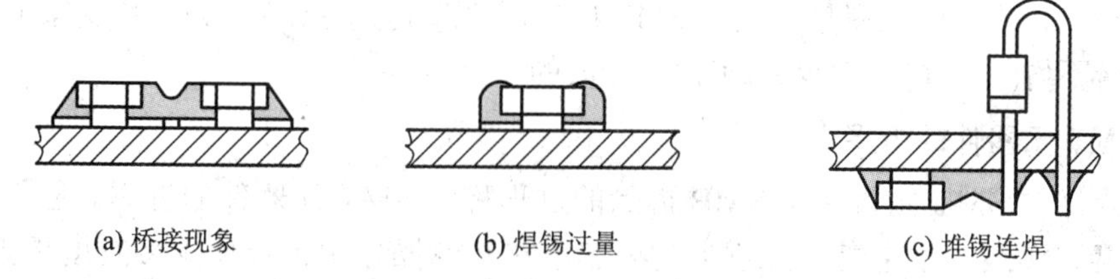

图 6-77　表面安装元器件连焊焊点示意图

对于漏焊或锡量不足的引脚，应进行补焊，焊点要保证质量要求。最后，用清洗剂对焊点及元件引脚进行清洗。

2) 焊接质量要求

SMT 焊接质量要求与 THT 的要求基本相同，要求焊点的焊接面呈弓形凹面，焊锡与焊件交界处平滑，接触角尽可能小、无裂纹、针孔、夹渣，表面要有光泽。两种典型表面安装元器件焊点质量要求如图 6-78 所示。

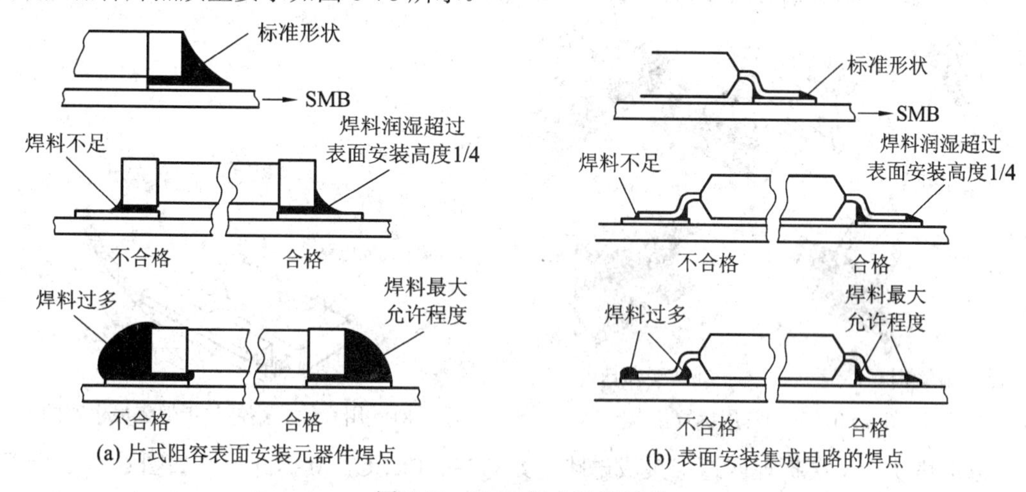

图 6-78　SMT 焊点质量要求

常见表面安装元器件焊接缺陷如图 6-79 所示。

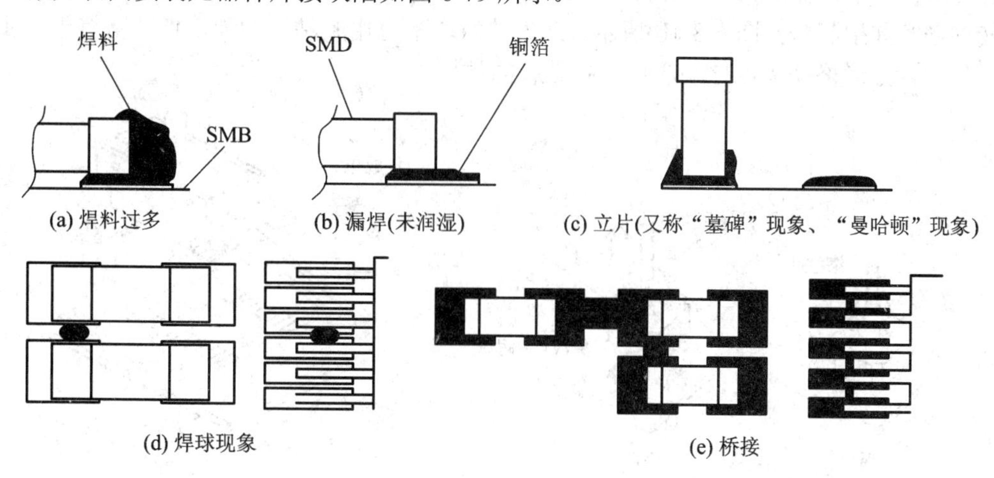

图 6-79　表面安装元器件常见的几种焊接缺陷

焊盘设计和焊膏印刷漏量控制对 SMT 焊接质量起到关键作用，如立片现象主要是两个焊盘上焊膏不均(一边焊膏太少或漏印)而造成的。

4．SMT 元器件的拆焊

将已焊好的 SMT 元器件从 SMB 拆除的过程称为 SMT 元器件的拆焊。这是在参加各类电子竞赛、实践教学中需重点掌握的内容，在实际操作中拆焊比焊接难度更大。

1) 用专用加热烙铁头拆焊元器件

常用各种形式的拆焊烙铁头如图 6-80 所示。

采用扁铲式烙铁头可以拆焊翼型引脚的 SO、SOL 封装的集成电路，操作方法如图 6-81 所示。将加热头放在集成电路的一排引脚上，按图中箭头的方向来回移动加热烙铁头，将整排引脚上的焊锡全部熔化，并用吸锡铜网线吸走。加热温度不能超过 290℃，时间约 3 秒，引脚与电路板之间没有焊锡后，用镊子将集成电路的一侧撬离印制板，注意抬起来的距离要尽量小，以防止另一侧引脚及铜箔与板剥离，然后用同样的方式拆焊另一侧引脚。

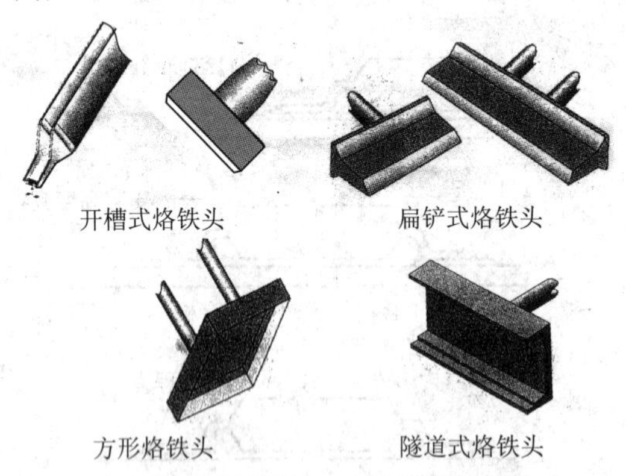

图 6-80　各种常用拆焊烙铁头

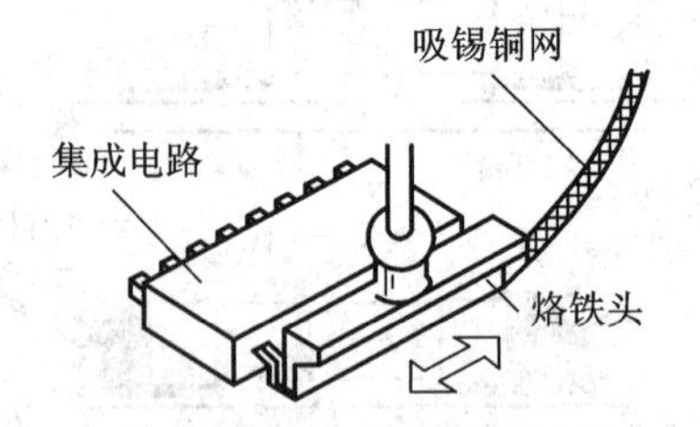

图 6-81　用扁铲式烙铁头拆焊集成电路的方法

方形烙铁头主要拆焊四边形集成电路，如 QFP、PLCC，其拆卸方法如图 6-82(a)所示。根据芯片的大小和引脚数目选择不同规格的方形烙铁头，并将电烙铁的前端插入其固定孔，在加热头的顶端涂上焊锡，将加热头靠在芯片引脚上，约 3～5 秒后，在镊子的配合下，轻轻转动芯片并抬起，如图 6-82(b)所示。此方法对取下已用胶粘连的元器件非常有用，在焊锡熔化后，方形烙铁头可拧动芯片，打破胶的粘接。

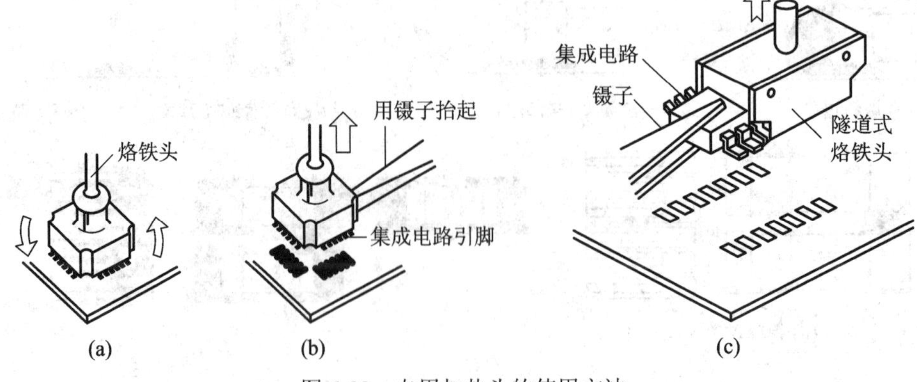

图 6-82　专用加热头的使用方法

隧道式烙铁头可用来拆焊 SOT 组装的三极管和 SO、SOL 封装的集成电路芯片。方法同方形烙铁头拆焊四边形芯片类似，如图 6-82(c)所示。

对于一般贴片二极管、三极管、片式电阻和电容的拆焊可采用如下两种方法：

方法一：选用开槽式烙铁头，将电烙铁插入固定孔，通电加热后放在片状元器件的引脚上面约 3 秒后，焊锡熔化，然后用镊子轻轻将元器件夹起。

方法二：用两把电烙铁同时加热片式元件的两侧管脚，待焊锡熔化后，再用电烙铁将元器件移动脱离原焊点。注意加热时间要短，如图 6-83 所示。

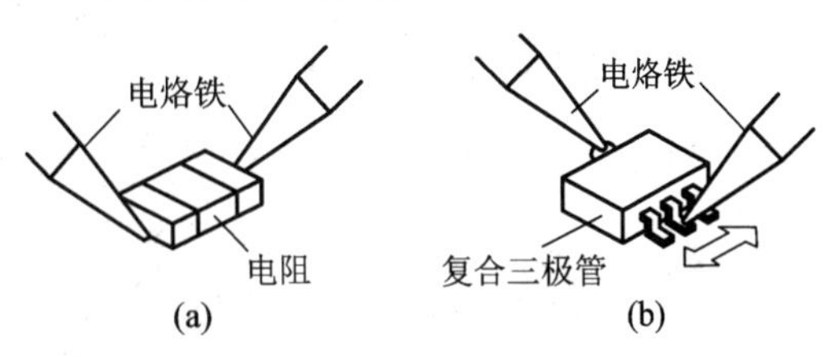

图 6-83　用两把电烙铁拆焊两端元件或晶体管

2) 用热风工作台拆焊 SMT 元器件

用热风工作台来拆焊 SMT 元器件，其原理是利用热空气来熔化焊点。热风工作台外形如图 6-84 所示。内置电热丝的热风枪软管连接内置吹风电机的工作台。按下电源开关、接通吹风电机和电热丝的电源，调整热风工作台面上的旋钮，让热风枪喷嘴吹出合适的高温气流，用以拆焊 SMT 元器件。喷嘴是根据不同封装、不同尺寸的集成电路来选用的，如图 6-85 所示。

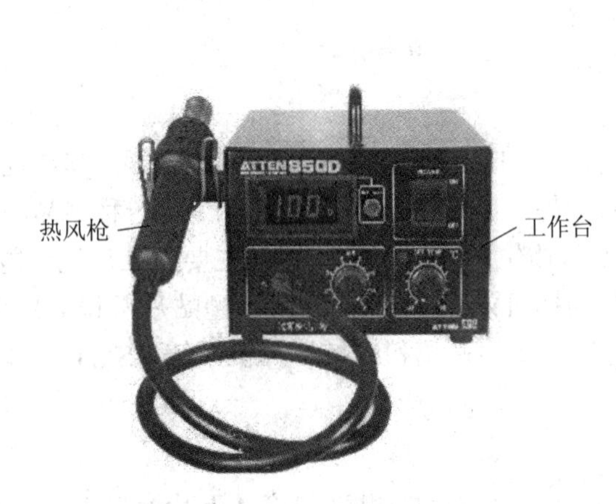

图 6-84　HAKKO-850 热风工作台

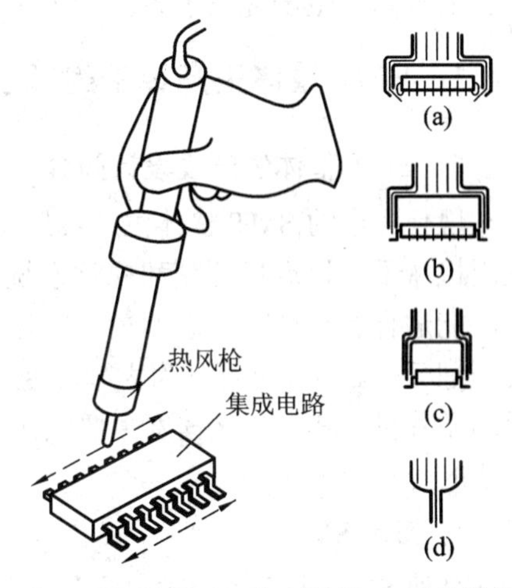

图 6-85　用热风工作台拆焊 SMT 元器件

使用热风工作台拆焊元器件具体步骤如下：

(1) 选择合适的喷嘴(有单管喷嘴和与集成电路引脚分布相同的专用喷嘴等)；

(2) 选择合适的温度和风量；

(3) 用镊子或芯片拔启器夹住元器件；

(4) 焊锡熔化后取下元器件并进行冷却处理。拆焊过程如图 6-86 所示。

应注意：热风温度低，熔化焊点的时间过长，让过多的热量传到芯片内部，易损坏元器件；热风温度高，可烤焦印制电路板或损坏元器件；送风量大，可能将周围的其他元器件吹走；送风量小，则加热时间明显变长。初学者应把“温度”和“风量”旋钮置于中间位置。热风温度一般在 300～400℃。若担心周边的元器件受到损坏或吹走，可用耐高温的胶带粘贴到上面，将其保护起来。然后用工作台上的热风枪均匀地反复吹各面的引脚，较大的集成电路加热时间会超过 60 秒。待焊锡完全熔化后，用镊子轻轻试探，当元器件能整个移动时，取下元器件翻身，吹出冷风可冷却元器件和加热器，不要直接拔下电源插头。

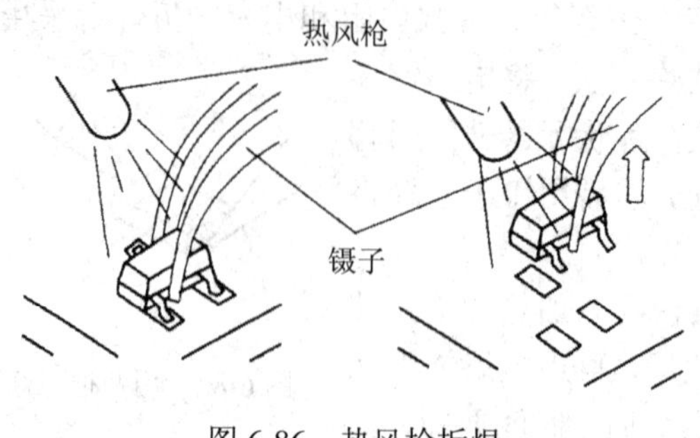

图 6-86　热风枪拆焊

6.4　表面安装生产线及设备

随着 SMT 集成电路封装向高集成化、高性能化、多引线和窄间距方向发展，快速推动了 SMT 技术在高端电子产品中的广泛应用。SMT 整体生产线的设计制造为大批量柔性生产、低缺陷率生产提供了条件。

6.4.1　SMT 整体生产线的组成及设计

1. SMT 整体生产线设计简介

现代先进的 SMT 整体生产线属于柔性自动化(Flexible Automation)生产方式，其特征是采用机械手，计算机控制和视觉系统，可从一种产品的生产快速地转换为另一种产品的生产，能适合多品种中、小批量生产等。SMT 整体生产线的规模和速度主要由贴片机性能、类型划分的。贴片机可分为大型高速机(俗称高档机)、中型(中档机)、小型贴片机和半自动、手动贴片机。其自动化程度主要取决于贴片机、转输系统和线控计算机系统。SMT 整体生产线的分类如下：

1) 高速 SMT 生产线

高速 SMT 生产线一般由两台或两台以上超高速贴片机(贴装速度 4 万片/h 以上)，高速贴片机(贴装速度 9 千片/h～4 万片/h)根据需要组合而成，主要用于大批量单一产品的组装生产。目前出现了 12.7 万片/h 的贴片机，用于大规模手机等通信产品的生产。

2) 中速高精度 SMT 生产线

窄间距元器件在计算机、通信、仪器仪表中已被广泛应用，从而设计出与之相适应的高精度贴片机，贴装速度在 3 千片/h～1 万片/h，适用于多品种中、小批量生产。当前，在生产线设计中常采用多机串联方式进行生产，推荐生产线由 2 台贴片机组成：一台片式元件贴片机(高速机)和一台 IC 器件贴片机(高精度机)，这样各司其职，有利于贴片机发挥出最高的效率。

3) 低速半自动 SMT 生产线

低速半自动 SMT 生产线一般用于研发产品和小批量试生产。因其产量规模、精度和适应性难以满足发展所需，产品生产企业不宜选用。贴片机的贴装速度一般小于 3 千片/h。

4) 手动生产

手动生产成本较低、应用灵活方便。常用于各类电子竞赛制作、产品研发、多品种小批量生产，也常用作返修工作，应用面广泛。

SMT 生产线设计涉及技术、管理、市场各个方面，如市场需求及技术发展趋势、产品规模及更新换代周期、元器件类型及供应渠道、设备选型、投资力度等等。总之，要结合主要产品生产实际需要、实际条件、一定的适应性和先进性等几方面进行综合考虑。

2. SMT 生产线组成与配置

SMT 的主要生产工艺包括锡膏印刷、贴片和再流焊三个步骤，所以要组成一条完整的 SMT 生产线，必然包括实施上述工艺步骤的设备，即锡膏印刷机、自动贴片机、再流焊机(回流焊炉)及检测设备，如图 6-87 所示。

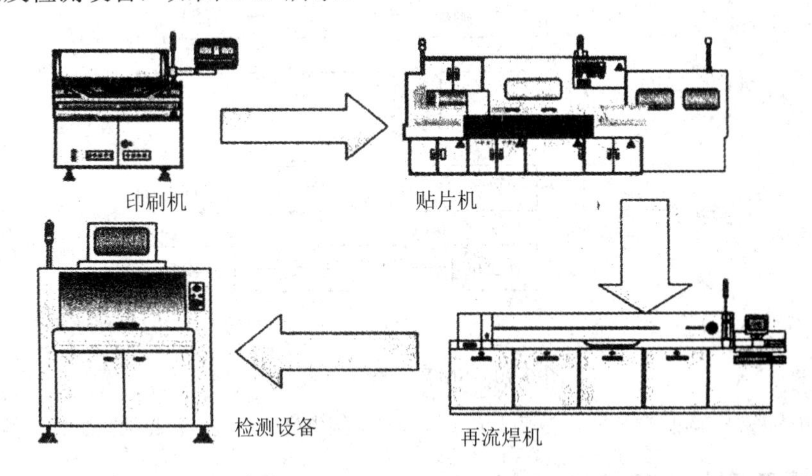

图 6-87　SMT 生产线基本配置

根据组装对象、组装工艺和组装方式不同，SMT 的生产线有多种组线方式。图 6-88 所示为采用再流焊技术的 SMT 生产线的最基本组成，一般用于 SMB 单面组装的场合，也称为单线形式。若 SMB 为双面组装，则需双线形式的生产线。当直插分立元器件与贴片元器件兼有时，还需在上述生产线基础上加装直插分立元器件组装线和相应设备。当采用的是非免清洗组装工艺时，还需附加焊后清洗设备。目前，一些大型企业配有送料小车，用计算机进行控制和管理的 SMT 产品集成组装系统，它是 SMT 产品自动组装生产的高级组织形式。

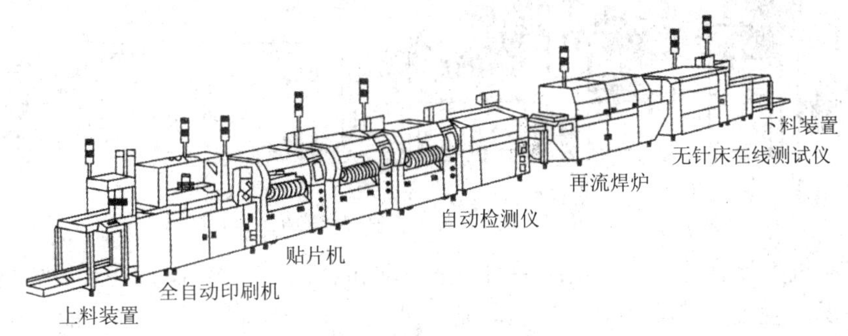

图 6-88　SMT 生产线基本组成

一条 SMT 整体生产线设备的布局可分为一般性布局与完整性布局。

(1) 一般性布局方式。一般性布局方式如图 6-89 所示。

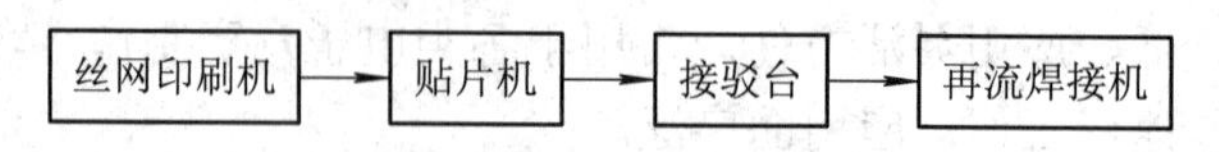

图 6-89　SMT 一般性布局方式

(2) 完整性布局方式。完整性布局方式如图 6-90 所示。

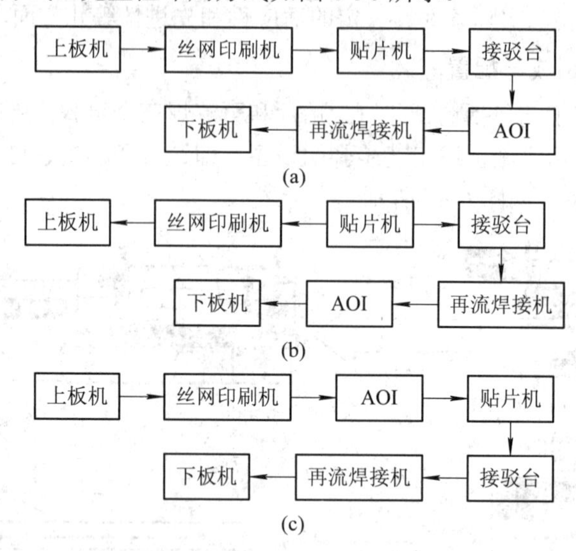

图 6-90　SMT 完整性布局方式

注：AOI 全称是自动光学检测，是基于光学原理对焊接生产中遇到的常见缺陷进行检测的设备。

6.4.2　锡膏印刷机及其结构

1. 锡膏印刷机的分类

锡膏印刷机是用来印刷焊锡膏或贴片胶的，在 SMT 工艺流程中属第一个重要工艺，是 SMT 生产线上的第一台主要机电设备，如图 6-91 所示。

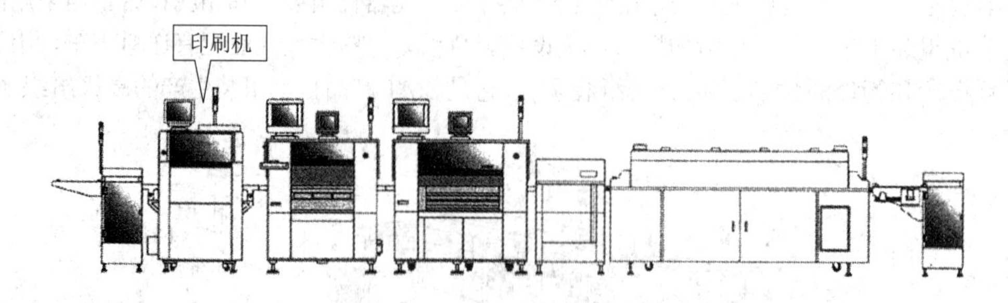

图 6-91　SMT 生产线中的印刷机

锡膏印刷机大致分为三个档次：手动、半自动和全自动。半自动和全自动印刷机可以根据具体情况配置各种功能，用于提高印刷精度。例如，配制视觉识别功能，调整 SMB 传送速度功能、工作台或刮刀 45° 角旋转功能(适用于窄间距元器件)，以及二维、三维检测功能等。图 6-92 所示为全自动锡膏印刷机外形。

图 6-92　全自动锡膏印刷机外形

手动锡膏印刷机：各种参数与操作(进出 SMB、定位及刮锡膏)均需人工调节与控制，常用于研发制作、小批量生产或难度不高的产品使用。

半自动锡膏印刷机：除了 SMB 夹装过程是人工放置外，其余动作机器可连续完成，但第一块板与模板窗口定位是通过人工来对中的。后续 SMB 由定位销实现定位，因此 SMB 上应设有高精度的工艺孔，以供装夹定位。

全自动锡膏印刷机：装有光学对中定位系统，通过对 SMB 和模板上对中定位标志(Mark/FIDU-CIAL)的识别，自动实现模板窗口与 SMB 焊盘的对中，重复精度达±0.01 mm。印刷机具有自动装载系统，可实现全自动运行。但印刷机的多种工艺参数，如刮刀速度、刮刀压力、丝网或模板与 SMB 间的间隙需人工设定。

锡膏印刷过程中 SMB 放进和取出有两种方式：一种是将整个刮刀机构连同模板一同抬起，再将 SMB 放进和取出，SMB 定位精度取决于支承平台转动轴的精度，这种精度一般不太高，多见于手动印刷机和半自动印刷机；另一种是双向进出模式，刮刀机构与模板不动，SMB 平进平出，模板与 SMB 垂直分离、故定位精度高，多见于全自动印刷机。双轨道双向进出模式是目前最先进的印刷机输入传导模式，其同时或分项进出模式，大幅减少印刷机 SMB 的进出等待时间，极大地提高了印刷机的工作效率。

2. 锡膏印刷机的组成与参数

1) 锡膏印刷机的基本构成

(1) 印刷机基础结构：包括 $XY\theta$ 工作台、机架、基板输入、输出导轨、工作台传输控制机构等。

(2) 印刷头系统：包括刮刀(不锈钢、橡胶、硬塑料制作)、刮刀固定机构(浮动机构)、刮刀驱动机构、印刷头的传输控制系统及压力控制机构。

(3) 丝网或模板与 SMB 固定对中系统：包括模板真空或边夹持机构、SMB 支承平台、CCD 视觉扫描对中定位系统、误差调校系统等。

(4) 检测与清洗模块：包括清洗装置、2D 及 3D 测量系统、擦拭更换装置等。

(5) 智能控制系统：包括计算机控制、操作、故障诊断及传感器检测系统。

如图 6-93 所示为锡膏印刷机结构简图。

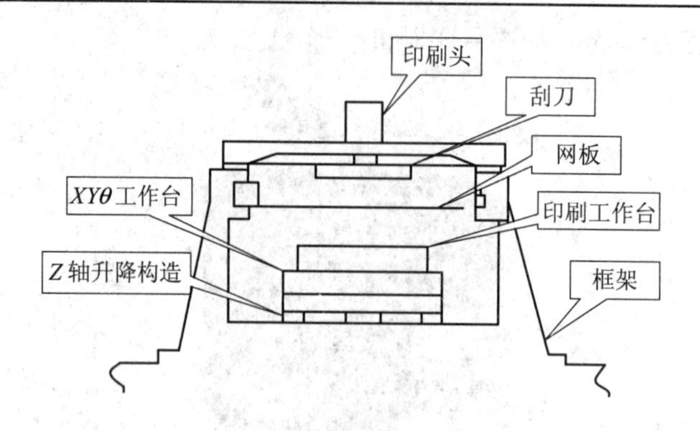

图 6-93　锡膏印刷机结构简图

2) 印刷机主要工艺参数

锡膏印刷机通常使用硬度为邵氏 A90 以上的聚氨酯橡胶和金属刮刀。具体工艺参数如下：

(1) 刮刀速度：一般为 25～50 mm/s，细间距下速度为 20～30 mm/s，超窄间距下速度为 10～20 mm/s。

(2) 刮刀角度：范围 45°～75°，最佳 60°～70°。

(3) 脱模速度：一般 0.8～2.0 mm/s，细间距下速度为 0.3～1.0 mm/s，超细间距下速度为 0.1～0.5 mm/s。

(4) 印刷精度：一般要求 ±0.025 mm，重复精度要求 ±10 μm。

3．锡膏印刷基本原理

锡膏印刷采用模板漏印印刷法，其基本原理如图 6-94 所示。

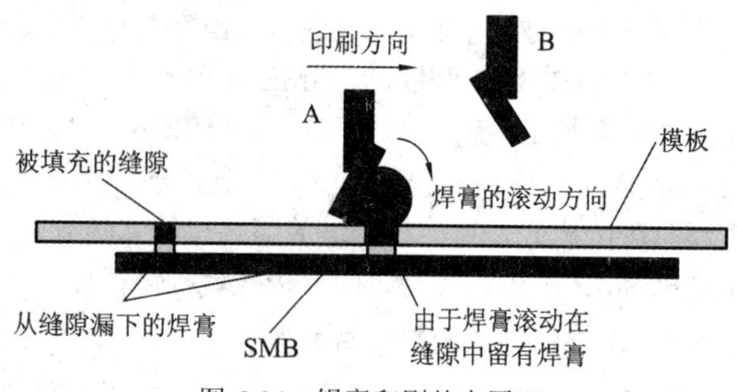

图 6-94　锡膏印刷基本原理

将 SMB 放在基板支架上，由真空泵或机械方式固定，再将已加工有印刷图形的漏印模板在金属模板框架上绷紧。模板与 SMB 表面接触，模板网孔图形与 SMB 上的相对应的焊盘对准。把锡膏放在漏印模板上，刮刀(亦称刮板)从模板的一端向另一端推进。此时，锡膏通过模板上镂空的图形网孔印刷(沉淀)到 SMB 的焊盘上。如果刮刀单向压刮，沉积在焊盘上的锡膏可能会不够饱满，故需要进行双向刮锡。高档的 SMT 印刷机一般有 A、B 两个刮刀，当刮刀从右向左移动时，刮刀 A 上升，刮刀 B 下降并压刮锡膏；反之，刮刀从左向右移动时，刮刀 B 上升，刮刀 A 压刮锡膏。经过两次刮锡后，SMB 与模板脱离(模板上升或 SMB 下降)，取出 SMB，完成锡膏印刷过程。

锡膏是一种触变流体，具有一定的黏性。当刮刀以一定的速度和角度向前移动时，对锡膏产生压力 F，F 可分解为水平压力 F_1 和垂直压力 F_2，如图 6-95 所示。F_1 推动锡膏在模板上滚动，F_2 将锡膏注入网孔。锡膏的黏度随着刮刀与模板交接处产生的切变将逐渐下降，从而将锡膏注入网孔，并最终牢固且准确地涂覆在焊盘上。

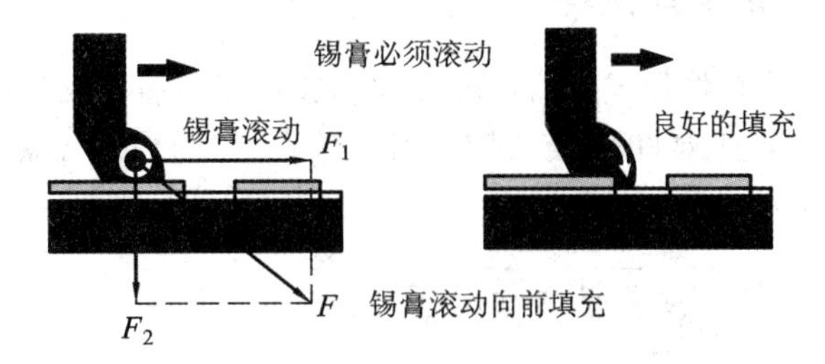

图 6-95　锡膏印刷原理

4．锡膏印刷机的操作

全自动锡膏印刷机或半自动锡膏印刷机的操作程序如图 6-96 所示。

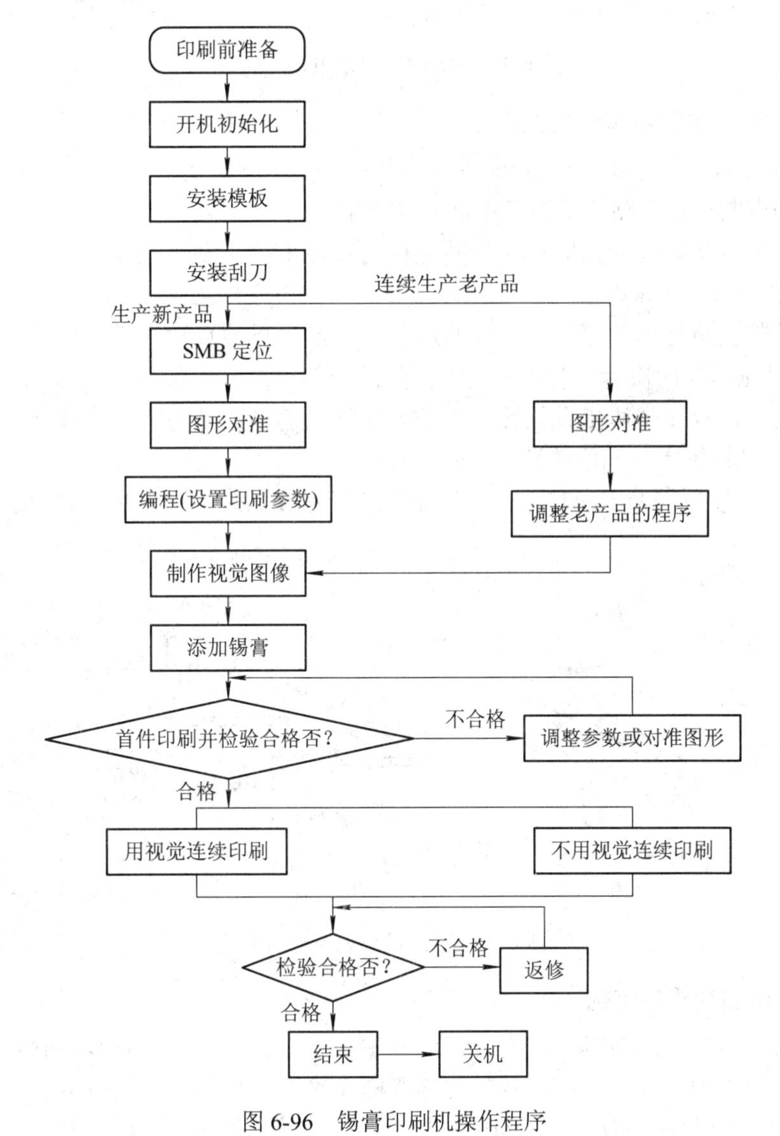

图 6-96　锡膏印刷机操作程序

6.4.3　表面自动贴片机及其结构

表面自动贴片机是用来将片式元器件准确地贴放到印好锡膏或贴片胶的 SMB 表面的相应位置上的设备，是保证 SMT 组装质量和组装效率的关键工序。贴片工序是 SMT 组装的第二道工序，如图 6-97 所示。

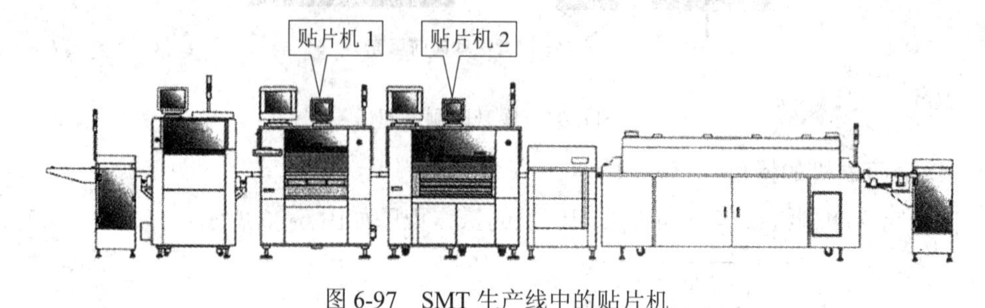

图 6-97　SMT 生产线中的贴片机

1. 贴片机进行贴装的基本过程

用贴片机贴片的示意图如图 6-98 所示。贴片的基本过程是：

(1) 印制电路板送入贴片机的工作台，经光学纠正后固定；

(2) 供料器将待贴装的元器件送入贴片机的吸始工位，贴片机吸笔以适当的吸嘴将元器件从其包装中吸取出来；

(3) 在贴装头将元器件送往印制板的过程中，贴片机的自动光学检测系统与贴装头相配合，完成对元器件的检测、对中校正等任务；

(4) 贴装头按程序到达指定位置后，控制吸嘴以适当的压力将元器件准确地放置到印制板指定的焊盘位置上，元器件被焊锡膏粘住；

(5) 重复上述(2)～(4)步的动作，将所需贴装元器件贴装完毕，将印制板送出贴片机进入再流焊机。

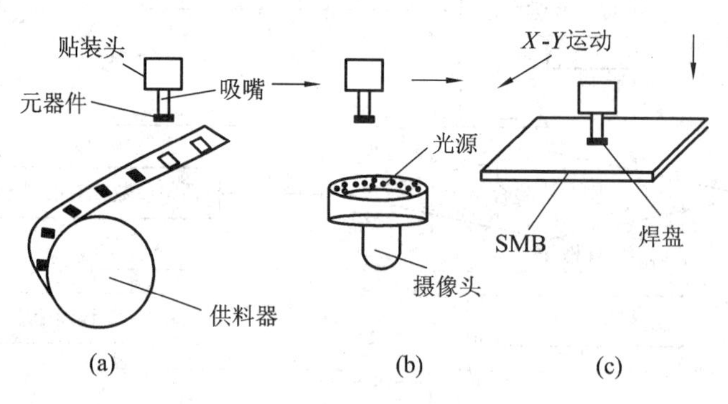

图 6-98　贴片机贴片的示意图

2. 全自动贴片机的结构

全自动贴片机是由计算机、光学系统、精密机械、滚珠丝杆、直线导软、线性电机、谐波驱动器，以及真空压力系统和各类传感器构成的光、机、电一体化的高科技智能设备。贴片机组成结构如图 6-99 所示。CP45FV 自动贴片机外形如图 6-100 所示。

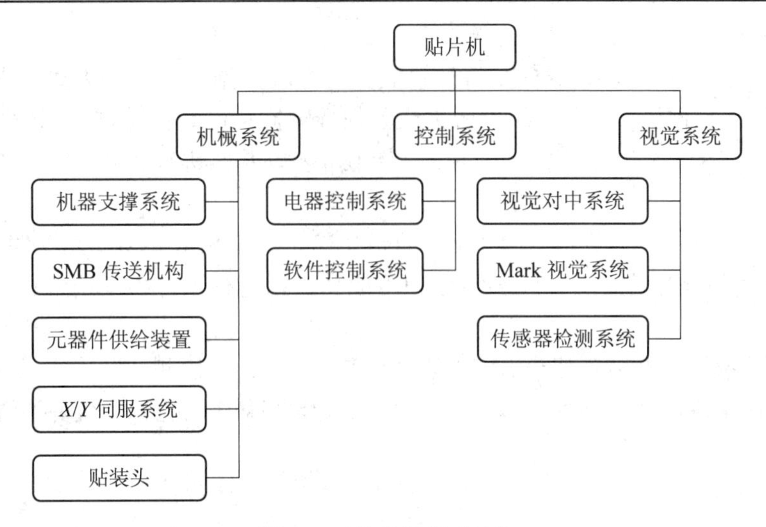

图 6-99　贴片机组成结构

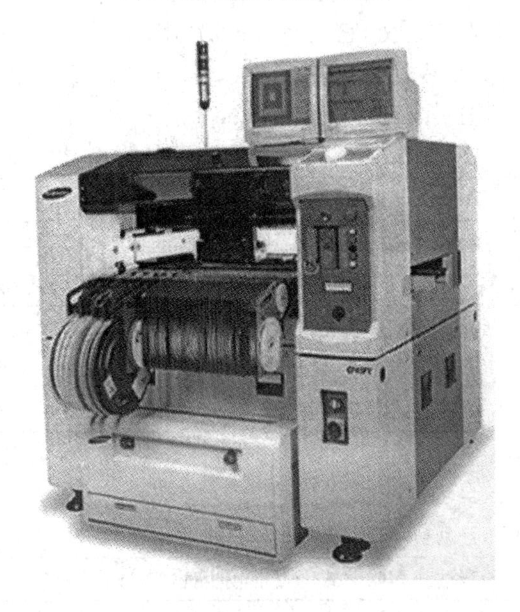

图 6-100　CP45FV 自动贴片机外形

贴片机一般由三个主要部分组成：机械系统、控制系统和视觉系统。关键核心部分如下：

1) 贴装头

贴装头是贴片机的关键部件，机器的最终贴装工序均是由它来完成的。贴装头相当机器的机械手，在校正系统的控制下自动校正位置，将贴片元器件准确地贴放到指定的位置，其过程包括四个环节，即元器件拾取、检查、传送和放置。

(1) 元器件拾取：贴装头上装有多个吸笔(如 CP45 有 6 个)，吸笔下装有根据贴装元器件尺寸选择的吸嘴。元器件拾取是由吸嘴从供料器中吸取元器件并进行角度调整的过程，贴装头移动至元器件拾取位置，Z 轴快速下降到安全间隙，元器件与贴装吸嘴接触，通过传感器反馈启动真空阀，用真空负压的方式吸住 SMC/SMD 元器件。与此同时，完成 Z 轴位置储存和在线校准。

(2) 元器件检查：检查元器件是否被拾取并与标准数据库比较。主要过程包括元器件移至视觉摄像头正下方，视觉系统把所生成图像数据同标准数据(标准元器件库)比较，确认元器件位置(包括 *X*/*Y* 坐标及角度)，并计算补偿值。贴装时进行补偿并对下次取料位置进行预先优化。

(3) 元器件传送：通过贴装头及 SMB 的相互移动，使 SMC/SMD 元器件到达 SMB 的指定位置，在其过程中完成光学检查，由角度驱动机构进行贴片角度调整、结合补偿值进行修正。

(4) 元器件放置：贴装头移至 SMB 焊盘上方，进行真空检测，以确认元器件吸附是否良好。*Z* 轴快速下降到达元器件高度的安全间隙，检测 SMB 的翘曲程度并通过 *Z* 轴压力传感器反馈数据，按预设压力放置元器件。

2) 供料器

供料器也称喂料器或送料器，其作用是将 SMC/SMD 元器件按照一定规律和顺序提供给贴装头，以便准确、方便地被拾取。它是根据 SMB 上的元器件数和种类及封装来选用的，适合于表面贴装元器件的供料装置有带装、管装、托盘及散装等几种，如表 6-10 所示。带装供料器外形结构如图 6-101 所示。

表 6-10　贴片机供料器的类型

	类型	说　明
1	带装供料器	8 mm、12 mm、16 mm、24 mm、32 mm、44 mm、56 mm 等种类 12 mm 以上的供料器输送间距可根据元器件情况进行调整
2	管装供料器	高速管装供料器 高精度多重管装供料器 高速层式管装供料器
3	托盘供料器	手动换盘式 自动换盘式 自动换盘拾取式换盘供料式
4	散装供料器	振动式和吹气式，目前较少使用

图 6-101　带装供料器外形结构

供料系统的工作方式是根据元器件的包装形式和贴片机的类型而确定的。贴装前，先将各种类型的供料器分别安装到相应的供料器支架上，装载着多种不同元器件的散装料仓随着贴片进程水平旋转，把即将要贴装的元器件转到料仓门的下方，便于贴装头拾取。带装供料器上的元器件编带随编带架垂直旋转，管装供料器上的定位料斗在水平面上二维移动。

3) 电脑控制系统

全自动贴片机的所有操作均由电脑控制系统来控制。目前大多数贴片机的电脑采用 Windows 界面，可通过高级语言在线或离线编制程序并优化，控制贴片机的工作步骤，且进行设备的开机、关机、故障诊断等操作。对于需要贴装的片状元器件需将其尺寸、封装、型号及安装的精确位置，编程后输入电脑，贴装头按照程序进行逐个贴装。具有视觉检测系统的贴片机，也是通过电脑来实现对电路板上贴片位置的图形进行识别。

贴片机采用二级计算机控制系统，如图 6-102 所示。主控计算机主要运行和存储中央控制软件及贴装程序、示教编程视觉系统、SMB 基准标号坐标数据及细间距器件数据库。现场控制计算机系统主要控制贴片机的运动和示教功能。

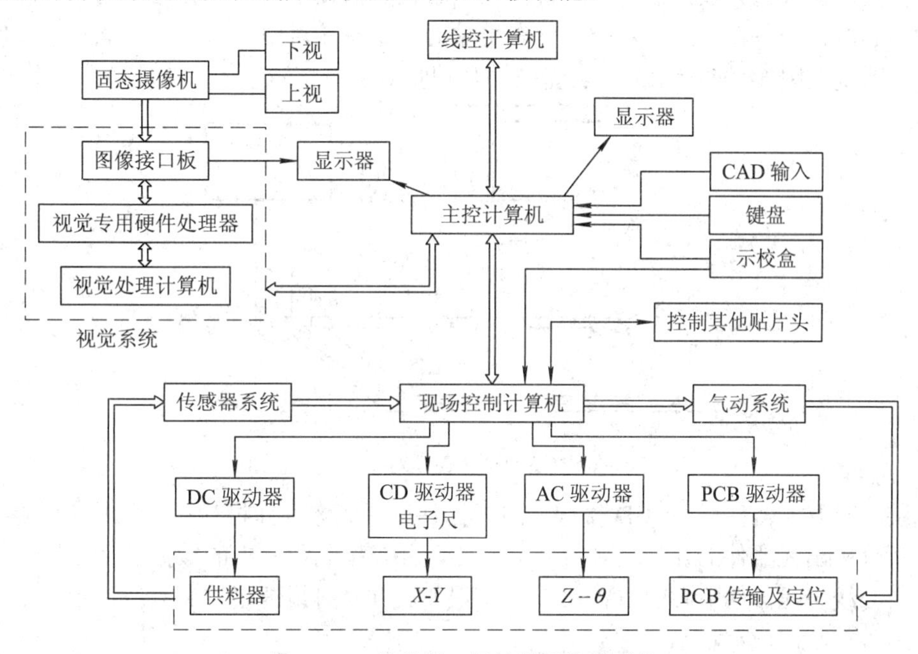

图 6-102　贴片机二级计算机控制系统

4) 机器视觉系统

机器视觉系统是影响元器件贴装精度的主要因素，是设备的核心技术。视觉系统由光源 CCD、显示器及数模转换与图像处理系统组成。根据视觉系统在贴装机中的作用，可分为 SMB 定位下视系统和元器件对中系统。

(1) SMB 定位下视系统。安装在贴装头部的 CCD 在工作时，首先通过对 SMB 上所设定的定位标志 Mark 的识别来实现对 SMB 位置的确认。CCD 对定位标志确认后，通过 BUS 反馈计算机，计算机计算出贴片原点位置误差(ΔX，ΔY)，同时反馈给运动控制系统，以实现 SMB 的识别过程。SMB 上的基准标号如图 6-103 所示。

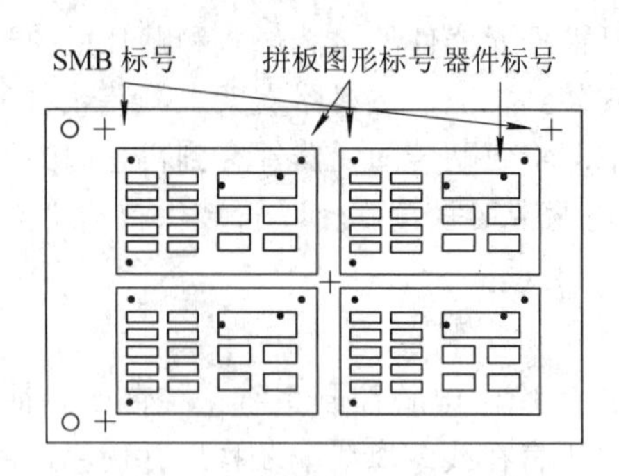

图 6-103　SMB 基准标号

Global 为 SMB 标号，确定 SMB 的位置，用于坐标补偿。Image 为拼板图形标号，用于重复贴片，Local 为元器件两角上的标号，确定元器件的位置和方向。

(2) 元器件对中系统。对 SMB 位置确定后，需对贴装元器件进行确认，包括元器件的外形与计算机存储是否一致；元器件中心是否居中；元器件引脚的共面性和形变。贴片机的对中是指贴装头在吸取元器件时要确保吸嘴吸在元器件中心，使元器件的中心与贴装头的主轴中心线在一条直线上。对中系统有机械对中、激光对中、激光加视觉对中，以及全视觉对中系统。图 6-104 所示为一典型的贴片视觉对中系统示意图。

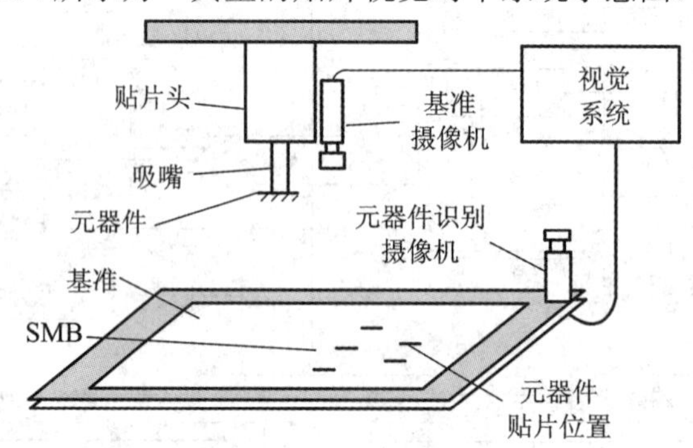

图 6-104　典型的贴片视觉对中系统示意图

贴装头吸取元器件后，CCD 摄像机对元器件进行成像，并将其转化成数字图像信号，经计算机分析出元器件的几何尺寸及几何中心，并与控制程序中的数据进行比较，计算出贴装头中心线与元器件中心的 ΔX、ΔY、$\Delta\theta$ 误差。并及时反馈至控制系统进行修正，保证元器件引脚与 SMB 焊盘重合。

5) 传感器

全自动贴片机是一台集光机电一体的智能化设备，为了使设备各机构能协同工作，在贴装头等主要部件安装着多种形式的传感器，它们像眼睛一样，时刻监督着机器的运行状态，并进行有效的协调。传感器的多少，表明设备智能水平的高低。贴片机中的传感器主要有压力传感器、位置传感器、图像传感器、区域传感器和激光传感器等。

(1) 压力传感器。贴片元器件放置到 SMB 焊盘的瞬间会受到振动的影响，其振动通过霍尔压力传感器及时传送到控制系统，控制系统的调控再反馈到贴装头，从而实现贴片元器件平稳轻巧的“软着陆”，大大减少了错位及飞片现象，提高了贴片速度与精度。

(2) 负压传感器。贴装头上的吸嘴是依靠负压来吸取元器件的，工作时常出现供料器没有元器件或被料包卡住吸不到元器件的情况，直接影响机器正常工作。而负压传感器始终监视负压的变化，出现异常它能及时报警，提醒操作人员及时更换供料器或检查负压系统。贴装头负压传感器工作示意图如图 6-105 所示。

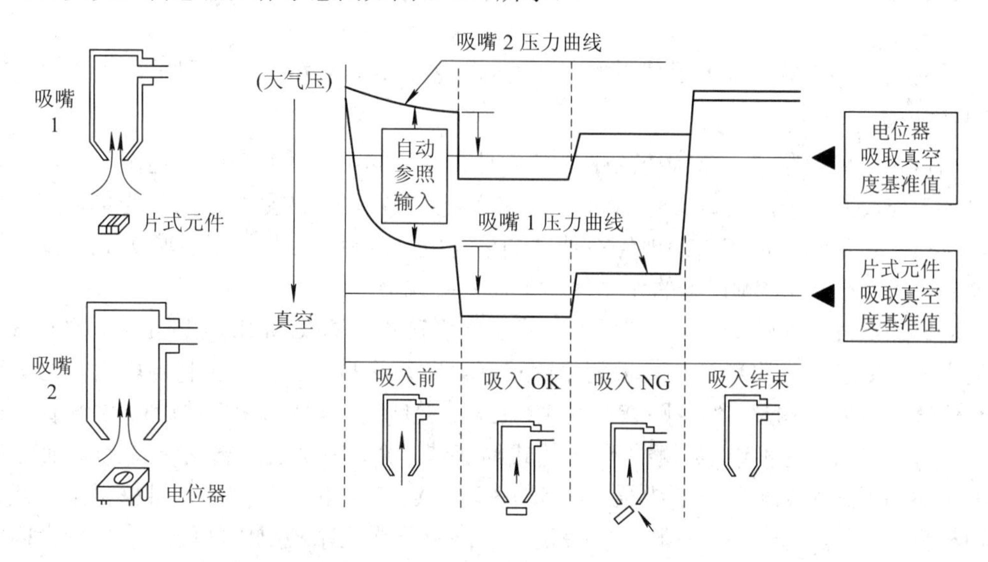

图 6-105　贴装头负压传感器工作示意图

(3) 位置传感器。SMB 在贴装元器件的过程中对其所在位置有严格的要求，为确保贴装精度，需用位置传感器对 SMB 进行精确定位。另外，设备中贴装头和工作台运行状况、辅助机构的运动等都需要通过位置传感器进行数据采集传送给控制系统。

(4) 图像传感器。SMB 的尺寸、位置坐标原点，贴装元器件的封装、尺寸及贴装方位等各类参数，都需要通过 CCD 图像传感器进行图像信号采集，贴装时也需要用图像传感器准确找到相应的位置坐标，完成调整与贴装工作。

(5) 区域传感器。自动贴片机在工作时，为确保贴装头运行安全，常用光电区域传感器监控其运行空间。另外，设备仓盖开启的监控也常用到区域传感器，以防设备工作时开启仓盖对人身的伤害。

(6) 激光传感器。对于高精度非接触式监测常利用激光传感器的特性实现，现已广泛地应用在自动贴片机中，它能利用激光光束与反射光束的对比测量来判别元器件引脚的共面性及缺陷，提高元器件贴装的准确率。同样，激光传感器还能识别元器件的高度，可缩短生产预备期，激光传感器的结构如图 6-106 所示。

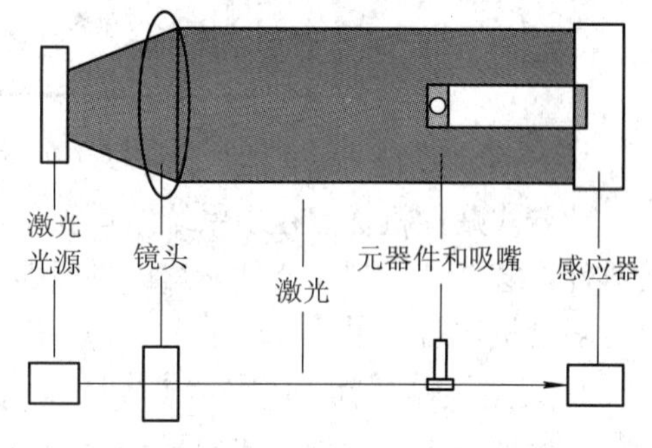

图 6-106　激光传感器的结构

3. 自动贴片机的分类

自动贴片机是机电光以及计算机控制技术的综合体，它相当于机器人的机械手，能按照事先编制好的程序把元器件从包装中取出来，并贴放到印制电路板相应位置上。目前生产贴片机的厂家众多，结构也各不相同，一般可分为高速机、中速机和多功能机。

高速机主要用于贴装片式元器件(SMC)和小型的 IC；多功能机主要用于贴装密间距、多引脚的 IC 和异型元器件；中速机一般用于中规模 IC，目前已很少采用。SMT 生产线视组件的元器件数量、封装形式等因素通常采用两台以上的贴片机协同工作，这样各司其职，提高贴片效率。

目前贴片机大致可分为四种类型：动臂式、复合式、转塔式和大型平行系统。

1) *动臂式贴片机*

动臂式又称拱架式，是传统的贴片机，具有较好的灵活性和精度，适用于大部分贴装元器件工作，贴装速度为每小时 5000～20 000 个元件。动臂式贴片机又分为单臂式和多臂式，单臂式是最早发展起来的现仍在使用的多功能贴片机，多臂式是在单臂式基础上发展起来的，可交替安装 SMB 上的元器件，工作效率成倍提高。

动臂式贴片机结构如图 6-107 所示。元器件供料器及基板(SMB)是固定的，安装有多个真空吸嘴的贴装头在供料器与基板间来回移动。贴装头将元器件从供料器取出，通过对元器件位置与方向的调整，然后贴装在 SMB 上。由于贴装头安装于拱架型的 *X*/*Y* 坐标移动横梁上，所以得名。这种结构一般采用一体式的基础框架，将贴装头安置横梁上(*X* 轴)，横梁在电机驱动下在基础框架上的纵梁上(*Y* 轴)移动，*X*、*Y* 定位系统置于基础框架上，线路板识别相机(下视相机)安装于贴装头的旁边。电路板传送到贴装机中间的工作平台上固定，供料器安装在传送轨道的两边，在供料器旁装有元器件识别相机(上视相机)。

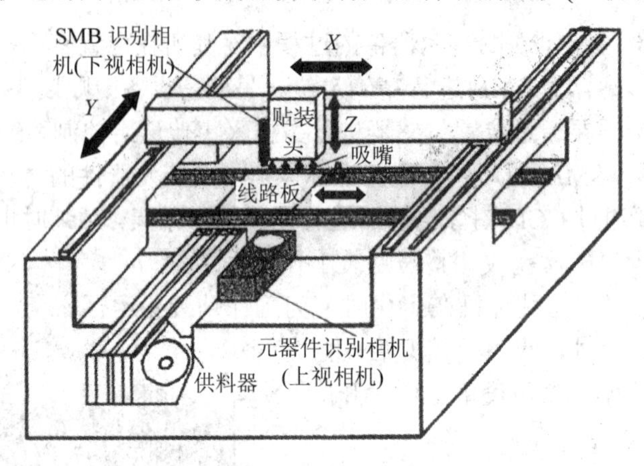

图 6-107　动臂式贴片机结构

动臂式贴片机优点在于系统结构简单，可实现高精度定位，适用于各种大小、形状的元器件，甚至是异型元器件贴片。供料器有带装、管装和托盘形，适于中、小批量生产，也可多台机器组合用于大批量生产。

2) *转塔式贴片机*

转塔的概念是元器件供料器放在一个单坐标移动的料车上，SMB 放在一个 *X*/*Y* 坐标系统移动的工作台上，贴装头安装在一个转塔上，工作时料车将元器件供料器移动到取料位置，贴装头上的真空吸嘴在取料位置取出元器件，经转塔转动到贴装位置(与取料位置成 180°)，在转动过程中经过对元器件进行位置与方向的调整，将元器件贴放到 SMB 上，如图 6-108 所示。

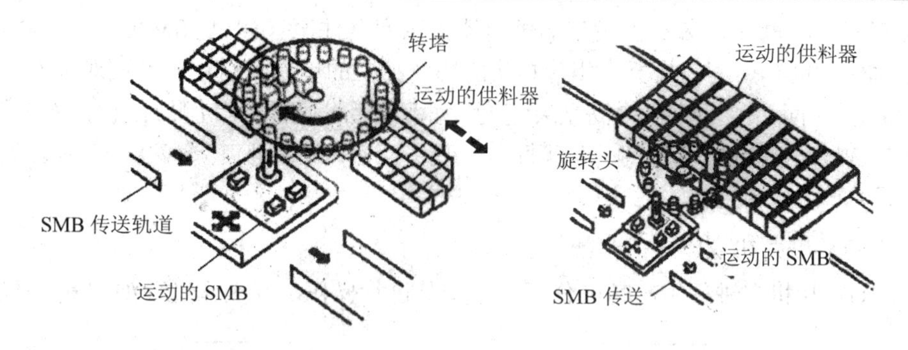

图 6-108　转塔式贴片机结构

一般在转塔上装有十几到二十几个贴装头，每个贴装头上安装有 2～4 个真空吸嘴(有些机器甚至达到 5、6 个)。由于转塔的特点，选换吸嘴，移动供料器取出元件，元器件识别确认及安装角度调整，工作台移动并进行位置调整，最后贴放元器件都在同一时间周期内完成，可实现真正意义上的高速度。转塔式机器的贴装速度一般为每小时 20 000～50 000 个，目前主要应用于大规模计算机主板及板片、移动手机和家电等产品上，适用于阻容元器件较多、装配密度大的产品的生产；其缺点是对元器件的包装要求苛刻，设备结构较复杂，造价昂贵(是动臂式价格的三倍以上)。

3) 复合式贴片机

复合式贴片机是从动臂式贴片机发展而来的，它集合了动臂式与转塔式的特点，即在动臂上装有转盘，如西门子生产的复合式贴片机，两个转盘上各带有 12 个吸嘴，如图 6-109 所示。

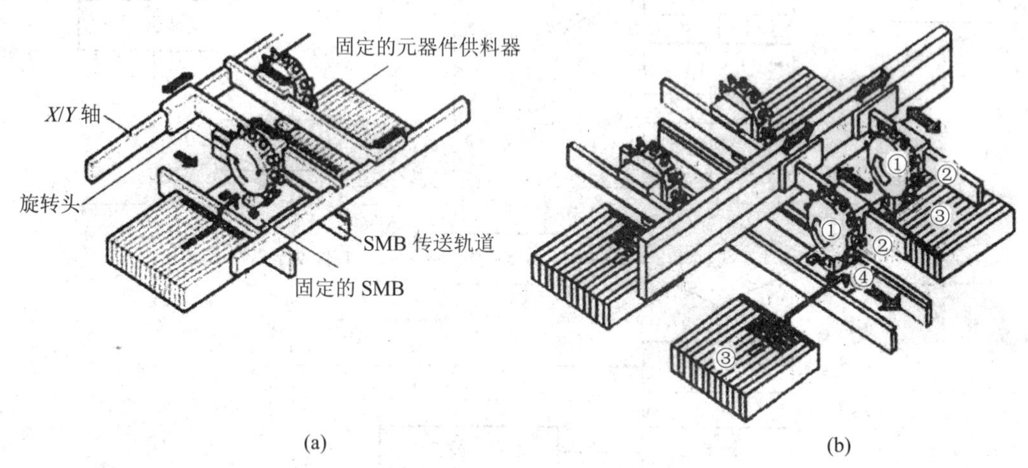

图 6-109　复合式贴片机结构

从严格意义上说，复合式贴片机仍属于动臂式结构。由于增加了动臂数，从而提高了贴装速度，具有较强的灵活性，因此发展前景广阔。西门子 HS60 复合式贴片机安装有 4 个旋转头，贴装速度可达每小时 60 000 片。

4) 大型平行系统

大型平行系统使用一系列小的单独贴装单元。每个单元有自己的丝杆位置系统，安装有相机和贴装头，每个贴装头由指定的供料器提供元器件，负责贴装 SMB 上的部分元器件，SMB 以固定的间隔时间在机器内步步推进。每个独立的单元机运行速度相对较慢，可组合起来连续地并行贴装，将大大提高贴装速度。如菲利普公司的 FCM 贴片机有 16 个贴装头，可实现 0.0375 秒/片的贴装速度，但就每个贴装头而言，贴装速度只有 0.6 秒/片左右。此种贴片机适用于大规模生产。

4. 全自动贴片机操作

全自动贴片机在进行生产时可分新、老产品进行操作，其操作过程如图 6-110 所示。

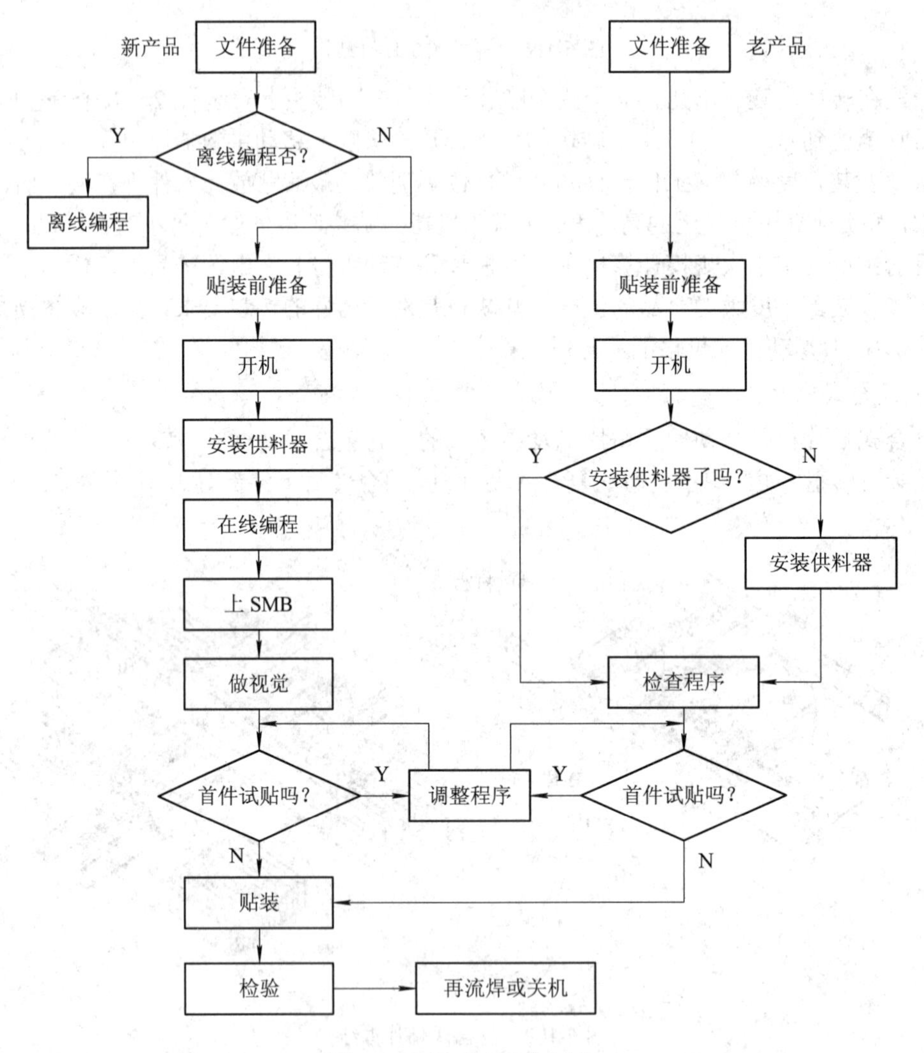

图 6-110　贴片机操作过程

6.4.4　再流焊机及其结构

再流焊机也称回流焊机，是利用外部热源使焊盘上的焊料回流，利用适当的温度控制，达到焊接要求而实现成组或逐点焊接。再流焊是 SMT 组装生产线上第三道工序，也是保证焊接质量的关键工序，如图 6-111 所示。

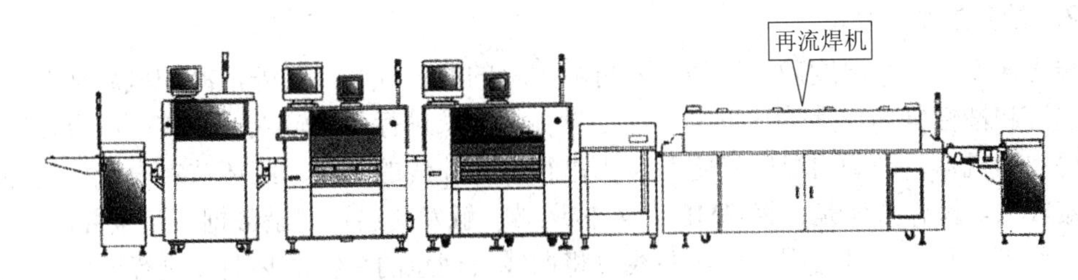

图 6-111　SMT 生产线中的再流焊机

1. 热风再流焊机工作原理与结构

全热风强制对流式再流焊机，主要用于表面贴装基板的整体焊接与固化，是目前电子装配生产线主要的焊接设备。其外形如图 6-112 所示。

图 6-112　全热风强制对流式再流焊机外形图

热风再流焊机主要由炉体、上下加热源、SMB 传送装置，空气循环装置、冷却装置、排风装置、温度控制装置及计算机控制系统组成。

热风再流焊机的结构主体是一个热源受控的隧道式炉膛，炉膛分成多个温区，常用的有 6 温区、7 温区，每个温区的温度都可进行独立地设定和控制。涂敷了膏状焊料并贴装了元器件的电路板随传动机构直线匀速进入炉膛，顺序通过预热、再流(焊接)和冷却这三个基本温度区域。SMB 传动采用平稳的不锈钢网带与链条等速同步传动，具有闭环控制的无级调速功能与 SMT 其他设备进行在线连接。

在预热区内，电路板在 100～180℃的温度下均匀预热 2、3 分钟，锡膏中的水分、低沸点溶剂和抗氧化剂挥发，顺烟道排出；此时，锡膏中的助焊剂润湿焊盘，锡膏软化塌落，覆盖了焊盘和元器件引脚并与氧气隔离；电路板进入焊接区，温度迅速上升使锡膏在热空气中再次熔融(最高温度可高于锡膏中合金熔点 20～50℃)，润湿焊接面，时间约 30～90 秒。最后，电路板从炉膛的冷却区通过，使焊料冷却凝固后从出口处被送出再流焊机，完成全部焊接工序。再流焊机的结构如图 6-113 所示。

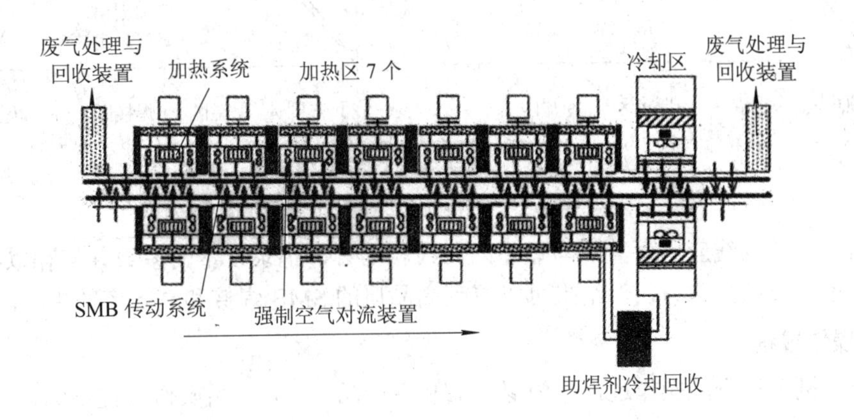

图 6-113　7 温区再流焊机的结构

2．温度曲线的设定

传送速度及各区温度确定后需输入再流焊机的温控程序。另外，冷却风扇转速、空气冲击强度和惰性气体流量等参数也需根据设备的要求进行参数输入、调整。所有参数输入后，可启动机器，当炉内温度稳定后，可进行加热曲线的制作。此环节对电路板的焊接质量影响较大。操作方法是：将 SMB 放入传送带，触发测温仪记录数据，记录并给出 SMB 从入口到出口整个焊接过程的加热曲线，将曲线与理想的焊接加热曲线进行比较，从左到右，如果形状不协调，可按流程顺序从左到右进行调整修正。例如，如果预热区和保温区中存在差异，首先将预热区的差异调正确。一般最好每次调一个参数，并运行，当调整后的曲线接近设计曲线后再进行保温区加热曲线的调整。这是由于一个给定区的改变，也将影响随后区的结果。不良的再流焊曲线调整方法如图 6-114 所示。

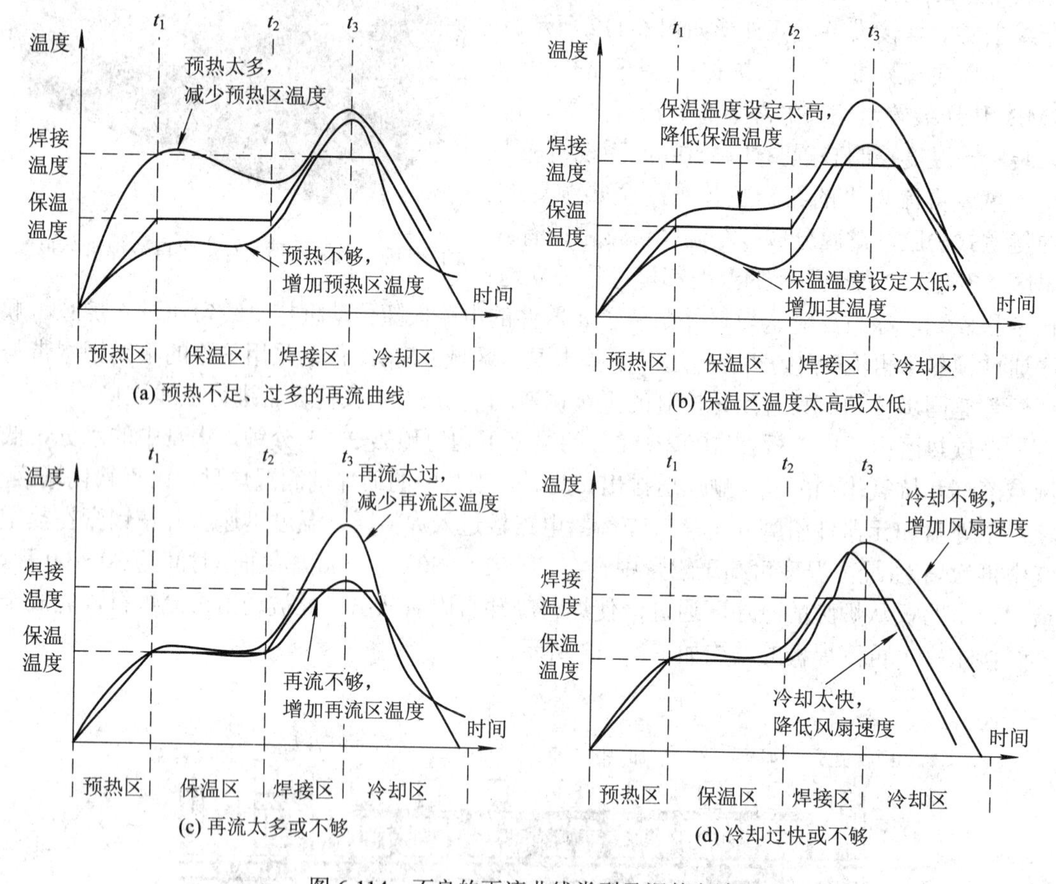

图 6-114　不良的再流曲线类型及调整方法

最后的加热曲线应尽可能地与理想的曲线相吻合，记录设定的参数并储存以备后用。虽然这个过程繁琐且费力，但结果可以得到高品质的 SMB 焊接和高效率的生产。

3．操作过程

再流焊机焊接产品操作过程分为老产品和新产品，不同产品操作过程不同，如图 6-115 所示。

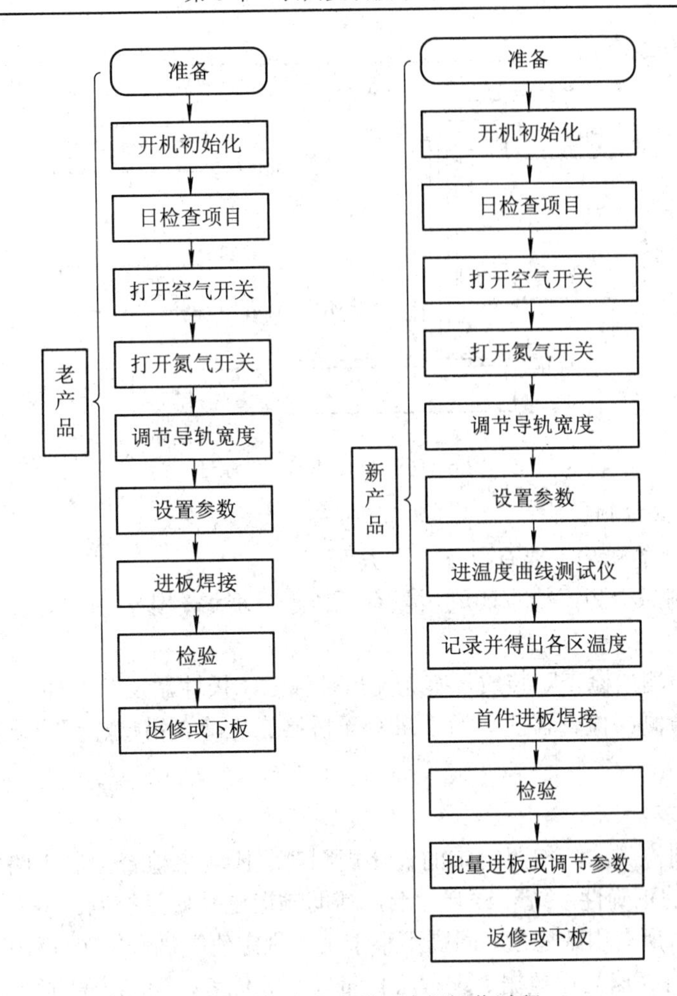

图 6-115　新、老产品再流焊操作过程

6.4.5　SMT 检测技术及设备

表面安装检测工序是现代 SMT 生产线中必不可少的工序之一，几乎每道生产工序之后都需要检测。检测技术的应用能将生产过程中的缺陷信息进行实时监测，及时调整工艺或设备参数，从而减少再次产生相同缺陷的概率，降低生产成本。目前，生产厂家在大批量生产过程中检测印制电路板的焊接质量，广泛采用自动光学检测(Automatic Optical Inspection，AOI)或 X 射线检测(Automatic X-Ray Inspection，AXI)技术及设备。

1. AOI 检测技术

AOI 是基于光学原理对 SMT 生产过程中遇到的常见缺陷进行检测的技术，其工作原理与贴片机、锡膏印刷机所用的光学视觉系统相似，运用高速高精度视觉处理技术自动检测 SMB 上各种不同的安装错误及焊接缺陷。当自动检测时，由设备上 CCD 摄像机获取 SMB 图像信号并传送给图像采集卡，经计算机进行图像处理、识别，将采集的图像数据与数据库中的合格参数进行比较，完成 SMT 的质量的检测工作，最后通过显示器把缺陷显示出来，供操作人员调整运行参数。AOI 基本工作原理如图 6-116 所示。

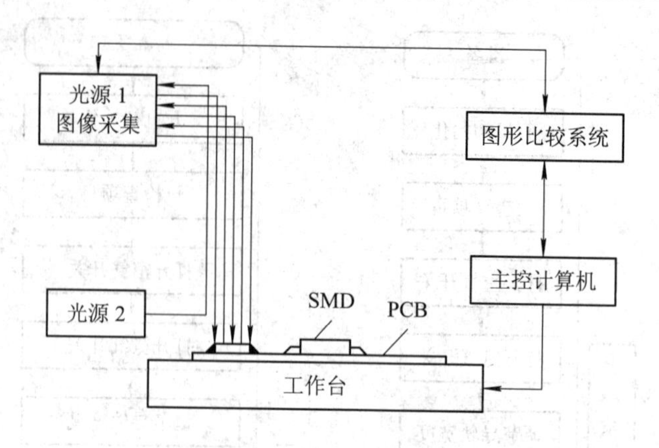

图 6-116　AOI 基本工作原理

1) AOI 的主要检测功能

AOI 能够检测的缺陷主要有以下三个方面：

(1) 锡膏印刷后检测：检查印刷质量有无桥连、坍塌、锡膏过多、锡膏过少、无锡膏等现象。

(2) 贴片后检测：检查贴装质量有无元器件漏贴、极性贴反、偏移、侧立等现象。

(3) 焊接后检测：检查再流焊后质量有无桥接、立碑、错位、焊点堆锡过大或过小等现象。

2) AOI 检测方法

(1) 设计规则检测法。按照给定的设计规则对照比较来检查印制电路板图形，从算法上保证被测电路的正确性，统一评判标准，帮助制造过程质量控制。例如，按所有连接线应以焊点为端点，所有引线宽度、间隔不小于某一规定值等规则检测 SMB 电路板图形。设计规则检测法具有高速处理数据、编程工作量较小等优点，但该方法确定边界能力较差。

(2) 图形识别法。将 AOI 系统中存储的数字化图形与实际检测到的产品图形进行比较，从而获得检测结果。例如，检测一个已完成焊接的 SMB 电路时，可按照一块标准的 SMB 作为样板或者根据计算机辅助设计建模的检测文件(标准化数字图像)与检测文件(实际数字图像)进行对比。这种方法的检测精度取决于标准图像、分辨率及所用检测程序，一般达到较高的检测精度。与设计规则检测法相比，图形识别法具有明显的优点，但其所采集的数据量较大，对数据的实时处理能力要求较高。

3) AOI 检测设备

AOI 检测机分为两部分，一是光学检测部分和图像处理部分；二是辅助机架、XY 滚珠丝杆及 SMB 传输平台等。

(1) 光学部分：检测镜头(CCD camera)、光源、复检确认镜头(review camera)。

(2) 系统主机部分：CIM 系统主机、主机显示器、缺陷检查主机及显示器、网络连线、集线器等。

(3) 动力控制部分：伺服驱动机构、PLC 或 PC　Base 控制主机。

(4) 设备结构部分：机架、PCB 传送导轨、摄像头运动传输控制系统等。

AOI 的设备外观如图 6-117 所示。

图 6-117　AOI 检测设备外观

2. X 射线检测技术

X 射线检测技术(简称 AXI)是近十年来兴起的一种新型测试技术。采用 BGA、CSP 和 FC 封装的芯片组装的电路板，因焊点均在元器件的下面，用人眼和 AOI 检测方法都无法进行检测，因此用 X 射线检测就成为判断这些元器件焊接质量的主要方法。X 射线具有很强的穿透性，可直接通过透视图显示焊点的厚度、形状及品质和密度分布。在 SMT 生产线上主要用于检测大规模集成电路焊接后的桥接、空洞、焊点过大、焊点过小等缺陷。目前国内许多电子产品制造企业已经装备了这种设备。

1) AXI 的基本结构

AXI 的基本结构为机架、X 射线发射器、X 射线探测器、图像处理系统和显示器等，AXI 基本结构如图 6-118 所示。

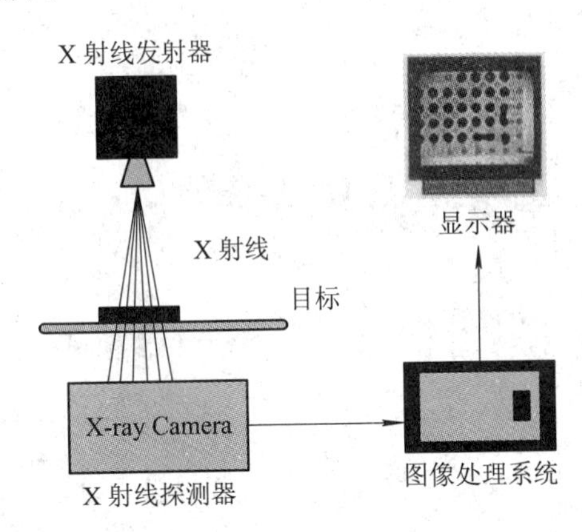

图 6-118　AXI 基本结构

2) AXI 的基本工作原理

当组装好的 SMB 沿导轨进入机器内部后，位于线路板上方有一微焦点 X 射线发射管产生 X 射线，并投射到检测样品上，样品对 X 射线的吸收率与透射率取决于样品所包含材料的成分与比率。穿过样品的 X 射线被置于下方的 X 射线探测器接收，由于焊点中含有可以大量吸收 X 射线的铅，因此与穿过玻璃纤维、铜、硅等其他材料的 X 射线相比，照射在焊点上的 X 射线被大量吸收后呈黑点，可形成良好的图像，使得对焊点的检测分析变得直观了当，通过图像分析便可自动且可靠地检测焊点。

3. X 射线三维(3D)检测技术

AXI 技术已从以往的 2D 检测法发展到目前的 3D 检测法。前者为透射 X 射线检测法，对于单面板上的焊点可产生较清晰的视像，但对双面板效果较差，原因是两面焊点的视像发生重叠极难分辨。而 3D 检测法采用分层技术，即将 X 射线光束聚集到任何一层，并将相应图像投射到一高速旋转的接收面上，使位于焦点处的图像非常清晰，而其他层面上的图像则被消除，相当于工业 CT 机。3D 检测法可对电路板两面的焊点独立成像。另外，3D X 射线检测技术还可对那些不可见的焊点进行多层图像“切片”检测，如对 BGA 封装的芯片顶部、中部和底部进行彻底检测，还可以进行通孔(THT)中的焊料是否充实进行检测，从而极大地提高了焊点连接质量。

参 考 文 献

[1] 王天曦，李鸿儒，王豫明. 电子技术工艺基础. 北京：清华大学出版社，2009.

[2] 王天曦，王豫明，杨兴华. 电子工艺实习. 北京：电子工业出版社，2013.

[3] 王建华，茆姝. 电子工艺实习. 北京：清华大学出版社，2010.

[4] 侯守军，张道平. 电子技能训练项目教程. 北京：国防工业出版社，2011.

[5] 刘宏，黄朝志，肖发远. 电子工艺实习. 广州：华南理工大学出版社，2009.

[6] 李敬伟，段维莲. 电子工艺训练教程. 北京：电子工业出版社，2006.

[7] 徐国华，孙冬. 电子综合技能实训教程. 北京：北京航空航天大学出版社，2010.

[8] 韩广兴，韩雪涛. 电子产品装配技术与技能实训教程. 北京：电子工业出版社，2006.

[9] 罗辑，申跃，张帆. 电子工艺实习教程. 重庆：重庆大学出版社，2007.

[10] 王雅芳. 电子产品工艺与装配技能实训. 北京：机械工业出版社，2012.

[11] 吴巍，陆晶晶. 小型电子产品的组装与调试. 北京：化学工业出版社，2012.

[12] 杨学清. 电子产品组装工艺与设备. 北京：人民邮电出版社，2007.

[13] 何丽梅，施德江，毕恩兴. SMT——表面组装技术. 北京：机械工业出版社，2006.

[14] 王玉鹏，舒平生，郝秀云，等. SMT 生产实训. 北京：清华大学出版社，2012.

[15] 朱桂兵. 电子制造设备原理与维护. 北京：国防工业出版社，2011.

电子产品组装与调试
实训报告

学院________________________

班级________________________

姓名________________________

学号________________________

组别________________________

西安电子科技大学工程训练中心

年　　月　　日

前　　言

工程实践教学是高等学校本科教学的重要组成部分，电子产品组装与调试是理工科各电子类、通讯类等专业的大学生技术基础课，是培养高素质合格人才的必要环节。本课程以AM超外差式收音机为制作课件，通过独立装配、调试，使同学们掌握手工焊接的基本技能；常用元器件的识读及测量方法；AM超外差式收音机的电路原理及组装与调试工艺技术。从中了解现代SMT表贴工艺；频率特性调试方法，以及有关前沿技术、产品质量与可靠性等现代工程理念，同时给同学们留有思考、尝试和创新的余地。本课程是本科生的必修课，成绩不及格要通报、补考，没有合格的实训成绩不得毕业。希望同学们严格遵守实训中的有关规定，正确对待本课程的考核要求，认真实训、精心制作，完成实训报告，圆满地完成实训任务。

实 训 守 则

1. 学生进入实训场地应严格遵守实训中心各项规章制度，服从辅导教师的安排与管理。

2. 严格遵守实训考勤纪律，准时到达实训岗位，不得迟到、早退、无故缺席，违反者将直接影响实训成绩。

3. 进入实训场地，应按教师的安排对号入座，换上工作服，不准穿背心和拖鞋。

4. 保持实训场地的整洁，严禁在实训场地吃东西、打闹、闲聊、抽烟、玩手机游戏，不得大声喧哗。

5. 注意用电安全，严格执行电烙铁及各种仪器仪表使用安全技术操作规程，听从教师指导，细心操作，安全实训。

6. 爱护实训所用的仪器设备及各种工具，做到实训前认真检查、登记，实训后清点、放回原处。严禁中途私自带出工具及元器件，不得乱拿或错拿别人的工具。如有损坏、丢失，要进行赔偿并影响实训成绩。

7. 实训结束，学生必须完成基础知识考核，递交实训制作课件，写出书面总结，完成实训报告。

<table>
<tr><td>实训项目</td><td colspan="9">项目 1　手工焊接训练 SMT 表面贴装工艺</td></tr>
<tr><td rowspan="16">实训过程</td><td rowspan="2">拆焊</td><td>拆焊方法</td><td colspan="2">拆焊点数</td><td colspan="2">是否损伤铜箔或元件</td><td colspan="3">拆焊质量自我评价(5 分)</td></tr>
<tr><td></td><td colspan="2"></td><td colspan="2"></td><td colspan="3"></td></tr>
<tr><td rowspan="4">手工练焊</td><td>练焊板</td><td colspan="2">练焊点数</td><td colspan="2">合格率%(合格/总数)</td><td colspan="3">质量分析自我评价(5 分)</td></tr>
<tr><td>第一块焊板</td><td colspan="2"></td><td colspan="2"></td><td colspan="3"></td></tr>
<tr><td>第二块焊板</td><td colspan="2"></td><td colspan="2"></td><td colspan="3"></td></tr>
<tr><td>考核板</td><td colspan="2"></td><td colspan="2"></td><td colspan="3"></td></tr>
<tr><td rowspan="4">SMT 锡膏印刷</td><td colspan="8">工序 1 ____________</td></tr>
<tr><td colspan="8">工序 2 ____________</td></tr>
<tr><td colspan="8">工序 3 ____________</td></tr>
<tr><td colspan="8">工序 4 ____________</td></tr>
<tr><td rowspan="3">SMC 手工贴装</td><td>标号</td><td>标称值</td><td>封装</td><td>贴装质量</td><td>标号</td><td>标称值</td><td>封装</td><td>贴装质量</td></tr>
<tr><td>C_3</td><td></td><td></td><td></td><td>R_6</td><td></td><td></td><td></td></tr>
<tr><td>R_5</td><td></td><td></td><td></td><td>R_9</td><td></td><td></td><td></td></tr>
<tr><td>SMT 生产线贴装、焊接</td><td colspan="8">描述生产过程及工艺</td></tr>
<tr><td colspan="9"></td></tr>
<tr><td>练焊小结</td><td colspan="9"></td></tr>
</table>

教师评判(　　　　　)

<table>
<tr><td colspan="2">实训项目</td><td colspan="8">项目 2　电阻、电容的检测</td></tr>
<tr><td colspan="2">实训目的</td><td colspan="8"></td></tr>
<tr><td colspan="2">实训设备工具</td><td colspan="8"></td></tr>
<tr><td rowspan="20">实训过程</td><td rowspan="8">电阻检测</td><td>标号</td><td>标称值</td><td>实测值(在线)</td><td>质量判断</td><td>标号</td><td>标称值</td><td>实测值(在线)</td><td>质量判断</td></tr>
<tr><td>R_1</td><td></td><td></td><td></td><td>R_8</td><td></td><td></td><td></td></tr>
<tr><td>R_2</td><td></td><td></td><td></td><td>R_9</td><td></td><td></td><td></td></tr>
<tr><td>R_3</td><td></td><td></td><td></td><td>R_{10}</td><td></td><td></td><td></td></tr>
<tr><td>R_5</td><td></td><td></td><td></td><td>R_{11}</td><td></td><td></td><td></td></tr>
<tr><td>R_6</td><td></td><td></td><td></td><td>R_{12}</td><td></td><td></td><td></td></tr>
<tr><td>R_7</td><td></td><td></td><td></td><td>R_{13}</td><td></td><td></td><td></td></tr>
<tr><td>R_4</td><td></td><td></td><td></td><td></td><td></td><td></td><td></td></tr>
<tr><td rowspan="7">电容检测</td><td>标号</td><td>标称值</td><td>表针摆动否
(在线)</td><td>质量判断</td><td>标号</td><td>标称值</td><td>漏电电阻
(实测)</td><td>质量判断</td></tr>
<tr><td>C_3</td><td></td><td></td><td></td><td>C_2</td><td></td><td></td><td></td></tr>
<tr><td>C_6</td><td></td><td></td><td></td><td>C_4</td><td></td><td></td><td></td></tr>
<tr><td>C_7</td><td></td><td></td><td></td><td>C_5</td><td></td><td></td><td></td></tr>
<tr><td>C_{10}</td><td></td><td></td><td></td><td>C_8</td><td></td><td></td><td></td></tr>
<tr><td>C_{11}</td><td></td><td></td><td></td><td>C_9</td><td></td><td></td><td></td></tr>
<tr><td>C_{12}</td><td></td><td></td><td></td><td>C_{13}</td><td></td><td></td><td></td></tr>
<tr><td rowspan="2">电位器</td><td>标号</td><td>标称值</td><td colspan="2">固定端实测值</td><td colspan="2">转动动片
阻值变化</td><td>开关质量</td><td>质量判断</td></tr>
<tr><td>R_p</td><td></td><td colspan="2"></td><td colspan="2"></td><td></td><td></td></tr>
<tr><td rowspan="3">双联</td><td>标号</td><td>标称值</td><td colspan="2">动片与定片间漏电值</td><td colspan="3">转动动片表针摆动情况</td><td>质量判断</td></tr>
<tr><td>C_{1a}</td><td></td><td colspan="2"></td><td colspan="3"></td><td></td></tr>
<tr><td>C_{1b}</td><td></td><td colspan="2"></td><td colspan="3"></td><td></td></tr>
<tr><td colspan="2">检测小结</td><td colspan="8"></td></tr>
</table>

教师评判(　　　　　　)

注：R_4 为 THT 元件，可直接测量。

<table>
<tr><td colspan="2">实训项目</td><td colspan="13">项目3　晶体管、变压器的检测</td></tr>
<tr><td colspan="2">实训目的</td><td colspan="13"></td></tr>
<tr><td colspan="2">实训工具仪表</td><td colspan="13"></td></tr>
<tr><td rowspan="19">实训过程</td><td rowspan="6">三极管检测</td><td>标号</td><td>型号</td><td>管型</td><td>$h_{FE}(\overline{\beta})$ 测量值</td><td>质量判断</td><td colspan="2">标号</td><td>型号</td><td>管型</td><td colspan="3">极性测量</td><td>质量判断</td></tr>
<tr><td>V_2</td><td></td><td></td><td></td><td></td><td colspan="2" rowspan="2">V_9 (在线)</td><td rowspan="2"></td><td rowspan="2"></td><td colspan="3" rowspan="2"></td><td rowspan="2"></td></tr>
<tr><td>V_5</td><td></td><td></td><td></td><td></td></tr>
<tr><td>V_6</td><td></td><td></td><td></td><td></td><td colspan="2" rowspan="3">V_{10} (在线)</td><td rowspan="3"></td><td rowspan="3"></td><td colspan="3" rowspan="3"></td><td rowspan="3"></td></tr>
<tr><td>V_7</td><td></td><td></td><td></td><td></td></tr>
<tr><td>V_8</td><td></td><td></td><td></td><td></td></tr>
<tr><td rowspan="4">二极管检测</td><td>标号</td><td>型号</td><td>材料</td><td colspan="2">万用表挡位</td><td colspan="3">正向电阻</td><td colspan="3">反向电阻</td><td colspan="2">质量判断</td></tr>
<tr><td>V_1</td><td></td><td></td><td colspan="2"></td><td colspan="3"></td><td colspan="3"></td><td colspan="2"></td></tr>
<tr><td>V_3</td><td></td><td></td><td colspan="2"></td><td colspan="3"></td><td colspan="3"></td><td colspan="2"></td></tr>
<tr><td>V_{11} (在线)</td><td></td><td></td><td colspan="2"></td><td colspan="3"></td><td colspan="3"></td><td colspan="2"></td></tr>
<tr><td rowspan="7">高、中、音频变压器检测</td><td>标号</td><td>名称</td><td>初级-外壳绝缘电阻</td><td>次级-外壳绝缘电阻</td><td colspan="2">初级-次级绝缘电阻</td><td colspan="2">1～2阻值</td><td colspan="2">2～3阻值</td><td>4～5阻值</td><td colspan="2">质量判断</td></tr>
<tr><td>T_1</td><td></td><td>—</td><td>—</td><td colspan="2"></td><td colspan="2"></td><td colspan="2">—</td><td></td><td colspan="2"></td></tr>
<tr><td>T_2</td><td></td><td></td><td></td><td colspan="2"></td><td colspan="2"></td><td colspan="2"></td><td></td><td colspan="2"></td></tr>
<tr><td>T_3</td><td></td><td></td><td></td><td colspan="2"></td><td colspan="2"></td><td colspan="2"></td><td></td><td colspan="2"></td></tr>
<tr><td>T_4</td><td></td><td></td><td></td><td colspan="2"></td><td colspan="2"></td><td colspan="2"></td><td></td><td colspan="2"></td></tr>
<tr><td>T_5</td><td></td><td>—</td><td>—</td><td colspan="2"></td><td colspan="2"></td><td colspan="2"></td><td></td><td colspan="2"></td></tr>
<tr><td>T_6</td><td></td><td>—</td><td>—</td><td colspan="2">—</td><td colspan="2"></td><td colspan="2"></td><td></td><td colspan="2"></td></tr>
<tr><td rowspan="2">喇叭</td><td>标号</td><td colspan="2">型号</td><td colspan="3">万用表挡位</td><td colspan="2">电阻值</td><td colspan="3">声响大小</td><td colspan="2">质量判断</td></tr>
<tr><td>B</td><td colspan="2"></td><td colspan="3"></td><td colspan="2"></td><td colspan="3"></td><td colspan="2"></td></tr>
<tr><td colspan="2">检测小结</td><td colspan="13"></td></tr>
</table>

教师评判(　　　　　)

<table>
<tr><td colspan="2">实训项目</td><td colspan="5">项目 4　收音机整机装配</td></tr>
<tr><td colspan="2">实训目的</td><td colspan="5"></td></tr>
<tr><td colspan="2">工具仪表</td><td colspan="5"></td></tr>
<tr><td rowspan="9">实训过程</td><td>收音机印制电路板装配过程</td><td colspan="5"></td></tr>
<tr><td colspan="2">安装元器件(顺序)</td><td>安装要点</td><td>焊接质量</td><td>装配质量</td><td>自我评价(5 分)</td></tr>
<tr><td colspan="2">中周　双联　变压器</td><td></td><td></td><td></td><td></td></tr>
<tr><td colspan="2">三极管　二极管</td><td></td><td></td><td></td><td></td></tr>
<tr><td colspan="2">电阻　电容　短路线</td><td></td><td></td><td></td><td></td></tr>
<tr><td colspan="2">耳机插座　连线　磁棒</td><td></td><td></td><td></td><td></td></tr>
<tr><td colspan="2">磁性天线　电位器</td><td></td><td></td><td></td><td></td></tr>
<tr><td colspan="2">扬声器　电池正负极</td><td></td><td></td><td></td><td></td></tr>
<tr><td colspan="2">频率盘　机壳</td><td></td><td></td><td></td><td></td></tr>
<tr><td>总装小结</td><td colspan="6"></td></tr>
</table>

教师评判(　　　　　　)

<table>
<tr><td colspan="2">实训项目</td><td colspan="6">项目5　收音机静态调试</td></tr>
<tr><td colspan="2">实训目的</td><td colspan="6"></td></tr>
<tr><td colspan="2">工具仪表</td><td colspan="6"></td></tr>
<tr><td rowspan="11">实训过程</td><td>调试前检查</td><td colspan="6"></td></tr>
<tr><td>调试过程简述</td><td colspan="6"></td></tr>
<tr><td rowspan="9">测量结果</td><td rowspan="9">各级静态工作点</td><td rowspan="2">各级三极管</td><td rowspan="2">静态工作电流(缺口电流)mA</td><td colspan="3">静态工作电压(V)</td></tr>
<tr><td>E 极</td><td>B 极</td><td>C 极</td></tr>
<tr><td>V_2(A 缺口)</td><td></td><td></td><td></td><td></td></tr>
<tr><td>V_5(B 缺口)</td><td></td><td></td><td></td><td></td></tr>
<tr><td>V_8(C 缺口)</td><td></td><td></td><td></td><td></td></tr>
<tr><td>V_9、V_{10}(D 缺口)</td><td></td><td></td><td></td><td></td></tr>
<tr><td>V_6</td><td>—</td><td></td><td></td><td></td></tr>
<tr><td>V_7</td><td>—</td><td></td><td></td><td></td></tr>
<tr><td>整机</td><td></td><td>—</td><td>—</td><td>—</td></tr>
<tr><td colspan="2">碰到的问题及解决方法</td><td colspan="6"></td></tr>
<tr><td colspan="2">测试小结</td><td colspan="6"></td></tr>
</table>

教师评判(　　　　　)

<table>
<tr><td colspan="2">实训项目</td><td colspan="2">项目 6　收音机的动态特性调试</td></tr>
<tr><td rowspan="4">实训过程</td><td>中频特性调试</td><td>简述调试过程</td><td>中频特性曲线(参照显示器最后图形画出)
u
461.5 465 468.5 f/kHz</td></tr>
<tr><td rowspan="2">频率覆盖调试</td><td>简述低端调试过程</td><td>低端特性曲线(参照显示器最后图形画出)
u
535 600 1000 1500 1605 f/kHz</td></tr>
<tr><td>简述高端调试过程</td><td>高端特性曲线(参照显示器最后图形画出)
u
535 600 1000 1500 1605 f/kHz</td></tr>
<tr><td>统调
【调跟踪】</td><td>高端调试过程</td><td>低端调试过程</td></tr>
<tr><td colspan="2" rowspan="5">调试后的
各项参数</td><td>调试项目</td><td>调试结果</td></tr>
<tr><td rowspan="2">中频特性</td><td>中心频率：</td></tr>
<tr><td>通频带宽：</td></tr>
<tr><td rowspan="2">接收范围</td><td>高端频率：</td></tr>
<tr><td>低端频率：</td></tr>
<tr><td colspan="2">调测中出现的问题及解决方法</td><td colspan="2"></td></tr>
</table>

教师评判(　　　　　　)

<table>
<tr><td colspan="2">实训项目</td><td colspan="2">项目 7　收音机故障检修</td></tr>
<tr><td rowspan="4">实训过程</td><td rowspan="4">整机故障检修</td><td>故障现象</td><td></td></tr>
<tr><td>故障分析</td><td></td></tr>
<tr><td>检修过程</td><td></td></tr>
<tr><td>修后效果</td><td></td></tr>
<tr><td colspan="2">检修小结</td><td colspan="2"></td></tr>
</table>

教师评判(　　　　　　)

实 训 总 结

一、实习收获和体会

二、对电子产品组装调试实训的意见和建议

三、教师评语

实训单元项目考评

1．手工焊接、SMT 工艺考核(　　　　)

A．手工练焊考核 90%以上焊点合格；SMT 手工锡膏印刷、元器件贴装规范无误。

B．手工练焊考核 80%以上焊点合格；SMT 手工锡膏印刷、元器件贴装较规范，全过程无锡膏涂抹现象；对个别不良焊点能及时补焊。

C．手工练焊考核 60%以上焊点合格；SMT 手工贴装有一个元器件贴装错位；实训中有锡膏涂抹现象。

D．手工练焊考核 60%以下焊点合格；SMT 手工贴装有两个元器件贴装错位；实训中锡膏有较严重涂抹现象。

2．组装工具与万用表的使用评价(　　　　)

A．正确使用万用表进行三极管各极电压、缺口电流及收音机各参数的测量；对主要元器件进行检测，测量结果正确；组装收音机使用各种工具规范适当，无工具丢失损坏现象。

B．使用万用表对收音机各参数及元器件进行测量，操作正确；但对个别挡位、量程选择不规范，出现少数元器件参数、缺口电流测量误差，经纠正后可得出正确结果；工具使用较为合理，无工具丢失损坏现象。

C．对万用表的使用一知半解，选择量程、调整挡位不熟悉；所测多数元器件参数、缺口电流等有误，整个测量过程需要别人帮助才可完成；工具使用不够规范造成工具损伤或丢失，后果较轻。

D．不熟悉万用表的使用，不知如何调整挡位、量程及读数，所得数据为抄袭； 工具使用不当，损坏严重。

3．收音机组装与调试评价(　　　　)

A．收音机组装过程规范，电路板插装正确，满足装配工艺要求；焊点合格率在 90%以上；静态、动态调试的各项技术指标满足要求且独立完成；操作熟练、理论清楚；无元器件损坏。

B．电路板插装基本正确，个别元器件插装不够规范整齐，但不影响整机性能；焊点合格率在 80%以上；各项调试能独立完成，且技术指标误差在确定范围内；无元器件损坏。

C．电路板出现个别插装错误，元器件安装不齐，过程不规范；焊点合格率在 70%以上；各项调试概念不清，需在别人帮助下完成；操作不规范造成少量元器件损坏。

D．电路板插装错误较多，组装杂乱无序，外观不雅；焊点合格率低于 70%；各项调试结果偏差较大或没有进行调试；元器件损坏率较高。

4．收音机验收考评(　　　　)

A．可收到五个以上电台广播，声音洪亮、清晰；调台刻度指示正确，广播受方向影响甚微；整机装配美观，结构件、元器件装配牢固，各拨盘转动灵活。收音机组装质量优良。

B．可以收到四五个电台广播，音量、音质尚可；调谐指针有偏差，但基本准确；广播易受方向影响且有较小噪声；外壳无明显损伤，结构件、元器件装配齐全且牢固(可有轻微晃动)；各拨盘转动可靠，无明显卡滞现象。收音机组装质量合格。

C．可收到两三个电台广播，刻度指示不够准确；音量调到最大声音仍不够洪亮；音质较差，且有噪声；音量受方向影响较大，有啸叫声；外壳有损坏，结构件、元器件有缺损、松动等组装不良现象，各拨盘转动较困难；摇动收音机内部晃动严重，并有声音时有时无的接触不良现象。收音机组装基本完成，质量一般。

D．收音机存在故障，收不到电台广播且噪声较大；外壳、电路板有损坏；结构件、元器件缺损、丢失；未经过静态、动态调试。属不合格产品，只有实训组装过程。

5．劳动态度、技能及出勤考评(　　　　)

A．劳动态度端正，操作规范，动手能力强；无安全责任事故；无迟到、缺勤现象；遵守制度，服从教师指导。

B．劳动态度较好，可按要求进行操作，动手能力尚可；无重大事故；有一次迟到早退(需请假)现象；遵守纪律，服从教师指导。

C．劳动态度一般，较为懒散，动手能力较弱；有一次以上无故迟到早退现象；发生轻微事故，并能及时纠正。

D．劳动态度不端正，动手能力较差；有两次以上无故迟到早退及半天旷工现象；不服从管理，顶撞教师；发生较大安全事故。

实习总成绩评定

1. 基础知识考核部分　　40 分

　20 个选择题，每题 2 分，由学生独立完成。

2. 单元项目考评部分　　30 分

　指导教师对学生单元制作及全过程进行评价(附考评标准)。

　5 个单元，每单元 6 分，由辅导教师评分。

3. 实训报告部分　　30 分

　6 个单元项目实训报告，每份报告 5 分，由辅导教师评分。

　《项目 7　收音机故障检修》由收音机出现故障的学生填写，辅导教师补充评分。

本次实训考核成绩

选择题考试	单元项目考评	实训报告评判	总分

实训总成绩等级：

95～100 分	优	77～79 分	$中^{+}$
90～94 分	$优^{-}$	73～76 分	中
87～89 分	$良^{+}$	70～72 分	$中^{-}$
83～86 分	良	65～69 分	$及格^{+}$
80～82 分	$良^{-}$	60～64 分	及格
		60 分以下	不及格

考核总成绩(等级) ________________　　**辅导老师** ________________

年　　月　　日